亚热带次生林群落结构与土壤特征

项文化　方　晰　著

科学出版社
北京

内 容 简 介

本书根据马尾松-石栎针阔混交林、南酸枣落叶阔叶林、石栎-青冈常绿阔叶林等不同恢复阶段次生林的调查研究数据，主要介绍了亚热带次生林群落的树种组成、结构特征、空间分布格局和植物多样性维持机理。建立了亚热带主要树种林木生物量的相对生长方程，研究了亚热带森林生物量及其分配特征。比较了次生林的土壤特性差异，分析了土壤养分空间异质性及其影响因子。探讨了次生林养分生态化学计量特征和利用策略、土壤氮转化速率、不同次生林凋落物及其分解速率。本书为深入揭示亚热带次生林群落结构和生态系统功能提供了科学依据，对次生林经营和森林生物多样性保护具有指导作用。

本书可供林学、生态学、环境科学、地理学、自然资源管理等专业的科研人员和研究生参考阅读。

图书在版编目（CIP）数据

亚热带次生林群落结构与土壤特征/项文化，方晰著. —北京：科学出版社，2018.5

ISBN 978-7-03-056935-6

Ⅰ. ①亚… Ⅱ. ①项… ②方… Ⅲ. ①亚热带林-次生林-群落生态学②亚热带林-次生林-森林土 Ⅳ. ①S718.54②S714

中国版本图书馆 CIP 数据核字(2018)第 049745 号

责任编辑：丛 楠 文 茜 / 责任校对：郑余红
责任印制：张 伟 / 封面设计：铭轩堂

科 学 出 版 社 出版
北京东黄城根北街 16 号
邮政编码：100717
http://www.sciencep.com

北京凌奇印刷有限责任公司 印刷
科学出版社发行 各地新华书店经销

*

2018 年 5 月第 一 版 开本：787 × 1092 1/16
2022 年 8 月第二次印刷 印张：17 1/2 插页：6
字数：437 000

定价：98.00 元

（如有印装质量问题，我社负责调换）

前　言

我国亚热带地区水热条件优越，植物种类丰富，森林类型多样，地带性植被为常绿阔叶林，是生物多样性保护的关键地区之一。由于该地区人口密集，经济活动强度大，受人类长期活动的影响，加上过去林业生产和森林经营实践中以木材生产为导向及当地居民认识的偏差，常绿阔叶林通常被视为“杂木林”或“薪炭林”，该地区地带性常绿阔叶林遭到了不同程度的破坏，多变为次生阔叶林和人工林。近年来，我国政府实施了长江中上游防护林建设、退耕还林、天然林保护等林业生态工程，使次生林得到了保护和恢复。另外，随着人口城镇化和经济生活水平的提高，一些地区居民在经济方面对森林资源的依赖性降低，土地自然撂荒和一些受到破坏的森林自然恢复逐渐转变为次生林。因此，次生林已成为亚热带地区的重要森林资源。目前，现存次生阔叶林多分布在主要河流的上游和立地条件较差的偏远地区，在生物多样性维持、水源涵养、土壤培肥、固碳增汇和非木质林产品供给等方面发挥着十分重要的作用。

次生林汇聚了众多植物种类，群落结构较为复杂，研究群落中树种之间的关系、共存机理，以及随森林恢复过程发生的变化特征，是森林群落生态学的主要内容。我国在温带地区较早开展了次生林群落树种组成和结构方面的研究。从 20 世纪后期开始，国内外相继建立大样地对不同地区森林的生物多样性、组成结构和树种之间的相互作用进行了深入研究，在物种共存机理和生物多样性保护方面形成了新的理论及假设，对亚热带次生林群落结构研究有借鉴作用。但是，在亚热带地区，人们对杉木、马尾松等人工林的林分结构、生物量、生产力、养分循环和水文学过程进行了大量研究，而在次生林群落结构和生态系统功能方面的研究则相对较为缺乏。

本书的研究内容主要基于两个方面的思考。一方面从理论上来看，生物多样性与生态系统功能之间的关系是目前生态学研究的热点，次生林群落结构及植物之间的相互关系如何，森林恢复过程中植物多样性的变化对生态系统生产力、养分循环、水文学过程和土壤肥力维持产生怎样的影响，均是生态学需要回答的一些关键问题；另一方面从实践上来看，天然林保护是我国重点林业生态工程之一，阔叶林的经营一直是林业生产中的一个薄弱环节，从过去的破坏到目前的纯保护主义，都没有考虑森林科学经营的问题，难以充分发挥阔叶林生态系统的功能。次生林结构及其演替动态是阔叶林近自然林业经营的一种模式，可为森林结构调整和目的树种培育提供技术支撑。

我们根据人为干扰强度和森林恢复过程，选择了马尾松-石栎针阔混交林、南酸枣落叶阔叶林、石栎-青冈常绿阔叶林等 3 个恢复阶段的次生林，分别设立 $1hm^2$ 长期观测样地，在各样地内还分别建立了 10m×20m 的坡面径流平衡场。对样地进行详细调查，分析群落的树种组成、结构特征、空间分布格局和植物多样性维持机理。采用收获法测定亚热带主要树种的林木生物量，建立相对生长方程，推算不同次生林的生物量。比较不同次生林的土壤特性差异，分析土壤养分空间异质性及其影响因子。研究次生林主要树种的养分化学计量特征和利用策略，测定土壤氮转化速率，比较不同次生林的凋落物及其分解速率。本书是对上述研究成果的总结。

本书共 7 章，第 1 章主要介绍次生林的有关概念、研究思路及方案，由项文化撰写。第 2 章分析 3 个次生林群落植物的组成和结构，由赵丽娟、项文化和李家湘撰写。第 3 章以两个演替后期次生林为例，分析植物空间分布格局、优势树种空间关联性，总结次生林群落演替变化趋势，由项文化和赵丽娟撰写。第 4 章重点介绍亚热带主要树种林木生物量的相对生长方程，比较次生林的林分生物量及分布特征，由项文化撰写。第 5 章比较亚热带次生林土壤养分特征，分析森林恢复对土壤养分的影响，由方晰撰写。第 6 章分析次生林土壤养分统计特征，研究土壤有机碳、氮和磷的空间异质性及其影响因子，由方晰和项文化撰写。第 7 章分析森林恢复过程中主要树种的养分生态化学计量特征、养分利用策略、土壤氮转化过程、凋落物量及其分解速率，由曾叶霖、项文化、方晰撰写。书稿由项文化整理统稿和修改完善。

本书的研究内容是在林业公益性行业科研专项（201304317）、国家自然科学基金项目（30771720、31170426）、科学技术部生态系统研究网络建设项目湖南会同杉木林生态系统野外观测研究站和国家林业局湖南会同森林生态站建设运行经费的共同资助下完成的。在野外样地建设、样地维护和野外调查过程中，湖南省长沙县大山冲国有林场、湖南省会同县林业局、湖南省靖州苗族侗族自治县排牙山国有林场的领导及员工给予了大量的帮助和支持。中南林业科技大学 2011 级生态学硕士研究生参与了大山冲森林群落调查和样地建设，2013 级和 2014 级的生态学硕士研究生参与了排牙山国有林场森林生物量的调查，在此一并表示衷心感谢。

由于森林生长的长周期性和森林结构的复杂性，人们要想了解森林生态系统结构和功能过程，需要进行长期定位研究。本书仅是阶段性研究成果，限于作者水平，书中不足之处在所难免，敬请读者批评指正。

项文化

2017 年 12 月 16 日于长沙

目　录

第 1 章　亚热带次生林结构与生态系统功能研究概述

我国亚热带地处欧亚大陆的东部，大致范围为秦岭、淮河以南，雷州半岛以北，横断山脉以东，地跨北纬 22°～34°、东经 98°以东的广大地区，总面积约 250 万 km^2，大体相当于我国国土面积的 1/4(郑度等，2008)。地球上同一纬度的其他区域，多为荒漠、半荒漠或沙漠。喜马拉雅山脉的隆起改变了全球大气环流，在太平洋季风和西伯利亚寒潮的共同作用下，我国亚热带地区水热条件优越，具有典型的亚热带季风湿润气候，冬季温暖，夏季炎热，降水充沛。

我国亚热带地区地带性植被为常绿阔叶林。常绿阔叶林也称“照叶林”“月桂树林”“常绿栎类林”或“常绿樟栲林”。区域内常绿阔叶林类型多样，依据群落种类组成、结构和生态特点，《中国植被》将亚热带常绿阔叶林划分为典型常绿阔叶林、季风常绿阔叶林、山地常绿阔叶苔藓林和山顶苔藓矮曲林等 4 个植被亚型。根据气候分异特点划分为北亚热带、中亚热带和南亚热带常绿阔叶林，其中以中亚热带常绿阔叶林最为典型，主要由壳斗科(Fagaceae)、樟科(Lauraceae)、木兰科(Magnoliaceae)、杜英科(Elaeocarpaceae)、金缕梅科(Hamamelidaceae)、山茶科(Theaceae)等的常绿阔叶树种组成，其分布在北纬 23°40′～32°、东经 99°～123°的长江以南至福建、广东、广西、云南北部及西藏南部山区(陈灵芝等，2014)。

常绿阔叶林作为亚热带湿润地区特有的生态系统，群落结构复杂、生物多样性丰富。在我国 3 万多种高等植物中，亚热带有近 2 万种，且特有种富集，是地球上主要的基因库之一，也是我国生物多样性的关键地区之一。常绿阔叶林蕴藏着丰富的生物资源，是人类生产和生活所必需的木材、药材、食物及工业原料等的主要来源。此外，常绿阔叶林的生产力高，在维持全球碳平衡、涵养水源、固土保肥和区域可持续发展等方面发挥着重要作用。

亚热带是我国人口密集和经济活动强度较大的区域之一。一方面，经济发展对土地的需求压力大，人类长期的经营活动改变了土地利用方式。传统的林业生产以增加木材产量为经营目标，通过营造人工林和集约经营来满足社会经济发展对木材的需求，促进了亚热带人工林的发展，杉木(*Cunninghamia lanceolata*)、马尾松(*Pinus massoniana*)、桉树属(*Eucalyptus*)等树种的人工林成为主要的森林景观，使人们积累了对人工林经营管理的经验。另一方面，由于木材加工技术相对落后，常绿阔叶林在木材产品的供给服务方面的作用较小，其直接的商业或经济利益较低，加上人们对常绿阔叶林的涵养水源、固土保肥、生物多样性保育等调节服务和支持服务的认识不足，常绿阔叶林过去一直被视为“杂木林”或“薪炭林”，导致出现大面积毁林开荒、砍阔栽针营造人工林等现象，常绿阔叶林原生植被遭到严重破坏，从而变为农耕地、灌草丛、人工林和次生林。目前，现存常绿阔叶林原生植被的面积已不足该地区森林面积的 5%，面积集中的常绿阔叶林不超过长江流域面积的 0.22%。保存较为完好的常绿阔叶林多分布在人类活动较少的偏远山区，如南岭山地、浙闽山地、江南丘陵、川鄂山地、云贵高原和川西南山地等。在人口密集和交通便利的地方，仅在村旁或风景名胜区保留有小面积的常绿阔叶林，且大多为半天然状态，带有一定的次生性。

与原始的常绿阔叶林相比，受到不同程度干扰或破坏而形成的次生林的生物多样性、群落结构和生态系统功能发生了较大的变化，干扰强度较大时会导致生物多样性下降和生态系统功能减弱。但是，次生林保存了常绿阔叶林的种子库，具有较大的恢复潜力，在林产品供给、生物多样性保育、固碳增汇、涵养水源和保土培肥等方面仍具有重要作用。20 世纪后期，我国政府实施了长江中上游防护林建设、退耕还林和天然林保护等林业生态工程，对次生阔叶林恢复、生物多样性保护和森林生态系统功能提升等产生了较大影响。亚热带次生林恢复可作为该地区天然林保护和森林可持续经营的模式，对恢复过程中的树种组成、群落结构和生态系统功能(生产力和土壤养分维持)变化特征进行深入系统研究，将为亚热带森林生物多样性保护和生态系统服务的提升提供重要的理论依据。

1.1　次生林的概念与类型

由于人类活动和自然灾害(火灾、病虫害等)的干扰，特别是社会经济发展过程中人类活动的干扰，地带性原始林多变为了人工林、次生林、农业用地或其他用地。同时，随着社会经济的发展，一些地区的居民对土地的依赖性下降，弃耕的坡耕地和经营程度较低的人工林由于自然恢复逐步变为次生林，因此全球次生林的面积逐年增加，至 20 世纪后期，次生林作为重要的森林资源受到广泛关注。国际上对热带地区次生林群落结构、生物多样性保护、经营管理和退化地恢复等方面进行了深入研究，且对次生林的概念和分类进行了探讨(Chokkalingam et al.，2001)。

我国次生林分布范围广，类型多样，总面积约占全国森林面积的 46.2%，森林蓄积量约占全国森林总蓄积量的 23.3%。我国主要对温带地区次生林的结构、功能、作用及地位进行了研究(陈大珂等，1994；朱教君，2007)。但对亚热带地区次生林的结构、生态系统功能和服务(如木材和薪炭材等木质再生能源及其他林产品的生产、生物多样性保护、涵养水源、保持水土、调节气候)、植被恢复等缺少较为系统的研究。为了便于对次生林资源的调查统计及经营管理策略等的研究，本节主要介绍次生林的有关概念、次生林的类型和特点、次生林的经营管理。

1.1.1　次生林的有关概念

如果从字面上来理解次生林(secondary forest)的定义，它包括“次生”和“森林”两个方面的含义。其中，“次生”是一个相对的概念，在植物群落生态学中次生是相对于“原生”(primary)而言的，如次生裸地、次生演替和原生裸地、原生演替(云南大学生物系，1980)。森林是一定面积上以乔木和其他木本植物为主体的植物群落(李景文等，1998)。同时，次生林与原始林对应，原始林是指与区域气候和环境相适应、没有受到外界因素和人为活动干扰、相对稳定的地带性顶极森林群落。次生林又称天然次生林(朱教君等，2007)，受人类活动(如采伐、采樵等)或其他自然因素(风、火、病虫害等)干扰的影响，当干扰强度较大时，原始林变为次生裸地，然后经过系列次生演替阶段而自然恢复所形成的森林；当干扰强度较小时，更新恢复为不同类型的森林，在物种组成、结构和外貌特征等方面与原始林存在明显的差异。

1. 相关的术语和概念

从前面对次生林形成和演变过程的描述来看，我们需要了解与次生林有关的一些名词术语。下面对这些名词术语进行简要的介绍和解释。

(1) 干扰　干扰 (disturbance) 是指扰乱森林种群、群落或生态系统的结构，改变森林中林木生长环境的条件和可利用资源 (光、土壤养分和水分等)，在发生时间上相对独立的任何事件 (Pickett et al.，1985)。干扰是一个或一系列的事件，它除去或移走整个森林或部分林木，为干扰后保存的植物或新迁入定居的植物提供生长空间。

1) 干扰的类型：干扰分为自然干扰和人为干扰，其中自然干扰有林火、飓风和暴风、冰冻、滑坡和土壤侵蚀、洪水、干旱、病虫害和其他物种的入侵等；人为干扰有皆伐、间伐、采樵和刀耕火种等 (Attwill，1994)。干扰还可以分为破坏性干扰和促进性干扰。这些干扰类型通常在所有的森林类型中均有发生。

2) 干扰的特征要素：干扰的特征一般用干扰强度、干扰频度、干扰的空间范围和干扰的随机性等 4 个要素来描述。其中，干扰强度用来描述干扰移去林冠层的数量和持续时间，如皆伐和择伐。干扰频度表明干扰出现的次数和间隔时间，如经常有规律性出现的干扰，偶尔出现没有规律性的干扰。干扰的空间范围反映干扰的面积大小，如干扰的范围是在林分内，还是整个林分或景观。干扰的随机性是指干扰发生的时间、地点是随机性的还是确定性的。

一般来说，干扰强度与干扰频度相反，干扰强度越大，干扰频度越低。自然干扰 (如风、病虫害、林火) 的发生与森林健康状况有关，森林健康状况随林分年龄 (林龄) 而变化。某一类干扰可能影响森林的健康状况，增加其他干扰发生的可能，如风倒可能增加病虫害的发生。

3) 干扰对森林稳定性的影响：干扰对森林的影响是多方面的，包括改变植物组成和多样性、林分结构、土壤性质 (如物理、化学和生物学性质)、生物量和植物演替速度等。干扰类型、干扰强度不同，对森林的影响不同。例如，干扰与生物多样性的关系表现为中度干扰可增加生物多样性，低强度、高强度干扰的生物多样性较低，即中度干扰假设。

如果干扰对森林的破坏程度较大，就会导致森林被其他植物群落代替。但是，森林生态系统物种组成、结构和功能过程的整体性在一定的干扰强度内，森林生态系统表现出一定的抵抗力和稳定性，干扰后还有一定的恢复能力。其中，抵抗力 (resistance) 是指森林生态系统承受干扰影响和保持平衡状况的能力，由于难以确定干扰前森林状况，不能分开干扰和演替过程，难以定义森林生态系统的平衡状态。恢复力 (resilience) 反映森林生态系统受到干扰后恢复到原来状态的速率。抵抗力和恢复力都因干扰类型、干扰强度的不同而不同。

稳定性是生态系统的基本特征，不仅与生态系统的结构、功能和演变有关，而且与干扰的强度和特征有关。前面介绍的抵抗力和恢复力主要反映生态系统对外界干扰反应的稳定性特征。从森林生态系统特征来看，森林稳定性包括物种稳定性、结构稳定性和过程稳定性。其中，物种稳定性是指一个物种的种群和复合种群 (metapopulation) 的维持能力。结构稳定性是生态系统结构 (如生物链、物种数量和土壤特性) 的维持能力。过程稳定性是生态系统功能过程 (如第一性生产力和养分循环) 的维持能力 (Perry，1994)。

(2) 演替　干扰后森林群落的恢复过程实质上也是一个演替的过程。演替 (succession) 是指受到自然或人为干扰后，由于群落中植物生长、发育、传播和死亡及外界环境的变化，沿着一定的方向一个群落被另一个群落所取代的过程 (云南大学生物系，1980)。植物群落的演替可以从裸地开始，也可以从已有的另一个群落中开始。按照演替起始条件，即裸地的类型，可将植物群落演替分为原生演替(primary succession)与次生演替(secondary succession)。

1)原生演替：原生演替是指在原生裸地(如裸岩、沙丘、火山岩上)，即没有植物覆盖的地面上或原来存在植被但被彻底破坏而不复存在的地段所发生的演替。发生在干燥地面的旱生演替系列，演替过程包括裸岩形成、地衣群落、苔藓群落、草本植物群落、灌木群落、乔木群落等阶段；发生于淡水湖泊里的湿生演替系列，演替过程包括水体、沉水植物群落、浮叶植物群落、挺水植物群落、湿生植物群落、陆地中生或旱生植物群落等阶段。

2)次生演替：次生演替是指在次生裸地，即原有植物群落受人类活动、火灾、风灾、洪水、崖崩、火山爆发等干扰因素的破坏，但植物残留根系和种子等繁殖体仍存在的地段所发生的演替。原生植被受到不同类型、不同强度和不同持续时间的干扰破坏后，各种各样的次生植物群落形成一个次生演替系列。

通常在没有进一步干扰的情况下，群落演替从稀疏的植物群落向森林群落方向发展，表现为进展演替，也是植被恢复的过程。如果继续受到各种干扰的影响，从森林群落变为其他植物群落，称为逆行演替，是植被退化的过程。次生演替是各种干扰影响后形成不同植物群落的恢复过程。

3)森林的次生演替分析：常绿阔叶林是亚热带地带性植被，即通常所称的原始林，主要由壳斗科、山茶科和樟科等耐阴常绿阔叶树种组成，林冠郁闭度大，结构高度分化，常绿阔叶树种的天然更新能力强，群落相对较为稳定。亚热带地区的森林次生演替主要有森林皆伐后的自然恢复、农耕地弃耕(如退耕还林)的自然恢复、不同干扰程度(采樵、择伐和自然灾害等)形成不同森林群落类型的恢复等3种情况(图1.1)。

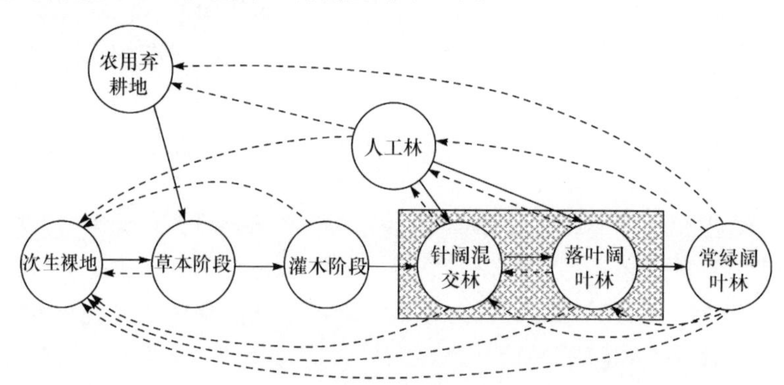

图1.1　亚热带植物群落演替和次生林形成过程

矩形阴影部分表示次生林，实线箭头表示群落演替方向，虚线箭头表示不同干扰类型和干扰强度引起的变化结果

森林皆伐后的自然恢复是一个较为完整的典型次生演替。皆伐彻底破坏了森林群落，如经过炼山清理采伐剩余物，采伐迹地变成次生裸地。次生演替要经过多个演替阶段和较长的演替时间。在没有干扰的情况下，次生演替一般按草本植物、灌木、阳性树种[马尾松针叶树种、枫香(*Liquidambar formosana*)等落叶阔叶树种]、中性树种(落叶阔叶树种、木荷等常绿阔叶树种)、常绿阔叶树种(壳斗科、山茶科和樟科)等阶段进行。

森林砍伐后被开垦为农业用地，在种植一定时间农作物后，这些农业用地被弃耕变为撂荒地。在没有外来因素干扰下，撂荒地开始出现植物群落，进行次生演替。首先出现的是一年生杂草群落，随后是多年生杂草群落，然后是灌木群落和乔木的出现，最后形成地带性森林群落，即常绿阔叶林。

由于干扰强度及影响程度的不同，常绿阔叶林转变为不同类型的森林群落。当干扰的影响范围和强度较大时，主林层大部分受到破坏，形成针叶阔叶混交林，即次生演替的针阔混交林(马尾松、栎类等)阶段。如果没有外界的干扰，马尾松天然飞籽进入林地萌发和生长，另外一些萌芽能力较强的落叶栎类[如白栎(*Quercus fabri*)、茅栗(*Castanea seguinii*)等]和枫香等喜光的阳性树种开始出现，逐步形成马尾松针阔混交林。当干扰强度和影响范围较小时，部分主林层受到破坏，就形成落叶、常绿阔叶混交林。干扰后林内光照、温度和湿度发生改变，一些喜光的阳性落叶阔叶树种[如枫香、麻栎(*Quercus acutissima*)、南酸枣(*Choerospondias axillaris*)、拟赤杨(*Alniphyllum fortunei*)等]进入林内定居和生长，演变为落叶、常绿阔叶混交林。这类森林也可以由针叶阔叶混交林自然恢复而成。随着自然恢复的进一步发展，上述两种森林群落逐步演替到常绿阔叶林。可见，次生林和原始林之间的转变是干扰、演替相互作用的结果(图 1.1)。

(3) 更新　更新(regeneration)是指森林受干扰后，树木再生(regrowth)和森林恢复的过程(Chazdon，2016)。从干扰的强度或范围来看，更新可分为采伐更新和林窗更新(gap-phase regeneration)。其中，采伐更新是森林皆伐后，在采伐迹地上利用自然恢复能力或人为促进自然恢复森林的过程。因采伐迹地的土地利用状况不同，采伐更新具有较大的不确定性和随机性。林窗更新是在风倒、病虫害等干扰强度和干扰范围较小时形成的斑块状林窗下，繁殖体长成幼苗、苗木和林木而自然恢复为森林的过程。与采伐更新相比，林窗更新具有一定的确定性和可预测性。

按更新过程中是否存在人为措施的影响，将更新分为天然更新、人工更新和人工促进天然更新等类型。其中，天然更新是在没有人为措施的影响下，利用天然下种或伐根萌芽、地下茎萌芽、根系萌蘖等方式恢复森林的过程。人工更新是用人工植苗、直播种子、插条或移植地下茎等方式恢复森林的过程。人工促进天然更新是为弥补天然更新过程的不足，采用人工补播和补植，或除去过厚的枯枝落叶层或茂密的草本植物和灌木，改善种子发芽和幼苗、幼树生长发育的条件，达到恢复森林的目的。采用哪种更新方式，要根据干扰情况、林分特点、自然条件、社会经济条件和恢复目的来确定。认识天然更新在演替和自然恢复过程中的作用，可为近自然林业、森林可持续经营提供理论依据。这里主要阐述天然更新的过程及其影响因素。

1) 天然更新的过程：树种、种群的天然更新和构建组合(assemblage)在整个森林演替过程中发生，但不同演替阶段的树种组成不同。天然更新必备的条件包括干扰形成一定的空间范围和必要的土壤(如采伐迹地)，树木繁殖体(如种子、根蘖等)的迁入或存留，繁殖体的萌发和繁殖能力，幼苗和幼树在干扰地点的生长及能进入主林层等。因此，天然更新可分为各树种的开花、结果和种子的生产，种子或其他繁殖体的传播与迁入，种子或其他繁殖体萌发长成幼苗，幼苗抵抗病虫害和竞争长成幼树，幼树生长成林木，林木经过竞争而进入主林层等过程。随着幼苗、幼树、林木的相继生长和存活，经过天然更新的系列过程逐步演替为新的森林群落。

2) 天然更新的影响因素：天然更新是否成功，受诸多因素的影响，包括林木繁殖体的生物学特性和干扰地的环境条件，即不仅要有足够数量的繁殖体，而且要有适合繁殖体繁殖或萌发的环境条件、促进幼苗和幼树生长的空间。繁殖体包括种子、根桩、根蘖或其他存留的植物体等，其生物学特性包括繁殖体的数量、繁殖与萌芽能力。不同树种繁殖体的生物学特性不同，如喜光的阳性树种(如马尾松、枫香)的结实较丰富，种子飞散能力强，萌发后幼苗的生长较快，能抵抗日灼、霜冻等灾害，在皆伐和火烧迹地上能实现天然更新。耐阴树种(如常绿阔叶树种)幼苗的生长要有适度的庇荫，在择伐地和林窗下能实现更新。根桩萌芽或萌蘖更新与树种、年龄、采伐季节、伐根高低和环境条件有关，如栎类伐根有较强的萌芽能力，阳性速生树种萌芽力最旺盛期出现早，耐阴慢生树种则相反。

繁殖体繁殖、幼苗和幼树生长与定居均需适宜的环境条件才能完成更新过程。例如，种子萌发首先要接触到矿质土壤，接触土壤后萌发时要有适宜的水分和温度，萌发后生长为幼苗和幼树要具有抵抗病虫害的能力、与邻近植物根系竞争的能力，喜光树种的幼苗和幼树生长还要有一定的光照强度。此外，天然更新还受土壤养分、降水、温度、坡度和坡向等环境因素的影响。

(4)森林　给森林(forest)一个清晰的定义是为制定管控毁林和遏制森林退化、实施再造林和森林恢复实施等方面的政策及监测体系提供概念、组织、立法、执行的基础(Granzdon，2016)。从不同视角和管理目标来看，对森林定义的认识和理解不同。森林可看作木材产品的来源、由树木和其他生物多样性组成的生态系统、当地人的家园、碳贮存的场所、多种生态系统服务的来源和社会生态系统(Granzdon，2016)。目前，主要从土地利用分类、植被类型、森林景观动态和经营目标等3个方面来定义森林。

1)从土地利用分类来定义：为了规范森林和林业方面数据的统计分析，联合国粮食及农业组织(FAO)(2000)根据土地利用分类来定义森林。土地利用分为森林、疏林地(sparse wooded land)、其他土地(other land)和内陆水体(inland water)等4种类型，它们相互排斥，面积之和等于总的土地面积。其中，森林为树高5m以上，树木郁闭度(林冠盖度)不小于0.1，且面积不小于0.5hm^2，没有其他用途(如农业和城市)的土地类型。森林的主要目的是林业生产，造林地、苗圃、种子园、林道、防火线、国家公园、自然保护区和其他用于科学、历史、精神和文化等方面的保护区，面积大于0.5hm^2的防风林或宽度大于20m的防风林带、人工林等，均属于森林的范围。但以农业生产为主要目的(如水果生产和农林复合系统)的树木，不属于森林(FAO，2000)。森林的这个定义类似于林地的划分，主要关注的是木材、其他林产品和相应的生态系统服务，在森林资源调查、监测和评估及林业数据统计方面具有可操作性，也便于全球森林面积、蓄积量等数据评估和不同地区森林数据比较分析(FAO，2016)，但没有反映出森林的生态学特性(生物多样性、生态系统功能过程、生态系统服务和景观恢复等)和森林经营的社会目标(当地居民的生计和社区发展)，不适合应对气候变化背景下森林退化和森林恢复、毁林和再造林的评估。

2)从植被类型来定义：植物生态学从群落和生态系统两个尺度来定义森林。在群落尺度上，森林是指在某一时间具有一定面积，以乔木和其他木本植物为主体的植物群落。该定义在一个时间节点来认识森林，为研究森林的植物组成、结构特征和演替动态提供了基本的框架，但该定义仅考虑了植物组成，没有考虑动物、微生物、环境(如光、土壤、空气、水等)及它们之间的联系和相互作用。

在生态系统尺度上，森林是指以乔木和其他木本植物为主体，植物、动物和微生物及无机环境之间相互作用、相互影响而构成的一个生态系统。在某个具体地段，森林与其他生态系统之间有明确的自然边界。也可以人为划定边界，如根据山脊划定的集水区，可作为一个生态系统范围。同时，森林生态系统可以是一个抽象的概念，对生态系统结构、功能过程(如生产力、碳循环和养分循环等)和生态系统服务进行研究。该概念的应用具有较大的灵活性，有助于关注生物多样性保护、环境退化、栖息地丧失和全球气候变化，但在森林调查和林业数据统计分析方面的统一性和可操作性较低。

3)从森林景观动态和经营目标来定义：森林不是一个孤立的实体，而是动态、多功能景观的一个组成部分。在景观尺度上进行森林经营管理，需采用整合的方法，通过不同生态系统之间的平衡来满足各利益相关者的多种需求。与前面两个森林的定义不同，景观途径对森林的定义是广义的，边界较为模糊，多个定义同时存在。因此，按照森林起源、森林动态轨迹和景观背景来定义森林。这样可以从不同驱动因素、初始条件和动态过程提供不同产品和服务，维持生物多样性和减缓气候变化，通过再造林、森林恢复或农用林业的土地空间等多个角度来定义森林，用“树木盖度”(tree cover)代替森林郁闭度(forest cover)来计算和评估森林的变化(Granzdon，2016)。

监测和评估森林、再造林，要把森林动态轨迹整合到景观动态中，识别毁林、造林和自然恢复森林在结构特征及生物多样性方面的差异，有助于了解在景观尺度上土地利用和森林动态的驱动因素、后果，达到评价木材生产、碳贮存，提高当地居民生计的目的；具体包括识别森林是人工造林还是天然更新、已经存在还是新建立的、是连续的还是破碎的斑块、由乡土树种还是外来树种组成等，最终实现景观的可持续经营。认识和定义森林要考虑如何适应气候变化、管理政策、新的科技知识和国际市场变化等外部环境。评价和监测森林景观动态变化，要考虑社会、经济、文化和政策的变化，如参与式绘图与遥感技术的结合。将数据共享技术(如高分辨率遥感信息、谷歌地图应用、地理维基百科等)应用到森林动态监测和评价，适应性和细微差别的森林定义将深化对景观范围内土地利用、森林动态的驱动因素及后果的认识(Granzdon，2016)，这也是今后森林经营管理的技术变革方向。

2. 次生林的概念

从前面对与次生林有关概念的描述来看，次生林涉及范围较广，在不同地区由于干扰类型、土地和自然资源利用方式不同，次生林的起源和林分特征也不同，包括许多不同的森林类型，对次生林给出一个能广泛接受的定义具有一定的复杂性和难度。目前，尽管生态学和林学方面的专家对次生林概念有一定的共识，但次生林的定义仍较为模糊(Chokkalingam et al.，2001)，阻碍了学术界同政策制定者、公众进行沟通交流，也不便于森林资源数据的统计分析和不同地区之间的数据比较。因此，有必要对次生林给出一个共同的、可操作性的定义，同时给出一定的指标或标准以能够确定或说明某一森林是否属于次生林的范围。

根据 Corlett(1994)和 Chokkalingam 等(2001)的分析，这里从以下 3 个方面来考量如何定义次生林：①次生林是林地受到干扰后经过再生而形成的森林，但什么干扰类型(人为干扰和自然干扰)下形成的森林才被纳入次生林？②什么样的干扰强度(皆伐、自然灾害的强度干扰)还是不考虑干扰强度形成的森林才是次生林？③由于植被自然恢复过程和时间的不同，森林恢复一定时间后，是否考虑次生林树种组成与原始林的差异？

我们采用 Chokkalingam 等(2001)的次生林定义，即次生林是指原有森林受到某一时间或时段自然或人为的强度干扰后，主要依靠自然过程而恢复形成的、林分结构和林冠层树种组成明显不同于附近或相似立地条件下原始林的森林。这个定义弱化了干扰类型和干扰时间，将自然干扰和人为干扰、某一时间点或一个时间段的干扰都考虑进来，重点强调干扰强度、自然恢复过程和林分特征的差异。同时，次生林的定义也要考虑 FAO(2000)对森林面积、树冠的高度、郁闭度等具体指标的要求。

1.1.2 次生林的类型和特点

1. 次生林的类型

(1)根据群落特征划分次生林　由于划分的目的不同，次生林类型的划分有不同的标准和指标，可以根据森林群落组成特征、林龄、立地条件和经营措施进行类型划分。①按森林群落组成特征来划分，根据林业上林分的优势树种和树种组成来划分，如马尾松林、枫香林、马尾松-枫香针阔混交林、针叶林、落叶阔叶林、常绿阔叶林等。②按林龄或恢复发生的时间来划分，如幼龄林、中龄林、近熟林、成熟林、过熟林；演替早期次生林、演替中期次生林、演替后期次生林。主要用来确定次生林的恢复程度。③按林分的立地条件来划分，如远山次生林和近山次生林，它反映人为活动干扰的强弱、次生林经营与农业的关系。④按经营措施来划分，如封育型、抚育型、改造型和利用型。

(2)按照恢复开始时的土地利用方式和恢复程度划分次生林　引起次生林形成的干扰和土地利用活动通常有自然灾害(如林火、洪灾、飓风、滑坡)、高强度的树木砍伐、刀耕火种、粗放经营农业用地的人工造林、弃耕地和退化地造林等，Chokkalingam 等(2001)以这些活动为基础，进行次生林类型的划分，共分为 6 种类型：①自然灾害后恢复的次生林，即自然灾害(也有一定的人为因素)使原有森林结构发生较大改变后，主要依靠自然更新或演替恢复，但群落结构和冠层树种组成与附近或立地条件相似地点原始林有明显差异的森林。②树木砍伐后恢复的次生林，即某一时间或一个时段，树木砍伐或森林采伐对原有森林结构产生较大破坏后，自然更新或演替恢复的森林。③刀耕火种撂荒的次生林，为了再次种植作物恢复土地肥力，在刀耕火种的土地上撂荒后自然恢复的森林。④种植园的次生林，在粗放经营的花园或人工种植树木的小户经营土地上，自然更新形成的森林，尽管有人工种植树木和管理的成分，但群落组成以自然恢复的植物为主。⑤放弃管理后的次生林，如人工林、农业用地和放牧地放弃人为管理后，自然更新形成的次生林。⑥退化地恢复的次生林，如矿山废弃地、火灾或过度放牧的退化地，通过人工措施(如减少干扰、稳定土层、水分管理和造林)促进天然更新或人工恢复后，自然恢复的次生林。

Chokkalingam 等(2001)认为，这种分类在不同区域、不同环境和社会经济背景下具有通用性和实践性，也有利于根据干扰和产生的原因、土地利用方式，制定合理的经营管理措施和政策，来实现次生林的可持续经营。该分类没有将小范围和干扰强度低的森林、集约经营的人工林、主要依靠人工造林而形成的森林列入次生林的范畴和分类中。

(3)根据我国亚热带次生林恢复开始时的土地利用方式划分次生林　根据我国亚热带地区森林经营活动和林业生产的具体情况，以及次生林起源于的干扰活动和土地利用方式，可分为 4 个不同类型：①采伐木材或采樵获取薪材能源等人为干扰活动频繁和干扰强度较大后自然恢复的次生林。过去在广大的乡村，阔叶林是珍稀用材和家庭能源的主要来源，在人口密集地区和对森林依赖性较高的地区，人为砍伐树木的干扰活动强度大，对森林破坏大，在禁止采伐后，经过自然恢复形成的森林主要是次生林。②荒山荒地绿化造林而形成的次生林。由于荒山面积较大，水土流失严重，在 20 世纪 80 年代末到 90 年代初，南方各省区开展了荒山绿化和植树造林活动，荒山造林绿化后，自然恢复逐步演变而形成的次生林。③退耕还林工程后形成的次生林，1998 年实施了退耕还林工程，通过自然植被恢复或人工造林促进植被恢复而形成的次生林。④经济发展较快地区土地撂荒后形成的次生林，由于经济发展后，当地居民对森林和农业用地的依赖性减少，一些坡耕地和采樵破坏后的森林经过自然恢复逐步演替为次生林。一些村庄的房前屋后保持了一些较好的风水林，多少受到人为的干扰，具有一定的次生性，但应根据风水林的树种组成和结构特征确定是否纳入次生林的范围。

2. 次生林的特点

(1)次生林的群落特征　森林群落特征包括树种组成和物种丰富度，群落及各树种的密度、盖度、显著度(胸高断面积)和优势度(重要值)等指标(Guariguata et al.，2001)。在描述和分析次生林的群落特征时，通常以原始林(或老林)作为对照。由于次生林形成前的土地利用类型、干扰强度、次生裸地条件、裸地与繁殖体传播距离及次生林恢复或演替的时间不同，次生林的群落特征有所不同。因此，难以对次生林演替或森林恢复的变化轨迹与趋势给出确定性的预测(Guariguata et al.，2001)，但可按照次生演替序列和过程，来分析次生林的群落特征和环境特点。

次生林演替和森林恢复可分为早期植物繁殖体迁入及定居，然后林冠逐渐郁闭、物种丰富度和生物量增加，最后达到与原始林或老林物种组成、胸高断面积和生物量等相似的阶段(Guariguata et al.，2001)。一般来说，次生林群落的树种组成在一定程度上由喜光阳性和速生先锋树种构成。在次生林形成的早期，以喜光阳性树种为优势树种，同时树种的萌芽力强、耐樵采，或具有结实量多、传播力强、发芽迅速和抗逆性等特点，但树种因土壤中存在的种子库和周边保留植被的种子扩散定居状况的不同而不同。演替早期的次生林密度较高，胸高断面积较小，林冠的高度较低，冠层较为均匀，林窗较少(Guariguata et al.，2001)。随着演替的进展，由于喜光阳性树种不能在郁闭的森林群落下更新，阳性树种逐渐被耐阴树种替代，植物种类逐渐增加、胸高断面积和林冠高度增大、冠层分异明显、林分结构复杂，开始出现林窗，表现出与原始林相似的树种组成和结构特征。

(2)次生林的群落环境　对于次生林来讲，影响植物繁殖体迁入、种子萌发、定居、生长和竞争等群落演替过程的环境因子主要有光照条件和土壤性质。由于人为或自然的干扰，次生林在形成早期，光照充足且强度大，林内外温差加大，土壤蒸发加速，多年积累的死地被物迅速分解，地表径流增加，腐殖质层变薄或消失，土壤容重增大，土壤有机质、土壤碳和总氮含量下降，土壤有效性养分增加，气候和土壤条件趋向干旱(Guariguata et al.，2001)。随着演替的进行，林冠逐渐郁闭，林下光照减弱，成为林下植物生长和更新的限制因子。到演替后期，林窗出现，林下光照强度呈现一定的异质性，林窗下的光照增强，有利于林下植物生长和更新。土壤养分(有机碳、总氮、总磷等)随次生林演替的变化，总体上呈增加趋势，但因森林类型、土壤类型和过去土地利用类型与强度的不同而不同，有的土壤养分则没有较大的变化。群落环境的变化与群落结构变化密切相关，进而影响植物的生长、群落生物量及其分配、群落生产力和养分循环。

1.1.3　次生林的经营管理

1. 森林经营管理方式的转变和次生林经营管理的目标

(1) 森林经营管理方式的转变　森林的经营管理是指为实现林权所有者或经营者的目标，整合森林培育技术措施、经济分析和社会需求(Bettinger et al., 2009)的决策及组织经营活动实施的过程。与其他自然资源管理相似，森林经营管理开始从可持续的产品向可持续的生态系统转变，即经历了木材的永续利用、最大可持续产量的多目标经营、生态系统管理等阶段(沃科特等，2002)。

森林经营管理早期以提高木材等林产品供应水平和自然资源开发利用为主要目标。到20世纪70年代，环境决定论走向成熟，人们认识到木材采伐导致生物多样性减少和环境退化等问题，开始注重保护、调节和限制自然资源的利用，提出森林多效益和多功能经营。20世纪90年代，生态系统的概念受到广泛关注，美国提出生态系统管理的概念，森林经营管理更加关注生态系统状态，目的是维持土地生产力，保护生物多样性、生态系统功能过程和景观格局(沃科特等，2002)。因此，森林经营管理在保证木材生产的同时，更多的是保护森林生态系统的生物多样性，维持生态系统生产力、养分循环和水文学等功能过程的完整性，提升森林在产品供给、支持、调节和文化等方面的生态系统服务水平。

(2) 次生林经营管理的目标　次生林经营管理是在认识次生林群落结构特征、演替动态和森林植被恢复过程中群落结构变化的基础上，根据林分特征和立地条件、社会经济状况，按照生态系统的功能过程，科学评估次生林生态系统服务，确定经营管理目标，制定具体的经营管理措施。但是，由于森林生态系统的复杂性、功能多样性和经营长期性，在众多的森林经营管理目标中，不可能把所有预期目标(如产品、生物多样性和生态系统完整性)都维持在一个最高的水平，决策过程中要考虑森林生态系统状态和功能过程，也要考虑社会价值判断，进行多目标之间的权衡。

亚热带次生林主要分布在边缘山区和河流两岸，立地条件较差，山坡陡峭，土壤瘠薄。从亚热带次生林形成、群落结构和生态系统功能来看，次生林承担的功能与以生产木材为主的人工林不同，次生林经营管理的主要目的是保护生物多样性和维持生态系统功能的完整性，特别是维持土壤肥力和涵养水源。当森林恢复到一定程度，可适度提供一定的木材、薪柴和非木质林产品(如食用菌和中药材)等。森林经营管理的目标因次生林特征和所处地区社会经济条件(交通、劳力、产品销路等)的不同而存在一定的差异。

2. 次生林经营管理的措施

在充分认识次生林群落结构特征、演替动态、干扰过程、功能过程的基础上，采取合理的经营管理措施对次生林进行经营管理是实现森林可持续经营必不可少的途径。模拟森林演替和干扰过程，实施近自然的森林经营管理是目前森林经营管理的一种趋势。但是，制定具体经营管理措施，必须考虑次生林特征、立地条件和社会经济条件，确定经营目标和经营类型，然后提出具体的经营管理措施。次生林经营管理的措施主要有以下 3 个方面。

(1) 封山育林　主要在交通不便和经营水平不高的地区，具有一定植被恢复能力的地段，采用自然恢复的封山育林措施，恢复森林植被。封山育林包括全封、半封和轮封 3 种，其中全封是在封山区内禁止一切人为活动；半封是在保障林木不受破坏的前提下，允许在一定的季节内在封山区开展破坏性较小的生产活动；轮封则将林分区划成若干小区，间隔一定年限轮流封育。在封山期内禁止一切人为活动，开禁时则允许在一定季节内进行破坏性较小的生产活动。

(2) 抚育间伐　该经营管理措施是在森林恢复较好、郁闭度在 0.7 以上的次生林中，根据次生林演替动态，确定间伐对象和强度，通过间伐来改善群落环境，促进次生林更新或林木生长以提高林分质量。次生林群落垂直结构可分为更新层、演替层和主林层。更新层的高度与当地林内的灌木层高度基本一致，在 2m 以下；自 1～2m 开始至主林层的冠层下限为演替层；最上面为主林层。可根据更新层、演替层和主林层的树种分布及数量，确定抚育间伐目标，从而选择间伐对象。如考虑次生林的更新时，可间伐部分主林层的林木，形成林窗；为促进林木生长和提高林分质量，可选择主林层部分生长不良的林木进行间伐。

(3) 林分改造　该经营管理措施是在立地条件差、林木生长不良的次生林中，通过人工补植造林，调整树种组成和增加林分密度，提高次生林质量。林分改造对象包括灌丛、疏林、生长衰退的萌生林和天然更新不良的残次林。改造措施主要根据林分密度和分布状况，全面或局部(群团状或带状)地伐除一些林木，栽植或补植目的树种，形成针阔混交林或阔叶林。

1.2　森林生态系统的结构特征、功能过程与服务

在生态系统尺度上，次生林的基本属性包括物种组成、结构和功能过程等方面，其中物种组成是指次生林中植物、动物和微生物等物种的种类及其所占比例，反映森林的生物多样性；结构是指次生林中生物个体水平上大小的数量分布、个体空间分布特征(集聚或均匀)和不同物种之间的物质与能量的传递关系；功能过程是指森林生态系统生产力形成、养分循环和水文循环等过程(Franklin et al., 2002)。本节主要介绍森林生态系统结构和功能过程的相关概念及意义。

1.2.1　森林生态系统的结构特征

1. 森林生态系统的结构要素和类型

结构是系统组成要素及其相互之间的关系。目前，森林结构分析已从过去仅研究活立木的数量关系向研究多种结构、各系统组成要素的数量关系发展，把林冠层特征、枯死木数量和分布、动物栖息场所等内容均纳入系统结构要素来进行分析。同时，也开始从仅分析森林群落结构中植物组成结构向森林生态系统中植物、动物和微生物之间的营养关系和结构研究方面转变，并考虑森林生态系统中生产者(植物)、消费者(动物)、分解者(微生物)之间的能量流动和物质循环。这些研究内容转变的原因是森林结构的研究目标已开始更多地关注生物多样性和生态系统的功能过程。因此，根据分析森林生态系统结构所考虑的组成要素，森林生态系统结构可划分为不同的类型。

(1) 森林群落结构

1) 森林组成结构：主要是分析森林群落的物种组成及其数量关系，不考虑这些物种和

林木的空间位置及其相互作用，也称为非空间结构。在林业上，进行传统的森林群落组成结构分析时，主要考虑胸径大于 4cm 的活立木，结构特征指标包括树种的种类、密度、显著度、频度和重要值，各树种平均胸径、平均树高和基径断面积，胸径和树高分布特征，林龄结构等。

为了深入研究森林群落的生物多样性和生态系统的功能过程，森林组成结构要素不仅包括活立木，还包括大直径活立木、大直径活枝、冠下层群落、地表植物群落、枯立木、枯倒木、拔起树根和有机质层等，结构特征指标有树种组成、密度、大小、分解状态、洞穴数量、土壤有机质的化学和物理特性等(Franklin et al., 2002)。

2)森林空间结构：主要分析森林群落中植物个体水平和垂直空间的分布特征。近年来，在大样地调查的基础上，根据植物个体水平空间位置的坐标数据，用空间统计分析方法研究植物个体的空间分布格局，如聚集分布、均匀分布和随机分布，进而分析不同植物个体之间的空间分布和相互作用关系，同时把这些空间结构与土壤环境条件、林木更新和种子扩散等特征结合起来进行分析，揭示群落构建和生物多样性维持的机理。森林空间结构分析考虑了森林结构的异质性，不同于传统林业在林分定义中对森林结构同质性的要求(Franklin et al., 2002)。

(2)森林生态系统结构　与森林群落结构不同，森林生态系统结构的组成要素包括植物、动物、微生物和非生物环境，生态系统从环境中获得能量和物质，并在系统要素之间传递，然后释放归还给环境(Chapin et al., 2011)，能量流动和物质循环把森林生态系统组成要素连接起来，构成森林生态系统结构。森林生态系统结构特征指标有植物、动物、微生物的种类和数量，非生物环境(如水、大气和养分)的供应状态，各生物组成之间的关系，如食物链和食物网等营养结构特征。

2. 森林生态系统结构分析的作用

森林生态系统的结构决定生态系统的功能过程，也是认识和管理生态系统的基础，分析森林生态系统的结构特征具有以下 3 个方面的作用。

(1)作为反映不同森林生态系统功能的间接指标　森林生态系统结构指标较为容易获得，当缺乏森林生态系统功能(如生产力和水文学过程)和生物多样性(如动物及栖息地)等相对难以直接测定的指标数据时，可通过分析森林生态系统结构来反映不同森林生态系统的功能和生物多样性的特征差异。例如，研究森林涵养水源和保持水土功能时，可用叶面积指数反映森林生态系统的林冠截留功能，用地面凋落物和枯死木的数量反映固土保肥功能；在分析动物和微生物多样性时，可用枯死木的数量、树干洞穴数量、林冠结构复杂性来比较不同森林生态系统的动物和微生物的多样性(Alamgir et al., 2016)。

(2)分析森林群落动态和生物多样性的维持机理　森林群落组成结构和空间结构特征可用来分析森林群落动态和生物多样性的维持机理，已有科学家在热带(Chave et al., 2002)和温带(Iwasa et al., 1995)用空间格局分析生物多样性的维持机理，提出了生态位和随机扩散(Hubbell, 1997)等假设。空间格局也可用来解释物种共存机理。例如，聚集分布减少种间竞争、促进共存(Seidler et al., 2006)。群落结构和空间格局源于不同因素及过程，竞争促进随机分布向均匀分布转变(Getzin et al., 2006)，环境异质和干扰促进聚集分布(Hou et al., 2004)。为了研究森林群落结构和多样性的维持机理，20 世纪 80 年代陆续开展了森林大样地监测，

1981～1987 年在巴拿马 BCI、马来西亚 Pasoh 和印度南部 Mudumalai 热带雨林建立了 50hm^2 的大样地。随后，在美国史密森热带森林研究中心(CTFS)的倡导下，陆续建立了 34 块面积为 16～52hm^2 的大样地，制定了大样地的调查标准。我国与 CTFS 合作，于 2004 年开始在长白山、古田山、鼎湖山和西双版纳建立了大样地，目前形成了我国大样地研究网络，在森林群落动态和生物多样性维持机理研究方面取得了一系列研究成果(马克平，2017)。

(3) 调整森林结构来实现森林经营管理目标　森林生态系统结构影响森林产品(如木材)、功能过程和生态系统服务，除施肥改变土壤肥力和养分供应外，森林结构调整是重要的森林经营措施，森林经营目标主要通过对森林结构的调控来实现(Franklin et al.，2002)。由于次生林结构较为复杂，干扰和自然演替过程在森林动态变化过程中具有重要作用，因此在深入了解森林结构的动态变化过程基础上，建立完整的森林结构动态变化模型(模式)，模拟自然过程对次生林进行科学经营，可充分发挥次生林生态系统的功能和达到保护生物多样性的目的。

1.2.2　森林生态系统的功能过程

过程是导致生态系统中各组成成分的状态变化、各成分之间相互作用和相互影响的运动或反应，包括物理过程、化学过程和生物过程，如光合作用、呼吸作用、土壤侵蚀和草食动物的取食等。功能是基于各过程的有序连接，生态系统所完成的特定任务或达到的预期目标，如物质循环和能量流动。生态系统的功能和过程密不可分，有时相互交换使用，在这里我们把功能和过程作为一个概念进行描述。因此，森林生态系统的功能过程是指能量、物质和信息在植物、动物、微生物和无机环境(土壤、岩石、水、大气)等 4 个主要组成成分中贮存、转换或转移、输入和迁出的过程，从而实现能量流动、物质生产、养分循环和信息传递等功能。

在生态系统中，贮存能量和物质的组成部分称为库(pool)，各组成部分之间物质和能量的转换、迁移称为流(flow 或 flux)。其中，物质包括碳、氮、磷、水和其他一些化学物质(Chapin et al.，2011)。由于能量的贮存、转换与有机物质(主要是碳水化合物)生产、积累和迁移紧密相连，同时也涉及碳贮存和碳循环过程。因此，将能量流动、生产力和碳循环 3 个内容放在一起描述。森林生态系统的功能过程从生产力及碳循环、养分循环、水文学过程等 3 个方面进行研究。

1. 生产力及碳循环

(1) 生产力的有关概念

1) 生产力：森林生态系统生产力(productivity)是指单位时间内、单位面积上生态系统某一组成成分(植物、动物或微生物)固定能量或生产有机物质的总量，可分为植物的初级生产力、动物和微生物的次级生产力，一般用重量(干重)、碳量或能量作为单位，如 t/(hm^2 · a①)、t C/(hm^2 · a) 或 cal②/(m^2 · a)。

考虑能量和碳在各组成成分之间转移时，存在能量以热能、碳水化合物以 CO_2 的形式向生态系统外环境释放的过程，描述这些过程涉及以下概念，如生态系统总初级生产力(GPP)，即单位时间内、单位面积上的植物通过光合作用，固定有机物质、贮存能量的总量。总初级

① a. 年

② 1cal≈4.184J

生产力减去单位时间内、单位面积上的植物呼吸(光呼吸、植物生长和组织维持呼吸)量后的剩余量，即净初级生产力(NPP)。净初级生产力减去单位时间内、单位面积上的动物呼吸(包括土壤微生物呼吸)量后的剩余量，即生态系统净生产力(NEP)。生态系统净生产力减去干扰(火)、迁移量[如水溶性有机碳(DOC)]后的剩余量，即生物圈净生产力(NECB)。

2)生物量：生物量(biomass)为一定时期内单位面积上有机物质的干重，反映了该时期内生态系统净生产力的积累总量。生物量是研究森林生态系统结构和功能的最基本数据，是在分析组成成分的比例和结构、计算养分贮量和循环速率时不可少的数据。同时，生物量是碳水化合物和能量贮存的数量，在研究森林碳汇功能、森林作为再生能源时，测定森林生物量是一项基础性工作。

(2)森林生态系统生物量和生产力的构成及影响因素

1)生物量和生产力的构成：森林生态系统生物量和生产力的构成是指它们在不同组成成分的分配情况，包括乔木层、下木层、凋落物、消费者和土壤 5 个组成部分的有机物质贮量及固定速率。就生物有机体而言，乔木层的生物量最大，生产力也最高。但从整个生态系统的碳贮量来看，土壤的碳贮量最高，约为地上部分的 2 倍。受环境条件和林分特征的影响，生物量和生产力的构成将发生变化。

2)生物量和生产力的影响因素：在区域尺度上，森林生物量和生产力受温度、降水量和蒸发量等气象因子的影响，呈现一定的地带性规律。在北半球，随纬度增加或同一纬度随海拔增加，水、热条件逐渐成为林木生长的限制因子，森林生物量和生产力呈下降的趋势。生物圈植被净第一性生产力与年平均温度、年平均降水量相关的 Miami 模型，与年蒸发量相关的 Montreal 模型和与年净辐射相关的 Chikugo 模型，分别描述了森林生物量和生产力的全球分布格局(Leith et al.，1976)。

在林分尺度上，立地条件、树种组成、林龄和森林演替动态等要素影响森林生物量及生产力。就相同林龄而言，立地条件好、生长较快树种的森林生物量和生产力较高。随着林分年龄的增加，沿着森林演替或恢复过程，森林生物量的变化呈“S”形增长曲线，生态系统净生产力呈抛物线变化。在幼林阶段或森林演替早期，由于采伐或干扰后，消费者分解采伐剩余物，生物量下降，生态系统净生产力小于 0。随着林木的生长，生物量和生产力不断增加，林冠郁闭时森林生物量和生态系统净生产力达到最大值，然后森林生物量在一定时期内维持稳定的状态。由于维持林木已有组织的呼吸消耗量不断增加，生态系统净生产力开始下降。

3)生物多样性与森林生物量、生产力的关系：由于对生物多样性、全球气候变化和生态系统服务的关注，生物多样性与生态系统功能之间的关系是当今生态学研究的前沿和热点问题。许多研究表明，随着生物多样性的增加，生态系统功能(如生产力、凋落物分解和养分循环、水文学过程)(Loreau et al.，2001；Cardinale，2012)、生态系统服务(Gamfeldt et al.，2013)和稳定性(Leuschner et al.，2009；Isbell et al.，2011)增强。

目前，关于生物多样性对生态系统生物量和生产力影响方面的研究较多(Tilman et al.，2001；Zhang et al.，2012)。无论草地生物多样性控制试验(experiment)还是森林生态系统野外观测(observation)，生物多样性与生产力之间关系的研究结果不一致，存在正相关(Roscher et al.，2005；Cardinale，2012)、不相关甚至负相关(Grace et al.，2007)的关系。总体上来看，营造混交林或维持树种多样性可提高生物量和生产力，即“超产”(overyielding)现象。

超产现象的解释机理包括“选择效应”(selection effect)和“互补效应”(complementary

effect)(Brassard et al.，2011)。其中，“选择效应”是指在多个树种组成的森林中，如果是由产量较高的树种组合在一起，将导致生物量和生产力高于树种少的森林；“互补效应”是指树种间生态位分离或促进作用，资源利用互补导致生物量和生产力的增加(Brassard et al.，2011；Jacob et al.，2014)。在分析生物多样性对森林生物量和生产力的影响时，还要考虑立地条件、树种组成、林龄和经营措施(Pretzsch，2005)。这些结果将为森林生物多样性保护、生态系统服务提升和森林可持续经营提供科学依据。

(3)森林生态系统生物量和生产力的测定方法　森林生态系统生物量和生产力的测定方法有收获法、转换参数估算法、CO_2平衡法、遥感测定和模型模拟等。

1)收获法：收获法是在建立调查样地的基础上，选取样地内的部分或全部植物，进行分层切割、收获，测定各器官的鲜重，采集各器官的样品，测定各器官的含水率，然后计算各器官的干重和单株植物的生物量，最后用统计方法计算林分和生态系统的生物量。根据两个不同取样时段内的生物量差和年凋落物量，可估算出森林生产力。

用收获法计算森林生物量时，通常要建立相对生长方程(allometric equation)，即以胸径、树高及其组合变量作为自变量(x)，以各器官或组成部分的生物量为因变量(y)，用幂函数、多项式、指数方程等拟合测定数据。目前，多数研究以幂函数 $y=ax^b$ 为主，建立相对生长方程。如果以胸径为自变量，拟合的幂函数参数 b 接近 8/3。为使测定数据具有正态分布和拟合的齐次性，选择样木测定生物量时，要考虑不同胸径、树高大小分布状况，拟合前对数据进行对数转换，用线性方程进行拟合，但用来估算生物量时要考虑转换带来的误差。由于林木各器官生物量之间存在整体性，如枝、叶、干的生物量之和等于地上部分生物量。地上部分与地下部分生物量之和等于整株林木的生物量，可考虑用相容性叠加模型来拟合参数(Xiang et al.，2015)。

根据不同树种建立相对生长方程可以提高森林生物量估算的精度，特别是一些珍稀树种和经济价值较大的树种。但由于亚热带次生林的物种多样性较高，不可能建立每个树种的相对生长方程。按照树种功能组，将木材密度等功能特征(functional trait)指标引入方程中，建立树种功能组的通用相对生长方程，为没有相对生长方程的树种和区域尺度的森林生物量的估算提供有效途径(Xiang et al.，2015)。

2)转换参数估算法：用收获法测定生物量是一项劳动力投入较大且破坏性较强的工作。因此，一些研究用森林资源调查数据(如蓄积量)和转换参数来估算生物量。森林生物量估算的转换和扩展过程分为 3 种途径(Muukkonen，2007)：一是将林分蓄积量转化为树干生物量，然后扩展为地上部分生物量；二是将林分蓄积量扩展为地上部分总体积，然后转化为地上部分生物量；三是根据蓄积量与生物量之间的回归方程，直接将林分蓄积量转换为地上部分生物量，再根据根冠比，估算地下部分生物量。

生物量估算参数包括生物量转换因子(biomass conversion factor，BCF)和生物量扩展因子(biomass expansion factor，BEF)。转换因子有木材密度(wood density，WD)，扩展因子有冠茎比、根冠比等。大量研究表明，转换参数的值因森林类型、林龄、林分密度、立地条件的不同而变化。因此，以林龄、林分蓄积量和各器官生物量为自变量，以生物量估算转换参数为因变量，构建蓄积量估算生物量的方程，可提高估算的精度。

3)CO_2平衡法：CO_2平衡法是根据生态系统与大气环境之间的碳平衡反映植物光合作用与植物、动物和微生物呼吸之间的平衡，用气室方法测定整体生态系统或生态系统各组成部分的碳交换速率，从而测定森林生态系统净初级生产力(NPP)。该方法分为整体生态系统碳平衡(whole-system balance)和封闭式小气室(small-chamber enclosure)两种途径(Aber et al., 2001)。其中，整体生态系统碳平衡途径将森林作为一个整体，测定森林林冠界面的 CO_2 平衡，包括大圆柱气箱(giant cylinder)测定、林冠界面空气动力学分析法(aerodynamics analysis of the boundary layer)、涡度相关法(eddy covariance method)等。封闭式小气室将生态系统分为树叶、树干、土壤等部分，分别选取代表性的部位安装小气室，根据各气室 CO_2 交换速率，测定叶片的光合速率、叶片和其他器官呼吸速率、土壤的呼吸速率，从而计算森林生态系统生产力。

4)遥感测定：遥感作为一种新的手段，可获得林分到区域等不同尺度的遥感数据，根据这些数据来估算森林生物量与生产力(Wang et al., 2014)。遥感数据估算森林生物量和生产力可分为两个方面。第一个方面是光谱特征数据。由于植物光合作用是植被生产力形成的重要生理过程，树冠层的叶面积指数和生物化学成分是森林碳获得量的决定因素。植物对太阳辐射的吸收、反射、透射及其辐射在林冠内和大气中的传递，以及影响植被生产力的生态因子，可以与卫星接收的信息建立一定的解析式，用不同光谱的遥感数据推算森林生物量或生产力。第二个方面是激光雷达(lidar)数据。利用地面车载或空中机载激光雷达，获得关于林木冠幅、冠高、树干高度或胸径方面的点云数据，采用一定的数据转换，计算单株林木冠幅、树干、胸径，然后用建立的相对生长方程，计算林木和林分的生物量(Jucker et al., 2017)。遥感测定的森林生物量和生产力数据需要地面测定数据进行验证。

5)模型模拟：森林生物量和生产力模型可分为三大类，第一类是林木生长量的统计模型，它根据样地调查的数据，建立相关因子间的回归统计关系，来描述不同立地条件、不同密度森林生产量随时间的变化趋势。该模型只需胸径、树高、冠幅等测树因子随时间和立地变化的数据，就可以建立模型，模型很容易被森林经营管理者接受和使用，但不能了解全球气候、水、养分等因子变化对生产力的影响和生物产量形成的生理过程。第二类是林隙模型，它根据林分内林木的定居、生长和死亡情况，建立物种组成变化和生物量动态模型，如 JABOWA 模型。第三类为基于过程的机理性模型，其原理是森林生长的生理过程及环境因子相互作用对生理过程产生影响。它是目前生态学研究的一个热点，典型的模型有 MAESTRO、BIOMASS、FOREST-BGC、BEX、LINGAGES、CENTURY 和 PnET 等(Landsberg et al., 1999)。

2. 养分循环

按养分循环涉及的范围，森林生态系统养分循环分为 3 种类型，即生态系统之间养分转移的地球化学循环，生态系统内部的养分输入、输出及各组成成分之间养分转移的生物地球化学循环，植物体内养分回收(resorption)的生物循环。养分循环的元素分为大量元素(N、P、K、Ca 和 Mg)和微量元素，不同养分元素之间的循环特征存在较大的差异(Chapin et al.,2011)。

(1)养分循环的主要过程　生物地球化学循环包括外界对系统的养分输入，林木对养分的吸收、贮存、回收和归还，凋落物分解，土壤矿化，系统的养分输出等过程。其中，养分输入途径有气象输入(大气的湿沉降和干沉降)、土壤岩石风化和植物固氮作用等。气象输入中大气干、湿沉降是养分输入的重要来源，特别是 N 和 S。我国在 20 世纪 90 年代前，与林木对养分的需求量相比，养分的气象输入量较少。例如，森林植被对氮的年吸收量为

(55±27) kg/hm^2，而氮的年平均气象输入量为 9.8kg/hm^2，约为植被吸收量的 18%。近年来，由于人类活动的增加，特别是化石燃料的大量使用，大气氮年沉降量达到 30.0kg/hm^2 (Liu et al.，2017)，目前还呈增加趋势，对森林生长和物质循环产生的影响将是关注的重要内容。风化将土壤岩石中的养分释放为林木可利用的状态，它是除氮元素外其他元素(如磷元素)输入的主要途径。

除植物叶片吸收少量养分外，植物主要通过根系从土壤中吸收养分。土壤溶液中养分通过扩散(diffusion)、集流(mass flow)和根系截流(root interception)3 个过程到达根系表面，根系通过主动运输吸收土壤溶液中的养分，然后移送到木质部，再经过韧皮部输送到生产和贮存的地方，供林木利用，维持新组织生产(Chapin et al.，2011)。植物对养分的吸收受植物的养分需求和土壤养分供应状况的影响。当养分限制植物生长时，植物吸收更多的养分，当养分超过植物需求时，养分吸收速率下降。森林中植物吸收的养分主要依靠林木的循环归还。林木归还给土壤的养分包括雨水(穿透水和树干径流)淋溶、地上凋落物和地下根系归还等过程，其中地上凋落物和地下根系归还土壤后，需经过分解过程才能将养分释放给土壤，供植物吸收利用，凋落物和根系归还前存在部分养分向其他器官的转移。雨水淋溶归还的养分，可供植物直接吸收。在不同地域和不同树种间，凋落物的归还量和雨水淋溶归还的养分量表现出较大的差异。

森林生态系统养分输出主要通过径流输出和痕量气体(如 N_xO)释放离开该系统。径流输出量受降水、地质风化壳组成及森林植被状况的影响。东北白桦次生林 N、P、K、Ca、Mg 5 种养分的年径流输出量为 13.18kg/hm^2，华北油松人工林为 9.58kg/hm^2，会同杉木人工林为 8.80kg/hm^2，热带山地雨林为 14.64kg/hm^2。由于土壤岩石风化作用，Ca、Mg、K 在径流输出中所占比例较大。此外，微生物的硝化和反硝化过程使 N 以气体形式离开生态系统，这不仅造成 N 的损失，而且产生温室气体。就稳定的森林生态系统而言，养分输出量较少，但是采伐、炼山等活动会造成养分输出量的增加。

(2) 凋落物分解　凋落物分解是指枝、叶、根等植物枯死物及动物残体经过淋溶、破碎和化学改变转化为无机物质和 CO_2。凋落物分解不仅释放养分供植物再吸收利用，而且对土壤稳定有机碳的形成产生影响。其中，淋溶是通过雨水将凋落物中可溶解的有机物转移到土壤基质，供植物或微生物吸收利用，或与土壤矿质元素发生反应，或以溶解状态离开系统。凋落物破碎主要是土壤动物将大块有机物裂解为小块有机物，为土壤动物提供食物来源，也为土壤微生物分解提供了更多的侵入面，土壤微生物(真菌、细菌)将凋落物分解为无机物。

凋落物分解过程分为 3 个阶段：第一阶段是可溶性物质的淋溶；第二阶段是凋落物破碎、微生物分解，主要是纤维素、半纤维素的分解；第三阶段是分解作用的产物(主要是微生物产物和木质素)进入土壤，与矿质土壤混合在一起，发生化学改变(Chapin et al.，2011)。分解过程中凋落物在某一时间 t 的残留量 W_t 可用指数方程进行描述。

$$W_t = W_0 e^{-kt}$$

式中，W_0 为凋落物初始重量；k 为凋落物分解系数。

凋落物分解受凋落物底物质量(C、P、N、木质素和纤维素的含量)、分解微生物和非生物条件(如气候条件和土壤理化性质)等因素的影响。在区域尺度，气候条件(如温度、降水)起主导作用。在林分尺度，底物质量和微生物群落特征是控制凋落物分解和养分释放的主要因子。

凋落物分解和养分释放通常采用分解网袋法进行测定。即选取一定数量风干的凋落物样品，装入有一定大小网眼的尼龙网分解袋(大小为 25cm×25cm)内，将分解袋放置到野外林地，与土壤充分接触，上面盖上凋落物。定期取回分解袋带回实验室，分开凋落物样品，烘干后测定干重，分析 C、N、P 等养分的含量。在凋落物分解试验中，可制作不同大小网眼的分解袋，研究土壤动物对凋落物分解的影响。用 $HgCl_2$ 杀死分解袋中的微生物，通过对比分析微生物在凋落物分解中的作用，也可用高通量的分子测序，分析凋落物分解过程中微生物群落特征。具体的样品数量、凋落物分解袋的数量等试验方案设计，需根据试验和研究的目的来确定。

(3)生态化学计量和养分回收利用策略　生态化学计量(ecological stoichiometry)是研究生理、生态系统功能过程中碳元素与其他元素之间的相互作用，以及它们之间的相互作用对物质循环、物质在各营养级之间传递产生的影响。生态化学计量为研究森林生态系统中各养分元素的需求平衡对生物生产力、养分循环和食物网动态的影响提供了一种新的研究技术，使生物学从细胞到生态系统等不同层次的研究能够有机地统一起来。

生态化学计量可应用于生态系统比较分析、消费驱动的养分循环、生物的养分限制、碳循环、森林演替与衰退、生态系统养分需求与限制平衡等(曾德慧等，2005)。生态化学计量表明有机物质中养分元素维持一定的比例关系，如全球森林生态系统植物叶片 C：N：P 相对稳定，比值约为 1212：28：1。植物叶片中 N/P 可供判断植物受何种养分的限制。当 N/P<14、N 含量低于 20mg/g 时，受 N 限制；当 N/P >16、P 含量低于 1.0mg/g 时，受 P 限制；当 14<N/P<16 时，受 N 和 P 的共同限制。叶片 N/P 受植物和土壤养分状况的影响，也与树种生活史、气候条件、演替阶段等多种因素有关。另外，叶片 N/P 还间接反映了凋落物质量，影响凋落物分解过程。

为适应土壤养分供应状况，生态系统在演替早期或土壤养分较为丰富时表现为开放的养分循环(open nutrient cycle)策略，演替后期或养分缺乏时表现为保守的养分循环(conservative nutrient cycle)策略。在封闭的保守养分循环策略中，养分回收是一个重要的过程，即凋落前植物将养分从衰老组织向其他部分转移，供新的组织利用。养分回收被认为是与养分吸收同等重要的植物生理功能，回收能力强的植物将减少植物对土壤养分有效性及根吸收养分的依赖，它也反映了植物个体对环境适应的养分利用策略和竞争力。

植物养分回收能力用回收效率(resorption efficiency)和回收度(resorption proficiency)两个常用参数表示。回收效率是植物从凋落组织中回收的养分占总养分的比例，一般认为在贫瘠的生境中，植物具有较高的养分回收效率，但一些研究结果表明，养分回收效率与土壤提供养分能力的相关性不强。回收度为凋落组织中养分的浓度变化率，对土壤养分有效性变化的反应更加敏感，且不同生活型物种的养分回收度不同，通常表现为常绿植物>落叶植物>禾本植物>豆科植物。在自然选择条件下，植物更倾向于控制凋落叶 N、P 的最小浓度，而不是从枯叶中转移的 N、P 百分比。养分回收与土壤养分可利用性、植物生活型、演替类型、叶片寿命等因素有关。目前，对贫瘠土壤、养分较为丰富土壤下植物之间的养分回收的比较研究较多，而对相似土壤和气候条件下不同树种之间养分回收特征的比较研究较少。

3. 水文学过程

森林生态系统水文学过程是指该系统中水分的分配和运动过程，包括降水、林冠对降水的再分配、蒸散发、土壤含水量、地表径流和地下径流的变化等。另外，水文学过程中还存在水质(养分、有机物质和金属元素)的变化，其中养分变化与养分循环有关，污染有机物质、重金属元素与水环境、水质有关，这里仅描述水量的变化。

(1)林冠截留、穿透水和树干径流　大气降水到达林冠层后，被分为林冠截留、穿透水和树干径流 3 个部分(Barbier et al.，2009)。林冠截留对降水再分配进而影响生态系统水分配格局和水量平衡，穿透水和树干径流改变降水冲击林地表面土壤的能量，从而影响地表径流产生的过程、径流量和径流发生次数(马雪华，1993)。

林冠截留包括枝叶湿润、林冠截留饱和与林冠截留蒸发等 3 个过程(马雪华，1993)。影响林冠截留的因素有降水特征、林冠结构和天气状况等。林冠截留量与降水量存在正相关，有的为线性关系，即

$$I=aR+b$$

式中，I、R 分别为林冠截留量和降水量；a、b 为常数；aR 为降水过程中被蒸发的降水量；b 为降水过程停止后枝叶蓄持的水量。有的林冠截留量与降水量为幂函数关系。林冠截留量还受降水强度的影响，一次性降水在一定范围(最大截留量)内，林冠截留全部降水量，超过该值后，与降水强度呈幂函数关系。主要原因是强度大的降水加剧了树枝的晃动，使已拦截的降水以冠滴的形式到达地面，从而降低了林冠截留量。不同森林类型的林冠截留能力不同，森林的林冠截留率达 20%～50%(Amatya et al.，2016)。

林内穿透水量与林冠截留量相反，随降水量的增加而直线增加，并受林冠枝条分布形状和林分密度的影响，当林木枝条下垂时，林冠将降水量更多地引为穿透水，枝条向上直立时则相反。穿透水动能的研究是了解森林生态系统控制水土流失的重要内容。树干径流占总降水量的比例很小，随降水量和降水强度增大而增加，与林冠结构特征、林木的平均胸径、树皮的吸水能力等因素有关(Barbier et al.，2009)。

林外降水量用安装在空旷地的自记雨量计进行测定，包括降水量和降水过程。林内穿透水的测定是在样地内设集水槽，槽口出水处连接到自记雨量计，连续记录林内降水的过程。树干径流的测定是在样地内根据林木径级和冠幅大小的分布状况，选择样株，用塑料管蛇形缠绕树干，集水出口处用塑料桶收集，测定树干径流量。然后用水量平衡法计算林冠截留量，即

$$I_{\mathrm{p}}(\text{林冠截留量})=p(\text{林外降水})-T_{\mathrm{p}}(\text{林内穿透水})-S_{\mathrm{f}}(\text{树干径流量})$$

林冠截留率为林冠截留量占林外降水量的百分比。

(2)蒸散发　蒸散发包括林冠截留和凋落物截留的水分蒸发、土壤表面的物理蒸发、植物生理蒸腾 3 个部分(Amatya et al.，2016)。森林蒸散发连接生态系统的能量、水文和碳平衡。全球森林的平均蒸散发量约为 600mm，占降水量的 60%～70%(Amatya et al.，2016)。蒸散发量与树木种类和树叶数量(叶面积)有关，并受土壤水分状况和太阳辐射的影响，通常表现出一定的季节性变化特征。森林经营活动(如间伐、采伐)、土地利用方式转变(森林变为农用地)、自然干扰(林火、风倒、雪压、病虫害)等降低林冠的作用，使森林蒸散发下降。

土壤水分蒸发用大孔径蒸发皿测定。植物蒸腾测定的方法有称重法、截干法和径流速率法等。其中，径流速率法应用最为广泛，包括放射性同位素示踪法、染色法、热脉冲法、热扩散探针法、热平衡法和核磁共振图像扫描法等。热扩散探针法具有时间分辨率高、对植物

破坏小、野外操作方便及连续自动监测等优点。森林蒸散发量的估算有水量平衡法、水通量测定和模型模拟等方法(Amatya et al., 2016)。

(3) 土壤水分　降水经过林冠再分配后部分进入林地表面，渗入土壤的水分，受土壤固体物质对水分的吸附和水分分子之间的相互吸引作用，由重力、分子吸力和毛管力保持在林地土壤中的水分，即土壤水分(马雪华，1993)。土壤水分供植物根系吸收，也运输溶解的养分，在维持土壤温度、通透性方面具有重要的作用。

土壤水分状况是指水分在土壤剖面中存在的数量和周期性动态变化。土壤水分数量用土壤水分含量(%)和土壤蓄水量(mm)表示。土壤中水分是不断变化的，土壤水分的运动(如渗入、毛管水上升、蒸发、扩散和地下水运动等)影响水分的变化(马雪华，1993)。土壤水分变化受气象因子(如辐射、温度、空气湿度等)、森林类型及特征(如树种组成、林分密度、林龄)、地表枯枝落叶层的状况、土壤特性(如质地、容重、孔隙度、渗透率等)和地形的影响。目前，除用烘干法测定土壤含水量外，可用安装在野外的土壤水分自动监测仪测定土壤水分的变化。

(4) 径流输出　森林生态系统中的降水在重力的作用下，在地表与地下汇集，流出系统出水断面的水流，称为径流。径流一般根据测流堰的水位、水的流速进行测定。降水进入林地表面到水流流经出水断面的物理过程，称为径流过程。径流过程分为产流和汇流两个子过程(徐宗学，2009)。

进入林地表面的水分，通过下渗进入土壤或积蓄在地表的洼地，或形成径流。径流又分为地表径流、壤中径流和地下径流。其中，地表径流分为超渗地表径流与饱和地表径流。当降水强度大于土壤下渗能力时，形成地表积水、填洼，随着降水继续进行，开始产生地表径流，即超渗地表径流；当降水强度小于土壤下渗能力时，雨水渗入土壤中，当水分超出土壤持水能力时，随降水继续进行，形成地表径流，即饱和地表径流。入渗到土壤中的水分达到饱和后，在一定条件下，部分水分沿坡面在土壤中侧向流动，形成壤中径流。入渗水分下渗到地下水面，以地下水的形式沿坡面流出断面，形成地下径流(徐宗学，2009)。各过程的数量大小、发生的时间和空间、历时长短因降水特征、地表特征和森林类型的不同而存在较大的差异。

在森林生态系统中，经过林冠对降水的分配、枯枝落叶的持水作用、林木蒸腾及土壤渗透功能的改善，一般地表径流量较小，地下径流季节性变幅低，具有降低和延缓洪峰作用，土壤侵蚀量和径流泥沙量较小。森林生态系统中水分的输入与输出相等构成水量平衡，不同地带、森林类型和尺度上的水量平衡关系不同。森林对水文学过程具有一定的调控作用，这种调控后的水分平衡反过来影响林木的生长和林分特征。

(5) 水文学过程尺度效应和模型模拟　森林水文学过程存在较大的时空异质性，可以在林木叶片气孔蒸腾、林冠蒸散发、生态系统水文学过程和平衡、集水区、小流域到全球水分平衡等不同尺度水平上进行研究。各尺度上的研究结果和参数难以应用到其他的尺度上，结果比较存在尺度转换问题。同时，水文学过程与能量平衡、养分循环、碳循环(生产力)之间相互连接，存在耦合作用。因此，在了解各水文学过程和机理的基础上，建立数学模型模拟和预测水文动态变化，是水资源利用、流域管理和揭示森林生态系统功能的有力工具。

根据建模原理，水文学模型分为经验模型和机理模型，经验模型适用于森林水文生态过程、植物水环境排序与预测、植物对水文学过程的影响等，如 Rutter 模型、Gash 模型、Dalton 模型、DCA 模型、Philip 模型等。机理模型适用于水文平衡要素测定、生态与水文耦合过程模拟与预测、植被水文生态效应分析，如 Penman-Monteith 模型、Horton 模型、透水系数模型、Pattern 模型、MARIOLA 模型、FOREST-BGC 模型。

根据变量的确定性，水文学模型分为随机模型和确定性模型，随机模型用于水文与生态过程的随机性模拟、参数与要素模拟，如 Monte Carlo 模型、马尔可夫模型；确定性模型用于土壤水流、河川径流运动与土壤侵蚀、溶质迁移过程、植被对河川径流的影响，如 Poiseuille 模型、Laplace 模型、Manning 模型。

根据空间离散程度和分辨率的大小，水文学模型分为集总式模型、半分布式模型和分布式模型。其中，集总式模型将整个流域作为一个均质的单元；半分布式模型将子流域或某一块作为均质单元；分布式模型分为很多的异质单元(徐宗学，2009)。由于分布式模型用严格的数学物理方程表达水循环过程，参数和变量充分考虑空间异质性，在模拟土地利用、面源污染和流域管理方面具有明显的优势(徐宗学，2009)，可模拟土壤-植被-大气间物质能量传输过程、区域气候-径流-植被与土壤侵蚀之间的相互关系、不同自然条件下土壤水分-溶质传输过程，如 SWAT 模型、HYDROM 模型、SWIMV2.1 模型、SHE 模型、SCS 模型、SPAC 模型、系统动力学模型、HYDRROM 模型等。

1.2.3 森林生态系统服务

1. 生态系统服务的概念及分类

(1)生态系统服务的概念　生态系统服务(ecosystem service)是指生态系统所形成和维持的赖以生存和发展的环境条件与效用，为人类直接或间接从生态系统得到的各种惠益(李双成等，2014)。生态系统服务是人类赖以生存和发展的重要基础，从净化水源到缓解水土流失，从食物供给到气候调节，从提供美丽景色到娱乐身心，生态系统服务为人类生活提供了各种需求。可见，生态系统服务更多地具有社会属性，反映人类对服务的评价、需求和利用(Grunewald et al.，2015)。

(2)生态系统服务的分类　联合国千年生态系统评估(millennium ecosystem assessment，MEA)(2005)将生态系统服务归纳为供给服务、调节服务、文化服务和支持服务 4 类。其中，供给服务包括生态系统为人类提供各种产品，如食物、燃料、纤维、清洁水源、能源等再生的生物资源。调节服务包括生态系统调节气候、维持空气质量、调节洪水、调控疾病、控制土壤侵蚀、净化水质等。文化服务是指生态系统可以提供给人们美学、精神(愉悦、心智和游憩)、知识和教育方面的主观感受。支持服务是指生态系统生产和支持其他服务的基础功能，如养分循环、土壤形成、初级生产、提供栖息地等。

2. 森林生态系统服务评估方法

生态系统服务的分析通常涉及评估(evaluation)，把科学发现或实物转换为人类驱动的价值类型。生态系统服务评价方法可分为 3 种：景观尺度上生态系统服务供给-需求评估，自然资产的经济评估，参与式的情景分析法(Grunewald et al.，2015)。

(1)景观尺度上生态系统服务供给-需求评估　这是一种基于生态学、自然科学的专家定量评价方法，它评估不同土地利用类型支持生态系统功能、提供生态系统服务和确定生态系统服务需求的方法。该方法利用评估矩阵把相对的、非货币化的生态系统服务供给或需求与不同的地理空间单元(土地利用类型)连接起来。例如，以土地利用类型为 y 轴，生态系统服务为 x 轴，按 0～5 的相对分数描述生态系统服务能力的大小。通过相互关系分析，可以看出不同土地利用类型的生态系统服务供给、需求的分布格局，从而判断生态系统服务供给-需求、潜力-实际服务流之间的差异(Grunewald et al.，2015)。

(2) 自然资产的经济评估　生态系统服务可变为经济产品(如食物、水和游憩等)或获得经济价值(如提供惠益、稀缺性)。生态系统服务的经济评价是评估总经济价值(total economic value)。生态系统的各种惠益分为使用价值和非使用价值，其中使用价值分为直接使用价值、间接使用价值和选择价值，非使用价值分为存在价值(existence value)和遗产价值(bequest value)。

评价直接使用价值的方法有市场价格法、替代法、意愿支付法、旅行成本法等。评价非使用价值的方法有选择性分析法和恢复成本法，如对非使用价值的偏好或留给后代使用的遗产价值，可采用意愿支付法和选择性分析(Grunewald et al.，2015)。

(3) 参与式的情景分析法　情景分析是基于变化的驱动因素及其相互作用，分析和预测生态系统服务与人类福祉在未来的情况，并提出人们如何通过干预(intervention)适应这些变化，该方法为不同学科人员合作建立了一个框架来研究社会-环境问题(Grunewald et al.，2015)。可由专家单独进行情景分析，也可以在各利益群体的广泛参与下进行。采用的方法有故事描述形式的定性分析、模型模拟的定量预测。在情景分析和评估过程中，不同利益相关者相互合作，参与决策制定，不仅可以增加对参与者的影响，而且使评估结果更具有社会可接受性和实用性。

3. 森林生态系统服务协同权衡

生态系统服务协同权衡(trade-off)是指多个服务之间的相互关系和连接，某些服务之间相互变化关系有的是正面的，有的是负面的(Grunewald et al.，2015)。例如，供给服务增加，生物多样性和调节服务降低。生态系统服务权衡涉及 4 个方面：现在收益和未来成本之间的时间尺度上权衡，某一地点收益和另一地点成本之间的空间尺度上权衡，某些群体收益和其他群体损失之间的收益群体的权衡，某一服务提升和其他服务减少之间的服务要素的权衡。生态系统服务协同权衡研究是深入理解生态系统服务机理和制定生态管理策略的关键。

生态系统服务协同权衡可用模型如 InVEST、SWAT，在林地、景观和区域等多个尺度，对生物多样性保育、木材等产品供给、固碳增汇和水土涵养等生态系统服务进行模拟和定量制图分析。也可以用基于“服务簇”和布尔网络对生态系统服务协同权衡关系的空间格局和时间动态进行定量分析，采用典型相关分析和矩阵迭代方法，对协同权衡的驱动机制进行分析。

1.3　亚热带次生林结构与土壤特征研究方案

全球气候变化和生物多样性丧失是当今世界面临的两大环境问题。森林生态系统具有生物多样性保育、固碳增汇、保土培肥、涵养水源等多种功能。我国亚热带地区水热条件优越，森林类型多样，生物资源丰富，是生物多样性的关键地区之一。同时，这些森林多分布在主要流域的上游，维系着流域的生态安全。由于长期的人类生产和经营活动，该区域的地带性植被常绿阔叶林多转变为次生林和人工林。其中，次生林汇集众多植物，树种组成结构复杂。对次生林群落结构、森林生物量和碳吸存能力、土壤养分转化和驱动机制进行深入研究，可为评价亚热带次生林生态系统的功能过程及其在全球气候变化、生物多样性保护中的作用提供科学依据，也为该地区天然林保护和恢复提供技术支撑。

1.3.1　研究背景和目标

1. 次生林结构和功能过程的研究背景

(1) 次生林生物多样性维持机理问题　森林可持续经营备受国际关注，一些发达国家相继提出近自然林业经营，加强对天然林的保护，在充分认识森林生态系统结构、功能及变化动态的基础上进行生态系统经营。次生林是人类活动干扰后自然更新演替的森林群落，其恢复经历早期树种迁入定居、中期林木竞争和对环境的适应、后期林隙更替等过程。天然林保护和经营应根据森林经营目标，模拟自然演替过程进行经营，逐步实现生物多样性、功能过程与生物调节的恢复。

森林群落中树种组成、结构和空间格局是由干扰、更新策略、竞争和生境异质性共同作用的结果，具有一定的随机性。如何利用这些相互作用机理实现树种共存和维持生物多样性，是生态学研究面临的热点问题。因此，研究次生林群落树种组成、结构和空间格局等，对揭示树种共存机理、预测演替趋势和制定经营管理、生物多样性保护措施具有重要的科学意义。

(2) 次生林生态系统功能提升问题　过去对自然资源过度开发，加上经济发展和人口压力，导致我国森林资源质量不高，生态系统功能退化。针对生物多样性减少、水资源短缺、水土流失和沙漠化严重等生态问题，我国政府十分重视林业生态建设，实施了天然林保护等林业生态工程，在改善生态环境、保护生物多样性和提高生态系统功能等方面取得了显著成效。为了满足木材生产、生态建设的多种目标，应对森林进行分类，采用精准、精细的经营方式，提高森林资源质量，提升生态系统功能。除通过人工造林和增加森林面积外，还应加强现有森林经营和保护，特别是提高次生林质量和生态系统功能。因此，对次生林结构、生物多样性维持机理及关键生态功能过程进行深入了解，可为建立不同森林类型的生态系统功能恢复技术模式、构建生态系统功能综合评估体系提供理论依据。

(3) 次生林经营与应对气候变化问题　随着国际气候变化框架协议的实施，估算森林生物量和评价森林碳汇功能是一项重要的内容。根据测树因子(胸径、树高)与各器官生物量之间的关系，建立相对生长方程，是估算森林生物量较为有效的方法，它可用于森林资源清查数据转换参数的确定，以及模型模拟和遥感估算结果的验证。目前，许多国家和区域(如北美、欧洲)建立了主要树种的相对生长方程，对已建立的相对生长方程进行汇编。为了积累树种生物量测定原始数据和相对生长方程，还建立了全球生物量相对生长方程数据库(Henry et al., 2013)。

我国开展了主要树种的相对生长方程汇编工作(冯宗炜等，1999；Cheng et al., 2014)。但亚热带地区建有相对生长方程的树种主要是杉木、马尾松，其他树种的相对生长方程较少。

由于我国亚热带次生林中树种较多，建立每个树种的相对生长方程较为困难。因此，一方面要有各树种林木生物量测定数据积累、建库和数据共享；另一方面可以根据树种功能特征，建立树种功能组的通用相对生长方程(Xiang et al., 2015)。此外，森林土壤碳库约占陆地总土壤有机碳的 70%，但人们对亚热带次生林土壤固定碳过程及碳库动态缺乏机理性认识，对森林恢复演替和经营如何影响土壤性质、土壤碳、氮贮量及其转化过程等方面的研究较少，这些内容是亚热带森林生态系统研究亟待加强的方面。

2. 研究目标

亚热带次生林主要分布在偏远山区，交通困难，建立样地和开展研究极不方便。同时，次生林的树种丰富，结构复杂，空间异质性强，研究的工作量大，需要不同学科之间协同研究。与杉木、马尾松等一些树种的人工林相比，次生林结构和生态系统功能研究方面的基础研究数据较为缺乏。目前，对亚热带次生林群落分类、分布、林分非空间结构、土壤养分和持水能力的生态效益评价进行了研究。但对群落生物多样性、空间分布格局、土壤环境异质性、森林演替恢复趋势及其对生态系统功能影响等内容缺乏深入系统的研究。因此，对亚热带次生林结构和生态系统功能过程的研究，主要有 4 个方面的目标。

(1) 搭建亚热带次生林长期定位研究平台　根据次生林恢复演替过程，建立恢复早期、中期、后期 3 个不同恢复阶段次生林的长期观测样地各 1 块，每个次生林的样地面积为 $1hm^2$。按照大样地的技术要求完成样地建设。在样地内建立径流平衡场，安装林外雨、林内雨、壤中流、测流堰等观测设施。

(2) 积累基础研究数据　将每个样地划分为 100 个 10m×10m 小样方，小样方四角建立永久性标桩。对样地内胸径大于 1.0cm 所有植株的树种、树高、胸径和冠幅进行调查，每株植物标号、挂牌，绘制林木位置及水平空间分布图。在各小样方中心，分层采集土壤样品，测定样品的碳、氮、磷含量和理化性质。选择次生林的 7 个优势树种，测定各树种不同径级样木的各器官及组分生物量。获得次生林植物群落、土壤特征和林木生物量等方面的基础数据，建立数据库，通过双方协商、签订协议后，可进行数据共享。

(3) 次生林群落结构和土壤养分特征研究　这是近期的研究目标，主要分析不同恢复阶段次生林的群落结构和林木空间分布格局，揭示植物多样性维持机理。研究次生林恢复过程中植物多样性变化及其对森林碳贮存、土壤养分特征的影响。

(4) 次生林生态系统功能过程研究　这是长期的研究目标，主要监测次生林群落结构动态变化，研究次生林生态系统碳循环、养分循环、水文学过程等功能，分析生物多样性和全球气候变化对生态系统功能过程的影响，揭示次生林结构和生态系统功能调控机理，为我国亚热带天然林恢复、保护和经营提供技术支撑。

1.3.2 主要研究内容

1. 科学问题

(1) 次生林树种相互作用及植物多样性维持机理　主要是明晰不同恢复阶段次生林群落的基本特征，分析众多植物汇集在一起的空间格局和相互关系，揭示树种共存的机理，总结次生林群落特征随森林恢复过程的变化及其驱动因素。

(2) 次生林恢复过程生态系统功能演变格局　主要明确次生林恢复过程中森林生物量、

碳贮量及其分配格局，分析森林恢复对土壤碳库、养分转化、水文学过程的影响，解析不同恢复阶段次生林段养分限制特征和养分循环利用策略。

(3) 生物多样性与生态系统功能(biodiversity and ecosystem functioning，BEF)的关系　主要验证随植物多样性增加森林生物量是否存在“超产”现象，研究植物多样性与生态系统功能关系的形成机理。连接地上和地下生物多样性，分析生物多样性对土壤碳和养分积累特征的影响、反馈作用，量化各影响因子的贡献率。

2. 亚热带次生林的主要研究内容

(1) 亚热带次生林群落结构特征　研究亚热带不同恢复阶段次生林的树种组成、数量特征、非空间结构(胸径、树高分布)。分析次生林的植物多样性、空间格局(林木空间分布)，揭示森林群落结构动态变化特征、物种共存和植物多样性维持机理，量化生态位理论和中性理论对植物多样性形成的贡献。

(2) 次生林主要树种相对生长的尺度演绎特征和林分生物量　建立亚热带主要树种各器官生物量与胸径、树高、冠幅及其组合变量之间的相容性生物量相对生长方程，分析各树种相对生长关系的一致性和差异性，研究相对生长尺度演绎特征，为精准计量亚热带阔叶林生物量和碳贮量提供有效途径；利用建立的相对生长方程，估算不同恢复阶段次生林生物量，研究恢复过程中树种多样性变化对次生林生物量的影响，验证“超产”假设，从选择效应、互补效应及其他环境因子等方面分析“超产”的驱动机制。

(3) 次生林土壤特征及空间异质性　研究不同恢复阶段次生林土壤理化性质、酶活性，分析土壤有机碳及其活性有机碳库变化特征，凋落物层，土壤碳、氮、磷化学计量特征。研究土壤碳、氮、磷含量的空间异质性，探寻影响空间异质性的因素，明确植物-土壤反馈作用、不同影响因子的贡献率及其不同养分之间的差异性。

(4) 次生林养分的生态化学计量特征和养分循环　研究不同恢复阶段次生林优势树种叶片养分的生态化学计量特征，分析不同恢复阶段树种的养分限制和利用策略。测定土壤不同形态氮(如溶解有机氮、铵态氮、硝态氮和微生物氮)转化过程和速率，研究不同森林土壤氮的截获能力。从养分回收和凋落物分解，验证森林恢复过程中养分循环从早期“开放循环”向后期“保守循环”转变假设，总结亚热带次生林养分循环的变化特征。

1.3.3　研究思路和方案

1. 研究思路

本研究分两根主线来进行。第一根主线是按照亚热带次生林恢复过程，选择恢复早期的马尾松-石栎(*Lithocarpus glaber*)针阔混交林、中期的南酸枣落叶阔叶林、后期的石栎-青冈(*Cyclobalanopsis glauca*)常绿阔叶林，同时选择以杉木人工林为对照(图 1.2)，建立长期定位研究样地。主要研究次生林恢复对树种组成、结构、森林生物量、土壤养分特征、养分利用策略和水文学过程的影响。建立监测亚热带阔叶林生物多样性、评价碳吸存和水文循环等生态系统功能的技术体系，为我国亚热带天然林保护工程实施的生态效益评价、生物多样性维持和区域生态建设提供科学依据。

图 1.2　亚热带森林恢复过程中 4 种森林树种组成、土壤变化示意图(次生林结构与干扰、恢复有关)(见彩图)

第二根主线是借鉴同质园(common garden)试验设计方法，把马尾松-石栎针阔混交林、南酸枣落叶阔叶林和石栎-青冈常绿阔叶林的 3 个样地分别分为 100 个小样方，每个小样方作为一个试验处理(图 1.3)。由于森林中树种之间的相互作用、植物-土壤之间的反馈需经过一定时间后才表现出来(Leuschner et al.，2009)，从每个样地中选择小样方，构成植物多样性梯度，研究植物多样性对森林生物量、土壤养分等的影响，分析生物多样性与生态系统功能之间的关系。同时，考虑地形和土壤的空间异质性，用多元统计分析方法切割植物多样性和环境异质性对森林生态系统功能影响的贡献率。

2. 研究方案

(1)试验地点　在湖南省长沙县大山冲国有林场按森林恢复过程，建立 3 块次生林样地和 1 块杉木人工林样地，作为主要研究地点。在湖南省靖州苗族侗族自治县排牙山国有林场共设置 7 块面积为 120m^2 的调查样地，在样地中选择 7 个主要树种的样木，进行各器官生物量调查，建立相对生长方程。在湖南省会同县鹰嘴界自然保护区建立 1 块面积为 100m×80m 的次生阔叶林样地，分析森林的空间格局和树种之间的相互关系。

(2)样地设置和植物群落调查　在马尾松-石栎针阔混交林、南酸枣落叶阔叶林、石栎-青冈常绿阔叶林内分别设置 1hm^2 的样地，共 3 块。用全球定位系统(GPS)确定样地起测点的位置，罗盘仪勘定样地的边界，样地四角建立永久性标桩。将每个样地分成 100 个 10m×10m 小样方，小样方四角建立小标桩。同时，建立杉木林(30m×30m)样地 1 块。对样地内胸径大于 1.0cm 的所有植株进行调查，记录树种，测定树高、胸径和冠幅，对每株植物进行标号、挂牌，标示植物种类，绘制林木位置及水平、空间结构分布图。建立 24 个林下植被调查小样方，调查林下植物多样性、更新状况和生物量。

(3)土壤因子调查　在 3 个次生林样地内的每个 10m×10m 小样方中心位置，分 0～10cm、10～20cm、20～30cm 共 3 个土层采集土壤样品，测定土壤容重、质地、含水量，碳、氮、磷等养分含量。同时，在中心位置附近设 1m×1m 小样方分未分解、半分解和已分解 3 个类型测定凋落物生物量，采集样品，测定碳、氮、磷等养分含量。在 3 种次生林内采集土

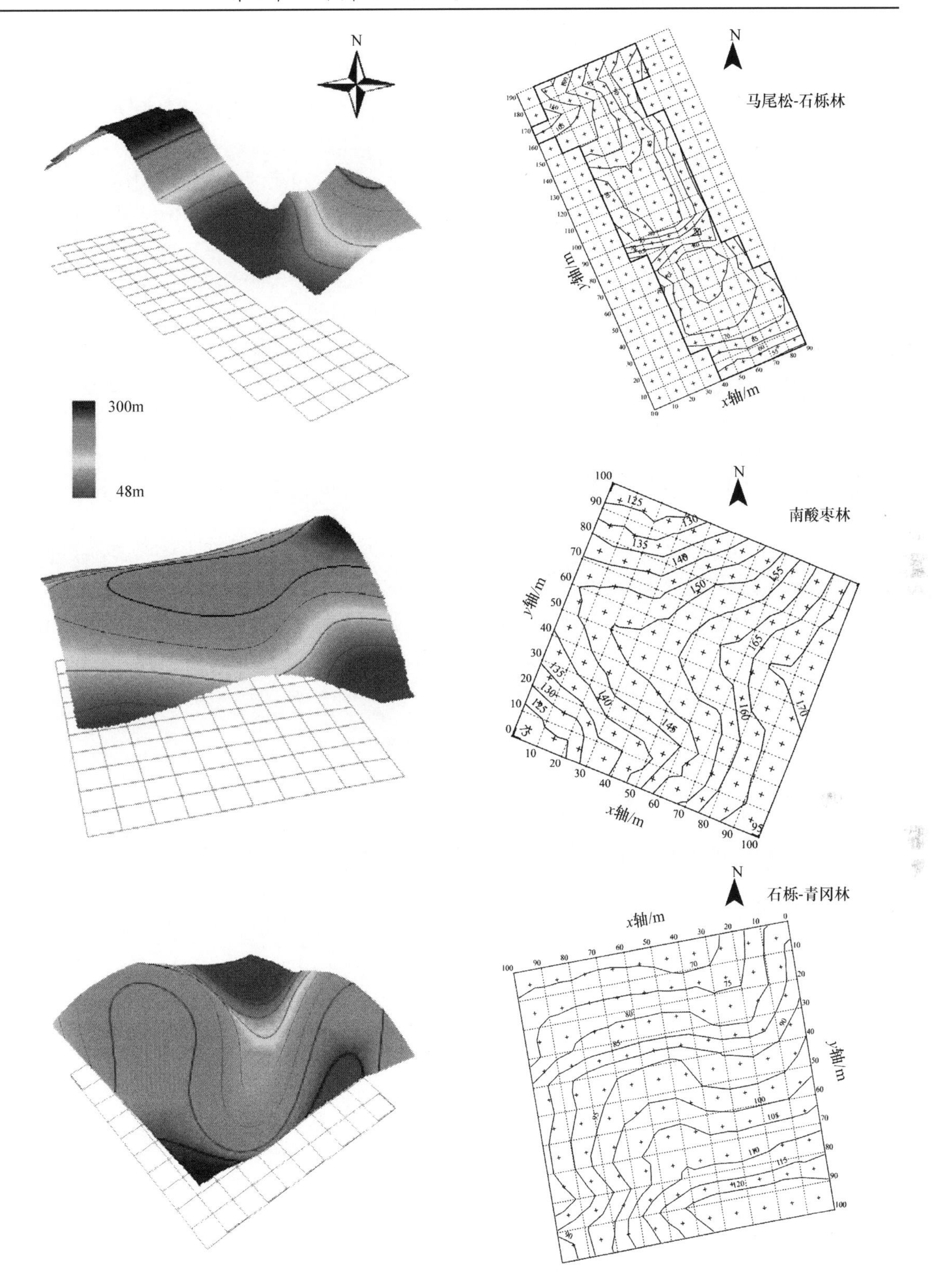

图 1.3　亚热带次生林植物群落调查和土壤取样的小样方分布图(见彩图)

壤样品，用靛酚染色法测定铵态氮，三氯钒试剂法测定硝态氮，三氯甲烷熏蒸法测定土壤微生物生物量碳、氮含量。采用室内和野外原位培养法，同位素 ^{15}N 稀释测定土壤氮转化总速率。

(4) 林木生物量调查　选择针叶常绿树种（马尾松）、落叶阔叶树种（拟赤杨、南酸枣、枫香）和常绿阔叶树种［豹皮樟（*Litsea rotundifolia*）、木荷（*Schima superba*）、青冈］共 7 个树种测定树木各器官生物量。根据样地调查的树木胸径、树高分布范围，在覆盖胸径大小范围内选取样木，采用收获法测定生物量。将林木沿地面位置伐倒后，用卷尺和轮尺测定树高（H）、第一活枝高（HB）、最下叶层高（HL）、树冠直径（R）、地表基部直径（D_0）、地上部分 0.3m 处直径（$D_{0.3}$）、胸径（$D_{1.3}$）和 1/10 树高处的直径（$D_{0.1}$），并记录这些测树指标。然后将地上部分树干连同枝、叶、果实，按分层切割法，在 1.3m、3.3m 及树干剩余部分 2m 为 1 个区分断处截开，树梢部分不足 1m 的作梢头处理，分别测定干、枝、叶和果实的鲜重，采集各器官组分的样品放入密封袋内。地下树根采用挖掘法测定生物量，以树桩为中心在 1.5m 半径范围内，每 10cm 进行挖掘，测定根桩、大根（1.0～3.0cm）、粗根（0.5～1.0cm）和小根（0.2～0.5cm）重量，采集各根级样品。所有的器官组分的样品带回实验室置于烘箱中（80℃）烘干至恒重，计算各器官干鲜重比和生物重。分别以胸径、基部直径、树高为变量，建立林木生物量相对生长方程。

(5) 径流场设置和水文学过程观测　在马尾松-石栎针阔混交林、南酸枣落叶阔叶林、石栎-青冈常绿阔叶林 3 种森林内各建立 10m×20m 的坡面径流平衡场，安装自记雨量计观测林外降水和林内降水，蛇形导管测定树干径流，土壤水分自动监测仪测定土壤水分，测流堰测定地表水。采集林外降水、林内穿透水、树干径流、土壤水、地表水等水样，测定总有机碳（TOC）和水溶性有机碳（DOC）、总溶解氮（TDN）、NH_4^+-N 及 NO_3^--N 等化学指标。

主要参考文献

陈大珂, 周晓峰, 祝宁, 等. 1994. 天然次生林——结构、功能、动态与经营. 哈尔滨: 东北林业大学出版社.

陈灵芝. 2014. 中国植物区系与植被地理. 北京: 科学出版社.

冯宗炜, 汪效科, 吴刚. 1999. 中国森林生态系统的生物量和生产力. 北京: 科学出版社.

李国猷. 1992. 北方次生林经营. 北京: 中国林业出版社.

李景文. 1998. 森林生态学. 北京: 中国林业出版社.

李双成. 2014. 生态系统服务地理学. 北京: 科学出版社.

马克平. 2017. 森林动态大样地是生物多样性科学综合研究平台. 生物多样性, 25(3): 227-228.

马雪华. 1993. 森林水文学. 北京：中国林业出版社.

沃科特 KA, 戈尔登 JC, 瓦尔格 JP, 等. 2002. 生态系统——平衡与管理的科学. 北京: 科学出版社.

徐学宗. 2009. 水文模型. 北京: 科学出版社.

云南大学生物系. 1980. 植物生态学. 北京: 人民教育出版社.

曾德慧, 陈广生. 2005. 生态化学计量学：复杂生命系统奥秘的探索. 植物生态学报, 29(6): 1007-1019.

郑度. 2008. 中国生态地理区域系统研究. 北京: 商务印书馆.

朱教君, 刘世荣. 2007. 次生林概念与生态干扰度. 生态学杂志, 26(7): 1085-1093.

朱忠保. 1991. 森林生态学. 北京: 中国林业出版社.

Aber JD, Melillo JM. 2001.Terrestrial Ecosystems. 2nd ed. San Diego: Academic Press.

Alamgir M, Turton SM, Macgregor CJ,et al. 2016. Assessing regulating and provisioning ecosystem services in a contrasting tropical forest landscape. Ecological Indicator, 64: 319-334.

Amatya DM, Williams TM, Bren L, et al. 2016. Forest Hydrology: Processes, Management and Assessment. Oxfordshire: CAB International.

Attiwill PM. 1994. The disturbance of forest ecosystems: the ecological basis for conservative management. Forest Ecology and Management, 63: 247-300.

Barbier S, Balandier P, Gosselin F. 2009. Influence of several tree traits on rainfall partitioning in temperate and boreal forests: a review. Annals of Forest Science, 66: 1-11.

Bettinger P, Boston K, Siry JP, et al. 2009. Forest Management and Planning. Amsterdam: Elsevier.

Brassard BW, Chen HYH, Bergeron Y, et al. 2011. Differences in fine root productivity between mixed and single species stands. Functional Ecology, 1: 238-246.

Cardinale B. 2012. Impacts of biodiversity loss. Science, 336: 552-553.

Chapin Ⅲ FS, Matson PA, Vitousek PM. 2011. Principles of Terrestrial Ecosystem Ecology. 2nd ed. Berlin: Springer.

Chave J, Muller-Landau HC, Levin SA. 2002. Comparing classical community models: theoretical consequences for patterns of diversity. American Naturalist, 159: 1-23.

Chazdon RL. 2014. Second Growth: the Promise of Tropical Forest Regeneration in an Age of Deforestation. Chicago: The University of Chicago Press.

Cheng Z, Gamarra JGP, Birigazzi L. 2014. Inventory of Allometric Equations for Estimation Tree Biomass—A Database for China. Rome: UNREDD Programme.

Chokkalingam U, de Jong W. 2001. Secondary forest: a working definition and typology. International Forestry Review, 3 (1): 19-26.

Corllet RT. 1994. What is secondary forest? Journal of Tropical Ecology, 10: 445-447.

FAO. 2000. On definitions of forest and forest change. Forest Resources Assessment Programme Working Paper 33. Rome: Food and Agriculture Organization of the United Nations.

FAO. 2016. Global forest resources assessment 2015. How are the world's forests changing? 2nd ed. Rome: Food and Agriculture Organization of the United Nations.

Franklina JF, Spies TA, Pelt RV, et al. 2002. Disturbances and structural development of natural forest ecosystems with silvicultural implications, using Douglasfir forests as an example. Forest Ecology and Management, 155: 399-423.

Gamfeldt L, Snäll T, Bagchi R, et al. 2013. Higher levels of multiple ecosystem services are found in forests with more tree species. Nature Communication, 4: 1340.

Getzin S, Dean C, He F, et al. 2006. Spatial pattern and competition of tree species in a Douglas-fir chronosequence on Vancouver Island. Ecography, 29: 671-682.

Grace JB, Anderson TM, Smith MD, et al. 2007. Does species diversity limit productivity in natural grassland communities? Ecology Letters, 10: 680-689.

Granzdon RL, Brancalion PSH, Laestadius L, et al. 2016. When is a forest a forest? Forest concepts and definitions in the era of forest and landscape restoration. Ambio, 45 (5): 1-13.

Grunewald K, Bastian O. 2015. Ecosystem Services: Concept, Methods and Case Studies. Berlin: Springer.

Guariguata MR, Ostertga R. 2001. Neotropical secondary forest succession: changes in structural and functional characteristics. Forest Ecology and Management, 148: 185-206.

Henry M, Bombelli A, Trotta C, et al. 2013. GlobAllomeTree: international platform for tree allometric equations to support volume, biomass and carbon assessment. iForest Biogeosciences & Forestry, 6:326-330.

Hou JH, Mi XC, Liu CR, et al. 2004. Spatial patterns and associations in a *Quercus-Betula* forest in northern China. Journal of Vegetation Science, 15: 407-414.

Hubbell SP. 2001. The unified neutral theory of biodiversity and biogeography. *In*: Levin SA, Horn HS. Monographs in Population Biology. Princeton: Princeton University Press: 448.

Isbell F, Calcagno V, Hector A, et al. 2011. High plant diversity is needed to maintain ecosystem services. Nature, 477: 199-202.

Iwasa Y, Kubo T, Sato K. 1995. Maintenance of forest species diversity and latitudinal gradient. Vegetatio, 121: 127-134.

Jacob A, Hertel D, Leuschner C. 2014. Diversity and species identity effects on fine root productivity and turnover in a species-rich temperate broad-leaved forest. Functional Plant Biology, 41: 678-689.

Jucker T, Caspersen J, Chave J, et al. 2017. Allometric equations for integrating remote sensing imagery into forest monitoring programs. Global Chang Biology, 23: 177-190.

Landsberg J, Coops NC. 1999. Modelling forest productivity across large areas and long periods. Natural Resource Modelling, 12: 383-410.

Leith H, Whittaker RH. 1975. Primary Productivity of Biosphere. Berlin: Springer-Verlag.

Leuschner C, Jungkunst HF, Fleck S. 2009. Functional role of forest diversity: pros and cons of synthetic stands and across site comparison in established forests. Basic and Applied Ecology, 10: 1-9.

Liu XJ, Xu W, Duan L, et al. 2017. Atmospheric nitrogen emission, deposition, and air quality impacts in China: an overview. Current Pollution Reports, 3(2): 65-77.

Loreau M, Naeem S, Inchausti P, et al. 2001. Biodiversity and ecosystem functioning: current knowledge and future challenges. Science, 294: 804-808.

Millennium Ecosystem Assessment. 2005. Ecosystems and Human Wellbeing Synthesis. Washington: Island Press.

Muukkonen P. 2007. Generalized allometric volume and biomass equations for some tree species in Europe. European Journal of Forest Research, 126(2): 157-166.

Perry DA. 1994. Forest Ecosystems. Baltimore: Johns Hopkins University Press: 649.

Pickett STA, White PS. 1985. The Ecology of Natural Disturbance and Patch Dynamics. Orlando: Academic Press.

Pretzsch H. 2005. Diversity and productivity in forests. *In*: Scherer-Lorenzen M, Körner CH, Schulze ED. Forest Diversity and Function. Ecological Studies, Vol 176. Heidelberg: Springer: 41-64.

Roscher C, Temperton VM, Scherer-Lorenzen M, et al. 2005. Overyielding in experimental grassland communities irrespective of species pool or spatial scale. Ecology Letters, 8: 419-429.

Seidler TG, Plotkin JB. 2006. Seed dispersal and spatial pattern in tropical trees. PLoS One, 4(11): e344.

Tilman D, Reich PB, Knops J, et al. 2001. Diversity and productivity in a long-term grassland experiment. Science, 294: 843-845.

Wang GX, Weng QG. 2014. Remote Sensing of Natural Resources. Boca Ratton: CRC Press: 399-458.

Xiang WH, Zhou J, Ouyang S, et al. 2016. Species-specific and general allometric equations for estimating tree biomass components of subtropical forests in southern China. European Journal of Forest Research, 135(5): 963-979.

Zhang YH, Chen HYH, Reich PB. 2012. Forest productivity increases with evenness, species richness and trait variation: a global meta-analysis. Journal of Ecology, 100: 742-749.

第 2 章　亚热带次生林植物组成、结构与区系特征

植物组成和结构作为植物群落最基本的特征，是植物群落的重要研究内容，也是植被生态学研究的基础(宋永昌，2001)。植物组成和结构不仅反映群落中物种之间的关系、环境对物种生存和生长的影响，也决定群落的性质和生态系统的功能过程(宋永昌，2001)。因此，植物群落结构是了解森林生态系统结构的关键内容(Sala et al., 1994; Tilman, 1994; Rees et al., 1996)。每个物种特有的分布及演化历史反映群落之间的历史渊源和空间联系，结合群落地理成分数量特征分析区系组成有利于揭示群落区系的基本特征(赵丽娟等，2013)，是深入了解其植被及生态系统的基础(姜汉侨，1980)。通过研究植物群落结构，认识和了解植物群落的分类和分布、对环境的适应性、更新演替动态等(宋永昌，2001)，可为揭示群落功能、植物多样性保护和植被恢复提供科学依据。

2.1　研究区概况和研究方法

中亚热带是我国森林受人类干扰最早和最为严重的地区之一。由于气候和生境条件的空间差异性，群落类型多样，物种组成不同，且群落演替阶段、种间关系也各不相同(宋永昌，2001；吴征镒，1980；陈灵芝，1995)。本研究采用空间代替时间的方法，选择不同恢复阶段的 3 种次生林群落：①马尾松-石栎针阔混交林；②南酸枣落叶阔叶林；③石栎-青冈常绿阔叶林。每个群落各建立 1hm^2 的长期监测样地，调查所有胸径≥1cm 的木本植物种类、大小等指标。根据详细的样地调查数据，研究不同恢复阶段次生林群落的树种组成、区系性质、结构特征和演替趋势等，从而进一步揭示亚热带次生林群落的构建及形成机理、更新演替动态和生态系统功能。

2.1.1　研究区概况

1. 自然条件

本研究在湖南省长沙县大山冲国有林场(北纬 28°22′58″～28°24′58″，东经 113°17′31″～113°19′08″)进行。该林场位于长沙县路口镇，地处幕连九山脉中支连云山山脉的余脉，林场南北长 3.5km，东西宽 2.8km，总面积 419.4hm^2，地势东北高、西南低，海拔 52.0～228.0m。该区属中亚热带湿润大陆性季风气候，年均气温 16.5℃，1 月平均气温 5.2℃，7 月平均气温 28.0℃，极端最高气温 39.0℃。年日照时数 1560.0h，全年无霜期 275d，年平均降水量 1420.0mm，降水多集中在 4～6 月，占全年降水的 50.0%以上；年蒸发量 1382.2mm；年平均降雪日数 8.8d，降雪厚度通常不到 10.0cm。区内成土母岩主要为青灰、灰绿色的板岩、砂板岩、粉砂质板岩等，地带性土壤为红壤(赵丽娟等，2013)。

2. 森林植被

根据《中国植被》的分区(吴征镒，1980)，大山冲国有林场地处中亚热带典型常绿阔叶林北部植被亚地带的三峡、武陵山地，栲类(*Castanopsis* sp.)、润楠(*Machilus* sp.)林区。在《湖南植被》的森林植被分区系统中，该区植被属于湘中湘东山丘盆地栲楣林、马尾松林、黄山松(*Pinus taiwanensis*)林、毛竹(*Phyllostachys edulis*)林、油茶(*Camellia oleifera*)林及农田植被区的幕阜、连云山山地丘陵植被小区。

该研究区的地带性植被为常绿阔叶林，由于过去人为干扰，原生植被已受到破坏，现保存着大面积的人工林及次生林。已记录维管束植物1234种(含种下等级和部分栽培、外来野生植物)，隶属181科638属；其中，蕨类植物29科60属119种；裸子植物5科11属13种；被子植物147科567属1102种(双子叶植物134科446属896种；单子叶植物13科121属206种)。樟科、山矾科(Symplocaceae)、冬青科(Aquifoliaceae)、壳斗科、漆树科(Anacardiaceae)、蔷薇科(Rosaceae)、山茶科等为该研究区植物区系的表征科。这些科内的植物，如青冈、石栎、毛豹皮樟(*Litsea coreana* var. *lanuginosa*)、四川山矾(*Symplocos setchuensis*)、台湾冬青(*Ilex formosana*)、南酸枣、红淡比(*Cleyera japonica*)等是该研究区森林群落的建群种。

区内针叶林主要是马尾松林，群落高13m，林相整齐。乔木层伴生有枫香、南酸枣等落叶树种和杉木等。灌木层种类有格药柃(*Eurya muricata*)、油茶、檵木(*Loropetalum chinense*)、杜鹃(*Rhododendron simsii*)、白栎、野漆(*Toxicodendron succedaneum*)等，高2m，盖度达0.6；草本层盖度达0.75，主要种类为鳞毛蕨属(*Dryopteris*)、狗脊(*Woodwardia japonica*)、薹草属(*Carex*)等。

2.1.2 样地设置和调查

选择马尾松-石栎针阔混交林、南酸枣落叶阔叶林和石栎-青冈常绿阔叶林群落，分别设置1hm^{2}的样地，共3块样地，每块样地划分为100个10m×10m的样方，在样方的4个角用水泥桩做永久标记。

以样方为单位，对各样地内胸径(diameter at breast height, DBH)≥1cm的木本植物进行每木调查，调查指标主要包括每株植物的水平坐标、植物名称、胸径、树高、冠幅、活枝下高、生长状态和健康状况。

(1)水平位置(坐标)测定　以样方的起测点为原点，相互垂直的两条边界为x、y轴，记录样区内DBH≥1cm的树木个体的水平位置，即x、y轴值(图1.3)。

(2)植物名称　根据调查人员所掌握的植物分类知识，在样地调查时能够鉴别物种的，直接记录种名；对于不能确定名称的植株，采集植物标本并编号(与树号相同)，拍摄照片，查阅资料进行鉴定。

(3)胸径测定　在每个样方中，对所有DBH≥1cm的树木个体，记录种名，测量DBH，并在DBH测量处进行编号，挂牌标记。DBH是最主要且又易于测定的生长指标，需要对满足测定标准的每个个体都进行准确测定(图2.1a)。对于生长不规则的树木，测定DBH时，参照以下标准进行测定(方精云等，2009)。对生长于坡面上的正常个体，总是从上坡方向测定(图2.1b)；对于倾斜或倒伏的个体，从下方而不是上方进行测定(图2.1c)；如树干表面附有藤蔓、绞杀植物和苔藓等，需去除后再测定；如不能直接测量 DBH(如分叉、粗大节、不规则肿大或萎缩)，应在合适位置测量(图 2.1d)，测量点要标记，以便复查；胸高以下分枝的两个或两个以上茎干，可看作不同个体，分别进行测量(图 2.1e)；对具板根的树木，应在板根上方正常处测定(图 2.1f)，并记录测量高度；倒伏树干上如有萌发条，只测量距根部 1.3m 以内的枝条；极不规则的树干，应主观确定最合适的测量点，并标记和记录测量高度。

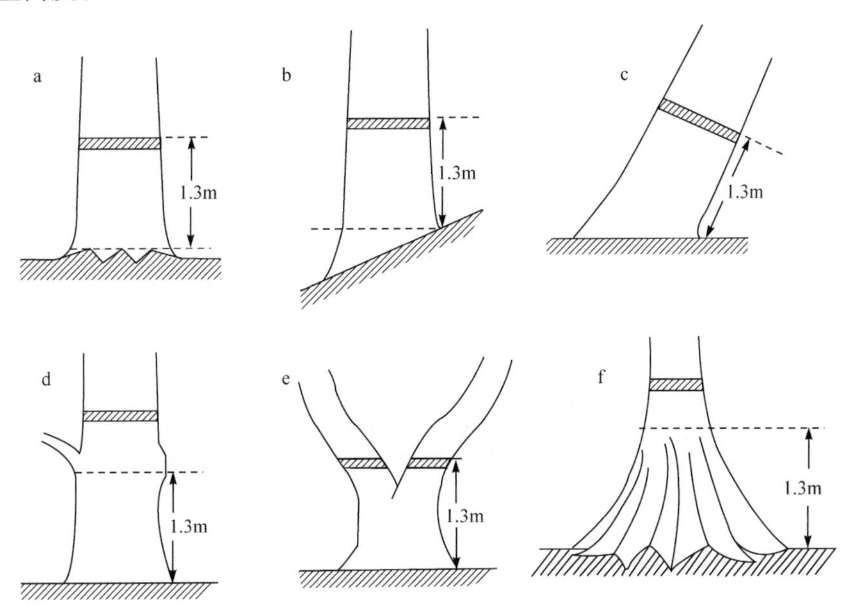

图 2.1　在不同干形情况下树木胸径测定位置的确定(方精云等，2009)

a. 平地上的树木；b. 坡面上的树木；c. 树干倾斜或倒伏的树木；d. 1.3 m 高处膨大的树木；e. 1.3 m 以下分枝的树木；f. 1.3m 高处不规则的树木

(4) 树高及活枝下高测定　　采用伸缩式测高器进行测量。

(5) 冠幅测定　　分别测量东西和南北两个方向上的平面投影距离作为冠幅指标。

(6) 生长状态　　确定所调查个体是否死亡及其站立状况，有倒伏、断梢、断干、枯立木、枯倒木、正常等 6 种备选状态。

(7) 健康状况　　根据其受病虫害的程度来判断，主要有健康、轻微受害、中等受害和严重受害等 4 种健康指标。

对于样地内胸径小于 1cm 和树高低于 1.3m 的木本植物和草本层，分别在 1hm^2 样地内均匀布设 16 个 5m×5m 和 16 个 2m×2m 的样方进行调查，测记植物名称、盖度、株数和平均高度，所有植物均鉴定到种。同时在 5m×5m 的样方内调查层间植物(DBH<1cm)的种类和数量。

2.1.3　数据分析

1. 植物群落特征分析

为了调查林分幼苗的更新状况，将 3 个样地内木本植物分为 DBH≥4cm 和 DBH≥1cm 两个数据集。分别统计 DBH≥1cm 数据集中每个物种的密度（density，D）、频度（frequency，F）、胸径、胸高断面积（cross-sectional area at breast height，BA）、树高（height，H）和重要值（important value，IV）等，公式如下：

$$\text{相对密度(relative density, RD)：} RD=D_i / \sum D_i \times 100 \quad (2.1)$$

$$\text{相对显著度(relative dominance, RM)：} RM=M_i / \sum M_i \times 100 \quad (2.2)$$

$$\text{相对频度(relative frequency, RF)：} RF=F_i / \sum F_i \times 100 \quad (2.3)$$

$$\text{种的重要值：} IV=(RD+RM+RF)/3 \quad (2.4)$$

$$\text{科的重要值(family important value, FIV)：} FIV=(RD\Delta+RM+RD)/3 \quad (2.5)$$

式中，D_i（密度）为物种 i 的个体数/样地面积；M_i（显著度）为物种 i 的胸高断面积/样地面积；F_i（频度）为物种 i 在样地内出现的小样方数占所有小样方数的比例；RDΔ（relative diversity）为相对多样性，指一个科的树种数占总树种数的百分比（赵丽娟等，2013）。

生活型划分：按照 Whittaker 的生长型系统标准对样地内植物进行生活型划分（宋永昌，2001）（表 2.1）。

表 2.1　次生林群落种类及生活型组成

样地	分类群	裸子植物	双子叶植物	单子叶植物	常绿乔木	落叶乔木	常绿灌木	落叶灌木	藤本
马尾松-石栎针阔混交林	科	3(14.29%)	18(85.71%)	0(0.00%)	8(38.10%)	8(38.10%)	7(33.33%)	4(19.05%)	0(0.00%)
	属	3(9.38%)	29(90.63%)	0(0.00%)	10(31.25%)	10(31.25%)	9(28.13%)	4(12.50%)	0(0.00%)
	种	3(7.32%)	38(92.68%)	0(0.00%)	16(39.02%)	12(29.27%)	9(21.95%)	4(9.76%)	0(0.00%)
南酸枣落叶阔叶林	科	1(3.33%)	28(93.33%)	1(3.33%)	7(23.33%)	13(43.33%)	7(23.33%)	13(43.33%)	0(0.00%)
	属	1(1.96%)	49(96.08%)	1(1.96%)	11(21.57%)	21(41.18%)	9(17.65%)	15(29.41%)	0(0.00%)
	种	1(1.43%)	68(97.14%)	1(1.43%)	19(27.14%)	23(32.86%)	10(14.29%)	18(25.71%)	0(0.00%)
石栎-青冈常绿阔叶林	科	3(10.34%)	25(86.21%)	1(3.45%)	12(41.38%)	12(41.38%)	6(20.69%)	8(27.59%)	2(6.90%)
	属	3(6.67%)	41(91.11%)	1(2.22%)	14(31.11%)	14(31.11%)	9(20.00%)	10(22.22%)	2(4.44%)
	种	3(5.08%)	55(93.22%)	1(1.69%)	20(33.90%)	17(28.81%)	9(15.25%)	11(18.64%)	2(3.39%)

注：括号内数据分别为占植物群落科、属、种的百分比

2. 群落区系分析

根据样地调查数据，我们整理出样地内 DBH≥1cm 的木本植物名录。科、属的地理成分类型采用吴征镒（1991）和吴征镒等（2003）对中国种子植物区系的研究成果进行划分和统计。查阅《中国植物志》和 *Flora of China*，了解植物种的实际地理分布范围，同时考虑种的生态习性、可能的迁移线路以及物种分布的主要影响因素等进行种的分布区类型划分，各分布型的范围和名称与属级相同。为了反映群落在亚热带森林群落区系中的典型代表性，特将中国特有种的分布区类型划分为“亚热带分布（15-1）”和“秦岭以南至热带分布（15-2）”两个亚型（样地内无全国广布型植物）：前者指的是局限分布在秦巴山以南至南岭山地的植物种，后者则是分布在秦巴山区至海南岛的植物种，其实质为亚热带分布类型向温带和热带延伸。在进

行区系分析时，在科、属、种 3 个水平上的分布区类型分别归类到相应的地理成分(分布型)，然后统计各地理成分的比例，最后总结出该群落的区系地理属性和特征。科、属的区系性质代表该群落在地质历史上的地理联系和渊源，而种的地理成分组成是群落区系性质最为直接的反映(刘昉勋等，1995)。因此，分析群落种的区系时，考虑种级地理成分在群落各垂直层次上的配置特征，通过统计种分区型在各高度层次中的个体数量，计算种分布型的重要值(areal-type important value, AIV)来体现。

$$AIV=(R\Delta+RM+RD)/3 \tag{2.6}$$

式中，RM 和 RD 的含义和计算方法同式 2.1 和式 2.2；RΔ为某一分布型的树种数占总树种数的百分比。

3. 胸径级划分

年龄结构是研究种群动态的重要特征，采用径级结构代替年龄结构进行分析(Xiang et al., 2013)。本研究参照亚热带森林相关研究(彭少麟，1996；达良俊等，2004；Xiang et al., 2013)，根据样地内植株胸径的具体组成情况，胸径统一以 4cm 为进阶划分胸径级：1cm≤DBH<4cm，4cm≤DBH<8cm，8cm≤DBH<12cm，…，DBH>44cm，依次以 4、8、12…44 等表示，分别统计 3 个群落所有个体和群落优势种群的径级结构，并绘制径级结构图。

4. 高度级划分

根据样地树高分布的实际情况，以 5m 为进阶划分为 3 个高度级描述群落垂直空间结构，并归属于 3 个垂直层次：下层(understory)，树高 H<5m；中层(midstory)，5m≤H<10m；上层(overstory)，H≥10m。

2.2　次生林群落植物种类的组成及数量特征

在 3 个次生林群落样地中，DBH≥1cm 的木本植物总计 91 种(含种下等级)，隶属于 40 科 64 属(表 2.1)。不同次生林群落的植物种类、数量及生活型组成明显不同，具体描述如下。

2.2.1　马尾松-石栎针阔混交林

马尾松-石栎针阔混交林样地中木本植物有 41 种，归属于 21 科 32 属(表 2.1)，分别占 3 个样地总科数、总属数和总种数的 52.50%、50.00%和 45.05%。其中，裸子植物有马尾松、杉木和柏木(*Cupressus funebris*)3 种，隶属于 3 科 3 属，分别占马尾松-石栎针阔混交林样地总科数、总属数和总种数的 14.29%、9.38%和 7.32%；双子叶植物是群落中种类最为丰富的类群，共 18 科 29 属 38 种，分别占该群落总科数、总属数和总种数的 85.71%、90.63%和 92.68%；该植物群落内无单子叶植物。

从生活型组成来看(表 2.1)，乔木种类在该群落中占有绝对优势，灌木种类次之，缺乏大型藤本植物。常绿木本物种数多于落叶木本，其中常绿木本 25 种，占样地总物种数的 60.98%，落叶木本 16 种，占 39.02%。

马尾松-石栎针阔混交林群落的物种数量特征表现为：DBH≥1cm 的木本植物密度为 5088

株/hm²，平均胸径 5.2cm，平均树高 5.4m，总胸高断面积 23.42m²/hm²(表 2.2)。马尾松胸高断面积 9.63m²/hm²，占群落总断面积的 41.13%，平均树高达 12.4m，在群落的上层占有绝对优势。但由于马尾松的密度(515 株/hm²)小于石栎(1739 株/hm²)，其重要值为 19.72%。石栎密度最大，占总株数的 34.18%，分布广泛，重要值最大，但小树较多，平均胸径和平均树高仅分别为 3.7cm 和 4.7m，其重要值与马尾松基本持平，为 20.00%。南酸枣仅 55 株，但多为大树，胸高断面积相对较高，相对显著度为 5.85%。该群落为天然次生林，乔木层伴生树种较多，主要有樟(*Cinnamomum camphora*)、青冈、枫香、南酸枣、杉木；灌木物种油茶、檵木、格药柃、红淡比密度较大，但胸高断面积小，除油茶相对显著度为 2.22%外，其他物种均小于 1%。草本层发育一般，盖度约 19.95%，平均高度 0.25m，主要有麦冬(*Ophiopogon japonicas*)、蕨(*Pteridium aquilinum* var. *latiusculum*)、铁芒萁(*Dicranopteris linearis*)、蕨状薹草(*Carex filicina*)等。

对 DBH≥4cm 的植物进行群落特征分析的结果表明，马尾松-石栎针阔混交林样地共有立木 1837 株/hm²，占 DBH≥1cm 木本植物总株数的 36.10%，胸高断面积的 94.23%(表 2.3)。南酸枣、樟和马尾松的平均胸径和平均树高较大，平均胸径分别为 20.2cm、15.1cm 和 14.5cm，平均树高分别为 13.9m、10.8m 和 12.5m。重要值最大的为马尾松 28.24%，其次为石栎 20.04%。与 DBH≥1cm 的数据集相比，样地中乔木树种密度均减小，其中石栎和青冈减小幅度相对较大，其他物种尤其是马尾松仅减少 1 株，但它们的重要值明显提高；灌木的密度减少显著，其中株数最多的为油茶，DBH≥4cm 的仅有 85 株，它们在群落中的重要值显著降低。10 个树种中，有 3 个为针叶树，其株数比例为 33.59%，重要值为 33.96%，7 个阔叶树种的株数占 66.41%，重要值达 55.36%。

表 2.2　马尾松-石栎针阔混交林 1hm² 样地 DBH≥1cm 植物群落特征

种名	拉丁学名	每公顷株数	胸径/cm		树高/m		断面积/(m²/hm²)	相对密度/%	相对频度/%	相对显著度/%	重要值/%
			均值	范围	均值	范围					
石栎	*Lithocarpus glaber*	1739	3.7	1.0～25.0	4.7	1.5～18.4	3.20	34.18	12.15	13.67	20.00
马尾松	*Pinus massoniana*	515	14.3	3.4～42.7	12.4	1.6～25.1	9.63	10.12	7.90	41.13	19.72
樟	*Cinnamomum camphora*	184	13.4	1.1～37.7	9.8	1.9～18.2	3.42	3.62	4.25	14.60	7.49
油茶	*Camellia oleifera*	715	2.8	1.0～16.1	3.5	1.5～12.5	0.52	14.05	4.25	2.22	6.84
青冈	*Cyclobalanopsis glauca*	334	5.3	1.0～27.5	5.0	1.8～19.4	1.52	6.56	7.05	6.47	6.69
檵木	*Loropetalum chinense*	327	2.4	1.0～6.7	3.3	1.4～8.7	0.17	6.43	9.72	0.72	5.62
格药柃	*Eurya muricata*	338	2.2	1.0～9.5	2.8	1.3～8.4	0.16	6.64	8.99	0.67	5.43
枫香	*Liquidambar formosana*	108	11.0	1.0～33.7	8.7	2.2～18.3	1.57	2.12	4.86	6.71	4.56
红淡比	*Cleyera japonica*	187	3.0	1.0～9.7	3.4	1.6～8.7	0.17	3.68	7.90	0.73	4.10
南酸枣	*Choerospondias axillaries*	55	14.0	1.1～36.2	10.4	2.0～20.7	1.37	1.08	2.67	5.85	3.20
杉木	*Cunninghamia lanceolata*	88	6.4	1.0～14.9	6.8	2.0～16.0	0.37	1.73	3.16	1.59	2.16

续表

种名	拉丁学名	每公顷株数	胸径/cm		树高/m		断面积/(m²/hm²)	相对密度/%	相对频度/%	相对显著度/%	重要值/%
			均值	范围	均值	范围					
南烛	*Vaccinium bracteatum*	83	2.2	1.0～11.3	2.9	1.4～6.9	0.04	1.63	4.37	0.19	2.07
柏木	*Cupressus funebris*	54	8.3	3.0～17.6	6.9	3.1～17.9	0.34	1.06	1.46	1.46	1.33
大青	*Clerodendrum cyrtophyllum*	70	1.8	1.0～5.6	3.0	1.7～7.9	0.02	1.38	1.82	0.09	1.10
锥栗	*Castanea henryi*	15	15.2	2.7～28.3	10.4	2.4～17.2	0.35	0.29	1.34	1.47	1.04
杜鹃	*Rhododendron simsii*	41	1.8	1.0～7.6	2.6	1.8～6.3	0.01	0.81	2.07	0.06	0.98
四川山矾	*Symplocos setchuensis*	43	3.5	1.0～9.7	5.2	1.6～7.5	0.06	0.85	1.70	0.25	0.93
延平柿	*Diospyros tsangii*	23	3.9	1.4～13.2	4.7	1.9～13.0	0.00	1.34	0.19	0.66	0.45
老鼠矢	*Symplocos stellaris*	16	3.0	1.4～9.5	3.3	1.9～7.1	0.00	1.58	0.07	0.66	0.31
冬青	*Ilex purpurea*	18	2.8	1.1～7.0	3.4	1.9～7.1	0.00	1.22	0.06	0.54	0.35
木油桐	*Vernicia montana*	4	26.9	19.7～32.3	14.1	11.7～16.7	0.00	0.36	1.00	0.48	0.08
栀子	*Gardenia jasminoides*	14	1.4	1.0～2.3	2.3	1.5～3.3	0.00	1.09	0.01	0.46	0.28
山槐	*Albizia kalkora*	10	2.8	1.2～13.0	3.2	1.7～6.4	0.00	1.09	0.07	0.45	0.20
中华石楠	*Photinia beauverdiana*	11	2.2	1.4～3.8	4.2	3.3～6.0	0.00	0.85	0.02	0.36	0.22
木姜子	*Litsea pungens*	16	2.2	1.1～3.7	3.7	1.7～5.6	0.00	0.73	0.03	0.36	0.31
野柿	*Diospyros kaki*	12	3.7	1.0～13.6	4.3	2.1～6.6	0.00	0.73	0.10	0.35	0.24
白栎	*Quercus fabric*	8	2.4	1.0～6.9	3.2	1.9～7.3	0.00	0.85	0.02	0.34	0.16
油桐	*Vernicia fordii*	10	3.0	1.3～8.9	4.0	2.2～6.5	0.00	0.73	0.05	0.32	0.20
白木乌桕	*Sapium japonicum*	8	4.2	1.0～11.8	3.7	2.1～8.0	0.00	0.49	0.10	0.25	0.16
日本杜英	*Elaeocarpus japonicus*	4	4.7	1.8～8.1	4.4	2.7～5.9	0.00	0.49	0.04	0.20	0.08
椤木石楠	*Photinia davidsoniae*	6	4.2	1.1～9.7	4.2	2.3～7.6	0.00	0.36	0.06	0.18	0.12
木荷	*Schima superba*	9	4.7	2.6～8.5	5.6	4.5～6.5	0.02	0.18	0.24	0.08	0.17
赤楠	*Syzygium buxifolium*	4	3.0	1.3～7.0	3.8	2.4～7.2	0.00	0.08	0.36	0.02	0.15
山矾	*Symplocos caudate*	3	4.5	1.1～6.9	3.7	2.3～4.7	0.01	0.06	0.36	0.03	0.15
秃瓣杜英	*Elaeocarpus glabripetalus*	2	8.4	7.1～9.6	7.2	6.9～7.5	0.01	0.04	0.24	0.05	0.11
木莲	*Manglietia fordiana*	4	8.8	6.2～12.4	4.8	2.3～11.3	0.03	0.08	0.12	0.11	0.10
台湾冬青	*Ilex formosana*	2	3.8	1.2～6.4	2.4	1.5～3.3	0.00	0.04	0.24	0.01	0.10
漆	*Toxicodendron vernicifluum*	2	3.7	1.7～5.6	3.7	2.2～5.1	0.00	0.04	0.24	0.01	0.10
南岭山矾	*Symplocos confusa*	2	2.4	1.6～3.1	2.9	1.5～4.3	0.00	0.04	0.24	0.00	0.10
毛八角枫	*Alangium kurzii*	2	1.3	1.2～1.3	2.5	2.3～2.7	0.00	0.04	0.24	0.00	0.09
满山红	*Rhododendron mariesii*	2	1.6	1.1～2.0	2.0	1.6～2.3	0.00	0.04	0.12	0.00	0.05
总计		5088	5.2	1.0～42.7	5.4	1.3～47.5	23.42	100.00	100.0	100.00	100.00

表 2.3 马尾松-石栎针阔混交林 1hm² 样地 DBH≥4cm 前 10 个优势树种数量特征

种名	拉丁学名	每公顷株数	胸径/cm		树高/m		断面积/(m^2/hm^2)	相对密度/%	相对频度/%	相对显著度/%	重要值/%
			均值	范围	均值	范围					
马尾松	*Pinus massoniana*	514	14.5	4.0～42.7	12.5	1.6～25.1	9.63	27.98	15.26	43.62	28.24
石栎	*Lithocarpus glaber*	566	7.2	4.0～25.0	7.4	1.7～18.4	2.76	30.81	17.14	12.49	20.04
樟	*Cinnamomum camphora*	159	15.1	4.4～37.7	10.8	2.0～18.2	3.40	8.66	7.98	15.42	10.64
青冈	*Cyclobalanopsis glauca*	126	10.3	4.0～27.5	7.8	1.8～19.4	1.43	6.86	9.39	6.46	7.51
枫香	*Liquidambar formosana*	84	13.4	4.2～33.7	10.1	3.6～18.3	1.56	4.57	7.51	7.06	6.34
南酸枣	*Choerospondias axillaris*	36	20.2	4.9～36.2	13.9	3.5～20.7	1.36	1.96	4.23	6.17	4.09
油茶	*Camellia oleifera*	85	5.2	4.0～16.1	4.5	2.1～12.5	0.20	4.63	6.10	0.89	3.84
杉木	*Cunninghamia lanceolata*	64	8.0	4.0～14.9	8.2	3.1～16.0	0.36	3.48	5.16	1.64	3.40
红淡比	*Cleyera japonica*	41	5.6	4.0～9.7	4.9	3.1～8.7	0.11	2.23	6.10	0.48	2.90
柏木	*Cupressus funebris*	49	8.8	4.1～17.6	7.2	3.1～17.9	0.34	2.67	2.82	1.53	2.32
总计		1837	10.6	4.0～42.7	9.2	1.6～25.1	22.07	100.00	100.00	100.00	100.00

2.2.2 南酸枣落叶阔叶林

南酸枣落叶阔叶林样地中有木本植物 70 种，归属于 30 科 51 属(表 2.1)，分别占 3 个样地总科数、总属数和总种数的 75.00%、79.69%和 76.92%。其中，裸子植物和单子叶植物均只有 1 种，分别为马尾松和棕榈(*Trachycarpus fortunei*)；种类最丰富的为双子叶植物，共 28 科 49 属 68 种，分别占样地总科数、总属数和总种数的 93.33%、96.08%和 97.14%。

从生活型来看，乔木种类占绝对优势，共 42 种，占该群落总种数的 60.00%，灌木 28 种，占总种数的 40%，未见大型木质藤本。落叶木本物种数显著多于常绿木本，其中落叶木本 41 种，占总种数的 58.57%，常绿木本 29 种，占 41.43%。

从物种数量特征来看，样地内 DBH≥1cm 的木本植物密度为 5327 株/hm²，平均胸径 4.2cm，平均树高 4.3m，总胸高断面积 18.67m²/hm²(表 2.4)。南酸枣的胸高断面积为 9.14m²/hm²，占群落总断面积的 48.95%，重要值最大，为 19.71%，平均胸径和树高分别为 20.4cm 和 14.1m，为群落的主要优势种和建群种。乔木层伴生种主要有木油桐、毛豹皮樟和白栎，在群落中占有一定的优势。重要值排前 10 位的植物中灌木习性的物种数较多，如檵木、四川山矾、满山红、格药柃和红淡比，共 3147 株/hm²，占群落总株数的 59.08%，平均树高小于 4m，在群落的下层优势地位明显。其中檵木的密度最大，为 1333 株/hm²，相对频度、相对显著度和重要值也最大。草本层盖度约 19.35%，平均高度 0.23m，主要有寒莓(*Rubus buergeri*)、多花黄精(*Polygonatum cyrtonema*)、蕨状薹草、淡竹叶(*Lophatherum gracile*)等，其中寒莓在林下分布非常广泛。

南酸枣样地中 DBH≥4cm 的立木共有 1453 株/hm²(表 2.5)，占 DBH≥1cm 立木总数的

27.28%；胸高断面积 16.88m²/hm²，占 DBH≥1cm 立木总断面积的 90.40%。其中南酸枣相对显著度达 54.07%，重要值也最大(26.11%)，说明南酸枣是该群落最主要的优势种和建群种。群落中 DBH≥4cm 立木的重要值排前 10 位的树种全部为阔叶树种，其中 6 个乔木树种中南酸枣、木油桐、油桐和白栎 4 个为落叶阔叶树，这 4 个落叶树种共 316 株，重要值 38.34%；常绿乔木毛豹皮樟和樟共 97 株，重要值 7.09%，落叶阔叶树在群落上层比例最大。从胸径和树高各项指标来看，南酸枣最大胸径 54.1cm，平均胸径为 23.2cm，最大树高 34.5m，平均树高 15.7m，均显著高于其他树种。

表 2.4　南酸枣落叶阔叶林 1hm² 样地 DBH≥1cm 植物群落特征

种名	拉丁学名	每公顷株数	胸径/cm		树高/m		断面积/(m²/hm²)	相对密度/%	相对频度/%	相对显著度/%	重要值/%
			均值	范围	均值	范围					
南酸枣	*Choerospondias axillaris*	213	20.4	1.0～54.1	14.1	2.0～34.5	9.14	4.00	6.19	48.95	19.71
檵木	*Loropetalum chinensis*	1333	3.4	1.0～14.8	3.9	1.4～8.1	1.44	25.02	7.61	7.69	13.44
四川山矾	*Symplocos setchuensis*	618	3.1	1.0～20.3	3.5	1.4～8.9	0.75	11.60	5.63	4.02	7.08
满山红	*Rhododendron mariesii*	568	2.4	1.0～14.5	3.2	1.3～7.5	0.33	10.66	4.60	1.76	5.67
格药柃	*Eurya muricata*	451	2.6	1.0～14.7	2.9	1.3～12.0	0.31	8.47	5.79	1.64	5.30
木油桐	*Vernicia montana*	140	5.7	1.0～41.8	6.5	1.5～23.6	0.90	2.63	5.00	4.80	4.14
毛豹皮樟	*Litsea coreana* var. *lanuginosa*	137	5.0	1.0～29.3	4.9	1.5～21.5	0.45	2.57	4.28	2.39	3.08
油桐	*Vernicia fordii*	80	7.3	1.0～33.3	7.3	2.6～23.5	0.61	1.50	3.65	3.27	2.81
红淡比	*Cleyera japonica*	177	2.9	1.0～15.4	3.2	1.4～7.6	0.17	3.32	3.57	0.92	2.60
白栎	*Quercus fabri*	36	15.0	2.1～30.5	9.0	1.8～19.5	0.82	0.68	1.90	4.41	2.33
油茶	*Camellia oleifera*	177	3.4	1.0～11.4	3.3	1.5～14.9	0.20	3.32	2.46	1.06	2.28
樟	*Cinnamomum camphora*	38	14.4	1.1～34.1	9.6	2.3～19.6	0.92	0.71	1.11	4.95	2.26
榕叶冬青	*Ilex ficoidea*	127	3.4	1.0～12.6	3.3	1.5～10.6	0.16	2.38	3.33	0.83	2.18
中华石楠	*Photinia beauverdiana*	99	3.2	1.0～20.1	4.5	1.8～10.0	0.16	1.86	3.57	0.84	2.09
老鼠矢	*Symplocos stellaris*	119	2.5	1.0～8.5	3.2	1.3～6.8	0.08	2.23	3.25	0.42	1.97
山矾	*Symplocos sumuntia*	85	3.1	1.0～10.6	3.5	1.3～7.3	0.09	1.60	3.33	0.48	1.80
冬青	*Ilex chinensis*	88	4.0	1.0～21.3	3.9	1.4～13.0	0.21	1.65	2.54	1.11	1.77
青冈	*Cyclobalanopsis glauca*	70	4.7	1.1～31.0	4.5	1.7～19.7	0.25	1.31	2.14	1.34	1.60
椤木石楠	*Photinia davidsoniae*	82	3.1	1.0～12.9	3.9	1.3～10.5	0.09	1.54	2.70	0.51	1.58
木姜子	*Litsea pungens*	88	2.6	1.0～8.3	4.3	2.3～7.4	0.06	1.65	2.78	0.30	1.58
南烛	*Vaccinium bracteatum*	56	2.5	1.0～4.8	3.3	1.8～9.8	0.03	1.05	2.38	0.17	1.20
杜鹃	*Rhododendron simsii*	93	2.1	1.0～4.9	3.0	1.3～5.2	0.04	1.75	1.43	0.20	1.12

续表

种名	拉丁学名	每公顷株数	胸径/cm		树高/m		断面积/(m²/hm²)	相对密度/%	相对频度/%	相对显著度/%	重要值/%
			均值	范围	均值	范围					
栀子	*Gardenia jasminoides*	50	1.7	1.0～7.0	2.3	1.3～4.3	0.02	0.94	2.30	0.09	1.11
野柿	*Diospyros kaki*	30	5.9	1.0～32.5	5.4	2.3～17.8	0.18	0.56	1.19	0.97	0.91
山胡椒	*Lindera glauca*	59	2.7	1.0～9.8	3.7	1.9～8.4	0.05	1.11	1.27	0.27	0.88
大青	*Clerodendrum cyrtophyllum*	39	1.9	1.0～6.8	2.9	1.7～6.8	0.02	0.73	1.59	0.08	0.80
南岭山矾	*Symplocos confuse*	26	4.1	1.2～18.6	3.7	1.3～17.0	0.07	0.49	1.51	0.37	0.79
枫香	*Liquidambar formosana*	10	14.3	1.1～33.3	12.1	1.9～25.6	0.27	0.19	0.56	1.46	0.73
台湾冬青	*Ilex formosana*	29	4.1	1.0～7.7	3.9	1.7～8.2	0.05	0.54	1.35	0.27	0.72
檫木	*Sassafras tzumu*	3	34.6	32.6～37.4	21.7	19.0～26.3	0.28	0.06	0.24	1.51	0.60
毛八角枫	*Alangium kurzii*	20	4.0	1.2～15.0	5.8	2.8～14.5	0.04	0.38	1.03	0.22	0.54
榉树	*Zelkova serrata*	15	5.5	1.1～17.3	6.3	2.2～17.6	0.07	0.28	0.87	0.36	0.50
棕榈	*Trachycarpus fortunei*	10	12.6	6.7～19.5	4.3	2.5～6.5	0.13	0.19	0.48	0.72	0.46
石栎	*Lithocarpus glaber*	17	4.8	1.0～15.2	4.7	2.2～18.5	0.06	0.32	0.71	0.30	0.44
延平柿	*Diospyros tsangii*	16	4.6	1.2～13.2	4.9	2.4～16.0	0.04	0.30	0.56	0.20	0.35
异叶榕	*Ficus heteromorpha*	13	1.5	1.0～2.4	2.7	2.0～3.5	0.00	0.24	0.79	0.01	0.35
赤楠	*Syzygium buxifolium*	11	2.4	1.0～4.8	3.0	1.7～5.0	0.01	0.21	0.71	0.03	0.32
山樱花	*Cerasus serrulata*	17	3.4	1.0～7.3	4.6	2.7～8.6	0.02	0.32	0.48	0.11	0.30
野鸦椿	*Euscaphis japonica*	7	4.6	1.8～13.3	4.9	2.7～10.0	0.02	0.13	0.56	0.10	0.26
野桐	*Mallotus tenuifolius*	10	3.5	1.1～15.6	5.3	2.4～15.0	0.02	0.19	0.32	0.12	0.21
紫珠	*Callicarpa bodinieri*	10	1.7	1.0～2.7	3.0	2.3～3.5	0.00	0.19	0.40	0.01	0.20
楝	*Melia azedarach*	3	16.6	11.5～21.0	18.0	16.0～19.5	0.07	0.06	0.16	0.37	0.19
野漆	*Toxicodendron succedaneum*	7	1.9	1.1～3.0	2.8	2.4～3.8	0.00	0.13	0.40	0.01	0.18
锥栗	*Castanea henryi*	4	5.4	1.4～13.6	6.4	4.0～12.8	0.02	0.08	0.32	0.09	0.16
喜树	*Camptotheca acuminate*	5	2.4	1.4～3.6	3.9	2.4～5.3	0.00	0.09	0.32	0.01	0.14
山鸡椒	*Litsea cubeba*	3	2.1	1.0～3.3	4.1	2.6～6.0	0.00	0.06	0.24	0.01	0.10
短梗冬青	*Ilex buergeri*	4	2.9	1.1～3.8	2.3	2.0～2.8	0.00	0.08	0.16	0.02	0.08
醉鱼草	*Buddleja lindleyana*	4	1.7	1.0～2.7	3.0	2.4～4.5	0.00	0.08	0.16	0.01	0.08
细枝柃	*Eurya loquaiana*	3	2.3	1.9～3.0	2.8	2.5～3.3	0.00	0.06	0.16	0.01	0.07
米槠	*Castanopsis carlesii*	2	3.2	1.2～5.2	3.6	3.2～4.0	0.00	0.04	0.16	0.01	0.07

续表

种名	拉丁学名	每公顷株数	胸径/cm		树高/m		断面积/(m²/hm²)	相对密度/%	相对频度/%	相对显著度/%	重要值/%
			均值	范围	均值	范围					
甜槠	*Castanopsis eyrei*	2	3.1	2.2～4.0	5.1	3.6～6.5	0.00	0.04	0.16	0.01	0.07
荚蒾	*Viburnum dilatatum*	2	1.3	1.1～1.4	3.0	2.7～3.2	0.00	0.04	0.16	0.00	0.07
山橿	*Lindera reflexa*	2	1.2	1.0～1.4	2.9	2.0～3.7	0.00	0.04	0.16	0.00	0.07
马尾松	*Pinus massoniana*	1	10.3	10.3	8.0	8.0	0.01	0.02	0.08	0.04	0.05
槲栎	*Quercus aliena*	1	10.2	10.2	6.5	6.5	0.01	0.02	0.08	0.04	0.05
桤木	*Alnus cremastogyne*	2	5.1	4.8～5.3	6.1	5.7～6.5	0.00	0.04	0.08	0.02	0.05
石灰花楸	*Sorbus folgneri*	1	8.2	8.2	3.3	3.3	0.01	0.02	0.08	0.03	0.04
白檀	*Symplocos paniculata*	2	2.3	1.3～3.2	2.7	2.2～3.2	0.00	0.04	0.08	0.01	0.04
朴树	*Celtis sinensis*	1	6.1	6.1	10.3	10.3	0.00	0.02	0.08	0.02	0.04
日本杜英	*Elaeocarpus japonicas*	1	5.7	5.7	6.0	6.0	0.00	0.02	0.08	0.01	0.04
贵定桤叶树	*Clethra cavaleriei*	1	4.9	4.9	5.3	5.3	0.00	0.02	0.08	0.01	0.04
木荷	*Schima superba*	1	4.2	4.2	5.1	5.1	0.00	0.02	0.08	0.01	0.04
马桑	*Coriaria nepalensis*	1	2.8	2.8	4.1	4.1	0.00	0.02	0.08	0.00	0.03
盐肤木	*Rhus chinensis*	1	1.9	1.9	4.2	4.2	0.00	0.02	0.08	0.00	0.03
楤木	*Aralia chinensis*	1	1.8	1.8	2.9	2.9	0.00	0.02	0.08	0.00	0.03
山槐	*Albizia kalkora*	1	1.8	1.8	3.1	3.1	0.00	0.02	0.08	0.00	0.03
湖北海棠	*Malus hupehensis*	1	1.3	1.3	2.4	2.4	0.00	0.02	0.08	0.00	0.03
南方荚蒾	*Viburnum fordiae*	1	1.2	1.2	3.2	3.2	0.00	0.02	0.08	0.00	0.03
山莓	*Rubus corchorifolius*	1	1.0	1.0	2.8	2.8	0.00	0.02	0.08	0.00	0.03
香冬青	*Ilex suaveolens*	1	1.0	1.0	1.3	1.3	0.00	0.02	0.08	0.00	0.03
总计		5327	4.2	1.0～54.1	4.3	1.3～34.5	18.67	100.00	100.00	100.00	100.00

表 2.5　南酸枣落叶阔叶林 1hm² 样地 DBH≥4cm 前 10 个优势种数量特征

种名	拉丁学名	每公顷株数	胸径/cm		树高/m		断面积/(m²/hm²)	相对密度/%	相对频度/%	相对显著度/%	重要值/%
			均值	范围	均值	范围					
南酸枣	*Choerospondias axillaris*	184	23.2	4.1～54.1	15.7	3.2～34.5	9.12	12.66	11.59	54.07	26.11
檵木	*Loropetalum chinensis*	405	5.2	4.0～14.8	4.8	1.6～21.5	0.90	27.87	13.11	5.35	15.44
四川山矾	*Symplocos setchuensis*	148	6.4	4.0～20.3	5.2	2.0～8.9	0.56	10.19	6.86	3.31	6.79
木油桐	*Vernicia montana*	58	10.3	4.0～41.8	9.7	1.5～23.6	0.86	3.99	5.95	5.07	5.00

续表

种名	拉丁学名	每公顷株数	胸径/cm		树高/m		断面积/(m^2/hm^2)	相对密度/%	相对频度/%	相对显著度/%	重要值/%
			均值	范围	均值	范围					
毛豹皮樟	*Litsea coreana* var. *lanuginosa*	65	8.0	4.0～29.3	6.7	2.5～21.5	0.41	4.47	4.73	2.44	3.88
油桐	*Vernicia fordii*	44	11.4	4.2～33.3	10.0	3.6～23.5	0.59	3.03	5.03	3.52	3.86
白栎	*Quercus fabri*	30	17.4	4.5～30.5	10.0	3.2～19.5	0.82	2.06	3.20	4.86	3.37
樟	*Cinnamomum camphora*	32	16.7	5.0～34.1	10.6	4.5～19.6	0.92	2.20	1.98	5.46	3.21
满山红	*Rhododendron mariesii*	46	5.0	4.0～14.5	4.4	3.0～7.5	0.10	3.17	4.55	0.62	2.78
红淡比	*Cleyera japonica*	33	5.9	4.0～15.4	4.6	1.9～7.6	0.11	2.27	3.20	0.63	2.03
总计		1453	9.2	4.0～54.1	7.2	1.3～34.5	16.88	100.00	100.00	100.00	100.00

2.2.3　石栎-青冈常绿阔叶林

在石栎-青冈常绿阔叶林样地中，DBH≥1cm的木本植物共59种，归属于29科45属（表2.1），分别占3个样地总科数、总属数和总种数的72.50%、70.31%和64.84%。其中裸子植物3种（马尾松、杉木和柏木），归属于3科3属；双子叶植物25科41属55种，在群落中种类最为丰富，占该样地总科数、总属数和总种数的86.21%、91.11%和93.22%；单子叶植物仅1种，即毛竹。

生活型组成上，石栎-青冈群落中乔木共37种，灌木20种，分别占总种数的62.71%和33.89%，藤本植物仅鸡血藤（*Millettia reticulata*）和南蛇藤（*Celastrus orbiculatus*）2种（表2.1）。常绿木本和落叶木本植物比例相当，其中常绿木本和落叶木本分别为29种和30种，各占总种数的49.15%和50.85%。

石栎-青冈常绿阔叶林样地DBH≥1cm的木本植物共4469株（表2.6），平均胸径5.7cm，平均树高5.9m，总胸高断面积24.81m^2/hm^2。重要值排前10位的植物重要值之和达73.12%，其中石栎在群落中占有绝对优势，其密度、胸高断面积和重要值均为群落的最大值，分别达1533株/hm^2、7.08m^2/hm^2和24.30%；青冈为乔木层的次优势种，虽然株数仅402株，但胸高断面积达3.12m^2/hm^2，重要值为9.40%；石栎和青冈重要值共33.70%，几乎占前10位植物重要值之和的一半。马尾松、南酸枣、杉木、日本杜英在乔木层处于伴生地位，其中马尾松和南酸枣的株数较少，分别为123株/hm^2和89株/hm^2，多为大树，其胸高断面积却相对较高，达3.46m^2/hm^2和2.85m^2/hm^2。红淡比、格药柃为群落下层优势物种，虽然密度均在100株/hm^2以上，但其胸高断面积均不到1.00m^2/hm^2。草本层盖度17.63%，平均高度0.44m，主要分布有蕨、蕨状薹草、淡竹叶等。

该群落DBH≥4cm的物种组成及数量特征显示，样地共有立木1788株/hm^2，分别占DBH≥1cm木本植物总株数和总胸高断面积的40.00%和95.41%（表2.7）。石栎、青冈、马尾松、南酸枣、红淡比、杉木依然是群落中重要值较大的物种，格药柃和四川山矾的重要地位显著降低，只有少量植株胸径大于4cm。一些落叶乔木树种在群落中缺乏幼小个体，如檫木、白栎等，它们的胸径均高于4cm，对群落基面积有着较大贡献，其优势地位在仅统计4cm以上立木时得到显著提高。而大量常绿树种胸径小于4cm的个体数多，如石栎、青冈、红淡比、冬青属(*Ilex*)、杜英属(*Elaeocarpus*)和山矾属(*Symplocos*)等。10 个优势种中针叶树有 2 种，即马尾松和杉木，它们的株数比例为 14.04%，重要值之和为 16.05%；阔叶树种中单子叶植物仅1种，即毛竹156株，重要值为6.36%，常绿和落叶阔叶树的株数比例分别为55.54%和7.56%，重要值分别为 46.17%和 13.86%。从胸径和树高各项指标来看，针叶树马尾松和落叶树南酸枣、檫木和白栎的平均胸径和平均树高明显高于石栎和青冈两个最为优势的常绿乔木树种，说明先锋树种马尾松和落叶树种为群落后期的演替树种石栎和青冈提供了合适的林内水热条件，促进了常绿阔叶树种的更新。

表 2.6　石栎-青冈常绿阔叶林 1hm² 样地 DBH≥1cm 植物群落特征

种名	拉丁学名	每公顷株数	胸径/cm		树高/m		断面积/(m²/hm²)	相对密度/%	相对频度/%	相对显著度/%	重要值/%
			均值	范围	均值	范围					
石栎	*Lithocarpus glaber*	1533	5.3	1.0～37.1	5.8	1.3～19.5	7.08	34.30	10.08	28.53	24.30
青冈	*Cyclobalanopsis glauca*	402	6.5	1.0～34.6	6.3	1.4～20.0	3.12	9.00	6.65	12.56	9.40
红淡比	*Cleyera japonica*	627	3.5	1.0～18.2	4.0	1.4～16.1	0.83	14.03	8.04	3.33	8.47
马尾松	*Pinus massoniana*	123	18.0	7.0～32.2	14.2	1.3～20.0	3.46	2.75	4.50	13.96	7.07
南酸枣	*Choerospondias axillaris*	89	18.1	1.0～46.8	12.8	1.8～20.2	2.85	1.99	4.39	11.49	5.96
杉木	*Cunninghamia lanceolata*	209	6.4	1.0～23.6	6.5	1.5～17.2	1.00	4.68	4.72	4.05	4.48
毛竹	*Phyllostachys edulis*	157	12.3	1.7～18.8	12.9	2.8～19.0	1.92	3.51	1.29	7.74	4.18
格药柃	*Eurya muricata*	182	2.3	1.0～8.8	2.8	1.4～6.4	0.09	4.07	5.25	0.37	3.23
四川山矾	*Symplocos setchuensis*	158	2.9	1.0～9.2	3.4	1.6～8.8	0.14	3.54	5.25	0.56	3.12
日本杜英	*Elaeocarpus japonicus*	98	4.5	1.0～19.2	4.8	1.7～16.8	0.24	2.19	5.57	0.96	2.91
冬青	*Ilex chinensis*	158	4.1	1.0～24.7	4.7	1.5～17.0	0.44	3.54	3.32	1.76	2.87
檫木	*Sassafras tzumu*	27	22.8	5.4～40.0	14.2	2.8～21.0	1.25	0.60	1.61	5.05	2.42
檵木	*Loropetalum chinense*	127	2.6	1.0～10.1	3.8	1.7～13.7	0.08	2.84	3.86	0.33	2.34
毛八角枫	*Alangium kurzii*	69	4.7	1.0～20.2	6.1	2.0～16.8	0.19	1.54	3.64	0.78	1.99
白栎	*Quercus fabri*	25	18.7	9.9～30.0	13.3	6.7～18.7	0.74	0.56	2.14	3.00	1.90
山矾	*Symplocos caudate*	64	2.8	1.0～7.3	3.5	1.3～9.4	0.05	1.43	3.22	0.21	1.62
异叶榕	*Ficus heteromorpha*	45	2.1	1.0～4.7	3.4	1.7～7.3	0.02	1.01	2.04	0.07	1.04
大青	*Clerodendrum cyrtophyllum*	38	1.6	1.0～2.7	2.8	1.8～4.8	0.01	0.85	2.14	0.03	1.01
南烛	*Vaccinium bracteatum*	32	2.3	1.0～5.4	3.1	1.5～6.0	0.02	0.72	2.04	0.07	0.94
延平柿	*Diospyros tsangii*	27	3.1	1.0～7.1	4.5	1.7～7.9	0.02	0.60	1.82	0.10	0.84
老鼠矢	*Symplocos stellaris*	24	2.8	1.0～9.1	3.3	1.7～7.3	0.02	0.54	1.71	0.09	0.78

续表

种名	拉丁学名	每公顷株数	胸径/cm		树高/m		断面积/(m²/hm²)	相对密度/%	相对频度/%	相对显著度/%	重要值/%
			均值	范围	均值	范围					
柏木	*Cupressus funebris*	33	6.4	1.6～9.6	7.0	1.5～12.7	0.12	0.74	0.96	0.48	0.72
锥栗	*Castanea henryi*	6	26.3	18.0～37.4	14.2	11.6～16.0	0.35	0.13	0.64	1.39	0.72
栀子	*Gardenia jasminoides*	20	1.6	1.0～2.4	2.8	1.8～4.8	0.00	0.45	1.61	0.02	0.69
杜鹃	*Rhododendron simsii*	22	1.5	1.0～2.5	2.3	1.4～4.4	0.00	0.49	1.39	0.02	0.63
南岭山矾	*Symplocos confusa*	25	3.0	1.0～8.8	3.5	2.0～5.7	0.02	0.56	1.18	0.09	0.61
白木乌桕	*Sapium japonicum*	14	1.7	1.0～4.3	2.8	1.6～5.2	0.00	0.31	1.50	0.02	0.61
栗	*Castanea mollissima*	6	19.8	2.8～35.7	13.8	11.2～18.8	0.23	0.13	0.54	0.93	0.54
樟	*Cinnamomum camphora*	8	14.8	2.5～26.9	11.2	3.5～16.0	0.18	0.18	0.64	0.72	0.51
赤楠	*Syzygium buxifolium*	12	1.7	1.0～3.0	2.6	1.3～4.3	0.00	0.27	1.07	0.01	0.45
枫香	*Liquidambar formosana*	6	14.9	4.2～23.3	12.1	3.2～16.2	0.13	0.13	0.64	0.52	0.43
榕叶冬青	*Ilex ficoidea*	15	3.5	1.0～7.4	4.5	2.1～8.9	0.02	0.34	0.54	0.08	0.32
野柿	*Diospyros kaki*	7	6.0	1.4～19.0	7.7	2.3～13.6	0.04	0.16	0.54	0.15	0.28
满山红	*Rhododendron mariesii*	8	2.2	1.0～2.9	3.1	1.6～4.6	0.00	0.18	0.54	0.01	0.24
椤木石楠	*Photinia davidsoniae*	6	5.5	1.2～12.3	5.6	2.8～7.8	0.02	0.13	0.43	0.08	0.21
山胡椒	*Lindera glauca*	6	1.5	1.0～2.6	2.6	1.6～3.2	0.00	0.13	0.43	0.01	0.19
黄檀	*Dalbergia hupeana*	5	2.3	1.6～3.2	4.3	2.8～7.2	0.00	0.11	0.43	0.01	0.18
台湾冬青	*Ilex formosana*	4	5.8	1.6～14.4	5.2	1.9～10.9	0.02	0.09	0.32	0.07	0.16
木姜子	*Litsea pungens*	5	3.3	1.5～5.8	3.2	1.6～5.2	0.01	0.11	0.32	0.02	0.15
尾叶冬青	*Ilex wilsonii*	5	3.5	1.8～5.2	4.3	2.7～6.0	0.01	0.11	0.32	0.02	0.15
木油桐	*Vernicia montana*	3	1.9	1.4～2.3	2.7	2.3～3.0	0.00	0.07	0.32	0.00	0.13
红背山麻杆	*Alchornea trewioides*	11	2.8	1.2～5.2	4.0	2.0～7.3	0.01	0.25	0.11	0.03	0.13
银木荷	*Schima argentea*	5	3.2	1.4～6.0	4.8	3.1～8.6	0.00	0.11	0.21	0.02	0.12
鸡血藤	*Millettia reticulate*	5	1.9	1.3～2.5	5.2	2.0～9.6	0.00	0.11	0.21	0.01	0.11
中华杜英	*Elaeocarpus chinensis*	1	21.5		10.9		0.04	0.02	0.11	0.15	0.09
短梗冬青	*Ilex buergeri*	2	2.4	2.2～2.6	3.2	2.6～3.8	0.00	0.04	0.21	0.00	0.09
白花龙	*Styrax faberi*	2	1.7	1.1～2.3	2.2	1.8～2.6	0.00	0.04	0.21	0.00	0.09
枳椇	*Hovenia acerba*	1	10.7		9.3		0.01	0.02	0.11	0.04	0.06

续表

种名	拉丁学名	每公顷株数	胸径/cm		树高/m		断面积/(m²/hm²)	相对密度/%	相对频度/%	相对显著度/%	重要值/%
			均值	范围	均值	范围					
毛叶木姜子	*Litsea mollifolia*	1	9.3		7.6		0.01	0.02	0.11	0.03	0.05
山槐	*Albizia kalkora*	1	9.2		9.8		0.01	0.02	0.11	0.03	0.05
楤木	*Aralia chinensis*	2	1.6	1.0～2.3	3.5	3.2～3.8	0.00	0.04	0.11	0.00	0.05
油桐	*Vernicia fordii*	1	3.8		5.7		0.00	0.02	0.11	0.00	0.04
南蛇藤	*Celastrus orbiculatus*	1	3.4		8.8		0.00	0.02	0.11	0.00	0.05
盐肤木	*Rhus chinensis*	1	3.2		3.1		0.00	0.02	0.11	0.00	0.05
油茶	*Camellia oleifera*	1	2.7		5.2		0.00	0.02	0.11	0.00	0.04
漆	*Toxicodendron vernicifluum*	1	2.4		3.6		0.00	0.02	0.11	0.00	0.04
芬芳安息香	*Styrax odoratissimus*	1	1.8		2.8		0.00	0.02	0.11	0.00	0.04
柑橘	*Citrus reticulata*	1	1.5		2.4		0.00	0.02	0.11	0.00	0.04
化香	*Platycarya strobilacea*	1	1.0		2.4		0.00	0.02	0.11	0.00	0.04
总计		4469	5.7	1.0～46.8	5.9	1.3～21.0	24.81	100.00	100.00	100.00	100.00

表 2.7 石栎-青冈常绿阔叶林 1hm² 样地 DBH≥4cm 前 10 个优势种数量特征

种名	拉丁学名	每公顷株数	胸径/cm		树高/m		断面积/(m²/hm²)	相对密度/%	相对频度/%	相对显著度/%	重要值/%
			均值	范围	均值	范围					
石栎	*Lithocarpus glaber*	586	10.4	4.0～37.1	9.7	2.2～19.5	6.70	32.77	16.73	28.29	25.93
青冈	*Cyclobalanopsis glauca*	164	12.8	4.0～34.6	10.5	3.8～20.0	3.01	9.17	7.81	12.73	9.90
马尾松	*Pinus massoniana*	123	18.1	7.0～32.2	14.2	1.3～20.0	3.46	6.88	7.81	14.63	9.77
南酸枣	*Choerospondias axillaris*	83	19.3	4.0～46.8	13.5	1.8～20.2	2.85	4.64	7.06	12.03	7.91
红淡比	*Cleyera japonica*	199	5.9	4.0～18.2	5.8	2.2～16.1	0.61	11.13	8.55	2.57	7.42
毛竹	*Phyllostachys edulis*	156	12.4	5.7～18.8	13.0	7.8～19.0	1.92	8.72	2.23	8.11	6.36
杉木	*Cunninghamia lanceolata*	128	8.9	4.0～23.6	8.6	3.2～17.2	0.96	7.16	7.62	4.06	6.28
檫木	*Sassafras tzumu*	27	22.8	5.4～40.0	14.2	2.8～21.0	1.25	1.51	2.79	5.30	3.20
日本杜英	*Elaeocarpus japonicus*	44	7.2	4.0～19.2	6.6	3.2～16.8	0.22	2.46	5.39	0.91	2.92
白栎	*Quercus fabri*	25	18.7	9.9～30.0	13.3	6.7～18.7	0.74	1.40	3.72	3.14	2.75
总计		1788	11.0	4.0～46.8	9.7	1.3～21.0	23.67	100.00	100.00	100.00	72.86

2.3 次生林群落的植物区系特征

2.3.1 科的组成

科级水平的重要值可反映群落组成优势成分和区系表征成分，马尾松-石栎针阔混交林中，科内种数在 2 种以上的共 5 科，占总科数的 17.24%，共含 18 种，占总种数的 43.90%。相对多样性在 5.00%以上的有壳斗科、山茶科、山矾科、杜鹃花科(Ericaceae)、大戟科(Euphorbiaceae)(表 2.8)。其中，壳斗科密度最大，为 2096 株/hm^2，重要值为 24.20%，高于其他科；松科(Pinaceae)植株密度仅 515 株/hm^2，但多为大径级，相对显著度最大，达 41.13%，重要值排第二位；山茶科、金缕梅科(Hamamelidaceae)的密度较大，但大径级植株较少，相对显著度较低，重要值分别为 12.67%、6.95%；樟科、漆树科的相对密度较小，而相对显著度较高，重要值分别为 7.81%、3.95%。

表 2.8　马尾松-石栎针阔混交林科的重要值

科	物种数	密度/(株/hm^2)	断面积/(m^2/hm^2)	相对多样性/%	相对密度/%	相对显著度/%	重要值/%
壳斗科 Fagaceae	4	2096	5.07	9.76	41.19	21.64	24.20
松科 Pinaceae	1	515	9.63	2.44	10.12	41.13	17.90
山茶科 Theaceae	4	1249	0.86	9.76	24.55	3.69	12.67
樟科 Lauraceae	2	200	3.42	4.88	3.93	14.63	7.81
金缕梅科 Hamamelidaceae	2	435	1.74	4.88	8.55	7.43	6.95
漆树科 Anacardiaceae	2	57	1.37	4.88	1.12	5.86	3.95
山矾科 Symplocaceae	4	64	0.08	9.76	1.26	0.35	3.79
杜鹃花科 Ericaceae	3	126	0.06	7.32	2.48	0.25	3.35
大戟科 Euphorbiaceae	3	22	0.27	7.32	0.43	1.14	2.96
柿科 Ebenaceae	2	35	0.07	4.88	0.69	0.29	1.95
杉科 Taxodiaceae	1	88	0.37	2.44	1.73	1.59	1.92
冬青科 Aquifoliaceae	2	20	0.02	4.88	0.39	0.08	1.78
蔷薇科 Rosaceae	2	17	0.02	4.88	0.33	0.08	1.76
杜英科 Elaeocarpaceae	2	6	0.02	4.88	0.12	0.09	1.69
柏科 Cupressaceae	1	54	0.34	2.44	1.06	1.46	1.65
马鞭草科 Verbenaceae	1	70	0.02	2.44	1.38	0.09	1.30
茜草科 Rubiaceae	1	14	0.00	2.44	0.28	0.01	0.91
含羞草科 Mimosaceae	1	10	0.02	2.44	0.20	0.07	0.90
木兰科 Magnoliaceae	1	4	0.03	2.44	0.08	0.11	0.88
桃金娘科 Myrtaceae	1	4	0.00	2.44	0.08	0.02	0.85
八角枫科 Alangiaceae	1	2	0.00	2.44	0.04	0.00	0.83
总计	41	5088	23.42	100.00	100.00	100.00	100.00

南酸枣落叶阔叶林中，群落中科内种数在 2 种以上的共 13 科，占总科数的 43.33%，共含 51 种，占总种数的 72.86%(表 2.9)。相对多样性在 5.00%以上的有樟科、壳斗科、蔷薇科、山茶科、山矾科、冬青科(Aquifoliaceae)。漆树科在样地内仅 3 种，密度也较低(221 株/hm^2)，但其为群落上层优势科，植株径级较大，胸高断面积达 9.14m^2/hm^2，相对显著度和重要值最大，分别为 48.96%和 19.13%；金缕梅科密度最大，为 1343 株/hm^2，多为灌木层植株，径级较小，重要值第二，为 12.41%；其次为山矾科、山茶科和杜鹃花科，密度分别为 850 株/hm^2、809 株/hm^2 和 717 株/hm^2，重要值分别为 9.46%、8.66%和 6.63%；樟科植株密度仅 330 株/hm^2，但多为大径级，相对显著度最大，达 9.43%；蔷薇科和冬青科虽然相对多样性较高，但植株密度和径级均较小，其在群落中的重要值较低，分别为 4.61%和 4.68%。

表 2.9　南酸枣落叶阔叶林群落科的重要值

科	物种数	密度/(株/hm^2)	断面积/(m^2/hm^2)	相对多样性/%	相对密度/%	相对显著度/%	重要值/%
漆树科 Anacardiaceae	3	221	9.14	4.29	4.15	48.96	19.13
金缕梅科 Hamamelidaceae	2	1343	1.71	2.86	25.21	9.15	12.41
山矾科 Symplocaceae	5	850	0.99	7.14	15.96	5.29	9.46
山茶科 Theaceae	5	809	0.68	7.14	15.19	3.64	8.66
樟科 Lauraceae	7	330	1.76	10.00	6.19	9.43	8.54
杜鹃花科 Ericaceae	3	717	0.40	4.29	13.46	2.13	6.63
壳斗科 Fagaceae	7	132	1.16	10.00	2.48	6.20	6.23
大戟科 Euphorbiaceae	3	230	1.53	4.29	4.32	8.19	5.60
冬青科 Aquifoliaceae	5	249	0.42	7.14	4.67	2.23	4.68
蔷薇科 Rosaceae	6	201	0.28	8.57	3.77	1.48	4.61
柿科 Ebenaceae	2	46	0.22	2.86	0.86	1.17	1.63
马鞭草科 Verbenaceae	2	49	0.02	2.86	0.92	0.09	1.29
榆科 Meliaceae	2	16	0.07	2.86	0.30	0.38	1.18
忍冬科 Caprifoliaceae	2	3	0.00	2.86	0.06	0.00	0.97
茜草科 Rubiaceae	1	50	0.02	1.43	0.94	0.09	0.82
棕榈科 Palmaceae	1	10	0.13	1.43	0.19	0.72	0.78
八角枫科 Alangiaceae	1	20	0.04	1.43	0.38	0.22	0.68
楝科 Meliaceae	1	3	0.07	1.43	0.06	0.37	0.62
桑科 Moraceae	1	13	0.00	1.43	0.24	0.01	0.56
桃金娘科 Myrtaceae	1	11	0.01	1.43	0.21	0.03	0.56
省沽油科 Staphyleaceae	1	7	0.02	1.43	0.13	0.10	0.55
蓝果树科 Nyssaceae	1	5	0.00	1.43	0.09	0.01	0.51
马钱科 Loganiaceae	1	4	0.00	1.43	0.08	0.01	0.50
松科 Pinaceae	1	1	0.01	1.43	0.02	0.04	0.50
桦木科 Betulaceae	1	2	0.00	1.43	0.04	0.02	0.50

续表

科	物种数	密度/(株/hm²)	断面积/(m²/hm²)	相对多样性/%	相对密度/%	相对显著度/%	重要值/%
杜英科 Elaeocarpaceae	1	1	0.00	1.43	0.02	0.01	0.49
桤叶树科 Clethraceae	1	1	0.00	1.43	0.02	0.01	0.49
马桑科 Coriariaceae	1	1	0.00	1.43	0.02	0.00	0.48
含羞草科 Mimosaceae	1	1	0.00	1.43	0.02	0.00	0.48
五加科 Araliaceae	1	1	0.00	1.43	0.02	0.00	0.48
总计	70	5327	18.61	100.00	100.00	100.00	100.00

石栎-青冈常绿阔叶林中，科内种数在 2 种以上的共 13 科，占总科数的 44.83%，共含 43 种，占总种数的 72.88%(表 2.10)。相对多样性在 5.00%以上的有壳斗科、樟科、冬青科、山茶科、山矾科、大戟科、漆树科、杜鹃花科。其中壳斗科密度最大，为 1927 株/hm²，重要值最大，为 33.00%；其次为山茶科，密度为 815 株/hm²，重要值排第二位，为 9.58%；漆树科和松科的植株密度较小，分别为 91 株/hm² 和 123 株/hm²，但多为大径级，相对显著度较大，分别为 11.49%和 13.96%；樟科、冬青科和山矾科虽然相对多样性较高，但植株密度和径级均较小，它们的重要值之和为 14.56%。

表 2.10　石栎-青冈常绿阔叶林群落科的重要值

科	物种数	密度/(株/hm²)	断面积/(m²/hm²)	相对多样性/%	相对密度/%	相对显著度/%	重要值/%
壳斗科 Fagaceae	5	1927	11.51	8.47	44.13	46.39	33.00
山茶科 Theaceae	4	815	0.92	6.78	18.24	3.72	9.58
漆树科 Anacardiaceae	3	91	2.85	5.08	2.04	11.49	6.20
松科 Pinaceae	1	123	3.46	1.69	2.75	13.96	6.13
樟科 Lauraceae	5	47	1.45	8.47	1.05	5.83	5.12
冬青科 Aquifoliaceae	5	184	0.48	8.47	4.12	1.93	4.84
山矾科 Symplocaceae	4	271	0.24	6.78	6.06	0.95	4.60
禾本科 Bambusoideae	1	157	1.92	1.69	3.51	7.74	4.32
杉科 Taxodiaceae	1	209	1.00	1.69	4.68	4.05	3.47
大戟科 Euphorbiaceae	4	29	0.01	6.78	0.65	0.06	2.50
金缕梅科 Hamamelidaceae	2	133	0.21	3.39	2.98	0.85	2.41
杜英科 Elaeocarpaceae	2	99	0.27	3.39	2.22	1.11	2.24
柿科 Ebenaceae	2	34	0.06	3.39	0.76	0.24	1.46
杜鹃花科 Ericaceae	3	62	0.03	5.08	1.39	0.10	2.19
八角枫科 Alangiaceae	1	69	0.19	1.69	1.54	0.78	1.34
蝶形花科 Papilionaceae	2	10	0.00	3.39	0.22	0.02	1.21

续表

科	物种数	密度/(株/hm²)	断面积/(m²/hm²)	相对多样性/%	相对密度/%	相对显著度/%	重要值/%
安息香科 Styracaceae	2	3	0.00	3.39	0.07	0.00	1.15
柏科 Cupressaceae	1	33	0.12	1.69	0.74	0.48	0.97
桑科 Moraceae	1	45	0.02	1.69	1.01	0.07	0.92
马鞭草科 Verbenaceae	1	38	0.01	1.69	0.85	0.03	0.86
茜草科 Rubiaceae	1	20	0.00	1.69	0.45	0.02	0.72
桃金娘科 Myrtaceae	1	12	0.00	1.69	0.27	0.01	0.66
蔷薇科 Rosaceae	1	6	0.02	1.69	0.13	0.08	0.64
鼠李科 Rhamnaceae	1	1	0.01	1.69	0.02	0.04	0.58
含羞草科 Mimosaceae	1	1	0.01	1.69	0.02	0.03	0.58
五加科 Araliaceae	1	2	0.00	1.69	0.04	0.00	0.58
卫矛科 Celastraceae	1	1	0.00	1.69	0.02	0.00	0.57
芸香科 Rutaceae	1	1	0.00	1.69	0.02	0.00	0.57
胡桃科 Juglandaceae	1	1	0.00	1.69	0.02	0.00	0.57
总计	59	4469	24.81	100.00	100.00	100.00	100.00

2.3.2 地理成分组成

地理成分分析是弄清各种系分布区形成的历史和原因的重要手段。基于 DBH≥1cm 的数据集，分别对 3 个植物群落的科和属地理成分进行统计分析，结果显示 3 个植物群落地理成分组成有显著差异，具体表述如下。

1. 马尾松-石栎针阔混交林

马尾松-石栎针阔混交林中科的地理成分有 7 个分布型(表 2.11)，其中世界分布 2 科，占群落内总科数的 9.52%，包括茜草科和蔷薇科，多数个体的树高在 5.0m 以下，主要生长于群落下层。热带成分共 13 科，占群落内总科数的 61.91%，包括泛热带分布(2 型)8 科，热带亚洲至热带美洲间断分布(3 型)3 科和旧世界热带分布(4 型)1 科，热带亚洲至热带非洲分布(6 型)1 科，该科内的物种丰富，在群落上层和下层均有较多分布。温带成分共 6 科，其中北温带分布(8 型)5 科，占 23.81%，松科、壳斗科、杉科、柏科和金缕梅科的马尾松、石栎、青冈、杉木、柏木、枫香和檵木均为群落的优势物种。此外，东亚至北美洲间断分布(9 型)仅木兰科。

表 2.11 马尾松-石栎针阔混交林群落科、属的分布区类型

分布型	科	属	分布型	科	属
1. 世界分布	2(9.52%)		4. 旧世界热带分布	1(4.76%)	3(9.38%)
2. 泛热带分布	8(38.10%)	6(18.75%)	5. 热带亚洲至热带大洋洲分布		1(3.13%)
3. 热带亚洲至热带美洲间断分布	3(14.29%)	3(9.38%)	6. 热带亚洲至热带非洲分布	1(4.76%)	

续表

分布型	科	属	分布型	科	属
7. 热带亚洲分布		3(9.38%)	14. 东亚分布		3(9.38%)
8. 北温带分布	5(23.81%)	6(18.75%)	15. 中国特有分布		1(3.13%)
9. 东亚至北美洲间断分布	1(4.76%)	6(18.75%)	总计	21(100.00%)	32(100.00%)

注：括号内数字代表科、属数占总科数、总属数的百分比

属的地理成分相对较为复杂，有 9 个分布型(表 2.11)。热带分布(2 型、3 型、4 型、5 型和 7 型)共 16 属，占总属数的 50.00%。其中 2 型 6 属，山矾属和冬青属植物分布较多；3 型、4 型、5 型和 7 型共 10 属，除毛八角枫属(*Alangium*)的毛八角枫和木姜子属(*Litsea*)的木姜子为落叶性植物外，其他属的物种均为常绿性质，在乔木层和灌木层均有分布。温带分布(8 型、9 型、14 型和 15 型)16 属，占 50.00%，其中 8 型 6 属，松属(*Pinus*)、柏木属(*Cupressus*)、栎属(*Quercus*)和栗属(*Castanea*)为乔木层的主要物种，杜鹃属(*Rhododendron*)和越橘属(*Vaccinium*)是灌木层的重要构成物种；9 型 6 属均为乔木或小乔木，是群落上层的重要组成部分；14 型 3 属以落叶性质为主；中国特有分布(15 型)仅杉木属 1 属。

种的地理成分包括 4 个分布型 3 个亚型(表 2.12)，中国特有成分(15-1 亚型和 15-2 亚型)17 种，占总种数的 41.46%，代表种有马尾松和柏木，其中亚热带特有种(15-1 亚型)12 种，占总种数的 29.27%；其次为东亚分布(14 型和 14SJ 亚型)12 种，代表种有石栎、青冈、红淡比和檵木，其中中国-日本分布(14SJ 亚型)有 11 种；热带亚洲分布(7 型)有 11 种，代表种有枫香和杉木；泛热带分布(2 型)仅 1 种。各个种分布型中，东亚分布(14 型和 14SJ 亚型)和中国特有分布(包括 15-2 亚型和 15-1 亚型)的重要值相差不大，分别为 42.76%和 41.39%，其中中国-日本分布(14SJ 亚型)的重要值达 39.56%，其次为 15-2 亚型(22.65%)，该型虽然仅 5 种，相对显著度却有 44.09%，因为该型除满山红和白栎分布于灌木层外，其他 3 种(马尾松、柏木和锥栗)均为大径级物种，它们的平均胸径分别达 14.3cm、8.3cm 和 15.2cm，且在群落的最上层占据绝对优势。热带亚洲分布(7 型)在林冠层和灌木层均有分布，但密度不大；泛热带分布仅 1 种，重要值小于 1%。

表 2.12　马尾松-石栎针阔混交林群落种地理成分

分布型	密度/(株/hm^2)	种数	断面积/(m^2/hm^2)	相对密度/%	相对多样性/%	相对显著度/%	重要值/%
14SJ. 中国-日本分布	2553	11	9.76	50.18	26.83	41.67	39.56
15-2. 秦岭以南至热带分布	594	5	10.32	11.67	12.20	44.09	22.65
15-1. 亚热带分布	1182	12	0.87	23.23	29.27	3.71	18.74
7. 热带亚洲分布	418	11	2.29	8.22	26.83	9.80	14.95
14. 东亚分布	327	1	0.17	6.43	2.44	0.72	3.20
2. 泛热带分布	14	1	0.00	0.28	2.44	0.01	0.91
总计	5088	41	23.42	100.00	100.00	100.00	100.00

2. 南酸枣落叶阔叶林

南酸枣落叶阔叶林样地中科的地理成分有 8 个分布型(表 2.13)，其中世界分布(1 型)4 科，占总科数的 13.33%，包括蔷薇科的植物，尤其是落叶性的物种如中华石楠、石灰花楸等。热带成分共 19 科，占 63.33%，包括泛热带分布(2 型)10 科，热带亚洲至热带美洲间断分布(3 型)6 科和旧世界热带分布(4 型)1 科，热带亚洲至热带大洋洲分布(5 型)1 科和热带亚洲至热带非洲分布(6 型)1 科，该科的物种丰富，在群落的上层和下层分布广泛，尤其是漆树科、山茶科、樟科、大戟科和冬青科的多数物种重要值较高，为群落的优势物种。温带成分共 7 科，其中北温带分布(8 型)6 科，占 20.00%，壳斗科在群落中尤其是乔木层分布的物种数较多，金缕梅科的檵木 1333 株，为灌木层的优势物种；东亚至北美洲间断分布(9 型)仅蓝果树科。

属的地理成分复杂，共 11 个分布型(表 2.13)。世界分布 1 属，为悬钩子属；热带分布(2 型、3 型、4 型、5 型和 7 型)包括 22 属，占总属数的 44%。其中 2 型达 9 属，主要为山矾属和冬青属的植物；3 型、4 型、5 型和 7 型共 13 属，其中落叶性质的只有 5 属 6 个物种，其他物种全为常绿的乔木或灌木。温带分布(8 型、9 型、14 型、14SJ 型和 15 型)有 27 属，占 54.00%，北温带分布 8 型 12 属，其中落叶乔木和落叶灌木占 10 属，但在样地中的株数不多，重要值较小，为伴生物种；9 型包括 9 属植物，其重要值均较小，常伴生于群落的乔木层或灌木层；14 型共 4 属，除棕榈属(*Trachycarpus*)只有少量个体分布于样地外，其他如南酸枣属(*Choerospondias*)、油桐属(*Choerospondias*)和檵木属(*Loropetalum*)的物种均为群落的优势物种，在群落中重要值排前 10 位。14SJ 型和中国特有分布(15 型)均只有 1 属，分别为野鸦椿属(*Euscaphis*)和喜树属(*Camptotheca*)。

表 2.13　南酸枣落叶阔叶林群落科、属的分布区类型

分布型	科	属	分布型	科	属
1. 世界分布	4(13.33%)	1(2.00%)	8. 北温带分布	6(20.00%)	12(24.00%)
2. 泛热带分布	10(33.33%)	9(18.00%)	9. 东亚至北美洲间断分布	1(3.33%)	9(18.00%)
3. 热带亚洲至热带美洲间断分布	6(20.00%)	4(8.00%)	14. 东亚分布		4(8.00%)
4. 旧世界热带分布	1(3.33%)	5(10.00%)	14SJ. 中国-日本分布		1(2.00%)
5. 热带亚洲至热带大洋洲分布	1(3.33%)	1(2.00%)	15. 中国特有分布		1(2.00%)
6. 热带亚洲至热带非洲分布	1(3.33%)		总计	30(100.00%)	50(100.00%)
7. 热带亚洲分布		3(6.00%)			

注：括号内数字代表科、属数占总科数、总属数的百分比

种的地理成分包括 4 个分布型 3 个亚型(表 2.14)，中国特有成分(15-1 亚型和 15-2 亚型)共 32 种，占总种数的 45.72%，代表种有白栎、四川山矾和毛豹皮樟等，其中亚热带特有种(15-1 亚型)在样地分布最多，达 22 种，占总种数的 31.43%；其次为东亚分布(14 型和 14SJ

亚型)，有 23 种，代表种有南酸枣、红淡比和檵木，其中中国-日本分布(14SJ 亚型)18 种，占总种数的 25.71%，是该类地理成分的主体；热带亚洲分布(7 型)14 种，占 20.00%，代表种有椤木石楠和木油桐；北温带分布(8 型)仅 1 种。

各个种分布型中(表 2.14)，中国特有分布(包括 15-2 亚型和 15-1 亚型)的重要值最大(37.31%)，其次为中国-日本分布(14SJ 亚型)(35.53%)，虽然 14SJ 亚型的相对密度和相对多样性较 15-1 亚型小，但其相对显著度在各类地理成分中最高，为 64.00%，重要值较 15-2 亚型或 15-1 亚型大，主要因为该型以大径级林木为主，尤其是样地中相对显著度占绝对优势的南酸枣(48.95%)属于该分布型，而 15-2 亚型或 15-1 亚型以满山红、格药柃等灌木层植物为主。热带亚洲分布(7)主要包括杜鹃、大青等物种，多伴生于林下，密度较小。

表 2.14　南酸枣落叶阔叶林群落种地理成分

分布型	密度/(株/hm²)	种数	断面积/(m²/hm²)	相对密度/%	相对多样性/%	相对显著度/%	重要值/%
14SJ. 中国-日本分布	899	18	11.95	16.88	25.71	64.00	35.53
15-1. 亚热带分布	1839	22	2.49	34.52	31.43	13.32	26.42
14. 东亚分布	1397	5	1.49	26.22	7.14	7.98	13.78
7. 热带亚洲分布	502	14	1.54	9.42	20.00	8.25	12.56
15-2. 秦岭以南至热带分布	640	10	1.19	12.01	14.29	6.37	10.89
8. 北温带分布	50	1	0.02	0.94	1.43	0.09	0.82
总计	5327	70	18.67	100.00	100.00	100.00	100.00

3. 石栎-青冈常绿阔叶林

石栎-青冈群落中科的地理成分包括 6 个分布型(表 2.15)，其中世界分布 6 科，占群落总科数的 20.69%，有蔷薇科、蝶形花科、禾本科、茜草科等，重要值较低，虽有少量乔木种类，如枳椇和椤木石楠等，但处于从属和伴生地位。热带成分共 17 科，占 58.69%，包括泛热带分布(2 型)10 科，热带亚洲至热带美洲间断分布(3 型)5 科和旧世界热带分布(4 型)1 科，热带亚洲至热带非洲分布(6 型)1 科，其中山矾科、山茶科、冬青科的植物为群落的优势种。温带成分仅北温带分布(8)6 科，占 20.69%，其中壳斗科、松科、杉科的植物是群落上层优势种。

属的地理成分相对较为复杂，有 10 个分布型(表 2.15)。热带分布(2 型、3 型、4 型、5 型和 7 型)共 23 属，占总属数的 51.11%。其中 2 型 11 属，多为亚乔木层及下层物种，如冬青属和山矾属等；3 型、4 型、5 型和 7 型共 12 属，其中青冈属(*Cyclobalanopsis*)为群落各个层次的优势类群，樟属(*Cinnamomum*)、杜英属(*Elaeocarpus*)、木荷属(*Schima*)和安息香属(*Styrax*)的部分种进入乔木层，其他各属如山茶属(*Camellia*)、木姜子属、柃木属(*Eurya*)等主要分布在灌木层。温带分布(8 型、9 型、14 型和 15 型)共 22 属，占总属数的 46.67%。其中 8 型 7 属，多为壳斗科、杜鹃花科植物；9 型 8 属，是石栎-青冈群落与北美洲森林植物区系联系的重要证据，其中石栎属为群落的建群种，枫香、檫木等为伴生植物；14 型共 6 属(含 14SJ1 属)，南酸枣属、化香树属(*Platycarya*)、檵木属等是群落内的常见成分；中国特有分布仅 1 属，即杉木属(*Cunninghamia*)。

表 2.15　石栎-青冈常绿阔叶林群落科、属的分布型

分布型	科	属
1. 世界分布	6(20.69%)	
2. 泛热带分布	10(34.49%)	11(24.44%)
3. 热带亚洲至热带美洲间断分布	5(17.29%)	4(8.89%)
4. 旧世界热带分布	1(3.46%)	3(6.67%)
5. 热带亚洲至热带大洋洲分布		1(2.22%)
6. 热带亚洲至热带非洲分布	1(3.45%)	
7. 热带亚洲分布		4(8.89%)
8. 北温带分布	6(20.69%)	7(15.56%)
9. 东亚至北美洲间断分布		8(17.78%)
14. 东亚分布		5(11.11%)
14SJ. 中国-日本分布		1(2.22%)
15. 中国特有分布		1(2.22%)
总计	29(100%)	45(100%)

注：括号内数字代表科、属数占总科数、总属数的百分比

种的地理成分共 4 个分布型 3 个亚型(表 2.16)，其中中国特有成分(15-1 亚型和 15-2 亚型)有 23 种，占群落总种数的 38.98%，代表种有白栎和四川山矾，其中亚热带分布种(15-1 亚型)有 15 种，占总种数的 25.42%，较秦岭以南至热带分布(15-2 亚型)种类(8 种，占 13.56%)多；其次为东亚分布(14 型和 14SJ 亚型)19 种(32.20%)，代表种有青冈、石栎和南酸枣，其中中国-日本分布(14SJ 亚型)达 16 种，占总种数的 27.12%，是该地理成分的主体；热带亚洲分布(7 型)16 种(27.12%)，代表种有台湾冬青和南烛；北温带分布(8 型)仅 1 种，在群落中地位较低。

各个种分布型中(表 2.16)，中国-日本分布(14SJ 亚型)的重要值最大(50.98%)，其次为中国特有分布(包括 15-2 亚型和 15-1 亚型)，其重要值为 31.03%。中国特有成分中，15-2 亚型的相对密度和相对多样性均较 15-1 亚型低，但相对显著度和重要值较高，因为 15-2 亚型以大径级林木为主，15-1 亚型以灌木层植物为主。热带亚洲分布(7 型)的相对多样性(27.12%)和中国-日本分布并列第一，但多位于林下，进入冠层少，相对显著度(6.65%)较低。

表 2.16　石栎-青冈常绿阔叶林群落种地理成分

分布型	密度/(株/hm^2)	种数	断面积/(m^2/hm^2)	相对密度/%	相对多样性/%	相对显著度/%	重要值/%
14SJ. 中国-日本分布	2958	16	14.80	66.19	27.12	59.64	50.98
15-2. 秦岭以南至热带分布	399	8	6.61	8.93	13.56	26.65	16.38
15-1. 亚热带分布	528	15	1.66	11.81	25.42	6.70	14.65
7. 热带亚洲分布	430	16	1.65	9.62	27.12	6.65	14.47
14. 东亚分布	134	3	0.08	3.00	5.08	0.34	2.81
8. 北温带分布	20	1	0.00	0.45	1.69	0.02	0.72
总计	4469	59	24.81	100.00	100.00	100.00	100.00

2.4　次生林群落结构

亚热带次生林群落可清晰地划分为乔木层、灌木层和草本层 3 个垂直层次，就 DBH≥1cm 和 DBH≥4cm 的木本植物而言，3 个植物群落的结构存在明显的不同。

2.4.1　胸径结构

1. 马尾松-石栎针阔混交林

马尾松-石栎针阔混交林中，所有树木的株数随径级增加而减少，呈倒“J”形分布(图 2.2a)。DBH<4cm 的木本植物 38 种 3251 株/hm^2，占总株数的 63.90%。该径级个体数 100 株/hm^2 以上的共 6 种，均为常绿树种，共 2785 株/hm^2，占该径级总个体数的 85.67%，是群落灌木层和林下更新的主要构成树种；其中株数最多的是石栎(1173 株/hm^2)，占该径级株数的 36.08%，其余依次为油茶 630 株/hm^2，格药柃 321 株/hm^2，檵木 307 株/hm^2，青冈 208 株/hm^2，红淡比 146 株/hm^2。

从优势种的径级结构来看，针叶树马尾松呈单峰型，个体数 20 株/hm^2 以上的径级集中分布在 4～28cm，峰值出现在 8～16cm，缺乏 4cm 以下的幼树、幼苗和 32cm 以上的大径级植株，说明马尾松在群落中属于远期衰退种群，其优势地位将在较长时间内得以保持，但在没有干扰的情况下将在群落演替进程中逐渐消失。常绿乔木石栎、青冈的径级结构呈倒“J”形(图 2.2b、d)，属于增长种群，胸径在 4cm 以下的幼树占绝对优势；常绿乔木樟(图 2.2e)在各个径级的株数相差不大，接近于双峰结构，峰值出现在 4～8cm 或 12～20cm，幼小植株和大径级植株均较少，属于远期衰退种群。落叶乔木枫香和南酸枣小径级个体较多，其中枫香种群有增长趋势，而南酸枣则衰退，其 4cm 以下的植株较多是因为 2008 年冰雪灾害导致林冠受损，林窗大量出现改变了林内光环境，促进了南酸枣和枫香等喜光树种的更新。常绿灌木格药柃、檵木、油茶、红淡比为“L”形(图 2.2d)，个体数集中于 4cm 以下。

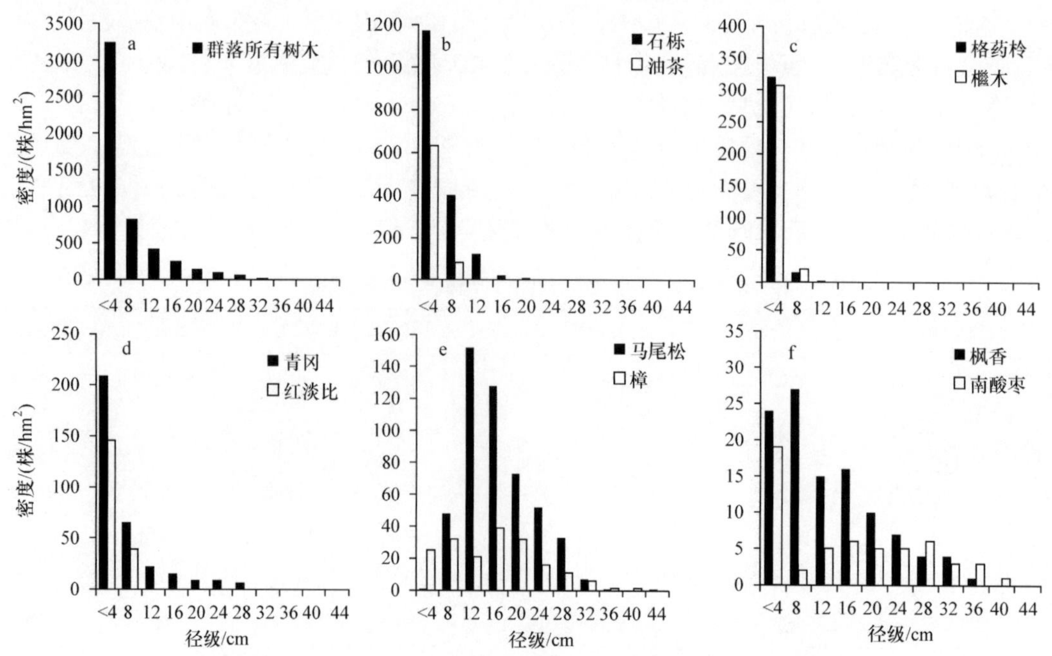

图 2.2　马尾松-石栎针阔混交林所有物种(a)和优势种(b～f)的径级分布图

2. 南酸枣落叶阔叶林

群落内 DBH≥1cm 的所有树木的株数随胸径级增加而减少，呈倒“J”形分布(图 2.3a)。其中 DBH<4cm 的木本植物共 59 种 3874 株/hm²，占总株数的 72.72%。该径级个体数 100 株/hm² 以上的共 7 种，以常绿灌木或小乔木为主，共 2700 株/hm²，占该径级总个体数的 69.69%，是群落灌木层的主要组成树种。其中檵木株数最多(928 株/hm²)，占该径级株数的 23.95%，其次满山红 522 株/hm²，四川山矾 470 株/hm²，格药柃 405 株/hm²，红淡比 144 株/hm²，油茶 125 株/hm²，老鼠矢 106 株/hm²。

从优势种的径级结构来看(图 2.3)，南酸枣的胸径级结构为不规则的单峰型，植株个体数量在 20 株/hm² 以上的胸径级集中在 20～28cm 或<4cm，该树种为强喜光的先锋树种，在群落中属于衰退种群，其中 4cm 以下的幼树个体较多主要是 2008 年南方特大冰雪灾害导致林冠受损，林窗大量出现给南酸枣种子萌发创造了良好的光条件。另一伴生落叶树种木油桐的径级结构为单峰分布，属衰退种；常绿乔木毛豹皮樟和四川山矾，以及常绿灌木红淡比、檵木和油茶为倒“J”形，属增长种群；此外，落叶灌木满山红和常绿灌木格药柃的胸径结构呈“L”形，胸径 4cm 以下的植株个体数量占绝对优势，极少量个体达到 8cm 以上。

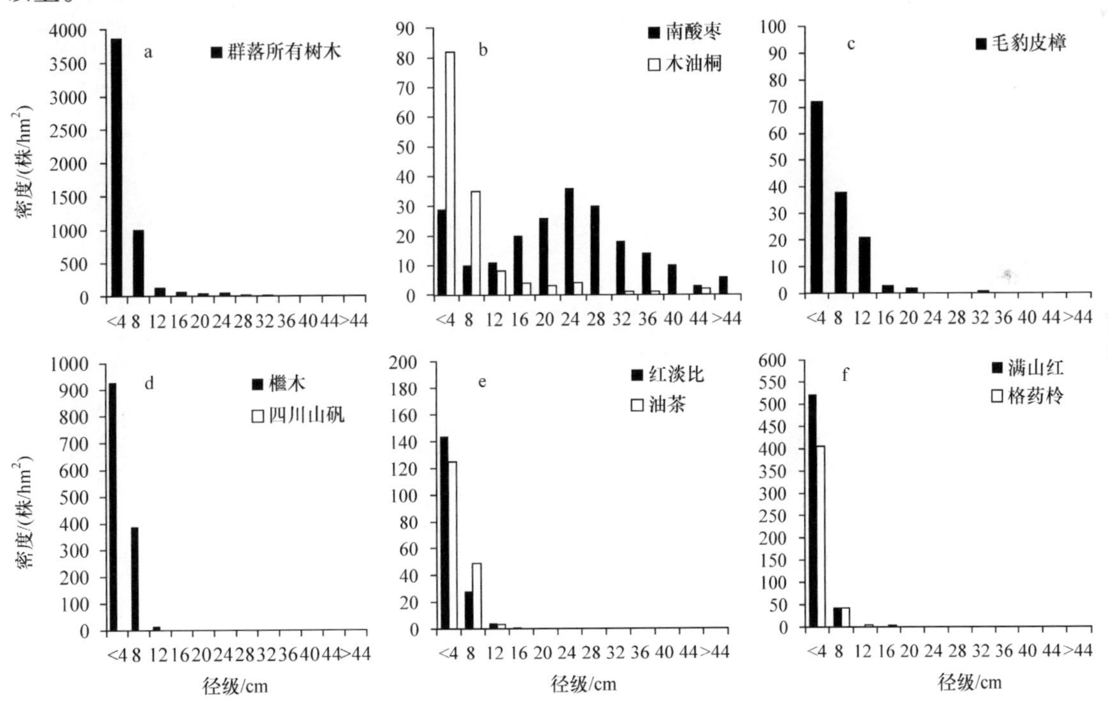

图 2.3　南酸枣落叶阔叶林所有物种(a)和优势种(b～f)的径级分布图

3. 石栎-青冈常绿阔叶林

群落内 DBH≥1cm 的所有植物株数随胸径级增加而减少，呈倒“J”形分布(图 2.4a)。DBH<4cm 的木本植物 50 种 2681 株/hm²，占总株数的 60.00%，其中石栎株数最多(947 株/hm²)，占该径级株数的 35.32%，红淡比 428 株/hm²，占 15.96%，青冈 238 株/hm²，占 8.88%，其次

为格药柃、四川山矾、檵木和冬青，它们的株数均在 100 株/hm^2 以上，表明群落尤其是这些常绿物种在林下幼苗贮备良好。

从优势种的径级结构来看(图 2.4b～f)，常绿阔叶乔木石栎、青冈、四川山矾、日本杜英和冬青的胸径结构均为倒“J”形分布(图 2.4b、d 和 e)，其胸径在 4cm 以下的幼树的数量较多，大树少，在群落中更新状态良好，属增长种群。由于群落郁闭度大，重要值较大的另一个针叶树种马尾松和落叶阔叶树种南酸枣的幼苗幼树较少，胸径级结构属单峰型(图 2.4c)，属衰退种群，如果没有外界干扰将在群落演替进程中逐步消失。常绿小乔木红淡比胸径主要集中在 4cm 以下，占 68.26%，4～8cm 的个体占红淡比总株数的 28.71%，≥8cm 的径级个体仅 19 株(占 3.03%)，与格药柃一样，胸径结构呈“L”形(图 2.4f)，这与树种自身生物学特性有关。

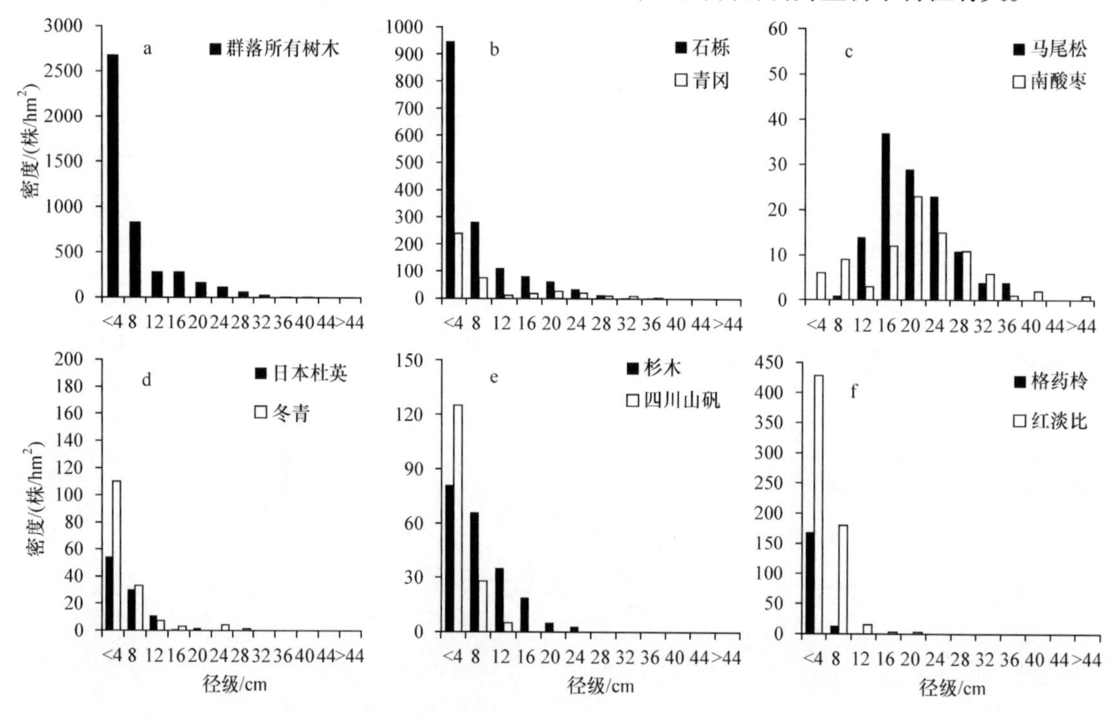

图 2.4 石栎-青冈常绿阔叶林所有物种(a)和优势种(b～f)的径级分布图

2.4.2 垂直结构

亚热带次生林群落垂直层次清晰，其中 DBH≥1cm 的植物个体可分为 3 层：下层(H<5m)、中层(5m≤H<10m)和上层(H≥10m)(表 2.17～表 2.19 和图 2.5)。3 个群落下层平均高无显著差异，高度为 3.1～3.2m；中层以马尾松-石栎针阔混交林最高(7.1m)，南酸枣阔叶林最低(6.2m)；上层以南酸枣落叶阔叶林最高(16.4m)，石栎-青冈常绿阔叶林最低(13.4m)。

3 个群落均随高度级的增加树种数下降，但群落各层次物种组成差异显著。马尾松-石栎针阔混交林上层、中层和下层物种分别占群落总种数的 34.15%、80.49%和 95.12%；南酸枣落叶阔叶林上层、中层和下层物种依次占总种数的 38.57%、65.71%和 87.14%；石栎-青冈常绿阔叶林各层物种依次占总种数的 35.59%、66.10%和 83.05%。

群落胸高断面积从下层到上层主要表现为逐渐增加。马尾松-石栎针阔混交林下层、中层和上层断面积分别为 1.91m^2/hm^2、5.63m^2/hm^2 和 15.88m^2/hm^2，分别占群落总断面积的 8.15%、

24.04%和67.81%。南酸枣落叶阔叶林下层和中层断面积相当，分别为3.16m^2/hm^2和3.01m^2/hm^2，上层显著较高（12.50m^2/hm^2），3层依次占群落总断面积的16.93%、16.12%和66.95%。石栎-青冈常绿阔叶林下层、中层和上层断面积分别为1.6m^2/hm^2、3.21m^2/hm^2和20.00m^2/hm^2，各占群落总断面积的6.45%、12.94%和80.61%。

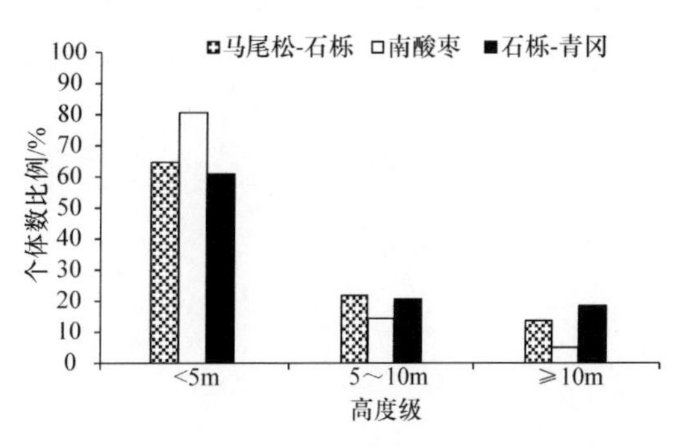

图2.5 次生林群落各高度层次的个体所占比例

群落个体数以下层最为有优势，并表现出自下而上逐渐减少的趋势（图2.5和表2.17～表2.19）。各群落下层所占比例均在60%以上，尤其以南酸枣落叶阔叶林最多，占80.68%；石栎-青冈群落的中层和上层比例最为接近，分别为20.63%和18.44%；马尾松中层21.76%，下层13.62%；南酸枣中层14.36%，上层个体数最小，仅4.96%。

表2.17 马尾松-石栎针阔混交林群落垂直层特征（DBH>1cm）

层次	种名	密度/（株/hm^2）	平均胸径/cm	平均树高/m	平均胸高断面积/（m^2/hm^2）
上层	柏木	4	11.4	12.2	0.05
	枫香	41	18.6	13.3	1.28
	马尾松	407	15.2	13.4	8.39
	木莲	1	12.4	11.3	0.01
	木油桐	4	26.9	14.1	0.23
	南酸枣	29	22.9	15.4	1.31
	青冈	17	20.4	14.0	0.58
	杉木	14	11.1	12.6	0.14
	石栎	71	11.2	11.9	0.80
	四川山矾	2	5.6	8.9	0.01
	延平柿	1	12.3	13.0	0.01
	油茶	2	9.1	10.2	0.02
	樟	92	18.7	13.5	2.76
	锥栗	8	20.8	14.7	0.28
上层汇总		693	15.9	13.4	15.88
中层	白栎	1	6.9	7.3	0.00
	白木乌桕	2	11.7	7.4	0.02
	柏木	42	8.6	7.0	0.28
	赤楠	1	7.0	7.2	0.00
	大青	2	3.9	6.5	0.00
	冬青	1	6.9	7.1	0.00
	杜鹃	1	7.6	6.3	0.00
	枫香	43	8.2	7.2	0.27

续表

层次	种名	密度/(株/hm²)	平均胸径/cm	平均树高/m	平均胸高断面积/(m²/hm²)
中层	格药柃	7	4.9	6.5	0.02
	红淡比	25	5.5	5.8	0.06
	檵木	33	3.6	6.2	0.04
	老鼠矢	3	6.9	6.1	0.01
	椤木石楠	2	9.0	7.2	0.01
	马尾松	105	10.9	8.8	1.17
	木荷	8	4.9	5.7	0.02
	木姜子	2	2.7	5.5	0.00
	南酸枣	6	9.8	8.2	0.05
	南烛	5	6.4	5.8	0.02
	漆	1	5.6	5.1	0.00
	青冈	103	8.5	7.2	0.80
	日本杜英	2	7.5	5.9	0.01
	山槐	2	7.5	5.9	0.01
	杉木	47	7.2	7.2	0.22
	石栎	537	5.9	7.0	1.84
	四川山矾	11	5.7	7.2	0.03
	秃瓣杜英	2	8.4	7.2	0.01
	延平柿	8	5.5	6.4	0.03
	野柿	4	6.0	6.1	0.02
	油茶	38	4.1	5.7	0.06
	油桐	2	6.4	6.4	0.01
	樟	56	10.1	7.9	0.54
	中华石楠	2	3.1	5.9	0.00
	锥栗	3	15.5	8.4	0.06
中层汇总		1107	7.0	7.1	5.63
下层	白栎	7	1.7	2.6	0.00
	白木乌桕	6	1.7	2.4	0.00
	柏木	8	5.1	3.9	0.02
	赤楠	3	1.6	2.7	0.00
	大青	68	1.8	2.9	0.02
	冬青	17	2.5	3.1	0.01
	杜鹃	40	1.7	2.6	0.01
	枫香	24	2.9	3.7	0.02

续表

层次	种名	密度/(株/hm²)	平均胸径/cm	平均树高/m	平均胸高断面积/(m²/hm²)
	格药柃	331	2.1	2.7	0.14
	红淡比	162	2.6	3.1	0.11
	檵木	294	2.3	2.9	0.13
	老鼠矢	13	2.1	2.7	0.00
	椤木石楠	4	1.8	2.7	0.00
	马尾松	3	15.1	3.7	0.07
	满山红	2	1.6	2.0	0.00
	毛八角枫	2	1.3	2.5	0.00
	木荷	1	3.2	4.5	0.00
	木姜子	14	2.2	3.5	0.01
	木莲	3	7.6	2.7	0.01
	南岭山矾	2	2.4	2.9	0.00
	南酸枣	20	2.2	3.7	0.01
	南烛	78	1.9	2.7	0.03
	漆	1	1.7	2.2	0.00
下层	青冈	214	2.5	3.2	0.13
	日本杜英	2	1.9	3.0	0.00
	山矾	3	4.5	3.7	0.01
	山槐	8	1.7	2.6	0.00
	杉木	27	2.5	2.9	0.02
	石栎	1131	2.2	3.2	0.56
	四川山矾	30	2.6	2.9	0.02
	台湾冬青	2	3.8	2.4	0.00
	延平柿	14	2.5	3.1	0.01
	野柿	8	2.6	3.4	0.00
	油茶	675	2.7	3.3	0.44
	油桐	8	2.2	3.4	0.00
	樟	36	4.7	3.4	0.12
	栀子	14	1.4	2.3	0.00
	中华石楠	9	2.0	3.8	0.00
	锥栗	4	3.6	3.5	0.00
下层汇总		3288	2.4	3.1	1.91
总计		5088	5.2	5.4	23.42

表 2.18 南酸枣落叶阔叶林群落垂直层特征(DBH>1cm)

层次	种名	密度/(株/hm²)	平均胸径/cm	平均树高/m	平均胸高断面积/(m²/hm²)
上层	白栎	15	21.1	13.3	0.57
	檫木	3	34.6	21.7	0.28
	冬青	1	19.6	13.0	0.03
	枫香	5	25.6	20.3	0.27
	格药柃	1	11.3	10.0	0.01
	檵木	1	14.8	11.5	0.02
	榉树	3	12.7	13.0	0.05
	楝	3	16.6	18.0	0.07
	椤木石楠	1	12.8	10.5	0.01
	毛八角枫	3	9.7	12.2	0.03
	毛豹皮樟	7	11.5	14.3	0.11
	木油桐	23	17.6	14.2	0.76
	南岭山矾	1	18.6	17.0	0.03
	南酸枣	152	25.8	17.5	8.76
	朴树	1	6.1	10.3	0.00
	青冈	2	27.2	17.2	0.12
	榕叶冬青	1	12.6	10.6	0.01
	石栎	1	15.2	18.5	0.02
	延平柿	1	13.2	16.0	0.01
	野柿	3	21.2	13.1	0.12
	野桐	1	15.6	15.0	0.02
	野鸦椿	1	13.3	10.0	0.01
	油茶	1	6.7	10.0	0.00
	油桐	16	17.6	16.2	0.44
	樟	15	24.4	14.6	0.75
	中华石楠	1	7.6	10.0	0.00
	锥栗	1	13.6	12.8	0.01
上层汇总		264	22.8	16.4	12.50
中层	白栎	13	13.3	7.4	0.22
	赤楠	1	4.8	5.0	0.00
	大青	1	6.8	6.8	0.00
	冬青	18	8.0	6.5	0.13
	杜鹃	2	3.0	5.2	0.00
	枫香	1	7.0	7.1	0.00

续表

层次	种名	密度/(株/hm²)	平均胸径/cm	平均树高/m	平均胸高断面积/(m²/hm²)
中层	格药柃	18	5.2	5.6	0.05
	贵定桤叶树	1	4.9	5.3	0.00
	红淡比	11	6.7	6.0	0.05
	槲栎	1	10.2	6.5	0.01
	檵木	239	4.9	5.8	0.50
	榉树	6	5.9	6.2	0.02
	老鼠矢	6	5.9	5.9	0.02
	椤木石楠	12	5.8	6.1	0.04
	马尾松	1	10.3	8.0	0.01
	满山红	18	5.0	5.5	0.04
	毛八角枫	4	4.8	7.2	0.01
	毛豹皮樟	44	7.5	6.6	0.23
	木荷	1	4.2	5.1	0.00
	木姜子	31	3.5	5.8	0.03
	木油桐	55	4.6	6.4	0.11
	南岭山矾	4	8.8	5.6	0.03
	南酸枣	29	10.3	7.4	0.31
	南烛	1	3.9	9.8	0.00
	桤木	2	5.1	6.1	0.00
	青冈	13	8.3	6.7	0.08
	日本杜英	1	5.7	6.0	0.00
	榕叶冬青	12	6.5	6.3	0.04
	山矾	9	6.9	5.9	0.04
	山胡椒	10	5.8	6.7	0.03
	山鸡椒	1	3.3	6.0	0.00
	山樱花	5	5.2	6.7	0.01
	石栎	2	7.6	6.6	0.01
	四川山矾	73	7.9	6.4	0.42
	台湾冬青	8	6.4	6.0	0.03
	甜槠	1	4.0	6.5	0.00
	喜树	2	3.4	5.3	0.00
	延平柿	4	5.5	6.1	0.01
	野柿	7	8.6	7.0	0.05
	野桐	2	2.3	5.6	0.00

续表

层次	种名	密度/(株/hm²)	平均胸径/cm	平均树高/m	平均胸高断面积/(m²/hm²)
中层	野鸦椿	1	5.6	5.8	0.00
	油茶	19	6.1	5.6	0.06
	油桐	27	6.8	6.8	0.12
	樟	16	8.7	7.2	0.12
	中华石楠	29	6.3	6.4	0.13
	棕榈	3	12.5	6.0	0.04
中层汇总		765	6.2	6.2	3.01
下层	白栎	8	6.2	3.4	0.04
	白檀	2	2.3	2.7	0.00
	赤楠	10	2.2	2.8	0.00
	楤木	1	1.8	2.9	0.00
	大青	38	1.8	2.8	0.01
	冬青	69	2.7	3.0	0.05
	杜鹃	91	2.1	3.0	0.04
	短梗冬青	4	2.9	2.3	0.00
	枫香	4	1.9	3.2	0.00
	格药柃	432	2.5	2.8	0.25
	红淡比	166	2.7	3.0	0.12
	湖北海棠	1	1.3	2.4	0.00
	檵木	1093	3.0	3.5	0.92
	荚蒾	2	1.3	3.0	0.00
	榉树	6	1.6	3.1	0.00
	老鼠矢	113	2.4	3.1	0.06
	椤木石楠	69	2.5	3.4	0.04
	马桑	1	2.8	4.1	0.00
	满山红	550	2.4	3.1	0.28
	毛八角枫	13	2.4	3.9	0.01
	毛豹皮樟	86	3.2	3.3	0.11
	米槠	2	3.2	3.6	0.00
	木姜子	57	2.1	3.5	0.02
	木油桐	62	2.2	3.7	0.03
	南方荚蒾	1	1.2	3.2	0.00
	南岭山矾	21	2.6	2.8	0.01
	南酸枣	32	3.8	3.6	0.07

续表

层次	种名	密度/(株/hm^2)	平均胸径/cm	平均树高/m	平均胸高断面积/(m^2/hm^2)
下层	南烛	55	2.5	3.2	0.03
	青冈	55	3.1	3.5	0.05
	榕叶冬青	114	3.0	2.9	0.10
	山矾	76	2.6	3.2	0.05
	山胡椒	49	2.1	3.1	0.02
	山槐	1	1.8	3.1	0.00
	山鸡椒	2	1.5	3.1	0.00
	山橿	2	1.2	2.9	0.00
	山莓	1	1.0	2.8	0.00
	山樱花	12	2.7	3.7	0.01
	石灰花楸	1	8.2	3.3	0.01
	石栎	14	3.6	3.4	0.02
	四川山矾	545	2.5	3.1	0.33
	台湾冬青	21	3.3	3.1	0.02
	甜槠	1	2.2	3.6	0.00
	喜树	3	1.7	3.0	0.00
	细枝柃	3	2.3	2.8	0.00
	香冬青	1	1.0	1.3	0.00
	延平柿	11	3.5	3.4	0.01
	盐肤木	1	1.9	4.2	0.00
	野漆	7	1.9	2.8	0.00
	野柿	20	2.7	3.7	0.01
	野桐	7	2.1	3.8	0.00
	野鸦椿	5	2.6	3.7	0.00
	异叶榕	13	1.5	2.7	0.00
	油茶	157	3.0	3.0	0.14
	油桐	37	3.1	3.8	0.05
	樟	7	6.3	4.0	0.06
	栀子	50	1.7	2.3	0.02
	中华石楠	69	1.9	3.7	0.02
	锥栗	3	2.7	4.3	0.00
	紫珠	10	1.7	3.0	0.00
	棕榈	7	12.6	3.5	0.10
	醉鱼草	4	1.7	3.0	0.00
下层汇总		4298	2.7	3.2	3.16
总计		5327	4.2	4.3	18.67

表 2.19　石栎-青冈常绿阔叶林群落垂直层特征（DBH≥1cm）

层次	种名	密度/(株/hm²)	平均胸径/cm	平均树高/m	平均胸高断面积/(m²/hm²)
上层	白栎	22	19.4	14.0	0.70
	柏木	2	8.7	11.4	0.01
	檫木	25	23.9	14.9	1.24
	冬青	11	15.9	12.2	0.27
	枫香	5	17.0	13.9	0.13
	红淡比	5	13.8	13.7	0.08
	檵木	1	10.1	13.7	0.01
	栗	6	19.9	13.8	0.23
	马尾松	120	18.2	14.4	3.42
	毛八角枫	9	11.7	13.3	0.11
	毛竹	140	12.6	13.4	1.78
	南酸枣	68	21.5	15.4	2.70
	青冈	87	19.3	14.3	2.81
	日本杜英	4	13.1	13.3	0.06
	杉木	41	12.9	12.9	0.59
	石栎	262	15.0	13.0	5.27
	台湾冬青	1	14.4	10.9	0.02
	野柿	3	9.5	12.5	0.03
	樟	5	20.6	15.0	0.17
	中华杜英	1	21.5	10.9	0.04
	锥栗	6	26.3	14.2	0.35
上层汇总		824	16.4	13.7	20.00
中层	白栎	3	13.9	8.4	0.05
	白木乌桕	1	4.3	5.2	0.00
	柏木	24	6.9	7.7	0.09
	檫木	1	9.0	8.4	0.01
	冬青	41	5.1	6.4	0.10
	格药柃	4	5.2	5.7	0.01
	红背山麻杆	2	5.2	6.4	0.00
	红淡比	128	5.8	6.5	0.37
	黄檀	1	3.2	7.2	0.00
	鸡血藤	2	1.9	8.3	0.00
	檵木	21	3.7	5.8	0.03
	老鼠矢	5	5.8	6.5	0.01

续表

层次	种名	密度/(株/hm²)	平均胸径/cm	平均树高/m	平均胸高断面积/(m²/hm²)
中层	椤木石楠	4	6.7	6.7	0.02
	马尾松	1	8.1	9.8	0.01
	毛八角枫	28	5.1	7.0	0.07
	毛叶木姜子	1	9.3	7.6	0.01
	毛竹	16	10.1	9.0	0.14
	木姜子	1	4.4	5.2	0.00
	南岭山矾	4	5.3	5.4	0.01
	南蛇藤	1	3.4	8.8	0.00
	南酸枣	9	10.8	6.7	0.12
	南烛	2	4.9	5.6	0.00
	青冈	79	5.0	6.4	0.18
	日本杜英	29	7.3	6.7	0.13
	榕叶冬青	5	6.0	6.9	0.01
	山矾	9	5.5	6.9	0.02
	山槐	1	9.2	9.8	0.01
	杉木	74	7.2	7.1	0.34
	石栎	386	5.9	7.0	1.36
	四川山矾	19	6.3	6.4	0.06
	尾叶冬青	2	4.8	5.6	0.00
	延平柿	9	4.1	6.3	0.01
	野柿	2	4.5	5.9	0.00
	异叶榕	2	3.3	6.3	0.00
	银木荷	1	6.0	8.6	0.00
	油茶	1	2.7	5.2	0.00
	油桐	1	3.8	5.7	0.00
	樟	1	8.0	7.0	0.01
	枳椇	1	10.7	9.3	0.01
中层汇总		922	6.0	6.8	3.21
下层	白花龙	2	1.7	2.2	0.00
	白木乌桕	13	1.5	2.6	0.00
	柏木	7	4.1	3.4	0.01
	檫木	1	9.4	2.8	0.01
	赤楠	12	1.7	2.6	0.00
	楤木	2	1.7	3.5	0.00

续表

层次	种名	密度/(株/hm²)	平均胸径/cm	平均树高/m	平均胸高断面积/(m²/hm²)
下层	大青	38	1.6	2.8	0.01
	冬青	106	2.5	3.3	0.07
	杜鹃	22	1.5	2.3	0.00
	短梗冬青	2	2.4	3.2	0.00
	芬芳安息香	1	1.8	2.8	0.00
	枫香	1	4.2	3.2	0.00
	柑橘	1	1.5	2.4	0.00
	格药柃	178	2.2	2.8	0.08
	红背山麻杆	9	2.2	3.5	0.00
	红淡比	494	2.8	3.3	0.38
	化香	1	1.0	2.4	0.00
	黄檀	4	2.1	3.6	0.00
	鸡血藤	3	1.9	3.2	0.00
	檵木	105	2.3	3.3	0.05
	老鼠矢	19	2.1	2.5	0.01
	椤木石楠	2	3.2	3.4	0.00
	马尾松	2	14.8	2.8	0.03
	满山红	8	2.2	3.1	0.00
	毛八角枫	32	2.2	3.4	0.01
	毛竹	1	1.7	2.8	0.00
	木姜子	4	3.0	2.7	0.00
	木油桐	3	1.9	2.7	0.00
	南岭山矾	21	2.6	3.2	0.01
	南酸枣	12	4.3	3.0	0.03
	南烛	30	2.2	2.9	0.01
	漆	1	2.4	3.6	0.00
	青冈	236	2.3	3.3	0.12
	日本杜英	65	2.7	3.5	0.05
	榕叶冬青	10	2.2	3.3	0.00
	山矾	55	2.4	2.9	0.03
	山胡椒	6	1.5	2.6	0.00
	杉木	94	2.9	3.3	0.08
	石栎	885	2.2	3.2	0.45
	四川山矾	139	2.4	2.9	0.08

续表

层次	种名	密度/(株/hm²)	平均胸径/cm	平均树高/m	平均胸高断面积/(m²/hm²)
下层	台湾冬青	3	2.9	3.3	0.00
	尾叶冬青	3	2.6	3.4	0.00
	延平柿	18	2.6	3.5	0.01
	盐肤木	1	3.2	3.1	0.00
	野柿	2	2.3	2.4	0.00
	异叶榕	43	2.0	3.2	0.02
	银木荷	4	2.5	3.8	0.00
	樟	2	3.7	3.7	0.00
	栀子	20	1.6	2.8	0.00
下层汇总		2723	2.4	3.2	1.60
总计		4469	5.7	5.9	24.81

从各层的生活型来看(图 2.6)，除南酸枣落叶阔叶林上层落叶木本植物(落叶乔木+落叶灌木)个体数比例多于常绿木本植物外，另两个群落的各个层次及南酸枣落叶阔叶林的中下层均表现为常绿性质占绝对优势。马尾松-石栎针阔混交林上层以常绿乔木为主，占群落总个体数的 11.95%(占该层总个体数的 88.02%)，主要有马尾松、樟、石栎、青冈、杉木，落叶乔木占 1.63%(占该层的 11.98%)，仅枫香、南酸枣、锥栗的少量个体。群落中层以常绿乔木为主，占群落总个体数的 18.47%(占该层的 73.71%)，如石栎、马尾松、青冈、四川山矾；常绿灌木占 1.73%(占该层的 8.72%)，如油茶、红淡比、檵木；落叶乔木和落叶灌木零星分布，仅占 1.55%(占该层的 6.87%)。下层不仅物种丰富，个体数也最多，常绿和落叶树种分别占总个体数的 60.04%和 4.58%。

南酸枣落叶阔叶林上层以落叶乔木为主，占群落总个体数的 4.32%(占该层总个体数的 87.88%)，以南酸枣最多，占该层总个体数的 57.58%；常绿乔木占 0.60%(占该层的 12.12%)，仅毛豹皮樟、樟等少量个体。中层的常绿乔木、常绿灌木和落叶乔木所占比例相差不大，其中檵木个体数最多，占该层总个体数的 31.24%，此外还有四川山矾、木油桐、毛豹皮樟、木姜子、中华石楠等个体数较多。下层则以常绿灌木为主，占群落总个体数的 47.53%，以檵木、满山红、格药柃个体最多，常绿乔木占群落总个体数的 22.32%；落叶灌木和落叶乔木相对较少，分别占总个体数的 4.32%和 6.51%，以满山红最多，占该层总个体数的 12.79%。

石栎-青冈常绿阔叶林各层均以常绿乔木所占比例最大，且自下而上常绿乔木的比例逐渐增加，其中下层占该层总个体数的 57.32%(占群落总个体数的 45.33%)，中层和上层分别占各层总个体数的 68.00%(占群落总个体数的 17.50%)和 82.52%(占群落总个体数的 14.95%)，下层和中层以石栎、红淡比、青冈、日本杜英和四川山矾等为主，上层则以石栎、青冈、毛竹和马尾松最有优势；常绿灌木主要分布在下层，占群落总个体数的 10.70%(占该层总个体数的 30.85%)，以檵木、格药柃、南烛等常见；落叶灌木在下层个体最多，占 3.04%(占该层总个体数的 4.99%)，以异叶榕、白木乌桕、杜鹃等较常见。此外，落叶乔木在各层所占比例均较小，下层、中层和上层分别为 2.86%、6.18%和 17.48%。

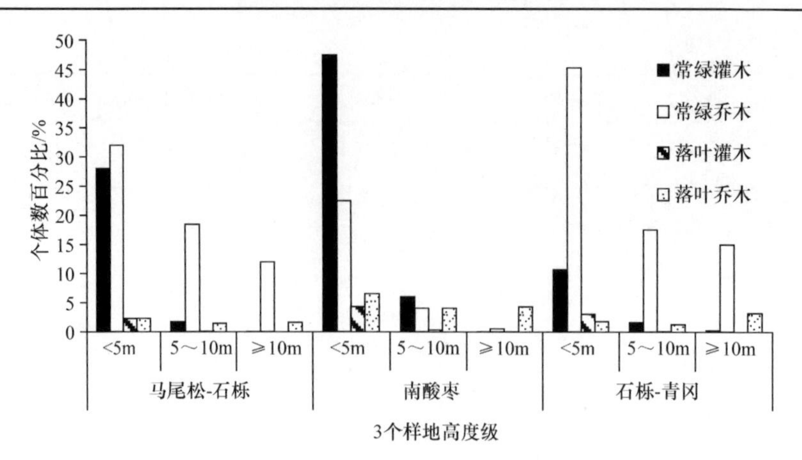

图 2.6　3 个群落各高度层次内生活型组成比例

2.5　结　　论

2.5.1　次生演替过程中的植物种类组成

亚热带次生演替过程中，由于发育时间、初始植物区系组成、距离常绿阔叶林种源远近、群落生境、种间竞争及人类干扰方式等的不同，各阶段的群落物种组成和结构不同(宋永昌，2001)。本研究中，3 个次生林群落的物种数量表现出明显的单峰模式：落叶阔叶林阶段(70 种/hm^2)的物种组成最为复杂，常绿阔叶林(59 种/hm^2)显著高于针阔混交林(41 种/hm^2)。3 个群落间物种组成相似度差异较大，其中马尾松-石栎针阔混交林与南酸枣落叶阔叶林物种组成的 Jaccard 相似性系数为 0.46，与石栎-青冈常绿阔叶林相似性系数为 0.59，南酸枣落叶阔叶林与石栎-青冈常绿阔叶林相似性系数为 0.50。马尾松-石栎针阔混交林与南酸枣落叶阔叶林之间主要表现为落叶乔木和落叶灌木种类的迅速增加，而在石栎-青冈常绿阔叶林中落叶乔木和落叶灌木种类明显少于南酸枣落叶阔叶林，层间出现了少量大型的藤本植物。

常绿木本植物是亚热带次生林群落的重要组成树种，体现了亚热带特有的气候特征。尽管针阔混交林、落叶阔叶林和常绿阔叶林因优势种组成的差异而表现出迥异的林冠外貌，但其群落内植物生活型组成具有极大的相似性，常绿和落叶种类均有较大比例，两者种类比例为 40.00%～60.00%，即便是在落叶阔叶林中，常绿木本的比例也能达到 41.43%，但在常绿阔叶林中，常绿和落叶木本的比例却基本持平(表 2.1)。

2.5.2　次生林区系特征及地理成分组成

植物群落是特定生境条件下生物与环境长期相互作用演化而形成的一个自然系统(朱华，2007)，对群落中科、属、种的组成及地理成分进行分析可为探讨群落区系性质及起源问题提供科学依据(宋永昌，2001)。本研究中，亚热带次生林群落的植物区系具有较强的热带向温带过渡的性质，其中落叶阔叶林的温带性质最强(温热比 1.23)，而常绿阔叶林的热带性质最强(温热比 0.91)。种的区系分析显示中国特有种比例(38.98%～45.71%)最高，其次为东亚分布(29.27%～32.85%)和热带亚洲分布(23.73%～27.12%)，表明亚热带森林为东亚、热带亚洲、中国地质和气候条件共同作用的结果，中国特有性质较强，与东亚和热带亚洲的地理联系极为紧密。中国-日本分布(14SJ)的重要值最高，达 35.53%～50.98%，在各群落各层次中均拥有较高比例，表明研究区域为中国-日本森林植物区的核心地带；其次为热带亚洲分布，主要存在于林下(5～10m 和 1～5m)，在群落中处于从属地位；秦岭以南至热带分布(15-2 亚型)在针阔混交林和常绿阔叶林中的重要值高于亚热带成分(15-1 亚型)(表 2-12 和表 2-16)，前者在群落上层(≥15m)占有最大比例，后者主要居于下层(1～5m)和上层(≥15m)，说明马尾松-石栎针阔混交林和石栎-青冈常绿阔叶林群落是亚热带广布型群落；而在南酸枣落叶阔叶林中，15-1 型的重要值显著高于 15-2 型(表 2.14)，说明南酸枣落叶阔叶林是局限于亚热带区域内的落叶阔叶林群落。总体来看，亚热带次生林具有亚热带区系强烈的过渡特征，与日本森林植物群落具有极大的相似性，是一个在东亚季风气候条件下由热带向温带过渡的特殊类型(宋永昌等，1995)。

研究区位于我国华东植物区，直到第三纪上新世，日本诸岛还与我国陆地相连，两地植物区系在地史上经历过广泛交流。从化石资料上看，在华东地区中新世地层中发现了枫香、檫木、冬青、山胡椒和栗(*Castanea* sp.)等(刘昉勋等，1995)，而且石栎是壳斗科石栎属唯一分布到日本的种(李建强，1999)，在亚热带次生林群落中，中国-日本分布(14SJ 亚型)的重要值最大，明显高于其他成分，可能是由第三纪时期的区系交流所致，由此推断亚热带次生林群落的起源应不迟于第三纪。

2.5.3　次生林群落结构及演替趋势

森林群落中不同径级树种的数量分布是反映群落结构稳定状态的重要指标(方精云，2004)，倒“J”形径级分布说明亚热带次生林群落整体上处于相对稳定的状态，数量众多的幼树是群落潜在的发展力量，维持着群落的动态平衡。森林群落内不同径级数量上的差异可能与植物竞争有关(Getzin et al.，2006)。多数树种的个体在幼树阶段对资源竞争激烈，导致大量个体死亡，所有树种从幼年到成年树过程中平均密度逐渐减少。然而，群落中耐阴的常绿树种径级多呈倒“J”形或“L”形，幼树个体富集，在群落演替中能保持稳定增长；而先锋喜光的落叶树种(如南酸枣)和针叶树(马尾松)的径级多呈现单峰型，大树和幼树均相对较少，表明该类树种更新层缺乏，属衰退种群，在演替中将逐渐退出该群落。常绿阔叶林优势种为耐阴的常绿阔叶树种，种群呈倒“J”形，说明其优势地位在自然状态下能够长期维持；针阔混交林和落叶阔叶林的优势种为先锋树种马尾松和南酸枣，种群结构呈单峰型，将会在演替过程中被常绿阔叶树种如石栎、青冈等逐渐取代，并发展成为常绿阔叶林。

胸径级和高度级都说明阔叶次生林群落在群落演替的早期，是喜光的针叶先锋树种和落叶阔叶树种首先迁入定居，但由于缺少更新的小径阶个体，逐渐失去其优势性，目前整个群落以耐阴常绿阔叶树占主要优势，但还存在少量的大径阶演替早期个体的次生演替后期。次生林群落中物种数和个体数随高度级的增加而呈递减趋势，各群落中耐阴的常绿乔木的幼树数量较多，具有较强的天然更新能力，这种高度级结构对于群落的发展是有利的，其优势种群的 r 对策能够保证在生存空间有限、资源竞争激烈的条件下仍有部分个体生存和发育，维持群落的稳定发展。

群落结构是演替趋势和植被恢复策略研究的基础，具有重要的生态学意义。直径与树高分布是群落结构的主要特征，对群落结构的形成与演替具有重要的作用(漆良华等，2009)。次生林群落垂直结构的层次分化明显，随高度级的增加，物种数量、植株数量均呈减少趋势，说明群落下层竞争较为激烈，只有少数物种的少数个体能进入上层，成为林冠层的优势个体；个体数量在胸径级上呈倒“J”形分布，虽然如檵木、越橘等均是灌木树种，事实上在树高 5m 以下的灌木层依然以常绿乔木为主(图 2.6)，表明群落中常绿树种具有良好的更新状态，并能够成为亚热带次生林群落的优势种。因此，在该地区林分改造的树种选择和林层设计方面应遵循该群落的结构特点，以利于地带性植被的营建和恢复。

2.5.4　不同径级对群落结构的影响

植物的起测胸径是影响调查结果的重要因素，它直接影响对森林结构的合理划分、森林资源的准确计量及对林分内部特征的准确把握(何美成，1998)。大径级植株对群落具有显著的构建作用，小径级个体的作用也不可忽略。马尾松-石栎针阔混交林、南酸枣落叶阔叶林和石栎-青冈常绿阔叶林中分别有 85.37%、72.86%和 66.10%的物种 DBH≥4cm，分别含有 36.10%、27.28%和 40.00%的个体数，但其胸高断面积各占 94.24%、90.41%和 95.42%，是群落生物量的主要贡献者，且多为乔木树种，主要占据群落上层(树高 10m 以上)和中层(5m≤树高<10m)，只有少量大型灌木树种进入该检尺范围。虽然 DBH 为 1～4cm 的个体在群落生物量的贡献方面较小，断面积约占 5%，但其庞大的个体数量是群落更新的主要基础，且多数灌木树种居于该径级，是群落灌木层的主要组成树种。同时，小径级个体在群落中物种最为丰富(表 2.17～表 2.19)，在维持群落物种多样性方面具有主要作用。总之，不同径级的植株对群落的贡献不同，不同起测径级对研究结果均有着显著影响(牛丽丽等，2008)，应根据具体的研究目的选择相应的起测径级。

主要参考文献

陈灵芝, 陈伟烈, 韩兴国. 1995. 中国退化生态系统研究. 北京: 中国科学技术出版社: 61-93.

达良俊, 杨永川, 宋永昌. 2004. 浙江天童国家森林公园常绿阔叶林主要组成种的种群结构及更新类型. 植物生态学报, 28(3): 376-384.

方精云. 2004. 探索中国山地植物多样性的分布规律. 生物多样性, 12(1): 1-4.

何美成. 1998. 关于林木径阶整化问题. 林业资源管理, 6: 33-36.

李建强. 1999. 山毛榉科植物的起源和地理分布//路安民. 种子植物科属地理. 北京: 科学出版社: 218-235.

刘昉勋, 刘守炉, 杨志斌. 1995. 华东地区种子植物区系研究. 云南植物研究, 11: 93-100.

牛丽丽, 余新晓, 刘彦, 等. 2008. 不同起测胸径对判定油松分布格局的影响. 北京林业大学学报, 30(增刊 2): 12-16.

彭少麟. 1996. 南亚热带森林群落动态学. 北京: 科学出版社.

漆良华, 张旭东, 周金星, 等. 2009. 中亚热带侵蚀黄壤坡地润楠次生林的群落结构特征. 华中农业大学学报, 28(2): 226-232.

祁承经, 喻勋林. 2002. 湖南种子植物总览. 长沙: 湖南科学技术出版社: 1-589.

宋永昌. 2001. 植被生态学. 上海: 华东师范大学出版社.

宋永昌, 王祥荣. 1995. 浙江天童国家森林公园的植被与区系. 上海: 上海科学技术文献出版社: 208.

吴征镒. 1980. 中国植被. 北京: 科学出版社.

吴征镒. 1991. 中国种子植物属的分布区类型. 云南植物研究, 增刊(Ⅳ): 1-113.

吴征镒, 周浙昆, 李德铢, 等. 2003. 世界种子植物科的分布区类型系统. 云南植物研究, 25(3): 245-257.

余树全. 2003. 浙江省常绿阔叶林的生态学研究. 北京: 北京林业大学博士学位论文.

赵丽娟, 项文化, 李家湘, 等. 2013. 中亚热带石栎-青冈群落物种组成、结构及区系特征. 林业科学, 49(12): 10-17.

朱华. 2007. 中国植物区系研究文献中存在的几个问题. 云南植物研究, 29(5): 489-491.

Getzin S, Dean C, He F, et al. 2006. Spatial patterns and competition of tree species in a Douglasfir chronosequence on Vancouver Island. Ecography, 29(5): 671-682.

Rees M, Grubb PJ, Kelly D. 1996. Quantifying the impact of competition and spatial heterogeneity on the structure and dynamics of a four-species guild of winter annuals. The American Naturalist, 147: 1-32.

Sala A, Sabate S, Gracia C, et al. 1994. Canopy structure within a *Quercus ilex* forested watershed: variations due to location, phenological development, and water availability. Trees-Structure and Function, 8: 254-261.

Tilman D. 1994. Competition and biodiversity in spatially structured habitats. Ecology, 75: 2-16.

Xiang WH, Liu SH, Lei XD, et al. 2013. Secondary forest floristic composition, structure, and spatial pattern in subtropical China. Journal of Forest Research, 18(1): 111-120.

第 3 章　亚热带次生林群落的空间格局和空间关联

植物群落的空间格局是植物自身特性、种间关系及环境条件综合作用的结果，是影响种群动态的重要因素(Sterner et al.，1986)。群落的空间格局在一定程度上能解释群落结构发展历史和环境变化过程，因此研究植物群落的空间格局，对了解植物的种群特征、种群空间相互作用及其与环境的关系等有着重要意义(John et al.，2007)。在同一森林群落中，不同树种、不同林层、不同龄级林木个体之间的空间格局相互制约、相互联系，同种或不同种个体之间的空间关联性常常是它们相互作用在不同环境条件下的外在表现(张俊艳等，2014)。对同一群落内不同树种空间关联性的研究，可以更好地理解种间相互作用和群落的动态过程与稳定性，更加深入地认识该群落的形成和维持机制(张金屯，2004；Lan et al.，2012)。

本章利用湖南省长沙县大山冲国有林场 $1hm^2$ 的石栎-青冈常绿阔叶林和湖南省会同县鹰嘴界国家级自然保护区 $0.96hm^2$ 拟赤杨次生阔叶林样地的调查数据，采用点格局方法分析群落结构特征、优势种空间格局，以及优势种在不同林层的分布格局和空间关联性，探讨群落格局形成的机制，进而为亚热带次生阔叶林资源的保护与利用、自然保护区的科学管理和生物多样性保护等提供科学依据。

3.1　研究区概况与研究方法

3.1.1　研究区概况与样地调查

1. 研究区概况

为研究亚热带次生林群落的空间格局和空间关联，在湖南省长沙县大山冲国有林场建立了 $1hm^2$ 的石栎-青冈常绿阔叶林，对样地进行了详细的植物群落调查，具体的样地位置图和基本情况见第 2 章的研究区概况和研究方法部分。另外，在湖南省会同县鹰嘴界国家级自然保护区(北纬 26°46′～26°59′，东经 109°49′～109°58′)，选择了拟赤杨次生阔叶林，建立 $0.96hm^2$(120m×80m)样地，进行群落调查。

鹰嘴界国家级自然保护区属中亚热带季风气候，年平均温度为 15～17℃，最冷月(1 月)的平均温度为 4.3℃，最热月(7 月)的平均温度为 29.4℃。年平均降水量为 1270～1650mm，主要集中在 4～8 月。调查样地为典型的低山地貌，海拔为 336～382m。土壤是板页岩发育的山地黄壤，0～10cm 土层的土壤 pH(1 土壤：$5H_2O$)为 4.3，容重 $1.53g/cm^3$，土壤有机碳含量为 31.38g/kg，总 N、P 和 K 的含量分别为 2.20g/kg、0.79g/kg 和 3.43g/kg，C/N 为 14.38。土壤质地组成为 9.17%砂粒、46.75%粉粒和 44.08%黏粒。拟赤杨次生阔叶林是在 20 世纪 50 年代杉木林采伐迹地上自然恢复形成的。

2. 样地调查

在典型次生阔叶林地段，选择拟赤杨次生阔叶林，建立 0.96hm^2(120m×80m)样地。为消除边缘效应，在样地与周边河流和道路设置 20m 宽的缓冲带。同时，采用相邻格子法，将样地划分为 24 个 20m×20m 的样方，对样地内胸径≥4cm 的木本植物进行详细的每木调查，调查指标包括：每株植物的水平坐标、植物名称、胸径、树高、冠幅和活枝下高等。具体调查方法与大山冲国有林场次生林样地的植物群落调查方法相同。

3.1.2 空间格局和空间关联分析方法

采用 Ripley(1977)提出的 $K(t)$ 函数来描述一定尺度范围内物种在空间的点格局分布，计算公式如下：

$$K(t)=(\frac{A}{n^2})\sum_{i=1}^{n}\sum_{j=1}^{n}\frac{1}{W_{ij}}I_t(u_{ij})\qquad (i\neq j)\tag{3.1}$$

式中，n 为物种在样地内总的个体数；A 为样地面积；u_{ij} 为个体 i 和 j 之间的距离；t 为以目标树为圆点的取样圆半径，当 $u_{ij}\leqslant t$ 时，$I_t(u_{ij})=1$，当 $u_{ij}>t$ 时，$I_t(u_{ij})=0$；W_{ij} 为边界效应校正系数，是指以个体 i 为圆心，以 u_{ij} 为半径的圆在样地中面积的比例。

$$W_{ij}=1-\frac{2\times\cos^{-1}(\frac{e_1}{u_{ij}})+2\times\cos^{-1}(\frac{e_2}{u_{ij}})}{2\pi}\tag{3.2}$$

式中，W_{ij} 为第 i 株边缘植株和第 j 株邻体植株的矫正系数；e_1 和 e_2 为第 i 株树距边界的最近距离；$\cos^{-1}$ 为反余弦函数。

对式(3.1)进行转换能更容易观察到物种空间分布格局(张金屯，2004)。因此，本研究用式(3.1)进行空间点格局分析。

$$\hat{H}(t)=\sqrt{\frac{K(t)}{\pi}}-t\tag{3.3}$$

$\hat{H}(t)=0$，表明种群在空间呈随机分布；$\hat{H}(t)>0$，表明种群在空间为聚集分布；$\hat{H}(t)<0$，则为均匀分布。

本研究用 $K(t)$ 函数来研究两种不同格局之间的空间关联性。$K(t)$ 函数转换为式(3.4)(Diggle，1983)。

$$K_{12}(t)=\frac{A}{n_1n_2}\sum_{i=1}^{n}\sum_{j=1}^{n}\frac{1}{W_{ij}}I_tu_{ij}\qquad (i\neq j)\tag{3.4}$$

式中，n_1 和 n_2 分别为两种格局在样地内的个体数，其他符号同式(3.1)。基于同样的原因，对式(3.4)进行转换得式(3.5)，分别来研究空间格局的关联情况。

$$\hat{H}_{12}(t)=\sqrt{\frac{K_{12}(t)}{\pi}}-t\tag{3.5}$$

当 $\hat{H}_{12}(t)=0$ 时，表明两种格局在 t 尺度下无关联；当 $\hat{H}_{12}(t)>0$ 时，为正关联；当 $\hat{H}_{12}(t)<0$ 时，为负关联。实际观测分布的 $\hat{H}(t)$ 或者 $\hat{H}_{12}(t)$ 的 95%上下包迹线采用 Monte Carlo 方法模拟 999 次求得。若实际分布的 $\hat{H}(t)$ 或 $\hat{H}_{12}(t)$ 值落在包迹线内，则物种随机分布或格局间相互独立；若在包迹线以上，则呈显著聚集分布或格局间显著正关联；若在包迹线以下，则呈显著均匀分布或格局间显著负关联(李立，2008)。

3.2 石栎-青冈常绿阔叶林群落的空间格局与空间关联分析

3.2.1 群落中所有植物个体的空间分布

根据本研究 2009 年的样地调查数据，绘制植物个体、植物种类数、密度和胸高断面积在 100 个小样方的分布图(图 3.1a～d)。石栎-青冈常绿阔叶林群落中所有个体(DBH≥1cm)不是均匀地分布，表现出明显的空间异质性(图 3.1a)。植物种类丰富的样地中，分布的植物个体相对较多，但胸高断面积的分布情况与植物种类数、密度分布并不一致。在山脊(海拔相对较高)和向阳样

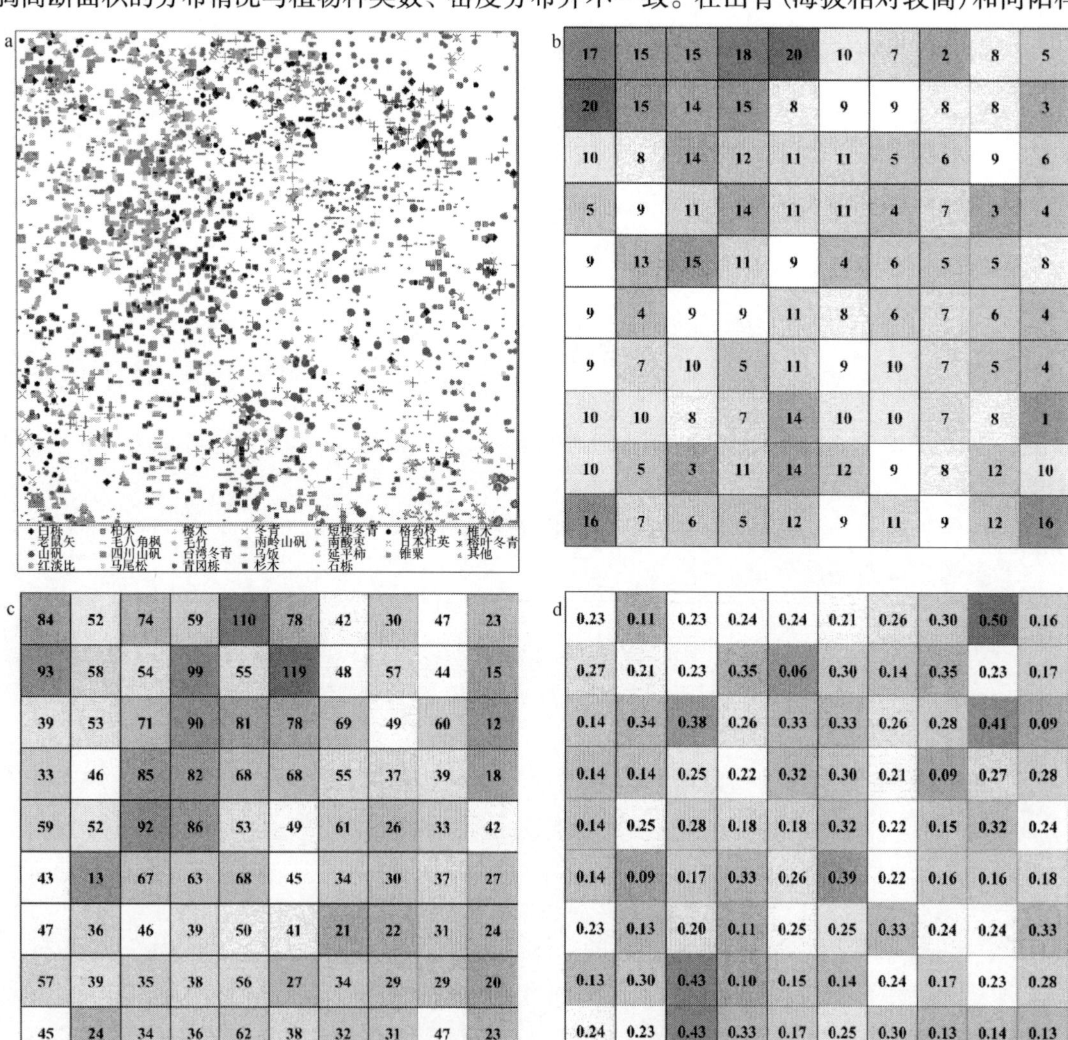

图 3.1 石栎-青冈常绿阔叶林中植株数量排前 25 位的物种(a)、物种丰富度(b)、植株数量(c)和胸高断面积(d)分布图

图 b、c 和 d 的方格内数字分别代表物种数量、植株数和胸高断面积之和

地的植物种类丰富(15～20 种)，密度也较大，但胸高断面积只属于中等水平，表明植物种类丰富、密度较大的样地中小径级植物个体居多。南酸枣、檫木等落叶树种相对集中分布于山脊和向阳地带，林冠透光性较好，下层多小径级常绿灌木和小乔木，如冬青、檵木、红淡比、格药柃、南岭山矾等，同时也是种群数量较小物种集中分布的地带，因此物种丰富度相对较高，但丰富灌木个体的胸高断面积之和较低。而青冈集中分布于背阴的最陡峭地带，大径级植株较多，林冠郁闭度高，下层仅少量冬青、红淡比等个体，虽然相邻样方内的丰富度均不到 10 种，但胸高断面积相对较高。

3.2.2 群落和优势种空间格局

石栎-青冈常绿阔叶林的整个群落(除 11 个稀有种外，其他 62 种的空间格局分析)，群落的上、中、下 3 层植物种类在 0～25m 的尺度上均呈聚集分布，聚集强度随尺度的增加而显著增强，但在不同垂直结构层表现不一样，中层个体聚集强度最大，上层个体聚集强度最小，下层个体聚集强度居中(图 3.2a)。

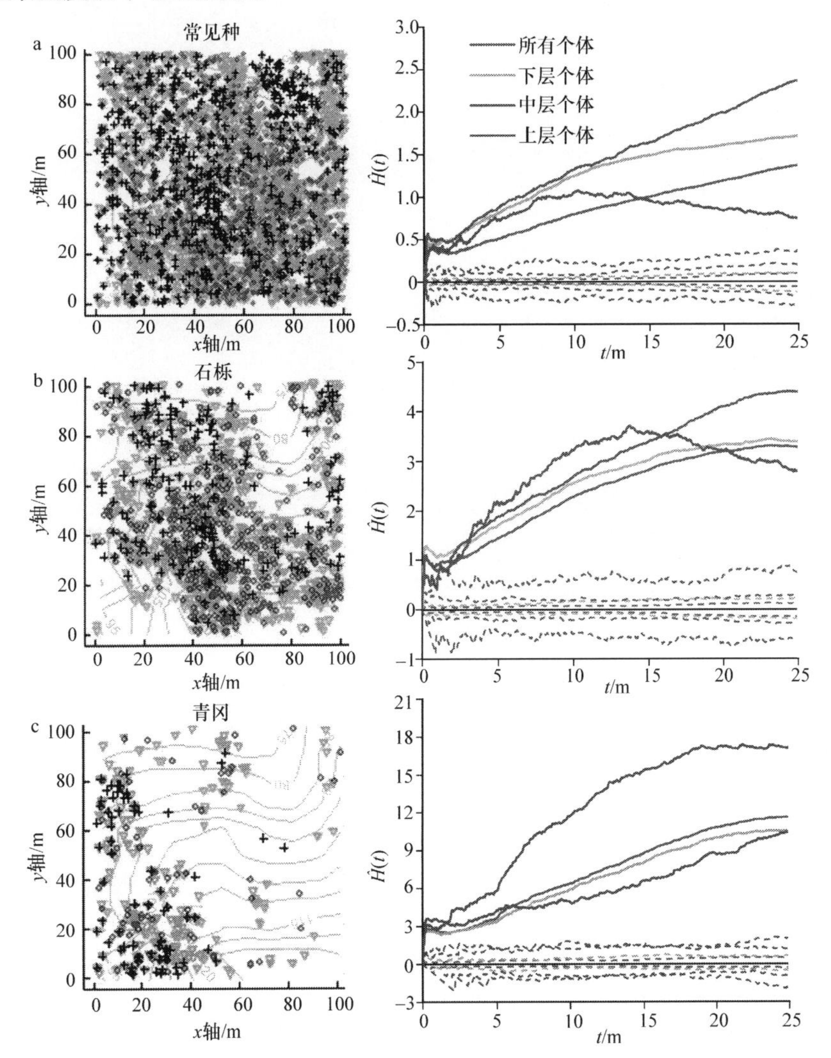

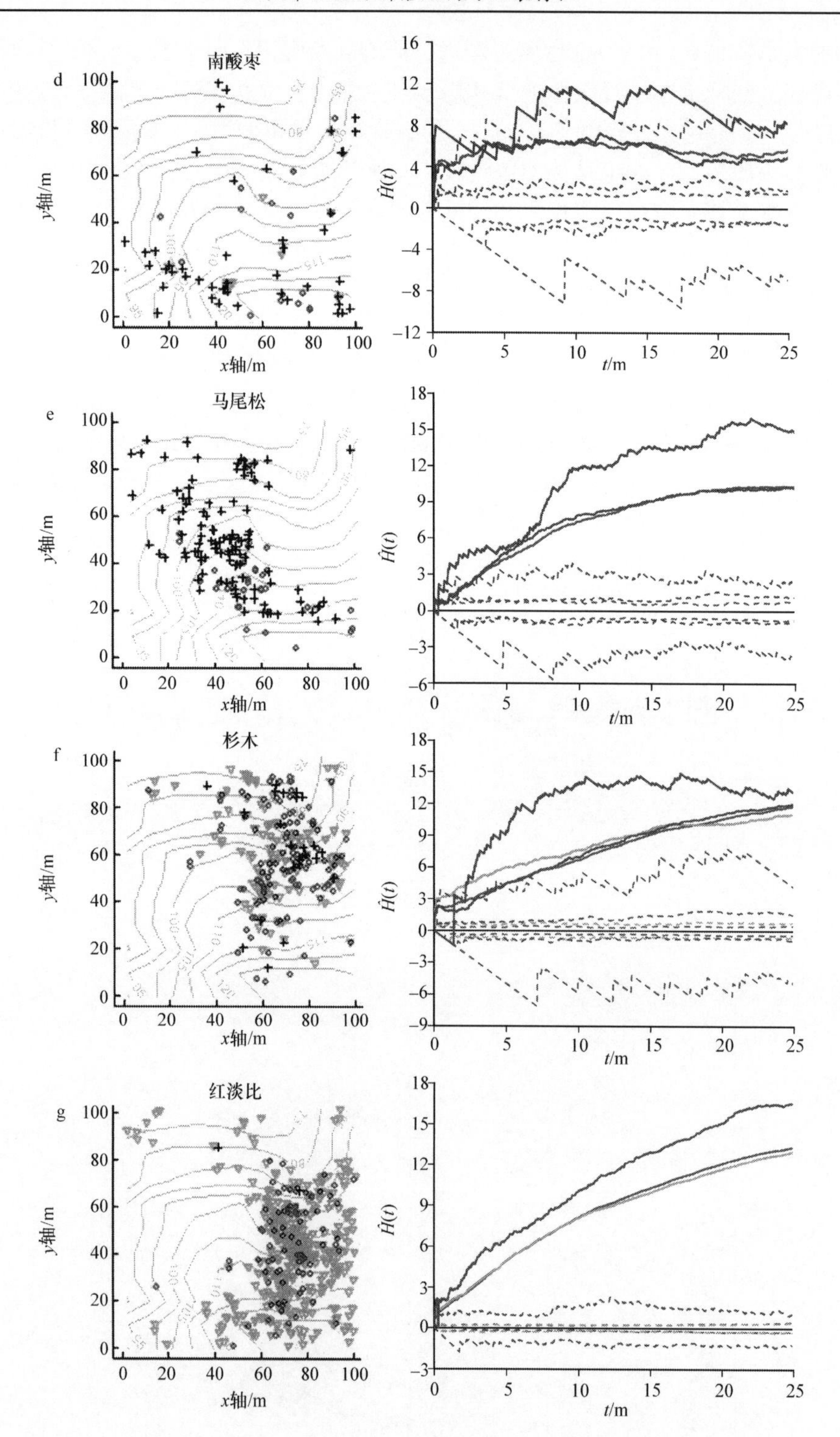

图 3.2　群落和 6 个优势种不同垂直结构层的个体分布图及空间格局图(见彩图)

绿色三角形、红色圆圈和黑色十字形分别代表下层、中层和上层的植株。a. 群落所有种(DBH>1cm)；b. 石栎；c. 青冈；d. 南酸枣；e. 马尾松；f. 杉木；g. 红淡比。实线表示 $\hat{H}(t)$ 函数值，虚线表示置信区间，t 为水平坐标距离

石栎-青冈常绿阔叶林的优势种中，因马尾松和南酸枣的下层及红淡比的上层个体较少

(分别为0株、11株和2株)，它们的分布具有一定的随机性，因此不考虑它们的空间格局分析。石栎、青冈、南酸枣、马尾松、杉木和红淡比均为聚集分布，聚集强度随着尺度的增加而增大(图 3.2b～g)。物种在不同垂直层的分布结果显示，杉木的上层植株在 0～1m 的尺度上呈随机分布，超过 1m 呈明显的聚集分布格局；南酸枣中层植株分布格局的实际观测值在上包迹线上下波动(图 3.2b)，表现出聚集分布和随机分布交替出现的趋势；其他 4 种在上、中、下三层，以及杉木的中、下层和南酸枣的上层植株在整个尺度范围内都呈聚集分布。

3.2.3 优势种种间空间关联分析

根据计算的 Ripley's $\hat{H}_{12}(t)$结果显示，在 0～25m，6 个优势树种间在空间上主要表现为相互独立的关系(图 3.3a～d)。其中，石栎和青冈的 $\hat{H}_{12}(t)$值小于 0，表现为不显著的负相关；石栎和马尾松之间在 t<2.5m 范围内显著正相关，在其他尺度上不相关；青冈与杉木的空间关联观测值 $\hat{H}_{12}(t)$值在 0～25m 尺度上趋近于下包迹线，表现出显著的负相关趋势(图 3.3b)。

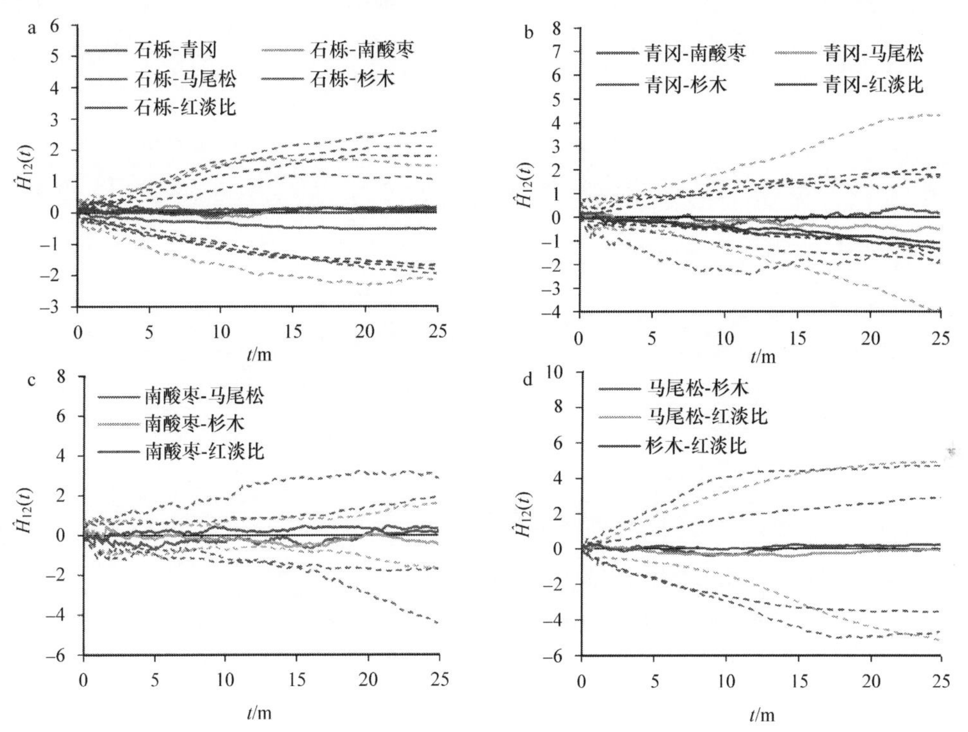

图 3.3 石栎-青冈林中 6 个优势种间的空间关联(见彩图)

$\hat{H}_{12}(t)$表示不同的树种之间的空间关系值，实线表示 $\hat{H}_{12}(t)$函数值，虚线为置信区间，t 为水平坐标距离

3.2.4 优势种不同层次个体的空间关联分析

同一树种在不同层次间的空间关联因树种的不同而不同，其中针叶树种的同种植株空间关联主要表现为相互独立关系(图 3.4d～e)；阔叶树种中，石栎(图 3.4a)和南酸枣(图 3.4c)在 0～1m 呈显著正关联，红淡比在 2m 范围内呈显著正关联(图 3.4f)，然后在较大尺度上均表现为相互独立关系。青冈的上层与下层在 0～1m、7～10m 和大于 12m 的尺度内表现出正相关，在其他尺度上彼此间相互独立(图 3.4b)。

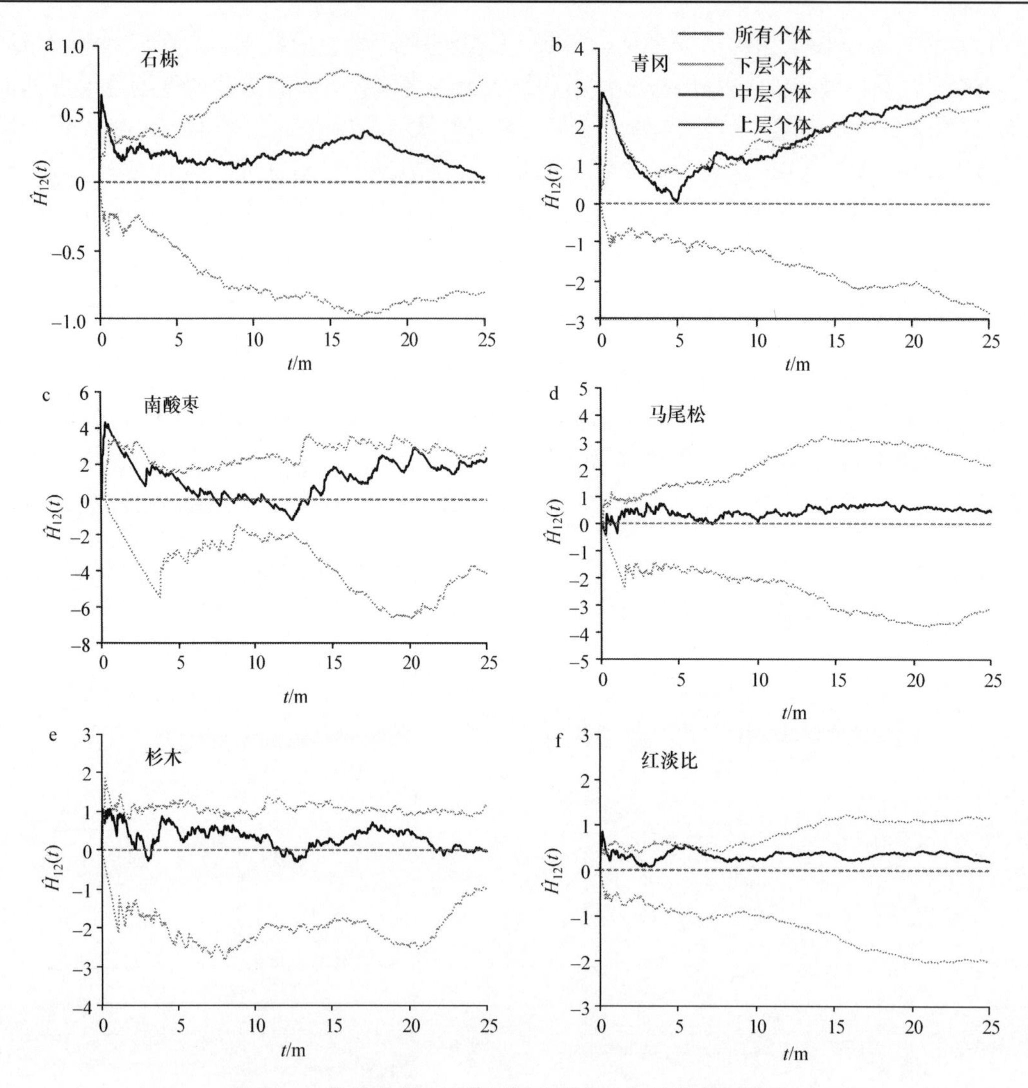

图 3.4　优势种群上层与下层个体的空间关联(见彩图)

$\hat{H}_{12}(t)$ 表示同一树种上、下层空间关系值，实线表示 $\hat{H}_{12}(t)$ 函数值，虚线为置信区间，t 为水平坐标距离

3.2.5　空间关系及物种共存机理

1. 生物学特性(扩散限制、更新策略及耐阴性)

不同物种及同一物种的上层个体和下层幼苗之间的空间关联可以提供关于特定物种种子扩散(Seidler and Plotkin，2006；Liu，1997)及更新策略(Hou et al.，2004)方面的信息。耐阴的演替后期物种如石栎、青冈具备较强的萌生能力(祁承经和肖育檀，1990)，样地中不仅实生苗多，上层树种基部成丛萌生的小植株也非常多见，因此导致了这些树种的上层和下层个体间在近距离范围内显著正相关；萌生苗不仅为石栎、青冈提供了新的幼苗贮备来源，而且可能是物种在样地中聚集分布的一个重要原因。同时，石栎和青冈作为坚果类植物，首先通过重力掉落，在腐烂前再经啮齿类动物传播，而重力传播限制了传播的距离，从而造成了种子在母株周围或动物洞穴周围聚集(图 3.2b 和 c)。此外，石栎和青冈的萌芽株和幼树聚集分布在母株周围且在小尺度(t<1m)上正关联(图 3.2a 和 b)，这可能不仅因为

物种的萌芽繁殖特性和种子的扩散能力限制了其扩散范围(Condit et al.，2000；Hou et al.，2004)，还与它们在幼苗幼树阶段的耐阴性使得中下层植株在母株的林冠下能够生长良好有关(Hao et al.，2007；Hou et al.，2004)。对于喜光的演替早期物种马尾松和南酸枣，也有不同的扩散策略。马尾松的种子具有翅膀，主要靠风力传播(Zhao et al., 2015)，在风力的作用下种子的扩散距离应该较远，但林分郁闭度大，其种子难以有效传播，且缺乏满足其种子萌发所需要的充足阳光的条件，因此只有在阳光充足的林隙间才出现高度聚集分布。南酸枣属肉质核果类，其种子在重力作用下散落地面后，也可以被动物搬运，但该树种喜光性强，种子传播、萌发后无法获得生长的有利条件，仅在近距离内较其他种聚集(图3.2)，且上层和中层在近距离内显著正关联(图3.4c)。红淡比为小乔木或灌木树种，平均树高在优势种中最小，常伴随上层乔木树种生长于中下层，主要靠重力传播，且相对较小的高度使得其种子在传播过程中更容易受到来自邻体植株的限制从而传播范围更加狭窄，物种分布更加聚集，聚集强度是6个优势种中最大的。可见，不同类型的种子和不同的散布方式造成不同物种种子扩散能力的不同，导致物种在分布的过程中存在聚集强度的差异。因此，扩散限制是亚热带次生常绿阔叶林中物种聚集分布的驱动因子之一，这与以往研究结论中种子扩散能力与物种分布显著相关(Seidler et al.，2006)一致。

同时，植物的生物学特性如耐阴性影响了物种的分布。植物的耐阴性往往是下层树种(灌木和乔木层幼树)较上层落叶乔木种类更加聚集的原因之一(Wang et al.，2010；Guo et al.，2013)，位于群落下层的植株，只能利用林冠层透过的光照，同时树高也限制了灌木植物种子扩散的距离(Antonovics and Levin，1980)。因为个体较小，耐阴的树种往往较喜光树种更易于生长于林下，所以在群落中耐阴的灌木树种红淡比有较多的个体位于群落中下层，其聚集强度在优势种中最强(图3.2g)，正好印证了灌木是群落最为聚集的论断(Wang et al.，2010；Guo et al.，2013)。喜光树种(南酸枣和马尾松)缺乏幼小个体，上层个体较多，中层个体(相对幼小)较上层更加聚集(图3.2d和e)，该结论与Guo等(2013)对中亚热带常绿落叶混交林和Xiang等(2013)对中亚热带次生阔叶林的结果基本一致。同时，耐阴树种石栎、青冈、红淡比则表现出相反的格局：上层个体多在t>2m的尺度上较中下层更加聚集。因此可以推断，耐阴性是物种空间聚集的又一重要驱动因子。

2. 生境异质性

生境异质性包括地形、土壤和其他环境因子，是影响物种分布格局的另一个重要因素(Harms et al.，2001；Yamada et al.，2006；John et al.，2007)。在本研究中，不同的物种分布于不同区域(图3.1a)，且物种丰富度(图3.1b)、个体密度(图3.1c)及胸高断面积(图3.1d)均存在一定的空间格局，而环境因子通常也具有空间异质性(He et al.，1997)，可以推断具有空间异质性的环境因子对物种空间格局有着显著影响。不同物种之间及同一物种不同生活阶段分布格局或聚集强度不同(图3.2)，且优势种间(图3.3)和种内(图3.4)的空间关系多相互独立，表明最适微环境条件不但在不同种之间有差异，在同一种的不同发育阶段也有差异(He et al.，1997)。

聚集强度大小在不同垂直结构层之间的变化不仅可能与种子的扩散限制(Harms et al.，2000；Hubbell，2001)、生物学特性有关，也可能是由微生境异质性(Chapin et al.，1994)引起的。以前的研究结果也认为不同的物种能否进入，以及在不同的生境中能否存活，依赖于许多因子如光分布的异质性(Hao et al.，2007)及土壤和地形因子等(He et al.，1997)。马尾松和南酸枣是喜光树种，只能聚集分布在林隙才能存活，祝燕等(2008)也发现古田山样地中马尾松

(DBH<10cm)多聚集在阳光充足的山脊，它们的种子发芽对光具有强烈的依赖性。对光强烈的依赖性既限制了物种的分布范围，同时，随着植株的生长对光、土壤营养等需求的增强，种内个体间出现了自疏现象，马尾松和南酸枣大径级植株聚集强度降低有利于获得足够的环境资源，从而保证物种分布在适宜的生境中，聚集强度的变化是种群的一种生存策略或适应机制(Hubbell，2006)。而光并不是其他 4 个物种在中下层生活的限制性因子，它们对地形或土壤中的某些因子有相对较强的偏好或依赖性，随着群落的演替，一部分没有生活在合适生境中的个体将被淘汰，而存活下来的个体将更加聚集分布于合适的微生境中，表现出成熟个体更加聚集的格局。例如，青冈上层与下层之间在较大尺度上的正关联(图 3.4b)显示适合它们进入、生长和存活的微生境是关键因子(Manabe et al.，2000)。因此通常认为物种的空间分布格局在小尺度上主要受它的功能特性影响，而在较大尺度上主要受生境异质性的影响(Yuan et al.，2011)。

同种植物的不同垂直结构层之间、群落水平所有物种在不同垂直结构层之间及 6 个优势种之间主要表现为相互独立的空间关系和近距离内的正关联，说明群落不仅垂直结构成层现象明显，不同垂直结构层的物种或不同物种在水平空间上均主要呈相互有利或相互独立的空间关系，群落具有良好的空间上的分化，大部分植物个体占据了适合自己的空间，它们之间没有明显的争夺阳光、空间、水分和营养的矛盾，这是群落长期演替的结果，物种之间及物种与环境之间经过长期的竞争和选择形成了现在的群落结构。成层现象有利于植物对环境资源的充分利用，上层乔木可以充分利用阳光满足对光的需求，下层的乔木幼苗幼树或灌木能有效利用穿过林冠层的微弱的光满足生长的需求，提高了同化功能的强度和效率。大部分尺度上的空间独立关系为其他物种的入侵和与之共存提供了机会，所以在维持物种更新和促进更多物种共存方面具有重要的积极作用。总之，群落物种通过占据不同的空间，利用不同的生活史对策如幼苗期间的耐阴性和特有的萌芽特性、种子扩散方式、生境异质性等在群落中共存，促进群落物种多样性的形成。

3.3 拟赤杨次生阔叶林群落的空间格局与空间关联分析

3.3.1 群落物种组成和结构特征

在 0.96hm^2 次生阔叶林样地中，DBH≥4cm 的树木共 26 科 74 种。林分密度为 1596 株/hm^2，含枯死木 28 株；总胸高断面积 22.18m^2/hm^2，平均胸径为 10.9cm，平均树高为 10.1m。样地内胸径和树高最大的植株为马尾松，分别达到 71.5cm 和 35m。15 个乔木层优势树种的株数和胸高断面积分别占样地总株数、总胸高断面积的 67.17%和 77.41%(表 3-1)，在群落中占有明显优势，决定着群落的结构和演替的趋势。

胸高断面积最大的依次为拟赤杨、杉木、南酸枣、马尾松、枫香、青冈和檵木，共占群落总株数的 46.7%和总胸高断面积的 56.8%，是群落中重要值最大的树种。其中，拟赤杨密度仅为 103 株/hm^2，但胸高断面积(2.76m^2/hm^2)和重要值(9.45%)最大；马尾松株数最少(仅 28 株/hm^2)，但平均胸径(28cm)、平均树高(20.5m)和平均冠幅(4.9m)是整个群落中最大的，这与其为先锋树种，最先迁入、定居该群落有关；檵木胸高断面积仅 0.86m^2/hm^2，但密度最大(213 株/hm^2)。从平均树高看，拟赤杨、杉木、南酸枣、马尾松和枫香平均树高明显高于林分平均高(10.1m)，为群落上层的主要物种，而青冈和檵木低于平均水平，尤其是檵木，仅 6.2m，主要分布于群落下层(表 3.1)。

从各个径级优势种和所有种的径级分布图(图 3.5)可以看出，群落中小径级(4cm≤DBH≤15cm)植株共 1245 株，占样地总株树(1532)的 81.27%，中径级(15cm<DBH≤30cm)15.8%，大径级

(DBH>30cm) 2.94%，说明该群落植株主要集中于中小径级，且随着径级的增加而减少，呈倒“J”形分布(图3.5a)。3个落叶阔叶树种(拟赤杨、南酸枣和枫香)和2个常绿针叶树种(马尾松和杉木)呈不规则的分布模式(图3.5b和c)，主要为大径级个体，尤其是马尾松缺少更新的小径级植株。而青冈和檵木也呈倒“J”形分布(图3.5d)。青冈主要为中小径级植株，檵木基本为小径级个体，其中4～10cm、10～15cm和15～20cm分别有185株、17株及1株。群落中的枯死木主要为DBH<10cm的植株，伴随少量大径级个体(图3.5c)。

表3.1 亚热带拟赤杨次生阔叶林群落15个优势物种的数量特征

种名	拉丁学名	密度/(株/hm²)	胸径/cm	树高/m	断面积/(m²/hm²)	平均冠幅/m	重要值/%
拟赤杨	*Alniphyllum fortunei*	103	16.4	15.6	2.76	4.6	9.45
杉木	*Cunninghamia lanceolata*	94	16.3	13.4	2.44	2.8	8.43
南酸枣	*Choerospondias axillaris*	66	17.8	15.2	2.04	5.0	6.66
马尾松	*Pinus massoniana*	28	28.0	20.5	2.04	4.9	5.47
枫香	*Liquidambar formosana*	100	11.4	11.4	1.42	3.2	6.33
青冈	*Cyclobalanopsis glauca*	142	8.7	9.2	1.05	3.0	6.82
檵木	*Loropetalum chinense*	213	6.9	6.2	0.86	2.6	8.59
秃瓣杜英	*Elaeocarpus glabripetalus*	19	18.0	14.3	0.73	4.4	2.23
红皮树	*Styrax suberifolia*	35	13.4	12.4	0.70	3.7	2.68
狭叶润楠	*Machilus rehderi*	30	14.4	13.4	0.67	3.9	2.45
黄杞	*Engelhardtia roxburghiana*	59	10.3	10.4	0.61	3.5	3.24
刨花楠	*Machilus pauhoi*	22	16.5	14.4	0.59	3.6	2.02
毛豹皮樟	*Litsea coreana* var. *sinensis*	67	8.1	9.0	0.47	2.6	3.16
城口桤叶树	*Clethra fargesii*	79	8.1	9.2	0.47	2.2	3.55
白栎	*Quercus fabri*	15	13.0	11.4	0.32	3.3	1.17
枯死木		28	14.7	8.4	0.92	0.5	2.96
总计		1596	10.9	10.1	22.18	3.3	100.00

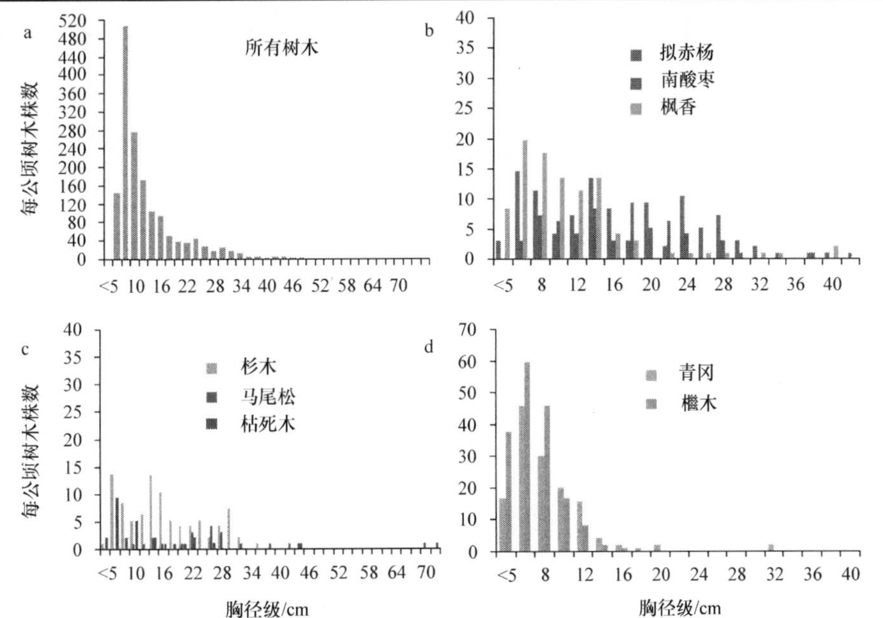

图3.5 各胸径级优势种和所有种的个体数分布图(见彩图)

3.3.2　群落和优势种空间格局

总体上看，8个优势树种的聚集分布模式在其个体分布图上表现得非常明显(图3.6)。水平坐标距离在0～30m尺度，样地中所有树木均呈显著的聚集分布格局，t>30m时为随机分布，尺度为10m时聚集强度达到最大(图3.7a)。拟赤杨表现出类似的空间分布格局，t<22m时呈显著的聚集分布，在22～33m为随机分布，超过33m时表现为均匀分布，在尺度为13m时，达到最大聚集强度(图3.7b)。枫香、杉木、马尾松和檵木在整个尺度上呈聚集分布，并分别在尺度为18m、20m、28m、20m时达到最大聚集强度(图3.7d～f，h)。南酸枣在小于8m的尺度范围内表现为聚集分布，其他尺度上均为随机分布(图3.7c)。青冈除在小于3m的尺度范围内为随机分布外，其余尺度均为聚集分布(图3.7g)。

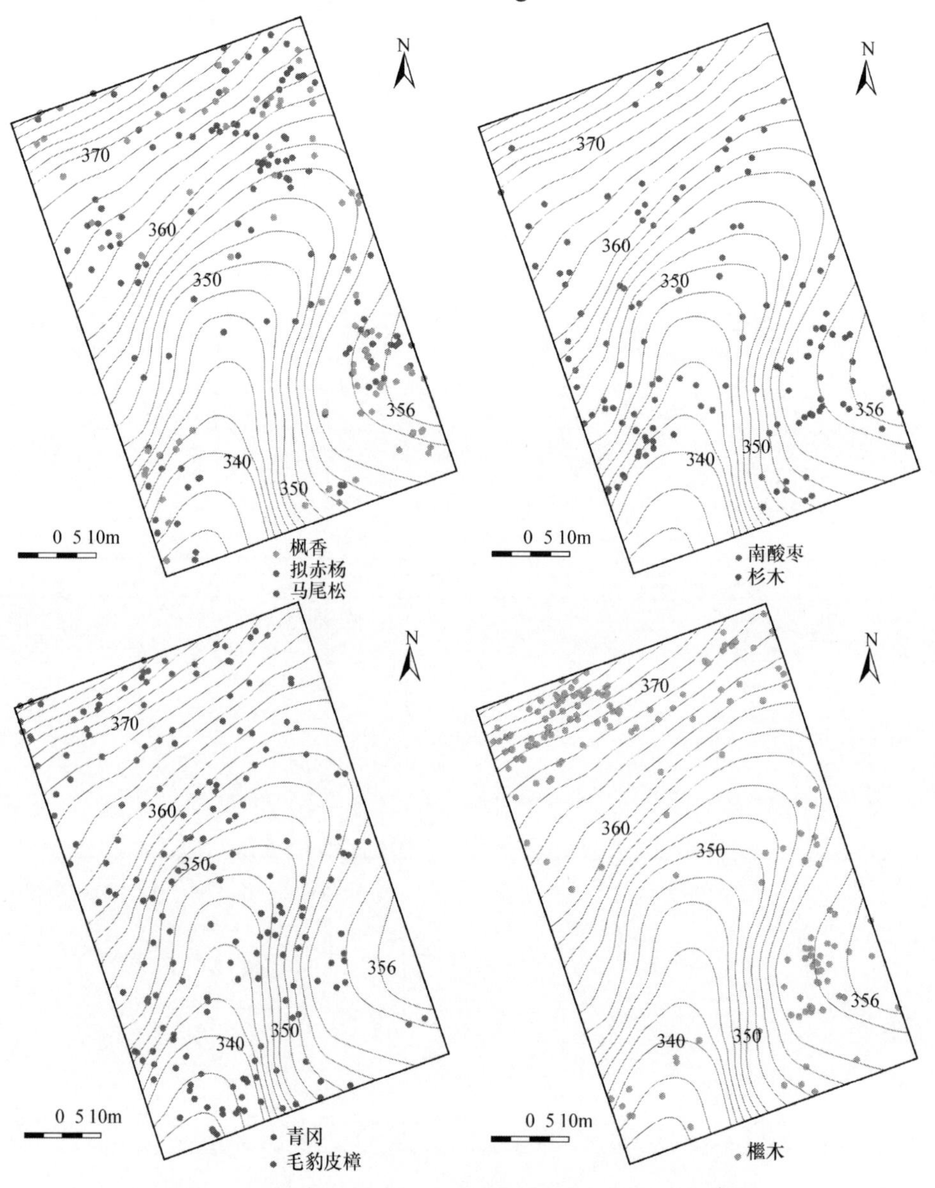

图3.6　拟赤杨次生林中8个优势种的个体分布图(见彩图)

等高线上的数值表示海拔

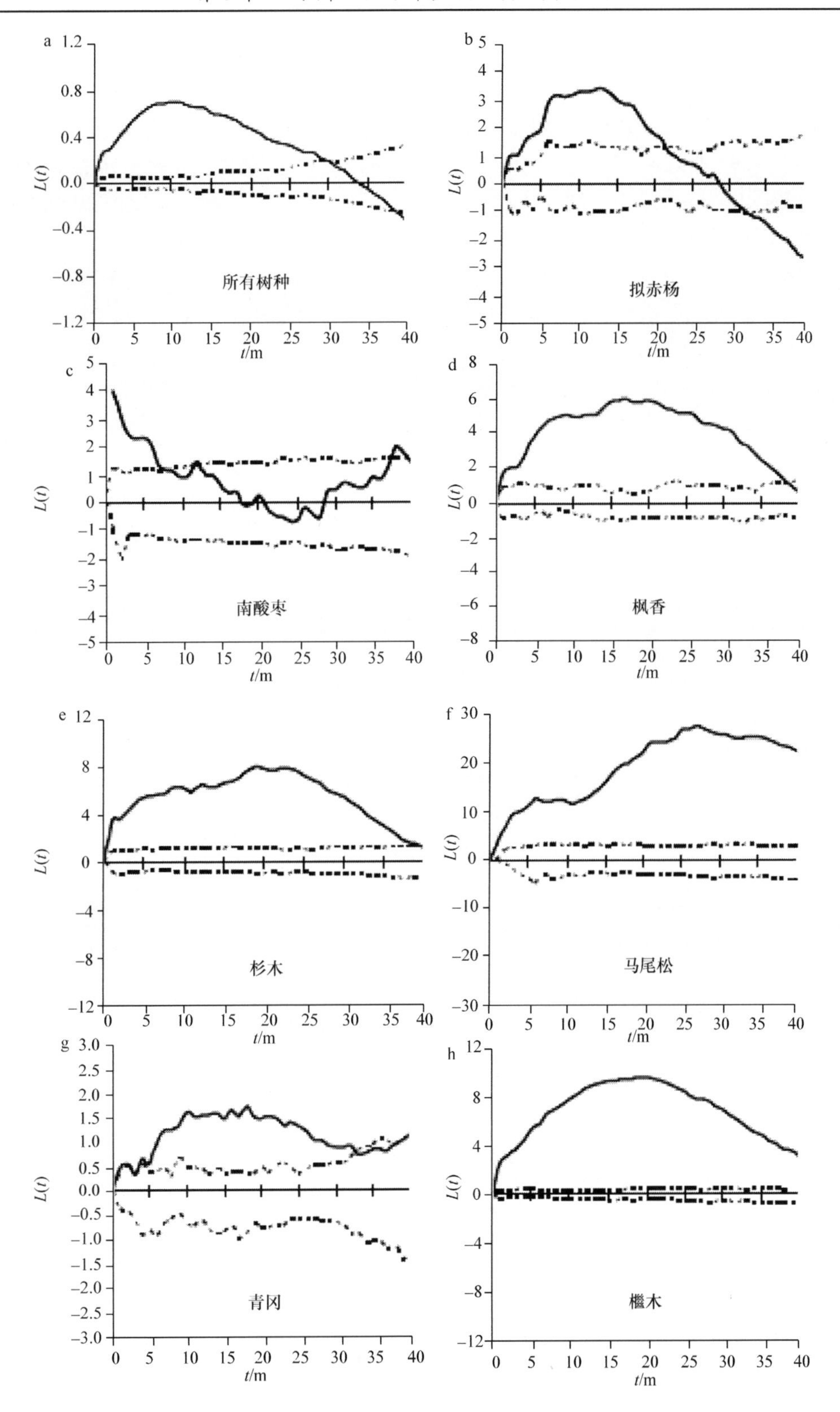

图3.7 群落(a)和7个主要优势树种(b～h)的空间格局图

实线表示 $L(t)$ 函数值。a. 群落所有个体；b～d. 3个落叶树种；e，f. 2个针叶树种；g. 1个常绿种；h. 1个林下种

3.3.3 空间关联

空间关联在不同树种间表现出不同特征。在南酸枣与拟赤杨、马尾松、枫香的 3 个种间关系中，没有正相关关系，仅在 5～29m、14～30m 和 4m 以上的尺度表现出负相关(图 3.8a)。而拟赤杨-枫香在 0～30m 的尺度、拟赤杨-马尾松在 6～34m 的尺度、马尾松-枫香在 3～36m 的尺度均呈显著正相关关系，其他尺度内多相互独立(图 3.8b)。

除上层木-下层木在大于 17m 的尺度上表现为非显著的负相关，下层木-枯死木在 9～18m 的尺度呈现非显著的正相关外，其他尺度皆不相关。青冈-枯死木在小于 3m 的尺度区间内不相关，在大于 3m 的所有尺度呈现正相关格局；而且在正相关的尺度内，其正相显著性为较小尺度的大于大尺度的(图 3.8c)。青冈-枫香、青冈-马尾松分别在大于 7m 和 14m 的尺度内表现出显著的负相关，且两者的负相关性随着尺度的增大而增大，其他尺度内相互独立。青冈-拟赤杨及青冈-南酸枣在整个尺度内都不相关(图 3.8d)。

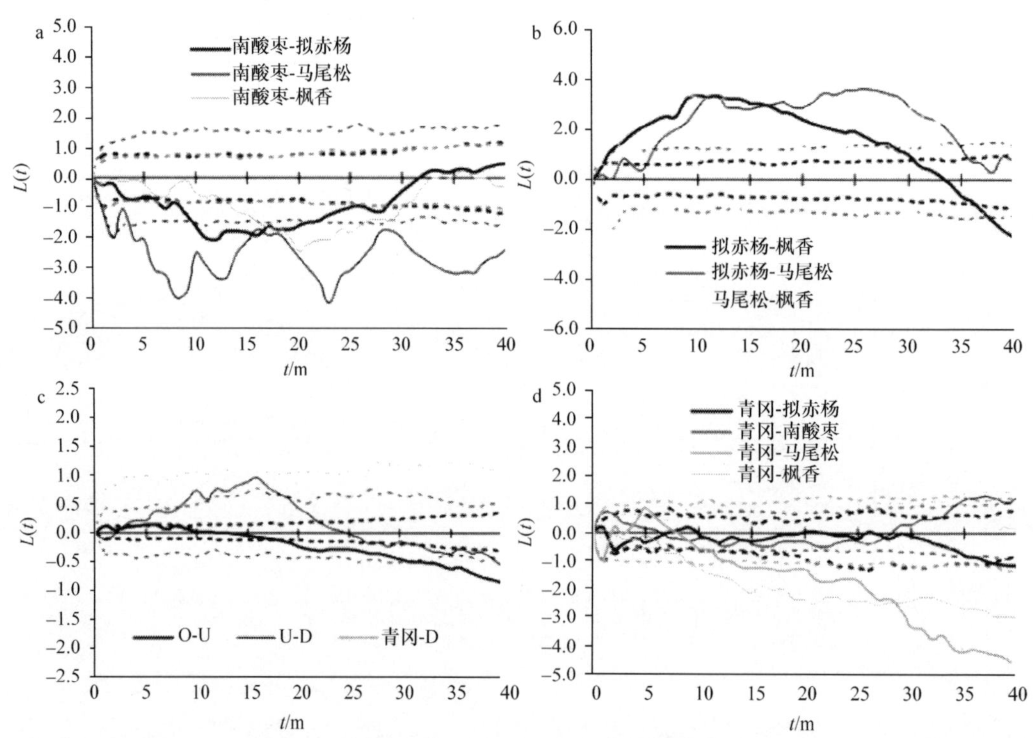

图 3.8 拟赤杨次生林中主要优势种群间的空间关联

a～b. 优势物种间；c. 上层木-下层木(O-U)、下层木-枯死木(U-D)、青冈-枯死木(青冈-D)；d. 青冈-优势物种。实线表示 $L(t)$ 函数值，虚线表示置信区间。O. 上层木；U. 下层木；D. 枯死木

3.3.4 物种共存与群落演替

1. 空间格局及其驱动机制

在本研究样地中，整个群落及其主要优势种在大部分的尺度范围内均呈现聚集分布的格局，与热带雨林(Condit et al.，2000)和广东鼎湖山自然保护区(Li et al.，2009)及湖南大山冲国有林场的亚热带常绿阔叶林(Zhao et al.，2015)的研究结论一致。在自然群落中，物种在空间上的聚集可能与生态位分离(Pielou，1961)、生境异质性(Harms et al.，2001)、繁殖或觅食

行为的差异(Janzen，1970；Connell，1971)、邻体竞争(Firbank and Watkinson，1987；Kenkel，1988)及种子扩散限制(Hubbell，2001)等生态过程和机制有关(Li et al.，2009)。先锋树种通常由于扩散限制引起空间上的聚集，而有长距离传播趋势的物种往往较少聚集甚至表现出空间随机性(Seidler and Ploktin，2006)。本研究中，南酸枣表现为依赖捕食者的扩散策略(祁承经和林亲众，2000)，在局域尺度上表现为空间聚集格局，部分支持上述假设。拟赤杨、马尾松和枫香的种子可以通过风传播长距离扩散(祁承经和林亲众，2000)，然而，它们的聚集分布格局(图 3.7b、d、f)与利用风进行长距离扩散应该呈随机分布的空间模式相矛盾，这表明可能还有其他因素引起物种空间上的聚集。

生境异质性对决定树种生态位分化具有积极作用，对扩散而入的种子具有过滤作用，从而确定扩散后的物种能否成功更新和分布(Dalling et al.，2002)。基于光的需求和土壤湿度的偏好，6 个树种可以划分为 3 个生态位类型(祁承经和林亲众，2000)。马尾松喜欢光照充足和干燥的环境，所以其主要聚集分布在陡峭的山脊地带(图 3.6)，表明生态位分化和生境的异质性是决定其空间格局的重要因素(Hams et al.，2001；Li et al.，2009)。拟赤杨、南酸枣和枫香为中度的喜光和生境偏好树种，主要聚集分布于未被完全占有的林隙空地(图 3.6)。青冈和檵木均为耐阴树种，青冈未表现出明显占有某种生境，而檵木明显聚集于某种特殊的生境类型(图 3.6)。

空间分离假说认为，同种植物的空间聚集导致物种间的分离，从而群落中种内竞争增强，种间竞争减弱(Pacala and Levin，1997；Wang et al.，2011)。在本研究中，由于南酸枣、拟赤杨、枫香和马尾松 4 个树种具有相似的生境偏好，南酸枣与拟赤杨、枫香、马尾松在空间上均呈负关联(图 3.8a)，这种负关联反映了物种之间存在强烈的竞争(Rejmánek and Lepš，1996；Wang et al.，2011)。青冈与马尾松、枫香在空间上负相关或相互独立，与拟赤杨和南酸枣在整个尺度上均相互独立(图 3.8d)，反映了它们在生境偏好上的差异。青冈和拟赤杨在同种内部呈聚集分布格局而排斥其他物种，支持了空间分离假说(Raventós et al.，2010；Wang et al.，2011)。

然而，本研究发现拟赤杨、枫香和马尾松相互之间主要呈正关联(图 3.8b)。这一现象用空间隔离假说认为的同一树种内部的竞争大于不同树种间竞争的假设(Stoll and Newbery，2005；von Oheimb et al.，2011)无法解释，而中性假说认为的所有树种之间的竞争都一样，与物种无关(Hubbell，2001；von Oheimb et al.，2011)的观点却可以解释。一方面，可能与拟赤杨、枫香和马尾松靠风力随机传播到某个林隙，遇到合适的生境成功完成更新，而竞争不能导致它的死亡有关。另一方面，3 个树种在垂直结构上具有明显的分化(表 3.1)，可能有助于减少竞争而促进物种共存(Nishimura et al.，2002)。总之，这 3 个树种空间关联的解释机制仍然不是非常清楚。在局域尺度，上、下层树木之间空间上的独立关系表明下层树种可以长期存在。

2. 空间格局对物种共存和群落演替的影响

种内和种间个体的空间格局是决定局域范围内邻体丰富度和相互作用的关键因素(Stroll and Newbery，2005)。因此，通过对空间格局的研究，有助于我们深入理解物种共存的维持机制。本研究发现空间格局与亚热带次生林中较高的物种多样性维持机制有关，该结果与 Legendre 等(2009)在浙江古田山发现的环境变量和随机进程都是物种分布格局的主要决定因子一致。例如，南酸枣、青冈同种内部聚集而排斥其他优势物种，这一结果支持空间隔离假说。可见，通过种内聚集增加种内竞争而促进物种共存是关键性的维持机制之一(Seidler and Ploktin，2006)。而拟赤杨、枫香和马尾松均主要靠风力传播且在空间上相互正关联，印证了中性理论中的随机进程是物种空间分布格局的驱动机制。

亚热带次生林群落物种较丰富，有一些喜光的树种如针叶树种马尾松和杉木，落叶树种拟赤杨、南酸枣、枫香和城口桤叶树等，也有耐阴的常绿阔叶树种青冈、狭叶润楠、毛豹皮樟、檵木等。但各物种个体数量差异较小，没有占绝对优势的优势种，属落叶和常绿树种共同构建的次生林群落。物种的径级结构可以提供一些关于物种更新进程和演替趋势方面的信息。群落中针叶和落叶树种如马尾松、杉木、拟赤杨、南酸枣和枫香主要为大径级个体(图 3.5)，表明该 4 个物种虽然处于持续更新状态，但由于耐阴能力较差，主要位于主林层，其更新率相比耐阴树种低。其中，杉木由于仍然保留有原有植物的根系、残茎和种子，经过萌生后杉木直接参与了群落的前期形成过程。马尾松为喜光树种，为杉木人工林采伐后最先进入的先锋树种，在群落中平均树高值最大。随着枫香、拟赤杨、南酸枣等物种的入侵和定居，裸地的空间逐渐减少，林内光照逐渐较弱，由于不能忍耐林下阴暗的环境，在林下已很少见到马尾松的幼苗。同样，随着群落的演替，林内郁闭度的增大，枫香、拟赤杨和南酸枣等落叶树种的幼苗将难以更新。而常绿树种青冈的径级结构图呈倒“J”形，其小径级个体数较多，表明该树种林下更新状况良好但还未完全占据主导地位。因此，尽管为先锋树种，落叶树种还会存在较长时间，但在群落漫长的演替过程中，它们会逐渐被耐阴的青冈、秃瓣杜英、狭叶润楠和毛豹皮樟等常绿树种取代，该群落仍处于一个森林演替系列上的过渡林类型。

总之，该次生林群落物种组成较丰富，聚集分布是整个群落和优势物种的主要分布格局，种子扩散、生态位分化、生境异质性和竞争是聚集分布的主要驱动因子，但因物种而不同。南酸枣和青冈的种内聚集、种间排斥支持空间隔离假说，拟赤杨、马尾松和枫香的种间正关联表明它们彼此相互依存或具有相似的环境适应性。径级结构表明在没有人为干扰的情况下，喜光的先锋树种马尾松和落叶树种拟赤杨、南酸枣和枫香等将逐渐被耐阴的常绿树种青冈、秃瓣杜英、狭叶润楠和毛豹皮樟等取代。

主要参考文献

李立. 2008. 古田山中亚热带常绿阔叶林木本植物多样性及优势种群格局研究. 金华: 浙江师范大学硕士学位论文.

祁承经，林亲众. 2000. 湖南树木志. 长沙: 湖南科学技术出版社.

祁承经, 肖育檀. 1990. 湖南植被. 长沙: 湖南科学技术出版社: 51-341.

张金屯. 2004. 数量生态学. 北京: 科学出版社: 1-384.

张俊艳, 成克武, 臧润国. 2014. 海南岛热带天然针叶林主要树种的空间格局及关联性. 生物多样性, 22(2): 129-140.

祝燕, 赵谷风, 张俪文, 等. 2008. 古田山中亚热带常绿阔叶林动态监测样地-群落组成与结构. 植物生态学报, 32(2)：262-273.

Antonovics J, Levin DA. 1980. The ecological and genetic consequences of density-dependent regulation in plants. Annual Review of Ecology and Evolution Systematics, 11: 411-452.

Chapin FS, Walker LR, Fastie CL, et al. 1994. Mechanisms of primary succession following deglaciation at Glacier Bay, Alaska. Ecological Monographs, 64: 149-175.

Condit R, Ashton PS, Baker P, et al. 2000. Spatial patterns in the distribution of tropical tree species. Nature, 288: 1414-1418.

Connell JH. 1971. On the role of natural enemies in preventing competitive exclusion in some marine animals and in rain forest trees. *In*: van der Boer PJ, Gradwell GR. Dynamics of Numbers in Populations. Wageningen: Center for Agri. Publ. and Documentation: 298-312.

Dalling JW, Muller-Landau HC, Wright SJ, et al. 2002. Role of dispersal in the recruitment limitation of neotropical pioneer species. Journal of Ecology, 90: 714-727.

Diggle PJ. 1983. Statistical analysis of spatial point patterns. New York: Oxford University Press Inc: 1-23.

Firbank LG, Watkinson AR. 1987. On the analysis of competition at the level of the individual plant. Oecologia, 71: 308-317.

Guo YL, Lu JM, Franklin SB, et al. 2013. Spatial distribution of tree species in a species-rich subtropical mountain forest in central China. Canada Journal of Forest Research, 43: 826-835.

Hao Z, Zhang J, Song B, et al. 2007. Vertical structure and spatial associations of dominant tree species in an old-growth temperate forest. Forest Ecology and Managment, 252: 1-11.

Harms K, Condit R, Hubbell SP, et al. 2001. Habitat associations of trees and shrubs in a 50ha neotropical forest plot. Journal of Ecology, 89: 947-959.

He FL, Legendre P, LaFrankie JV. 1997. Distribution patterns of tree species in a Malaysian tropical rain forest. Journal of Vegetation Science, 8: 105-114.

Hou JH, Mi XC, Liu CR, et al. 2004. Spatial patterns and associations in a *Quercus-Betula* forest in northern China. Journal of Vegetation Science, 15: 407-414.

Hubbell SP. 2001. The unified neutral theory of biodiversity and biogeography. *In*: Levin SA, Horn HS. Monographs in Population Biology. Princeton: Princeton University Press: 448.

Hubbell SP. 2006. Neutral theory and the evolution of ecological equivalence. Ecology, 87: 1387-1398.

Janzen DH. 1970. Herbivores and the number of tree species in tropical forests. The American Naturalist, 104: 501-528.

John R, Dalling JW, Harms KE, et al. 2007. Soil nutrients influence spatial distributions of tropical tree species. Proceedings of the National Academy of Sciences, 104(3): 864-869.

Kenkel NC. 1988. Pattern of self-thinning in jack pine: testing the random mortality hypothesis. Ecology, 69: 1017-1024.

Lan G, Getzin S, Wiegand T, et al. 2012. Spatial distribution and interspecific associations of tree species in a tropical seasonal rain forest of China. PLoS One, 7: e46074.

Lan GY, Hu YH, Cao M, et al. 2011. Topography related spatial distribution of dominant tree species in a tropical seasonal rain forest in China. Forest Ecology and Managment, 262: 1507-1513.

Legendre P, Mi XC, Ren HB, et al. 2009. Partitioning beta diversity in a subtropical broad-leaved forest of China. Ecology, 90: 663-674.

Li L, Huang ZL, Ye WH, et al. 2009. Spatial distributions of tree species in a subtropical forest of China. Oikos, 118: 495-502.

Liu QJ. 1997. Structure and dynamics of the subalpine coniferous forest on Changbai mountain, China. Plant Ecology, 132: 97-105.

Manabe T, Nishimura N, Miura M, et al. 2000. Population structure and spatial patterns for trees in a temperate old-growth evergreen broad-leaved forest in Japan. Plant Ecology, 151: 181-197.

Pacala SW, Levin S. 1997. Biologically generated spatial pattern and the coexistence of competing species. *In*: Tilman D, Kareiva P. Spatial Ecology. Princeton: Princeton University Press: 204-232.

Pielou EC. 1961. Segregation and symmetry in two-species populations as studied by nearest-neighbour relationships. Journal of Ecology, 49: 255-269.

Plotkin JB, Potts MD, Leslie N, et al. 2000. Species-area curves, spatial aggregation, and habitat specialization in tropical forests. J. Theoretical Biology, 207: 81-99.

Raventós J, Wiegand T, de Luis M. 2010. Evidence for the spatial segregation hypothesis: a test with nine-year survivorship data in a Mediterranean shrubland. Ecology, 91 (7) : 2110-2120.

Rejmánek M, Lepš J. 1996. Negative association can reveal interspecific competition and reversal of competitive hierarchies during succession. Oikos, 76: 161-168.

Ripley BD. 1977. Modelling spatial patterns. Journal of the Royal Statistic Society (series B) , 39:172-212.

Ripley BD. 1981. Spatial Statistics. Hoboken: John Wiley & Sons.

Seidler TG, Plotkin JB. 2006. Seed dispersal and spatial pattern in tropical trees. PLoS One, 4 (11) : e344.

Sterner RW, Ribic CA, Schatz GE. 1986. Testing for life historical changes in spatial patterns of four tropical tree species. Journal of Ecology, 74: 621-633.

Stoll P, Newbery DM. 2005. Evidence of species-specific neighborhood effects in the Dipterocarpaceae of a Bornean rain forest. Ecology, 86: 3048-3062.

von Oheimb G, Lang AC, Bruelheide H, et al. 2011. Individual-tree radial growth in a species-rich subtropical forest: the role of local neighborhood competition. Forest Ecology and Management, 261: 499-507.

Wang XG, Wiegand T, Hao ZQ, et al. 2010. Species associations in an old-growth temperate forest in north-eastern China. Journal of Ecology, 98: 674-686.

Wang XG, Ye J, Li BH, et al. 2010. Spatial distributions of species in an old-growth temperature forest, northern China. Canada Journal of Forest Research, 40 (6) : 1011-1019.

Xiang WH, Liu SH, Lei XD, et al. 2013. Secondary forest floristic composition, structure, and spatial pattern in subtropical China. Journal of Forest Research, 18: 111-120.

Yamada T, Zuidema PA, Itoh A, et al. 2007. Strong habitat preference of a tropical rain forest tree does not imply large differences in population dynamics across habitats. Journal of Ecology, 95: 332-342.

Yuan Z, Gazol A, Wang X, et al. 2011. Scale specific determinants of tree diversity in an old growth temperate forest in China. Basic Applied Ecology, 12: 488-495.

Zhang Z, Hu G, Zhu J, et al. 2013. Aggregated spatial distributions of species in a subtropical karst forest, southwestern China. Journal of Plant Ecology, 6: 131-140.

Zhao L, Xiang W, Li J, et al. 2015. Effects of topographic and soil factors on woody species assembly in a Chinese subtropical evergreen broadleaved forest. Forests, 6 (3) : 650-669.

第 4 章　亚热带树种相对生长方程及森林生物量

4.1　相对生长方程及森林生物量研究概述

大气中 CO_2 等温室气体浓度增加引起的气候变化，给全球生态系统和人类生存环境带来了巨大影响,这不仅是全球亟待解决的重大科学问题,也是全社会共同关注的政治和经济问题。森林生态系统生产力高、固碳能力强，在减缓全球气候变化中发挥着重要作用。准确测定森林生物量是估算森林碳储量的关键。目前，尽管在森林生物量研究方面已经取得较大进展，但研究内容和研究方法仍存在一些不足，如研究区域的局限性，样地多集中在北温带和温带森林；研究树种或森林类型过于单一，多为人工林，而对天然林的研究相对较少；生物量测定的样方设计及大小、采集样本数、调查方法、测量指标及技术、数据处理方法等方面的技术标准和要求不统一；已建立的生物量计算模型的误差分析和预测精确度评价标准不一致，往往忽视模型的适用范围。因此，有必要对森林生物量的测算方法进行更深入的研究和全面评价。本章选择树种组成丰富、固碳能力强的亚热带次生林，构建主要树种生物量相对生长方程，评价其适用性，分析不同森林生物量及其分配特征，研究生物多样性对森林生物量的影响。具体研究内容如下。

1)构建亚热带常见 7 个优势树种(针叶树种马尾松，落叶阔叶树种拟赤杨、南酸枣、枫香，常绿阔叶树种青冈、石栎、木荷)的相对生长方程，2 个树种功能组(落叶阔叶树种组、常绿阔叶树种组)的通用相对生长方程和适用于所有树种的通用相对生长方程，比较不同预测变量对不同类型相对生长方程的估算效果，讨论在应用中如何选择适合的相对生长方程。

2)研究杉木人工林、马尾松-石栎针阔混交林、南酸枣落叶阔叶林、石栎-青冈常绿阔叶林等 4 种森林的生物量和各器官生物量，分析林冠与树干、地上部分与地下部分生物量之间的比例关系。

3)综合考虑生物和非生物环境因子，分析 3 种次生林的生物多样性(物种多样性、功能多样性和谱系多样性)对亚热带森林生物量的影响，探讨不同生物多样性测定指标、样方大小等因素对植物多样性与森林生物量关系的影响。

4.1.1　亚热带主要树种及通用相对生长方程

受湿暖季风气候的影响(Zhang et al.，2007；Yu et al.，2014)，我国亚热带地区森林的树种组成丰富，地带性植被为常绿阔叶林(Song，2013)。但由于社会经济发展过程中人类活动的长期干扰，大部分常绿阔叶林已经转化成了次生林和人工林(Song，2013)。因干扰强度和恢复程度的不同，次生林主要包括针叶林、落叶阔叶林和常绿阔叶林(Xiang et al.，2015)，这些森林具有木材供应、碳减排、水土保持、生物多样性保护和气候调节等生态系统服务功能(Jackson et al.，2005；McKinley et al.，2011)。准确估算不同树种及林分的生物量是评价森林生态系统服务的前提，为进一步制定次生林可持续经营管理策略提供科学依据，因此，建立准确而有效的生物量估算方法是十分必要的(Ares and Fowens，2000；Bi et al.，2015；Cole and Ewel，2006)。

相对生长方程(allometric equation)是将较为容易测定的胸径(D)、树高(H)等指标与林木及各器官的生物量建立一定的关系式，估算树种及林分生物量（Williams et al., 2005; Pilli et al., 2006）。随着全球范围内对森林生物量和碳储量估算的重视，已在热带（Brown et al., 1984; Chave et al., 2005; Basuki et al., 2009）、温带（Ter-Mikaelian and Korzukhin, 1997; Jenkins et al., 2003; Wang, 2006; Zianis et al., 2005）、北方森林（Berner et al., 2015）等地采用相对生长方程开展了生物量估算的研究工作，获得了大量的相关数据（Henry et al., 2013）。在中国，相对生长方程已应用于温带（Wang, 2006）和亚热带（Xiang et al., 2011; Cheng et al., 2014）森林生物量的估算，但亚热带主要集中在杉木和马尾松 2 个树种（Cheng et al., 2014），对落叶树种和常绿阔叶树种生物量估算的研究则较少，已有的相对生长方程对这两类树种生物量的估算精度还不太清晰（Cheng et al., 2014），亚热带次生林生物量和碳储量的估算仍存在较大的不确定性。

不同树种的冠层结构和木材密度不同，其相对生长关系也存在差异（Chave et al., 2005; Návar, 2009; Djomo et al., 2010; Guisasola et al., 2015）。由于经济价值高或者出于环境保护的目的，需要较精确地估算某一特定树种或林分的生物量时，就需要构建各树种的相对生长方程（Basuki et al., 2009; Návar et al., 2009）。然而，亚热带次生林中树种多样性较高，在野外识别其中的每一个树种较为困难，针对每一个特定树种都单独构建相对生长方程不太现实（Paul et al., 2013），可以构建适用于不同树种功能组（根据叶片形态或者物候进行分类）（Iio et al., 2014）或适用于所有树种的通用相对生长方程（Mantagu et al., 2005; Wang, 2006）。通用相对生长方程的准确度往往能满足区域尺度的森林生物量估算，特别是应用在构建生长方程数据来源的同一区域的样地或森林类型时，估算精度较高（Paul et al., 2013）。

相对生长方程中自变量的选择根据研究目的和精度要求而异（Wang, 2006），大部分研究选择 D 作为自变量（Gower et al., 1999），这也是样地尺度预测地上和地下生物量最简单实用的方法（Alvarez et al., 2012）。而构建包含 D 和 H 两个观测变量的相对生长方程则被认为有助于提高植物器官（如树叶和树枝）生物量（Wang, 2006; Nogueira et al., 2008），或区域甚至全球大尺度下林分生物量预测的精度。因此，有必要对不同相对生长方程的准确度进行比较，从而可以根据不同的使用目的选择最适的相对生长方程。

4.1.2 亚热带次生林生物量及分配特征

森林生物量是研究森林生态系统结构和功能的基础，也是揭示森林与生态环境之间相互制约机制的基础数据。同时，森林生物量研究是森林植物群落的可持续发展与经营的核心，对于研究生态系统中物质及能量的累积、耗费、分配、固定和转变有着关键性意义（Dixon et al., 1994; Fang et al., 2001; Garkoti, 2008）。

在国外，树木生物量的研究已经开展了很长一段时间，研究方法及成果已经较为完善。1876 年，德国林学家 Ebermeyer 最早开展生物量方面的研究，报道了德国最重要的几个森林的枝叶生物量及材积量的计算方法。1910 年，Boysen 根据有机物的生产量和消耗量分析了森林的耐阴性，后来，他还在研究森林自然稀疏问题时，研究了森林的初级生产量。1929～1953 年，瑞士的 Burger 研究了树叶生物量和木材生产的关系。1944 年，Kittredge 利用叶重和胸径的拟合关系，成功建立了白松等树种树叶生物量的对数回归方程。森林生态系统生物量的研究在温带地区由来已久（佐藤大七郎，1986），而热带地区的研究开始得较晚，日本学者 Kira 等（1978）于 20 世纪 60 年代在泰国、柬埔寨等地对热带林生物量进行了研究。但是总的来看，在 50 年代以前，森林生物量和生产力的研究并不被人们重视。到了 50 年代，人们才开始关心生态系统到底能为人类提供多少有机物，并开始对各自国家内的主要森林生态系统生物量和生产力进行实际调查和资料收集（Ovington，1962），这其中很重要的原因之一是 20 世纪 60 年代实施的“国际生物学计划”（BIP）和“人与生物圈”（MAB）研究计划。由于 BIP 和 MAB 的实施，森林生物量和生产力的研究引入了生态系统的观点，从整体上把握森林生态系统物质生产的过程，并与环境因子结合起来，全球森林生物量研究工作取得了很大进展。这些研究成果为了解全球森林生态系统生物量和生产力的分布格局提供了基础。到了 80 年代后期，随着对全球碳循环研究的重视，研究者利用以前的样地生物量和面积统计资料，估算由土地利用变化引起的一个区域向大气中释放的碳量。近年来，为了科学地评价森林生态系统在全球大气中碳源和碳汇的作用，开始研究森林生态系统的潜在生物量和人类、自然干扰引起的森林生态系统生物量和生产力的动态变化过程。

我国在 20 世纪 70 年代末才开展对森林生物量和生产力的研究，从人工林或针叶林开始，然后逐步深入。最早以杉木人工林生物量和生产力的研究报道为多（朱守谦和杨世逸，1978；潘维俦等，1979；俞新妥等，1979；冯宗炜等，1980），再就是对马尾松人工林进行研究（冯宗炜等，1982）。李文华等（1981）对长白山温带天然林的研究，使我国森林生态系统生物量的研究在人工林和天然林两个方面都得到发展（李文华等，1981）。林鹏等（1989）研究了福建九龙江口秋茄红树林的生物量和生产力，这是国内最早对热带和亚热带红树林生物量和生产力的研究报道。刘世荣等（1990）对兴安落叶松林人工林生物量与净生产力进行了研究，陈灵芝（1986）、鲍显诚（1984）等对侧柏、栓皮栎、油杉、刺槐人工林生物量进行了研究，白云庆（1982）、邹春静等（1995）、韩有志等（1997）、邱扬等（1999）和刘玉萃等（2001）还对温带落叶林、针叶林以及人工林生物量和生产力进行了研究。对南方针叶林进行过研究的有潘维俦等（1979）、冯宗炜等（1982）、邓士坚等（1988）、吴守蓉等（1999）、陈劲松和苏智先（2001）。对热带雨林、亚热带常绿阔叶林生物量研究也不断发展起来，张祝平等研究了广州鼎湖山季风常绿阔叶林生物量及其生产力（张祝平和彭少麟，1989；彭少麟和张祝平，1994；温达志等，1997）。此外，对热带湿性季节雨林进行过研究的有唐建维等（（1998）、冯志立等（1998）和郑征等（2000）。在全国尺度上，Fang 等（2001）利用大量的生物量实测数据，结合使用中国 50a 来的森林资源清查资料及相关的统计资料，基于生物量换算因子连续函数法，研究了中国森林植被碳库及其时空变化，在大时空尺度上对中国森林生态系统的生物量进行了估算。值得注意的是，我国亚热带森林是全球森林生态系统重要的组成部分，但在 20 世纪 80 年代以前未做过这类群落生产力的研究工作，因此成了 IBP 在总结全球生产力格局方面的空白。另外，国内的生物量研究针对各个地区不同树种做了一定量的研究，其中针对人工林的研究相对较多，对天然林的研究有限，且多数研究仅针对单一乔木生物量（贾炜炜和于爱民，2008）或是单一灌木生物量（曾慧卿等，2007），而对于林分结构较复杂的次生林上的生物量研究很少。

森林生物量和生产力的研究进展最明显地表现在研究方法的改进上。传统的森林生物量的研究多采用收获法，森林生产力，无论是总生产力还是净生产力都依赖各植物和植物各器官的大小和重量的直接测定。近年来，由于森林生物量和生产力研究方法的改进，对不同地区各类型森林群落的生物量、生产力、碳循环和养分积累等方面相继开展了较为细致的研究（Kindermann et al.，2008；Keith et al.，2009；Hunter et al.，2013；Mitchard et al.，2013）。研究方法上多采用对森林破坏性最小的生物量模型估算，因而生物量测算范围也相应地从种群、群落扩大到区域尺度（Le et al.，2011；Mitchard et al.，2012；Nasset et al.，2013；Pflugmacher et al.，2014)。Kittredge(1944)第一次将相对生长模型应用于树木上，得出白松等树种树叶生物量的对数回归模型,相对生长法随即在森林生态系统生物量的相关研究中得到了逐步的推广与应用。现今，生物量模型有线性、非线性和多项式模型，其中非线性模型中的相对生长模型(异速生长关系)是最为普遍的模型(罗云建等，2009；Ogawa et al.，1977；Gower et al.，1999)。相对生长方程常用的模型变量及形式有胸径(D)、D^2、树高(H)、D^2H，也有模型引入了树龄、树冠等相关变量，常用的公式有 $W=aD^b$ 和 $W=a(D^2H)^b$ 两种，公式中 a、b 是方程常数，W 是各器官的生物量。地上生物量分树干、树枝和树叶，地下生物量主要是指树根的生物量。一些研究表明，由于受物种和环境因子的限制，不同器官生物量占总生物量的比例也各不相同(Brown et al.，1989)。但大多数情况下，生物量会随着树高或胸径的不断增加而增加，树木不同器官生物量之间及其与材积之间存在较强的相关性(Brown，1997)，即相对生长方程可以恰当地描述在所处大环境下林分不同器官的生长关系(范文义等，2011)。

4.1.3　生物多样性对亚热带次生林生物量的影响

生物多样性与生态系统功能(biodiversity and ecosystem function, BEF)是近几十年来的研究热点(Grime，1973；Reiss et al.，2009；Adler et al.，2011；Lasky et al.，2014；Zhang and Chen，2015)。关于生物多样性提高森林生物量(生产力)的机理假说主要有两种：选择效应(selection effect)和互补效应(complementarity effect)。选择效应认为物种丰富度增加导致生物量或生产力增加的原因在于提高了高产物种出现的概率(Tilman et al.，1997；Loreau and Hector，2001)；互补效应则认为生物量随生物多样性增加而增加的原因是生态位的区分使得种间互利行为增多、竞争减少(Callaway，1995；Forrester，2014)，也就是说随着生态位的区分，资源利用效率提高了，生长环境改善了，森林生物量或生产力提高了(Loreau and Hector，2001；Cardinale et al.，2012)。

大部分关于生物多样性和生物量之间关系的研究在物种丰富程度较低的温带或北温带森林进行(Caspersen and Pacala，2001；Paquette and Messier，2011)，相关的研究结果表明生物多样性对森林生物量或生产力的影响是正效应,即使在考虑了与环境因子共同作用的情况下也是如此。然而，此结论是否适用于物种丰富度较高的地区(如亚热带森林)还不能确定，如 Wu 等(2015a)的研究结果表明物种丰富度对中国北温带到暖温带森林的生物量影响显著，但对亚热带森林的生物量没有影响。在物种较丰富的亚热带，关于生物多样性是否及何种程度影响生物量尚无一致的结论(Hubbell，2006；Barrufol et al.，2013；Cavanaugh et al.，2014；Wu et al.，2015a)。理论上，由于互补效应不显著，生物多样性对物种较丰富地区的正效应可能较小(Paquette and Messier，2011；Potter and Woodall，2014)，因此相比北温带或温带森林，在亚热带更可能得到生物多样性与生物量没有显著相关性的结论(Wu et al.，2015a)。然而，生物多样性与生物量相关性不显著的结论也可能是由于现有的研究大多数仅选用物种丰富度来表征生物多样性(Balvanera et al.，2006；Adler et al.，2011；Schuldt et al.，2014)，而物种丰富度可能并不能全面反映树种间生态和进化上的差异(Potter and Woodall，2014)。近期有研究表明，对森林生态系统进行功能和系统发育分析可以得到新的生物多样性结果(Webb et al.，2002；Flynn et al.，2011；Srivastava et al.，2012)。功能多样性(functional diversity，FD)(Flynn et al.，2011；Ruiz-Jaen and Potvin，2011；Roscher et al.，2012)和谱系多样性(phylogenetic diversity，PD)(Cadotte et al.，2008；Srivastava et al.，2012；Cardinale et al.，2015)均被认为是比物种丰富度更能表征生态系统功能的指标。

本章选择的研究样地处于物种丰富程度较高的亚热带，由于人类活动的干扰，原生的常绿阔叶林大部分转变成了树种组成丰富的次生林(Qi，1990)。在次生林演替恢复的早期，往往是先锋树种(如针叶树种马尾松和落叶阔叶树种南酸枣)大量出现，随着演替的进行，耐阴的常绿阔叶树种(如青冈和石栎)渐渐迁入、定居并成为优势树种(Liu et al.，2014)。在亚热带次生林，由于树种组成丰富、生产力高，在提升区域生态系统服务能力方面具有重要作用。同时，次生林也常被看作天然林可持续经营的模板(Xiang et al.，2013)，但与其他气候带相比，亚热带次生林中生物多样性对生物量的影响仍不清楚，有必要进行更深入的研究。

4.2 研究方法

4.2.1 亚热带主要树种及通用相对生长方程构建

1. 研究地概况

本研究选取的样地位于湖南省靖州苗族侗族自治县排牙山国有林场，地理坐标为北纬26°24'～26°35'，东经 109°27'～109°38'，地处雪峰山系，属低山丘陵地貌，海拔 230～1075m。属于中亚热带季风湿润气候，年均温为 16.7℃，其最冷月(1 月)的月均温为 5.7℃，最热月(7 月)的月均温为 26.8℃，无霜期为 290d 左右。年均降水量为 1250mm，降水量集中在 4～8 月，年均蒸发量为 884mm。母岩为紫色砂页岩，海拔低于 600m 区域的土壤为红壤，海拔高于600m区域的土壤为山地黄壤。植被类型主要为杉木人工林和由许多本土树种组成的次生林。

2. 标准木选择

选择 7 个我国亚热带次生林常见的主要树种为研究对象，分属于 3 个树种功能组：常绿针叶树种马尾松，落叶阔叶树种拟赤杨、南酸枣和枫香，以及常绿阔叶树种青冈、豹皮樟和木荷。

于 2014 年 10 月树叶凋落之前开展并完成了生物量的测量工作。随机选择了 7 个林分作为生物量测量树种采伐的样地，每个林分中的优势树种或优势树种之一分别对应了 7 个研究树种。在 7 个林分中分别建立了 30m×30m 的样地，标记并记录样地中的树种名称，测量并记录 *D*、*H*、冠幅、直径大于 1cm 的树干活枝下高等。7 个林分的基本特征及优势树种的选择情况如表 4.1 所示。根据样地调查的结果，在每个样地中选择一个优势树种的 10 株生物量测量标准木，这 10 株标准木的胸径范围跨度较大(从同一优势树种的最大胸径到最小胸径)并尽量分布均匀，以提高相对生长方程的代表性和准确度。本试验共选择了 70 株标准木用于生物量的测量及相对生长方程的构建，标准木的 *D* 和 *H* 变化范围如表 4.2 所示。

表 4.1　排牙山国有林场 7 个树种生物量测定的林分基本特征

森林类型	树种数	前 3 种优势树种	密度/(株/hm²)	胸径/cm	树高/m	断面积/(m²/hm²)
马尾松林	16	林分	1253	12.2(1.6～52.0)	9.7(1.3～24.0)	21.87
		马尾松*	550	17.8(2.2～52.0)	13.6(1.3～24.0)	16.96
		青冈	94	9.7(3.1～17.5)	6.9(4.5～10.0)	0.86
		枫香	82	12.1(5.5～16.0)	11.1(8.5～14.0)	1.00

续表

森林类型	树种数	前3种优势树种	密度/(株/hm²)	胸径/cm	树高/m	断面积/(m²/hm²)
拟赤杨-青冈林	16	林分	708	11.5(0.8～56.0)	8.5(2.0～26.0)	14.19
		拟赤杨*	188	11.0(0.8～39.5)	8.9(3.5～21.5)	2.41
		青冈	73	21.8(1.8～56.0)	12.4(3.0～25.0)	4.63
		油桐	31	29.1(12.0～39.0)	15.1(6.3～20.0)	2.45
南酸枣林	11	林分	1035	10.1(0.4～24.5)	10.6(1.9～18.0)	10.15
		南酸枣*	600	9.1(0.4～24.5)	8.6(1.9～15.9)	5.77
		杉木	165	12.1(5.8～20.05)	10.2(4.8～15.6)	2.16
		含笑	104	7.7(0.9～14.0)	8.3(1.9～18.0)	0.55
马尾松-枫香林	7	林分	682	21.6(2.9～58.0)	16.2(3.5～35.0)	33.50
		马尾松	133	44.4(25.5～58.0)	25.6(14.0～35.0)	21.69
		枫香*	247	19.6(6.9～47.2)	16.3(7.5～30.2)	9.11
		杉木	123	13.5(4.5～25.8)	15.0(3.5～24.3)	2.18
青冈林	4	林分	631	13.1(2.2～50.9)	10.1(2.7～23.6)	12.71
		青冈*	582	13.3(2.2～50.9)	10(2.7～23.6)	12.03
		枫香	25	24.1(6.0～24.1)	18.0(7.5～18.0)	0.07
		油桐	12	6.0(5.3～6.8)	7(5.5～7.5)	0.05
青冈-豹皮樟林	18	林分	503	18.1(1.5～80.0)	12.6(2.0～35.0)	19.41
		青冈	207	19.4(3.6～62.9)	12.8(2.5～35.0)	9.16
		豹皮樟*	74	15.2(1.9～45.5)	10.1(2.0～21.5)	2.50
		楠树	18	25.3(2.3～80.0)	13.3(2.0～35.0)	2.32
木荷-枫香林	13	林分	930	14.4(1.6～36.5)	11.0(2.5～26.5)	22.96
		木荷*	323	11.5(1.6～33.8)	8.5(2.5～18.5)	5.90
		枫香	102	26.2(21.1～36.5)	22.4(15.2～26.5)	5.64
		杨梅	228	9.7(3.6～17.6)	8.2(3.0～14.5)	1.96

注：树种名后“*”表示的是相应森林中选取的样本树种，每个树种选取10棵树。胸径和树高均值后括号里的数值表示的是胸径和树高的大小范围

表 4.2 构建相对生长方程选取的生物量测定标准木树高、胸径和总生物量变化范围

树种和所属功能组		数目	胸径/cm		树高/m		总生物量/kg	
			最小值	最大值	最小值	最大值	最小值	最大值
常绿针叶树	马尾松	10	5.9	52.0	8.5	20.5	9.42	1676.17
落叶阔叶树	拟赤杨	10	3.8	39.5	6.4	21.5	2.53	686.88

续表

树种和所属功能组		数目	胸径/cm		树高/m		总生物量/kg	
			最小值	最大值	最小值	最大值	最小值	最大值
落叶阔叶树	南酸枣	10	3.3	24.5	5.6	15.9	2.80	257.62
	枫香	10	6.9	47.2	8.6	30.2	21.58	2759.24
常绿阔叶树	青冈	10	6.2	50.9	10.7	22.8	16.00	3223.48
	豹皮樟	10	2.6	45.5	3.5	21.5	1.97	767.13
	木荷	10	3.0	33.8	6.0	18.5	3.28	655.37

3. 标准木的生物量测定

将标准木用电锯伐倒后，测量和记录其树高、冠幅、根基径、胸径、1/2 树高处直径和活枝下高处直径。树干从胸高(1.3m)处截断后，再沿树冠方向每隔 2m 截断，树枝记录位置(距地面高度)后截断，树干和树枝(带叶)原地称重并记录。根据树枝直径的大小，在每个截断的树干部分再次随机选取 3～5 个带叶树枝，叶移除后分别对枝、叶称重并计算枝叶比，用于估算枝、叶生物量。将再次随机选取的树枝，以及从每段树干截取的圆盘装入布袋，运回实验室 80℃烘干至恒重以测量含水量，并对样地原位测量的各鲜重数值进行转换。地上部分的生物量为树干、树枝和树叶生物量干重的总和。

采用挖掘法测定地下根系的生物量。以标准木为圆心，挖掘直径和深度均为 1.5m 的土柱采集其中的根系样品。对延伸超过 1.5m 范围根系的校准方法为测量其 1.5m 处的直径，根据同等直径范围同一树种完整根系的生物量推算。1.5m 土柱范围内断根的生物量校准方法为每 15cm 土层用金属细筛(20mm 目)将残根筛选出来计入对应级别根系生物量。刷洗掉附着的土壤后称重，并根据直径分为根头(主根延伸至直径 3cm 处)、大根(1.0～3.0cm)、初级侧根(0.5～1.0cm)和细根(<0.5cm)。随机选取相应级别根系样品保存，在实验室 80℃烘干至恒重以测量含水量，并对测量的各鲜重数值进行转换。地下部分的生物量为各级根系干重的总和。

4. 数据分析

考虑到树种各部分生物量的叠加性，采用相容性叠加模型(seemingly unrelated regression, SUR)构建生物量相对生长方程(Borders，1989；Parresol，1999；Bi et al.，2015)。采用 3 种预测变量(D 作为唯一变量、D 和 H 的复合变量 D^2H、D 和 H 共同作为独立变量)(Picard et al.，2012)，分别构建 7 个优势树种的相对生长方程、2 个树种功能组(落叶阔叶林和常绿阔叶林)和所有树种的通用生长方程。

在构建生物量相对生长方程之前，采用测量值 D 分别和各器官生物量数据作散点图以验证数据的正确性(图 4.1～图 4.3)。考虑到数据呈现出非齐次性，回归拟合前进行自然对数的转换，以满足线性回归的要求(Picard et al.，2012)。

1)构建以 D 作为唯一变量的相对生长方程：

$$\ln W_s=\beta_{10}+\beta_{11}\times\ln D+\varepsilon_1 \tag{4.1}$$

$$\ln W_b=\beta_{20}+\beta_{21}\times\ln D+\varepsilon_2 \tag{4.2}$$

$$\ln W_l=\beta_{30}+\beta_{31}\times\ln D+\varepsilon_3 \tag{4.3}$$

$$\ln W_r=\beta_{40}+\beta_{41}\times\ln D+\varepsilon_4 \tag{4.4}$$

$$\ln W_a=\ln(e^{\beta10}\times D^{\beta11}+e^{\beta20}\times D^{\beta21}+e^{\beta30}\times D^{\beta31})+\varepsilon_5 \tag{4.5}$$

$$\ln W_t=\ln(e^{\beta10}\times D^{\beta11}+e^{\beta20}\times D^{\beta21}+e^{\beta30}\times D^{\beta31}+e^{\beta40}\times D^{\beta41})+\varepsilon_6 \tag{4.6}$$

式中，W_s、W_b、W_l、W_r、W_a、W_t分别表示树干、树枝、树叶、树根、地上和总生物量(kg)；β_{ij}为回归系数；ε_i为误差项。

2)构建复合变量 D^2H 的相对生长方程：

$$\ln W_s=\beta_{10}+\beta_{11}\times\ln(D^2H)+\varepsilon_1 \tag{4.7}$$

$$\ln W_b=\beta_{20}+\beta_{21}\times\ln(D^2H)+\varepsilon_2 \tag{4.8}$$

$$\ln W_l=\beta_{30}+\beta_{31}\times\ln(D^2H)+\varepsilon_3 \tag{4.9}$$

$$\ln W_r=\beta_{40}+\beta_{41}\times\ln(D^2H)+\varepsilon_4 \tag{4.10}$$

$$\ln W_a=\ln[e^{\beta10}\times(D^2H)^{\beta11}+e^{\beta20}\times(D^2H)^{\beta21}+e^{\beta30}\times(D^2H)^{\beta31}]+\varepsilon_5 \tag{4.11}$$

$$\ln W_t=\ln[e^{\beta10}\times(D^2H)^{\beta11}+e^{\beta20}\times(D^2H)^{\beta21}+e^{\beta30}\times(D^2H)^{\beta31}+e^{\beta40}\times(D^2H)^{\beta41}]+\varepsilon_6 \tag{4.12}$$

3)构建 D 和 H 共同作为独立变量的相对生长方程：

$$\ln W_s=\beta_{10}+\beta_{11}\times\ln D+\beta_{12}\times\ln H+\varepsilon_1 \tag{4.13}$$

$$\ln W_b=\beta_{20}+\beta_{21}\times\ln D+\beta_{22}\times\ln H+\varepsilon_2 \tag{4.14}$$

$$\ln W_l=\beta_{30}+\beta_{31}\times\ln D+\beta_{32}\times\ln H+\varepsilon_3 \tag{4.15}$$

$$\ln W_r=\beta_{40}+\beta_{41}\times\ln D+\beta_{42}\times\ln H+\varepsilon_4 \tag{4.16}$$

$$\ln W_a=\ln(e^{\beta10}\times D^{\beta11}H^{\beta12}+e^{\beta20}\times D^{\beta21}H^{\beta22}+e^{\beta30}\times D^{\beta31}H^{\beta32})+\varepsilon_5 \tag{4.17}$$

$$\ln W_t=\ln(e^{\beta10}\times D^{\beta11}H^{\beta12}+e^{\beta20}\times D^{\beta21}H^{\beta22}+e^{\beta30}\times D^{\beta31}H^{\beta32}+e^{\beta40}\times D^{\beta41}H^{\beta42})+\varepsilon_6 \tag{4.18}$$

采用 R3.2.0 软件中的“systemfit”程序包拟合估算以上三类生物量相对生长方程中的各参数(Henningsen and Hamann，2007)。其中，不是所有的树种都能满足以 D 和 H 共同作为独立变量的相对生长方程构建条件，这是因为式(4.18)中的参数个数(12 个)大于本试验的采样个数(10 个)，同时某些参数式(4.13)～式(4.18)的适用性也不显著(P>0.05)。因此，本节将重点分析前两类生物量相对生长方程的结果，第三类相对生长方程仅报告除根系生物量和总生物量以外的结果(根系生物量和总生物量更适用于独立的相对生长方程)。

经由对数转换的数据会引起生物量计算的偏差(Montagu et al.，2005)，这种偏差将由以下方法计算得到的校正因子(correction factor，CF)进行校正(Chave et al.，2005)：

$$\mathrm{CF}=\exp(\mathrm{RSE}^2/2) \tag{4.19}$$

式中，RSE 为回归方程中的残差标准差(standard error of residual)。

采用赤池信息量准则(Akaike's information criterion，AIC)比较以 D 和 D^2H 作为预测变量的相对生长方程拟合的效果(Picard et al.，2012；Crawley，2013)。根据 Chave 等(2014)的方法，对每一个研究树种各部分的生物量计算系统误差(bias)，以比较通用相对生长方程和各树种相对生长方程的拟合效果：

$$\mathrm{bias}_{(i,j)}=\sum(W_{\mathrm{est}(i,j)}-W_{\mathrm{obs}(i,j)})/\sum W_{\mathrm{obs}(i,j)} \tag{4.20}$$

式中，$W_{\mathrm{est}(i,j)}$和 $W_{\mathrm{obs}(i,j)}$分别表示树种 j 的 i 组分的预测量和观测量，如果通用相对生长方程与各树种相对生长方程的 bias 相当，则认为通用生长方程适用于该树种的生物量预测。本节所有的统计分析均采用R3.2.0软件进行(R Development Core Team，2015)。

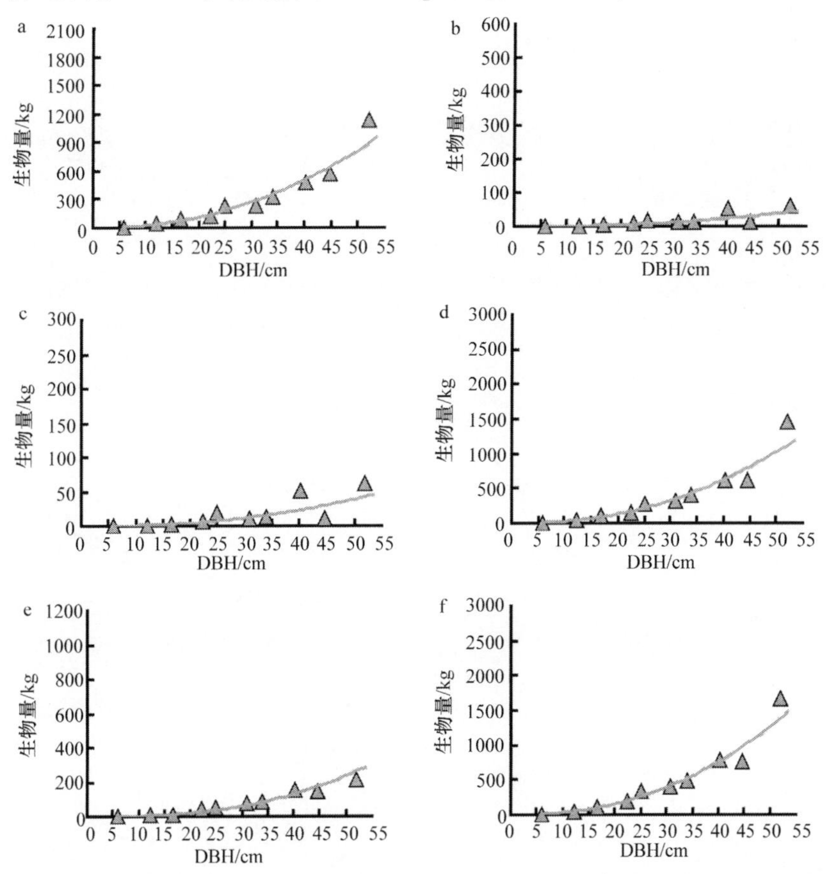

图4.1　常绿针叶树种(马尾松)的树干(a)、树枝(b)、树叶(c)、地上(d)、地下(e)及总生物量(f)与胸径(DBH)散点图

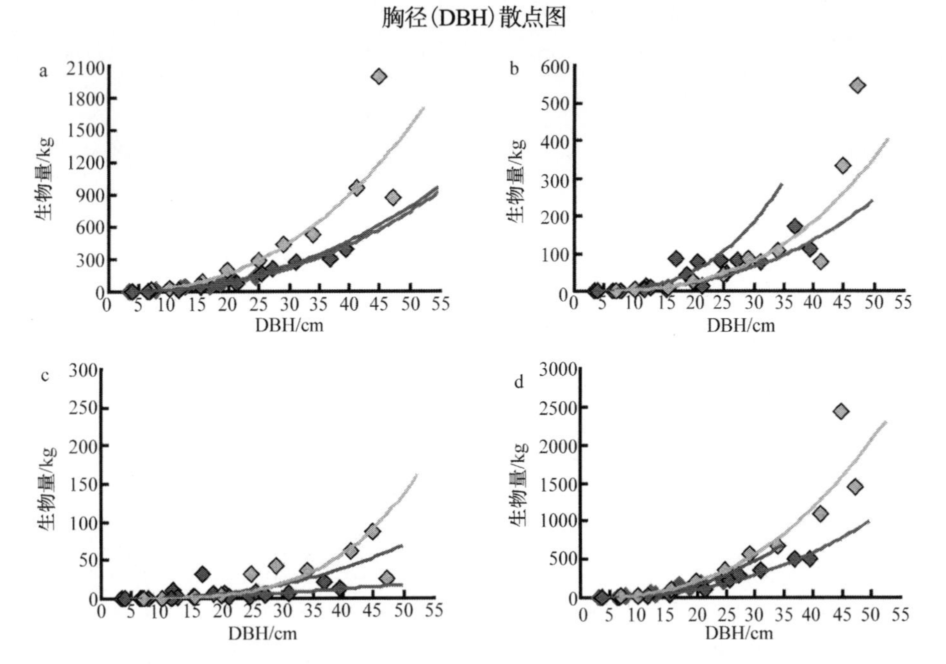

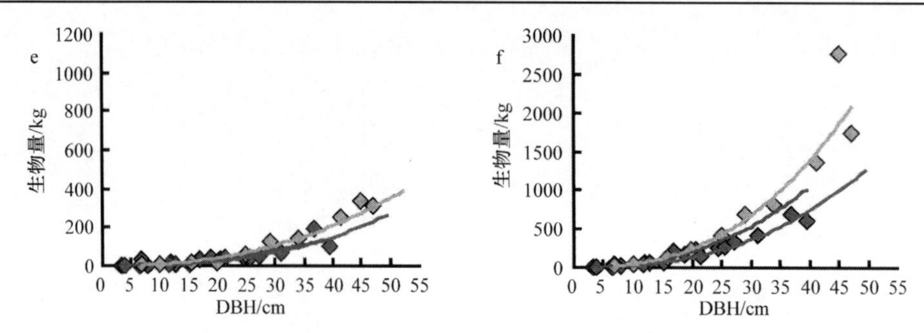

图 4.2 落叶阔叶树种(拟赤杨——红色图例、南酸枣——蓝色图例和枫香——绿色图例)的树干(a)、树枝(b)、树叶(c)、地上(d)、地下(e)及总生物量(f)与胸径(DBH)散点图(见彩图)

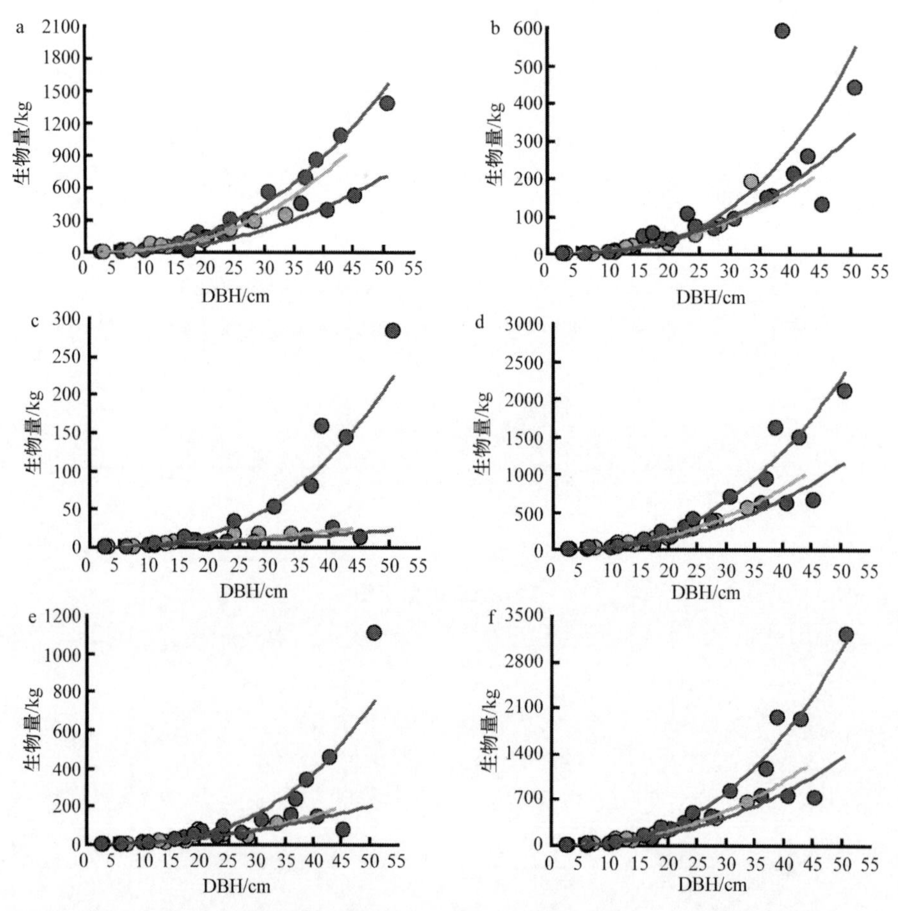

图 4.3 常绿阔叶树种(青冈——红色图例、豹皮樟——蓝色图例和木荷——绿色图例)的树干(a)、树枝(b)、树叶(c)、地上(d)、地下(e)及总生物量(f)与胸径(DBH)散点图(见彩图)

4.2.2 亚热带 3 种次生林生物量的计算方法

1. 研究地概况

本节选取的试验样地位于湖南省中北部长沙县路口镇的大山冲国有林场,选取了 4 种典型的亚热带森林类型:杉木人工林和具有代表性的次生林马尾松-石栎针阔混交林、南酸枣落叶阔叶林、石栎-青冈常绿阔叶林,分别设置 1 块面积为 $1hm^2$ 的固定样地,并在固定样地内分别设置 100 块 10m×10m 样方进行森林植物群落结构调查，林分基本特征参见第 2 章。

2. 生物量计算

运用各器官生物量(W)与胸径(D)的指数回归模型 $W = aD^b$ 来计算林分和各器官生物量。各树种及各器官的生物量估算相对生长方程见表 4.3。对 4 种森林总生物量和各器官生物量按照 10m×10m 小样方进行分析，对各森林林冠生物量和树干生物量、地上生物量和地下生物量进行回归分析，统计分析在 JMP 软件中运行，采用 Excel 对数据作图并进行比较分析。

表 4.3　用于计算各森林生物量的相对生长方程

树种(组)	器官	回归模型	相关系数 R^2
松树	树叶	W_L=0.332$D^{0.855}$	0.732
	树枝	W_B=0.07$D^{1.920}$	0.953
	树干	W_S=0.172$D^{2.203}$	0.989
	树根	W_R=0.023$D^{2.241}$	0.984
	全株	W_T=0.428$D^{2.009}$	0.991
杉木	树叶	W_L=0.8537$D^{0.5399}$	0.857
	树枝	W_B=0.2434$D^{0.9467}$	0.877
	树干	W_S=0.1303$D^{1.9164}$	0.989
	树根	W_R=0.3414$D^{1.1899}$	0.904
	全株	W_T=0.7757$D^{1.4838}$	0.993
栎类	树叶	W_L=0.048$D^{1.499}$	0.727
	树枝	W_B=0.024$D^{2.413}$	0.863
	树干	W_S=0.089$D^{2.452}$	0.942
	树根	W_R=0.033$D^{2.333}$	0.798
	全株	W_T=0.174$D^{2.39}$	0.947
硬阔	树叶	W_L=0.022$D^{2.185}$	0.857
	树枝	W_B=0.036$D^{2.303}$	0.873
	树干	W_S=0.086$D^{2.461}$	0.975
	树根	W_R=0.027$D^{2.394}$	0.922
	全株	W_T=0.186$D^{2.377}$	0.97
软阔	树叶	W_L=0.066$D^{1.541}$	0.639
	树枝	W_B=0.036$D^{2.303}$	0.876
	树干	W_S=0.028$D^{2.802}$	0.930
	树根	W_R=0.043$D^{2.165}$	0.873
	全株	W_T=0.104$D^{2.53}$	0.956

4.2.3　生物多样性对亚热带次生林生物量的影响

1. 样地设置

本节仍选用位于湖南省长沙县的大山冲国有林场设置的次生样地，样地的基本情况参见第 2 章。3 种次生林分别为演替早期的马尾松-石栎针阔混交林(PM-LG)、演替中期的南酸枣落叶阔叶林(CA)和演替晚期的石栎-青冈常绿阔叶林(LG-CG)。每个林分设置了 1hm² 的大样地，再划分成 10m×10m 的小样方。本节还将 10m×10m 的小样方组合成 20m×30m 的小样方来研究样方大小对 BEF 的影响，但受地形限制，20m×30m 的小样方个数随林分变化稍有不同(分别为 PM-LG 小样方 15 个，CA 小样方 16 个，LG-CG 小样方 14 个)。

于 2010 年完成了样地的调查工作。根据《中国植物志》(中国植物志编辑委员会，2004) 确定了树种名称，10m×10m 小样方的平均海拔(m)由样方 4 个角落的海拔平均值确定。在 10m×10m 小样方的中心，利用叶面积指数(leaf area index，LAI)测定仪(SY-S01A)通过拍摄半球面照片分 4 个季节测定(2014 年 4 月、7 月、10 月分别对应春季、夏季和秋季，2015 年 1 月对应冬季)，最后的 LAI 值取 4 个季节的平均值。照片在离地面 1m 高处用超广角镜头拍摄，拍摄时间为早晨、黄昏或多云天气，以减小太阳直射的影响(Bequet et al., 2012)。样地调查的相关结果如表 4.4 所示。

表 4.4　演替早期、中期和后期的次生林基本特征

森林类型	海拔/m	坡向	坡度/(°)	土壤 pH	叶面积指数	优势树种
演替早期次生林(PM-LG)	220～262	SW	15	3.62	2.43	马尾松、石栎、南酸枣、枫香、浙江柿
演替中期次生林(CA)	245～321	W	35	4.33	2.26	南酸枣、檵木、四川山矾、木姜子、油桐
演替后期次生林(LG-CG)	225～254	NW	22	3.65	2.48	石栎、青冈、马尾松、檫树、南酸枣

2. 树种功能性状分析

在本节选取的 3 个次生林样地中，共存在 71 个树种，采用最大树高(maximum height，MH)和木材密度(wood density，WD)作为功能多样性的指标，这些功能性状是最重要也是普遍研究的性状，且与林分生物量密切相关(Ruiz-Benito et al.，2014；Wu et al.，2015b)。各个树种的最大树高来源于《中国植物志》(中国植物志编辑委员会，2004)，木材密度来源于查阅中国主要树种基本特性的文献(Zhang et al.，2011)和世界木材密度数据库(http://datadryad.org/repo/handle/ 10255/ dryad.235)。

3. 系统发育树构建

利用在线软件 Phylomatic 3(Webb et al.，2008；http://phylodiversity.net/phylomatic/)，按照被子植物分类系统Ⅲ(APG,2009)的植物科的拓扑结构生成 71 个物种的系统发育关系进化树。进化树枝长用 Phylocom(version 4.2)的 bladj 函数、利用已知节点年龄(Wikström et al.，2001)来估算。构建的 71 个树种系统发育树见图 4.4，系统发育多样性分析都在 Phylocom 中完成。

4. 生物多样性分析

在每个次生林样地的 10m×10m 和 20m×30m 的小样方中计算了物种、功能和系统发育多样性指标，并比较它们与树种生物量的相关性。物种多样性用三个指标来表征，分别是物种丰富度、Shannon-Weaver 指数和 Pielou 均匀度指数；功能多样性指的是物种在群落中功能的变异，通过 R 统计软件采用树种的最大树高和木材密度计算每个小样方的 Rao Q 二次熵(Rao Q)(Laliberté and Legendre，2010)，Rao Q 在功能多样性研究中被广泛使用，它包含了物种相对丰度和物种间配对功能距离的多性状功能多样性(Botta-Dukát，2005；Cavanaugh et al.，2014；Schuldt et al.，2014)；采用 Faith 谱系多样性(FD)(Faith，1992)来定量每个小样方的谱系α多样性，它代表的是群落中树种所有进化枝长之和。

图 4.4　亚热带次生林样地 71 个树种系统发育树

5. 生物量测定

在每个次生林样地的 10m×10m 和 20m×30m 的小样方中，采用各树种相对生长方程和树种功能组相对生长方程(表 4.5)，计算每个树种的总生物量(干、枝、叶、根生物量的总和)。

表 4.5　相容性叠加相对生长方程($\ln W_i=\beta_{i0}+\beta_{i1}\times\ln D$)预测的树种各部分生物量($W_i$，kg)与胸径($D$，cm)的回归系数(括号内数值为标准误差)及拟合程度参数

树种	器官	β_{i0}	P 值	β_{i1}	P 值	R^2	样木数	RMSE	CF	AIC
常绿针叶树马尾松	树干	−1.803 (0.116)	<0.0001	2.163 (0.035)	<0.0001	0.988	10	0.173	1.015	−2.682
	树枝	−5.159 (0.426)	<0.0001	2.612 (0.139)	<0.0001	0.943	10	0.445	1.104	16.212
	树叶	−5.751 (0.998)	0.0004	2.413 (0.313)	<0.0001	0.823	10	0.777	1.352	27.352
	树根	−5.132 (0.439)	<0.0001	2.748 (0.143)	<0.0001	0.959	10	0.401	1.084	14.113
	地上部分					0.986	10	0.261	1.035	1.573
	全株					0.991	10	0.223	1.025	−1.617
落叶阔叶树	树干	−2.739 (0.268)	<0.0001	2.496 (0.093)	<0.0001	0.962	30	0.370	1.071	29.547
	树枝	−4.859 (0.331)	<0.0001	2.688 (0.118)	<0.0001	0.913	30	0.622	1.213	60.609
	树叶	−6.581 (0.760)	<0.0001	2.653 (0.264)	<0.0001	0.734	30	1.165	1.971	98.374
	树根	−3.860 (0.286)	<0.0001	2.471 (0.098)	<0.0001	0.870	30	0.674	1.255	65.518
	地上部分					0.968	30	0.365	1.069	25.709
	全株					0.951	30	0.450	1.107	37.366

续表

树种	器官	β_{i0}	P值	β_{i1}	P值	R^2	样木数	RMSE	CF	AIC
拟赤杨	树干	−2.833 (0.125)	<0.0001	2.409 (0.042)	<0.0001	0.994	10	0.148	1.011	−5.747
	树枝	−4.802 (0.232)	<0.0001	2.593 (0.080)	<0.0001	0.961	10	0.438	1.101	15.913
	树叶	−4.811 (0.525)	<0.0001	1.992 (0.176)	<0.0001	0.904	10	0.466	1.115	17.137
	树根	−5.080 (0.159)	<0.0001	2.787 (0.057)	<0.0001	0.972	10	0.389	1.079	13.527
	地上部分					0.992	10	0.254	1.033	1.008
	全株					0.994	10	0.272	1.038	1.338
南酸枣	树干	−2.442 (0.195)	<0.0001	2.340 (0.079)	<0.0001	0.989	10	0.163	1.013	−3.899
	树枝	−5.230 (0.751)	0.0001	3.038 (0.316)	<0.0001	0.895	10	0.711	1.288	25.570
	树叶	−6.223 (1.583)	0.0043	2.565 (0.658)	0.0046	0.537	10	1.641	3.844	42.310
	树根	−2.493 (0.382)	0.0002	2.082 (0.150)	<0.0001	0.726	10	0.818	1.397	28.391
	地上部分					0.978	10	0.369	1.070	8.443
	全株					0.915	10	0.776	1.351	22.341
枫香	树干	−1.788 (0.297)	0.0003	2.302 (0.091)	<0.0001	0.973	10	0.279	1.040	6.855
	树枝	−5.772 (0.541)	<0.0001	2.992 (0.176)	<0.0001	0.957	10	0.431	1.097	15.586
	树叶	−9.720 (1.254)	<0.0001	3.764 (0.391)	<0.0001	0.919	10	0.784	1.360	27.531
	树根	−3.692 (0.394)	<0.0001	2.462 (0.121)	<0.0001	0.959	10	0.344	1.061	11.079
	地上部分					0.984	10	0.317	1.052	5.455
	全株					0.986	10	0.335	1.058	5.522
常绿阔叶树	树干	−2.331 (0.197)	<0.0001	2.473 (0.066)	<0.0001	0.980	30	0.277	1.039	12.263
	树枝	−3.851 (0.334)	<0.0001	2.589 (0.116)	<0.0001	0.838	30	0.780	1.356	74.347
	树叶	−3.212 (0.524)	<0.0001	1.825 (0.177)	<0.0001	0.788	30	0.832	1.414	78.182
	树根	−3.119 (0.328)	<0.0001	2.280 (0.106)	<0.0001	0.934	30	0.497	1.131	47.282
	地上部分					0.973	30	0.327	1.055	18.094
	全株					0.977	30	0.314	1.050	14.693
青冈	树干	−1.775 (0.176)	<0.0001	2.309 (0.048)	<0.0001	0.991	10	0.158	1.013	−4.460
	树枝	−5.175 (0.253)	<0.0001	2.918 (0.093)	<0.0001	0.941	10	0.505	1.136	18.743
	树叶	−5.939 (0.639)	<0.0001	2.938 (0.177)	<0.0001	0.925	10	0.555	1.167	20.640
	树根	−4.764 (0.333)	<0.0001	2.897 (0.108)	<0.0001	0.982	10	0.285	1.041	7.309
	地上部分					0.993	10	0.186	1.017	−4.197
	全株					0.994	10	0.172	1.015	−5.768
豹皮樟	树干	−2.195 (0.080)	<0.0001	2.418 (0.030)	<0.0001	0.994	10	0.179	1.016	−2.023
	树枝	−1.631 (0.2764)	0.0004	2.143 (0.113)	<0.0001	0.924	10	0.596	1.194	22.042
	树叶	−3.008 (0.376)	<0.0001	1.554 (0.125)	<0.0001	0.949	10	0.370	1.071	12.524
	树根	−1.859 (0.314)	0.0003	1.846 (0.097)	<0.0001	0.956	10	0.414	1.089	14.748
	地上部分					0.990	10	0.312	1.050	5.110
	全株					0.989	10	0.374	1.072	7.709

续表

树种	器官	β_{i0}	P 值	β_{i1}	P 值	R^2	样木数	RMSE	CF	AIC
木荷	树干	−3.002(0.203)	<0.0001	2.639(0.091)	<0.0001	0.946	10	0.440	1.102	15.978
	树枝	−2.334(0.421)	0.0005	2.004(0.150)	<0.0001	0.930	10	0.437	1.100	15.865
	树叶	−2.156(0.519)	0.0032	1.389(0.191)	<0.0001	0.782	10	0.625	1.216	23.003
	树根	−3.271(0.194)	<0.0001	2.274(0.072)	<0.0001	0.945	10	0.421	1.093	15.109
	地上部分					0.968	10	0.424	1.094	11.221
	全株					0.975	10	0.433	1.098	10.674
所有树种	树干	−2.374 (0.170)	<0.0001	2.417(0.057)	<0.0001	0.964	70	0.354	1.065	57.601
	树枝	−4.477 (0.268)	<0.0001	2.607(0.092)	<0.0001	0.817	70	0.855	1.441	180.912
	树叶	−5.499(0.475)	<0.0001	2.404(0.159)	<0.0001	0.728	70	1.050	1.735	209.686
	树根	−3.799(0.231)	<0.0001	2.452(0.078)	<0.0001	0.897	70	0.600	1.197	131.226
	地上部分					0.950	70	0.418	1.091	77.734
	全株					0.948	70	0.424	1.094	79.642

6. 数据分析

本节采用线性混合模型研究生物多样性对不同演替阶段次生林生物量的影响，为方便比较不同类型多样性(物种、功能和谱系多样性)的影响，每个线性混合模型仅考虑一种多样性指标。将不同的林分作为随机效应，物种、功能和谱系作为固定效应。考虑到生物和非生物因子都有可能影响生物多样性与生物量的关系(Ma et al.，2010)，本节研究采用了 3 方面的变量，分别是：①环境变量，包括小样方的平均海拔和 LAI，其中 LAI 被看作冠层光照的近似值。②生物因子变量，包括木材密度和演替阶段。其中，木材密度与生物量的关系密度，很可能会影响生物多样性与生物量的关系(Barrufol et al.，2013)，采用基径断面积与株数的比值来量化所处的演替时期(Debski et al.，2002)。③多样性变量，即物种、功能和谱系多样性。考虑了生物或非生物的环境变量后，生物多样性的某一指标仍对生物量有显著影响，则认为这一指标对生物量的作用为真(Wu et al.，2015a)。

线性混合模型分析采用 R 统计软件 lme4 软件包中的 lmer( ) 函数进行(R Development Core Team，2014)，似然比(likelihood ratio，LR)被用来衡量随机效应的显著性，而 Wald Z tests 用来衡量固定效应的显著性(Bolker et al.，2009)。

4.3　亚热带主要树种及其通用相对生长方程构建

中国亚热带森林树种丰富，极具固碳减排潜力，但由于生物量相对生长方程研究的局限，中亚热带次生林的生物量及碳储量尚不能准确估算。本节选择了分别属于 3 个树种功能组(常绿针叶林、落叶阔叶林和常绿阔叶林)的 7 个典型亚热带优势树种，建立各树种生物量相对生长方程和分树种功能组的通用相对生长方程，比较了两种方程拟合的效果和误差来源，以期建立更适于准确估算亚热带次生林生物量的方法。

4.3.1　各主要树种的相对生长方程

准确估算树种和森林的生物量对森林经营、政策制定、碳减排和可再生能源的研究者来说都是至关重要的(MacFarlane, 2015)，而相对生长方程是估算生物量的有效方法。构建亚热带常见的优势树种相对生长方程是本节的主要研究内容之一，树种及各器官生物量的测量是耗时耗力的过程，尤其对于大量树木生长在偏远山区的亚热带次生林而言更是如此。本研究选取并实际测量的 7 个优势树种标准木的胸径在 3.3～52cm，基本涵盖了亚热带地区这 7 个树种的胸径变化范围，有利于进一步的推广应用。

1. 用 D 作为变量构建相对生长方程

总的来说，以 D 作为变量构建的相对生长方程能较好地预测（$P<0.0043$）7 个主要树种各器官的生物量（表 4.5），其中，对所有树种的树干、地上和总生物量的拟合程度极高（$R^2>0.92$，RMSE <0.78）（表 4.5），7 个树种以 D 为变量预测树干生物量的估计系数（β_{i1}）大于 2.0，在 2.163～2.639 变化（表 4.5）。以 D 为变量的相对生长方程对树枝、树叶和根生物量的拟合程度随树种不同而有差异（图 4.1～图 4.4），其中，马尾松（$R^2=0.823$，RMSE =0.777）和木荷（$R^2=0.782$，RMSE =0.625）的树叶生物量拟合程度较低，南酸枣的枝（$R^2=0.895$，RMSE =0.711）、叶（$R^2=0.537$，RMSE =1.641）、根（$R^2=0.726$，RMSE =0.818）生物量拟合度较低，除此之外的其他生物量拟合程度良好（表 4.5）。7 个树种以 D 为变量预测枝、叶和根生物量的估计系数（β_{i1}）分别在 2.004～3.038、1.389～3.764、1.846～2.897 变化，均大于树干估计系数的变化范围。

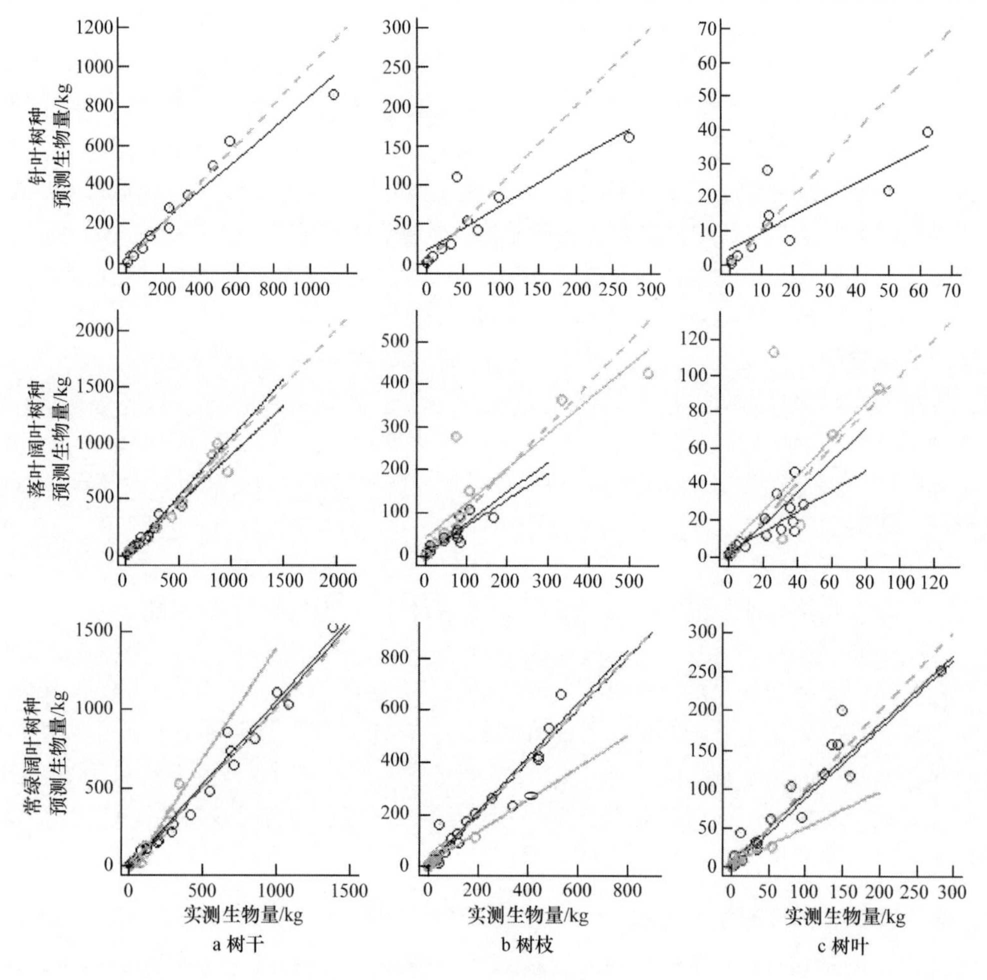

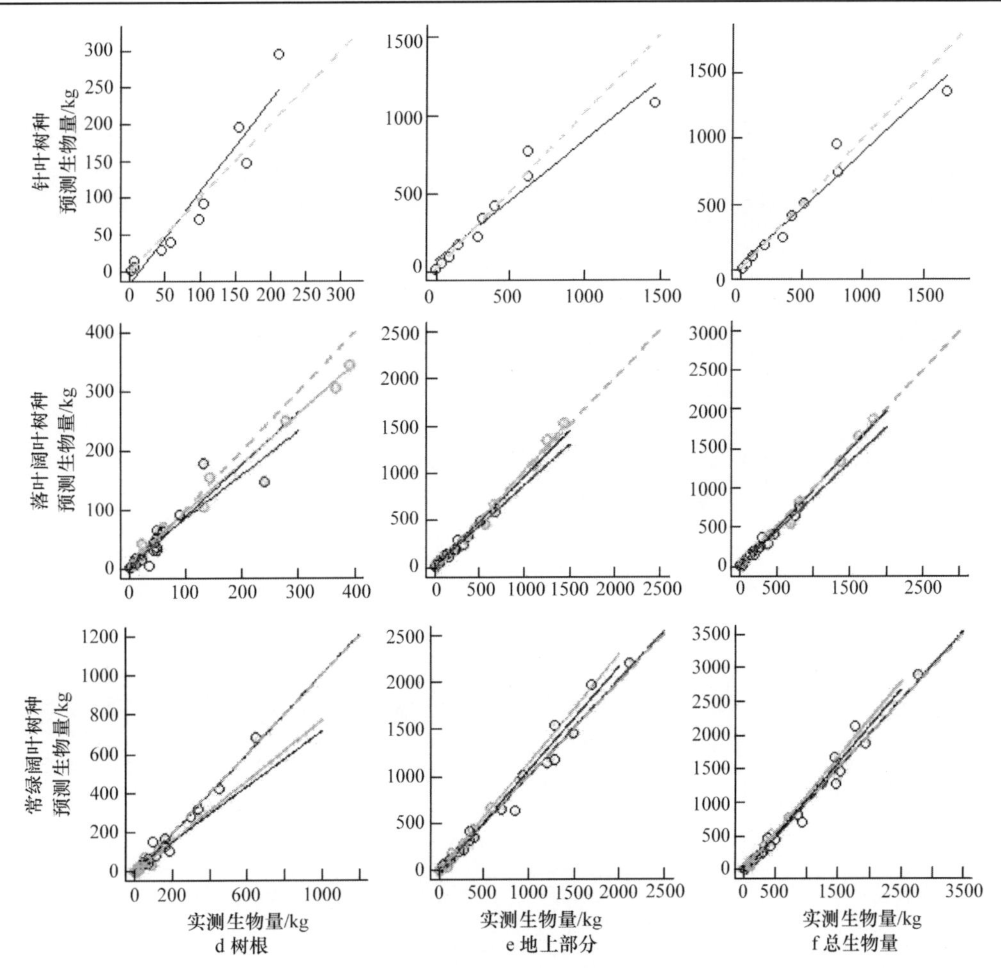

图 4.5　用 D 作为变量的 7 个优势树种相对生长方程树干、树枝、树叶、树根、地上及总生物量预测值与实测值比较(见彩图)

针叶树种为马尾松；落叶阔叶树种中红色为拟赤杨，蓝色为南酸枣，绿色为枫香；常绿阔叶树种中红色为青冈，蓝色为豹皮樟，绿色为木荷

数据经由对数转换后，以 D 作为变量的幂函数相对生长方程，计算结果与所有树种及各器官的生物量拟合程度极高(P<0.0043)(表 4.5 和图 4.5)，这与相关文献报道的结果一致(Brown et al.，1989；Zianis and Mencuccini，2004；Basuki et al.，2009；Kuyah et al.，2012)。研究结果还表明由于异速生长理论(Niklas，1994；West et al.，1997)，幂函数形式的相对生长方程是预测不同样地、多树种生物量的简单实用的方法(Ter-Mikaelian and Korzukhin，1997；Bond-Lamberty et al.，2002；Wang，2006)。以 D 作为变量的各树种相对生长方程对树干、地上和总生物量的解释程度较高(R^2>0.92)，而对枝、叶、根生物量的解释程度随树种不同而不同(表 4.5)，表明大的、木质化程度更高的器官生物量与胸径 D 的相关程度更高，且这种相关性随树种的变化较小，而小的、周转期短的器官如枝、叶、根生物量的情况则相反(Cole and Ewel，2006)。这可能是由于生物(树种、林龄等)和环境(气候和土壤条件)因素对枝、叶、根等器官的影响随树种的变化更大，如不同树种间可能存在的光照条件、土壤养分和水分等资源可用性的差异(Peichl and Arain，2007)、食草动物及相邻树种种内、种间竞争的差异，都会导致树木的形态发育和生物量分配变异更大(Cole and Ewel，2006；Návar，2009)。

除南酸枣(R^2=0.726)外，以 D 作为变量的相对生长方程与根系生物量的相关性较高(R^2>0.945)(表 4.5)，这与前人研究结果一致(Wang，2006；Kenzo et al.，2009；Návar，2009)。在本研究的 7 个树种中，根系生物量占总生物量的比值在 4.9%～30.4%变化，平均占比为 17.6%，这与其他文献的报道一致(Cairns et al.，1997；Tobin and Nieuwenhuis，2005)。在亚热带地区森林生物量的研究中，由于挖掘采样困难，根系生物量常常被忽视，本研究的结果表明根系生物量对整个森林生物量及碳库的贡献较大(Peichl and Arain，2007)，同时也证明了采用以 D 为变量的相对生长方程可以很好地预测直径在 0.5cm 以上的根系生物量，但合适的细根生物量估算方法还需要更多的研究来建立(Resh et al.，2003；Návar，2009；Liu et al.，2014)。

2. 用 D^2H 作为变量构建相对生长方程

以 D^2H 作为变量构建的相对生长方程也能较好地预测(P<0.0064)各树种的生物量，能解释 70%～99%所有树种各组分生物量的变异(表 4.6)。由于对青冈的根系(R^2 = 0.03)和总生物量(R^2 = 0.65)拟合度较差，表 4.6 中显示的是该树种树根、全株单独拟合相对生长方程计算的结果。7 个研究树种各组分以 D^2H 作为变量的相对生长方程预测的生物量中，除马尾松(R^2 = 0.775，RMSE = 0.862)和木荷(R^2 = 0.799，RMSE =0.601)的树叶，南酸枣的树枝(R^2 = 0.834，RMSE =0.894)、树叶(R^2 = 0.512，RMSE =1.685)、树根(R^2 = 0.705，RMSE =0.848)和总生物量(R^2 = 0.887，RMSE =0.896)拟合程度较差以外，其他的拟合程度均较高。引入 H 作为联合变量以 D^2H 的形式构建相对生长方程后，RMSE 值和 AIC 值比单独以 D 作为变量时上升，但拟赤杨(除树根外)和豹皮樟的各部分生物量、青冈的树干和树根生物量、木荷的树枝生物量除外(表 4.5 和表 4.6)。

表 4.6 相容性叠加相对生长方程[$\ln W_i=\beta_{i0}+\beta_{i1}\times\ln(D^2H)$]预测的树种各部分生物量($W_i$，kg)与 D^2H 的回归系数(括号内数值为标准误差)及拟合程度参数

树种	器官	β_{i0}	P 值	β_{i1}	P 值	R^2	样木数	RMSE	CF	AIC
常绿针叶树 马尾松	树干	−3.464 (0.144)	<0.0001	0.931 (0.016)	<0.0001	0.986	10	0.184	1.017	−1.424
	树枝	−6.479 (0.520)	<0.0001	1.042 (0.057)	<0.0001	0.925	10	0.510	1.139	18.956
	树叶	−7.001 (1.039)	0.0001	0.960 (0.113)	<0.0001	0.775	10	0.862	1.450	29.445
	树根	−7.586 (0.420)	<0.0001	1.214 (0.047)	<0.0001	0.939	10	0.485	1.125	17.952
	地上部分					0.980	10	0.286	1.042	4.396
	全株					0.983	10	0.300	1.046	4.345
落叶阔叶树	树干	−3.921 (0.259)	<0.0001	0.982 (0.030)	<0.0001	0.974	30	0.308	1.049	18.574
	树枝	−6.021 (0.419)	<0.0001	1.042 (0.050)	<0.0001	0.890	30	0.697	1.275	67.549
	树叶	−7.854 (0.853)	<0.0001	1.045 (0.101)	<0.0001	0.741	30	1.145	1.926	97.576
	树根	−4.967 (0.343)	<0.0001	0.964 (0.040)	<0.0001	0.866	30	0.684	1.264	66.440
	地上部分					0.970	30	0.353	1.064	23.689
	全株					0.953	30	0.439	1.101	35.852

续表

树种	器官	β_{i0}	P值	β_{i1}	P值	R^2	样木数	RMSE	CF	AIC
拟赤杨	树干	−4.004(0.136)	<0.0001	0.964(0.016)	<0.0001	0.997	10	0.115	1.007	−10.774
	树枝	−5.889(0.282)	<0.0001	1.015(0.034)	<0.0001	0.965	10	0.413	1.089	14.702
	树叶	−6.014(0.596)	<0.0001	0.822(0.068)	<0.0001	0.905	10	0.492	1.129	18.221
	树根	−6.449(0.183)	<0.0001	1.119(0.022)	<0.0001	0.964	10	0.441	1.102	16.043
	地上部分					0.995	10	0.210	1.022	−2.777
	全株					0.993	10	0.275	1.039	1.551
南酸枣	树干	−3.835(0.380)	<0.0001	0.959(0.051)	<0.0001	0.977	10	0.240	1.029	3.845
	树枝	−6.656(0.987)	0.0001	1.184(0.137)	<0.0001	0.834	10	0.894	1.491	30.167
	树叶	−7.506(2.038)	0.0062	1.017(0.278)	0.0064	0.512	10	1.685	4.136	42.844
	树根	−3.661(0.514)	0.0001	0.843(0.068)	<0.0001	0.705	10	0.848	1.433	29.113
	地上部分					0.945	10	0.576	1.180	17.372
	全株					0.887	10	0.896	1.494	25.200
枫香	树干	−3.073(0.376)	<0.0001	0.916(0.039)	<0.0001	0.974	10	0.274	1.038	6.493
	树枝	−6.442(0.583)	<0.0001	1.077(0.064)	<0.0001	0.938	10	0.517	1.143	19.200
	树叶	−11.583(1.031)	<0.0001	1.464(0.109)	<0.0001	0.949	10	0.621	1.213	22.872
	树根	−4.720(0.467)	<0.0001	0.941(0.049)	<0.0001	0.935	10	0.435	1.099	15.746
	地上部分					0.979	10	0.359	1.067	7.916
	全株					0.978	10	0.368	1.070	8.418
常绿阔叶树	树干	−3.505(0.223)	<0.0001	0.985(0.026)	<0.0001	0.977	30	0.293	1.157	15.495
	树枝	−2.530(0.404)	<0.0001	0.764(0.049)	<0.0001	0.811	30	0.844	1.138	79.034
	树叶	−4.445(0.625)	<0.0001	0.771(0.073)	<0.0001	0.810	30	0.788	1.368	74.898
	树根	−3.792(0.340)	<0.0001	0.866(0.039)	<0.0001	0.921	30	0.546	1.159	52.913
	地上部分					0.967	30	0.356	1.049	24.279
	全株					0.968	30	0.370	1.050	24.609
青冈	树干	−3.893(0.251)	<0.0001	1.022(0.026)	<0.0001	0.991	10	0.158	1.013	−4.519
	树枝	−6.738(0.408)	<0.0001	1.174(0.047)	<0.0001	0.932	10	0.542	1.158	20.141
	树叶	−7.255(0.976)	<0.0001	1.145(0.104)	<0.0001	0.927	10	0.547	1.161	20.332
	树根	−7.003(0.568)	<0.0001	1.242(0.061)	<0.0001	0.981	10	0.292	1.044	7.785
	地上部分					0.988	10	0.238	1.029	0.731
	全株	−3.750(0.311)	<0.0001	1.071(0.033)	<0.0001	0.992	10	0.160	1.013	3.693

续表

树种	器官	β_{i0}	P值	β_{i1}	P值	R^2	样木数	RMSE	CF	AIC
豹皮樟	树干	−2.888 (0.066)	<0.0001	0.929 (0.008)	<0.0001	0.997	10	0.126	1.008	−55.034
	树枝	−2.319 (0.283)	<0.0001	0.835 (0.040)	<0.0001	0.918	10	0.6192	1.211	22.819
	树叶	−3.528 (0.426)	<0.0001	0.605 (0.050)	<0.0001	0.945	10	0.383	1.076	13.200
	树根	−2.387 (0.325)	<0.0001	0.707 (0.035)	<0.0001	0.956	10	0.415	1.090	14.819
	地上部分					0.991	10	0.300	1.046	4.307
	全株					0.990	10	0.356	1.065	6.732
木荷	树干	−4.342 (0.242)	<0.0001	1.063 (0.037)	<0.0001	0.942	10	0.457	1.110	16.743
	树枝	−3.410 (0.484)	0.0001	0.815 (0.060)	<0.0001	0.936	10	0.420	1.092	15.033
	树叶	−2.937 (0.593)	0.0011	0.569 (0.075)	<0.0001	0.799	10	0.601	1.198	22.229
	树根	−4.408 (0.230)	<0.0001	0.914 (0.029)	<0.0001	0.933	10	0.466	1.115	17.138
	地上部分					0.965	10	0.443	1.103	12.135
	全株					0.969	10	0.488	1.126	13.036
所有树种	树干	−3.602 (0.198)	<0.0001	0.968 (0.023)	<0.0001	0.963	70	0.359	1.066	59.610
	树枝	−5.656 (0.344)	<0.0001	1.026 (0.040)	<0.0001	0.777	70	0.944	1.561	194.833
	树叶	−6.718 (0.544)	<0.0001	0.962 (0.063)	<0.0001	0.721	70	1.134	1.902	220.473
	树根	−4.990 (0.285)	<0.0001	0.975 (0.033)	<0.0001	0.885	70	0.641	1.228	140.669
	地上部分					0.936	70	0.474	1.119	95.178
	全株					0.934	70	0.477	1.120	96.312

相比以 D 作为变量的相对生长方程，以 D^2H 作为变量构建的相对生长方程是否能提高生物量拟合的程度尚无一致的结果，一些研究认为不能提高(Nelson et al.，1999；Basuki et al.，2009)，但也有研究认为加入变量 H 后可以提高相对生长方程预测树种器官生物量的准确性(Ketterings et al.，2001；Wang，2006；Bastein-Henri et al.，2010)。本研究中，树种马尾松、南酸枣、枫香、青冈的生物量及木荷树枝的生物量并没有随着 H 的引入而提高拟合程度，这可能是因为这些树种胸径的变化范围大于树高的变化范围(表 4.2)，即某些树种 H 值较大的同时 D 值较小。另外，树干的等级、树冠的结构和树枝的类型也随 H 而有所变化(Guisasola et al.，2015)。

4.3.2 树种功能组和所有树种的通用相对生长方程

构建分别适用于落叶阔叶树种和常绿阔叶树种的相对生长方程，各器官生物量和 D 之间的相关性显著(P<0.0001)(表 4.5)。以 D 为变量的通用相对生长方程，树干、地上和总生物量的 R^2 值大于 0.912，而树枝、树叶和树根的 R^2 值却小于 0.876。以 D^2H 为变量的通用相对生长方程的拟合程度也很高(P<0.0001)，树干、地上和总生物量的 R^2 值也大于 0.900(表 4.6)。同时，除落叶阔叶树种的树干生物量外，以 D^2H 为变量的通用相对生长方程比以 D 为变量的相对生长方程的 RMSE 值和 AIC 值更高(表 4.5 和表 4.6)。

构建适用于所有树种的相对生长方程，生物量与 D 及 D^2H 之间的相关性均显著(P<0.0001)(表 4.5 和表 4.6)，树干、地上和总生物量的 R^2 值大于 0.93，而树枝、树叶和树根的 R^2 值均相对较低(D 为变量，R^2 <0.900；D^2H 为变量，R^2 <0.885)。与以 D 为变量的通用相对生长方程相比，以 D^2H 作为变量的相对生长方程 R^2 值降低，但 RMSE 值和 AIC 值更高(表 4.6)。

对于同一植物器官生物量采用同一种预测变量(D 或 D^2H)时，各树种相对生长方程的生物量预测值与实测值之间的差异最小，其次为树种功能组通用生长方程，预测值与实测值之间差异最大的为适用于所有树种的通用相对生长方程(图 4.5～图 4.7)。树干、地上和总生物量的预测值与实测值差异小于树枝、树叶和树根的差异。树种功能组和所有树种的通用相对生长方程的树干、地上和总生物量的误差值与各树种相对生长方程相当，树枝、树叶和树根的误差值则稍大(图 4.8 和图 4.9)。具体来说，树种功能组通用相对生长方程估算树干、地上和总生物量的相对误差变化范围为–34.1%～30.6%，估算树枝、树叶和树根的误差变化范围为–75.2%～27.5%；所有树种的通用相对生长方程相对误差变化范围表现为，树干、地上和总生物量为–48.6%～44.4%，树枝、树叶和树根为–73.72%～97.84%。与各树种相对生长方程的情况类似，周转期短的器官如树枝、树叶和树根的生物量对环境条件如光照、土壤养分等变化可能更加敏感(Cole and Ewel，2006；Návar，2009)，这也说明采用本节构建的通用相对生长方程估算亚热带森林生物量较大的、木质化程度较高的器官(树干、地上和总生物量)生物量预测更加准确。

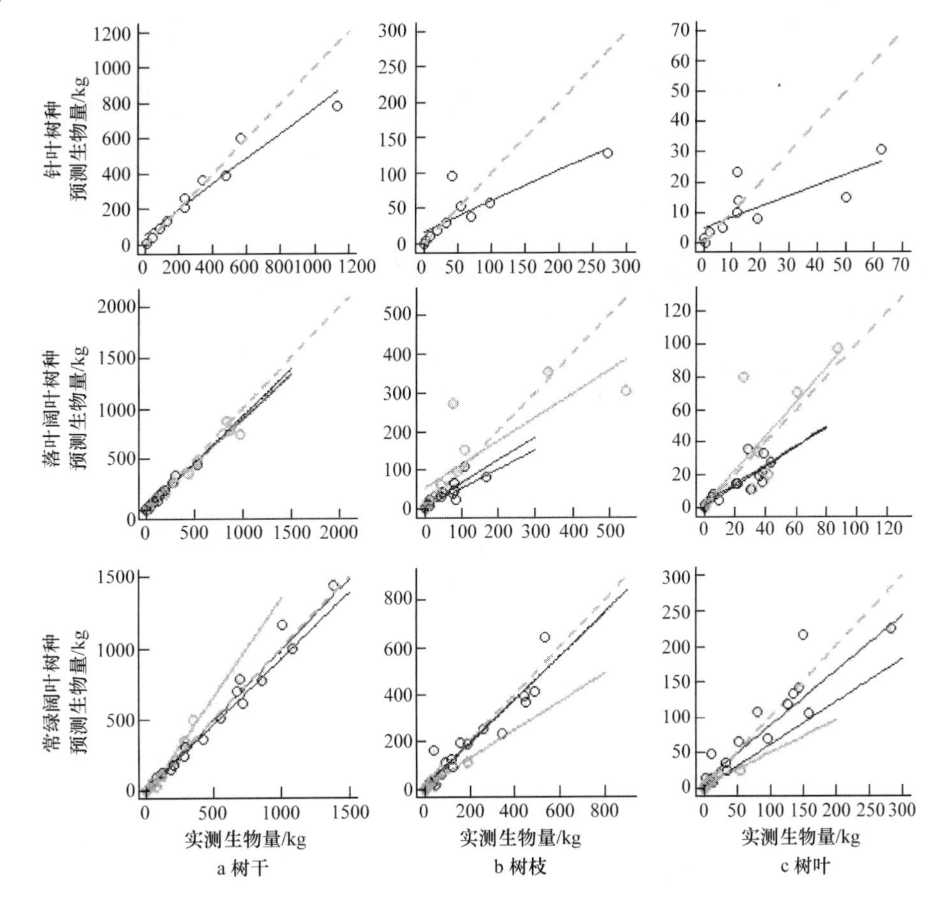

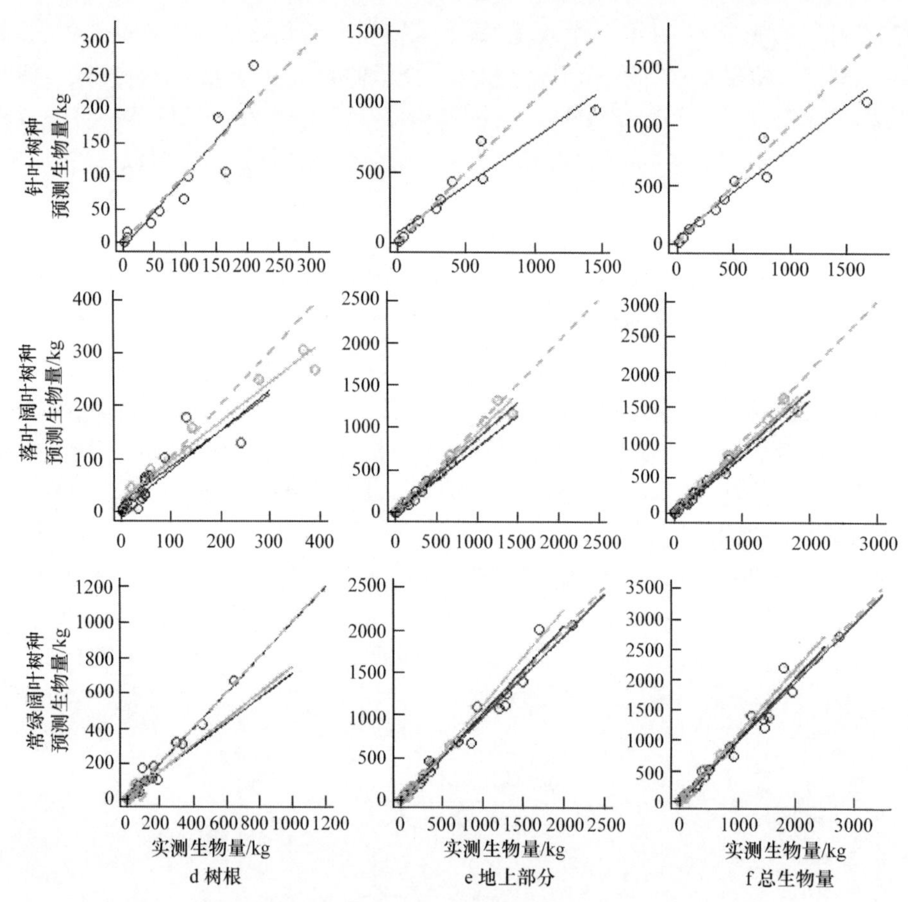

图 4.6 用 D^2H 作为变量的 7 个优势树种相对生长方程的树干、树枝、树叶、树根、地上及总生物量预测值与实测值比较(见彩图)

针叶树种为马尾松；落叶阔叶树种中红色为拟赤杨，蓝色为南酸枣，绿色为枫香；常绿阔叶树种中红色为青冈，蓝色为豹皮樟，绿色为木荷

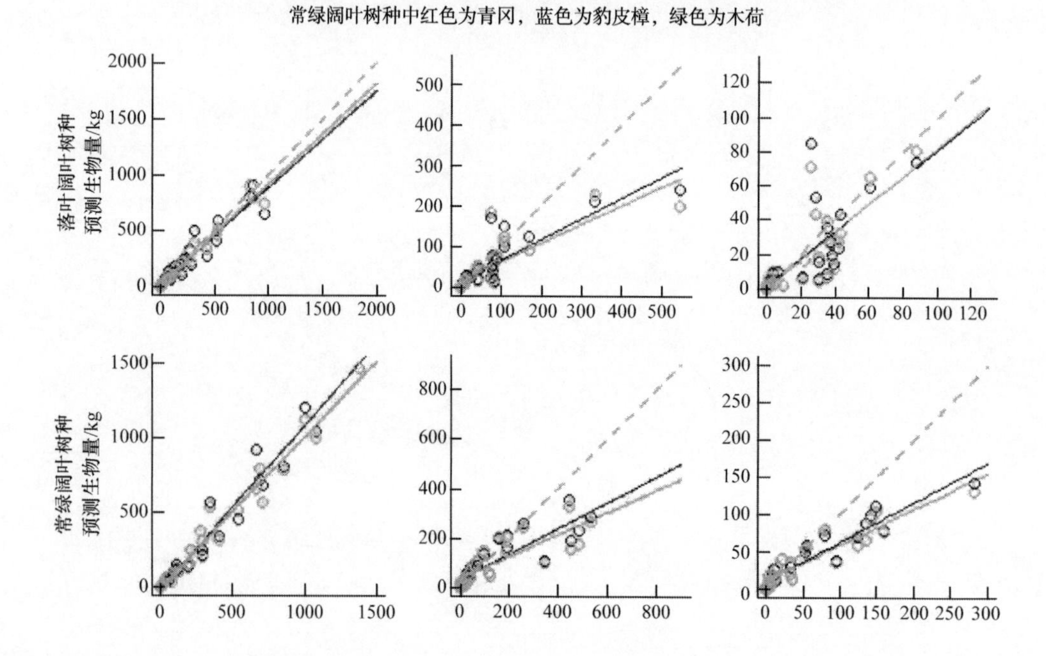

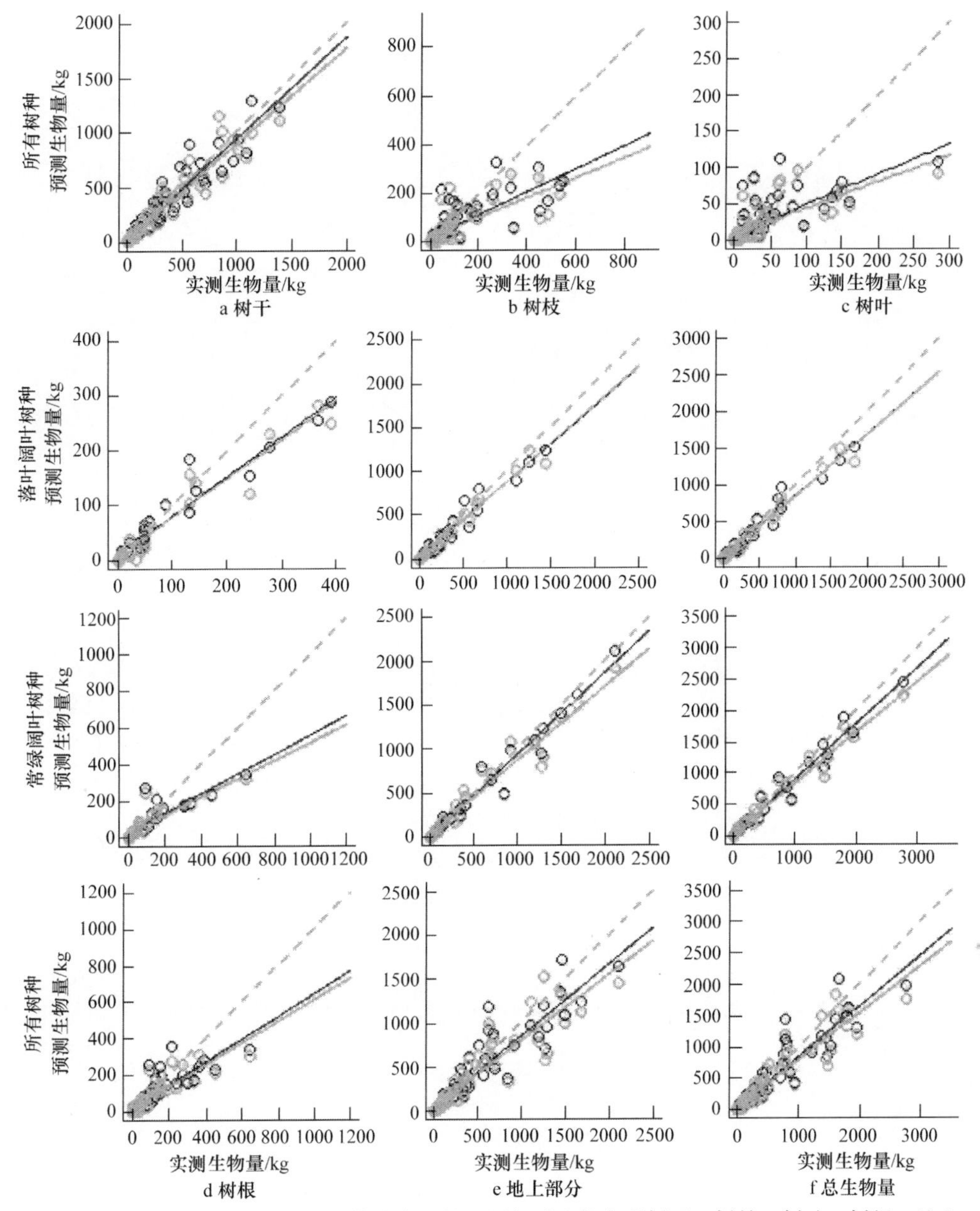

图 4.7 用 D(红色)和 D^2H(蓝色)作为变量的通用相对生长方程树干、树枝、树叶、树根、地上及总生物量预测值与实测值比较(见彩图)

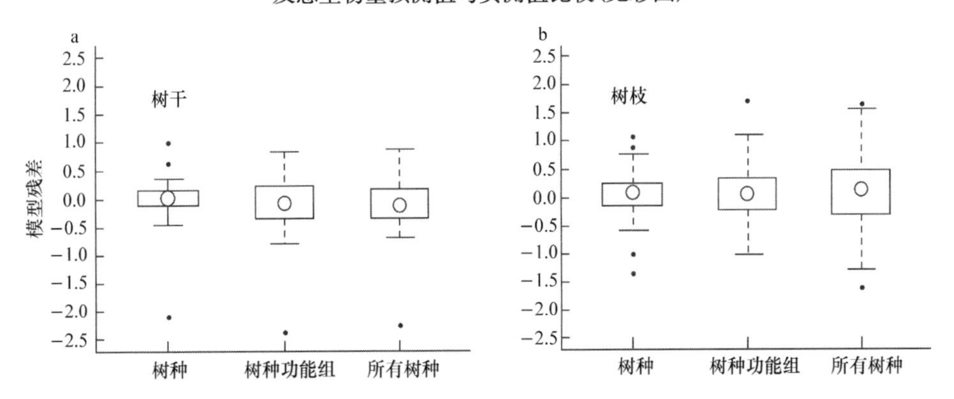

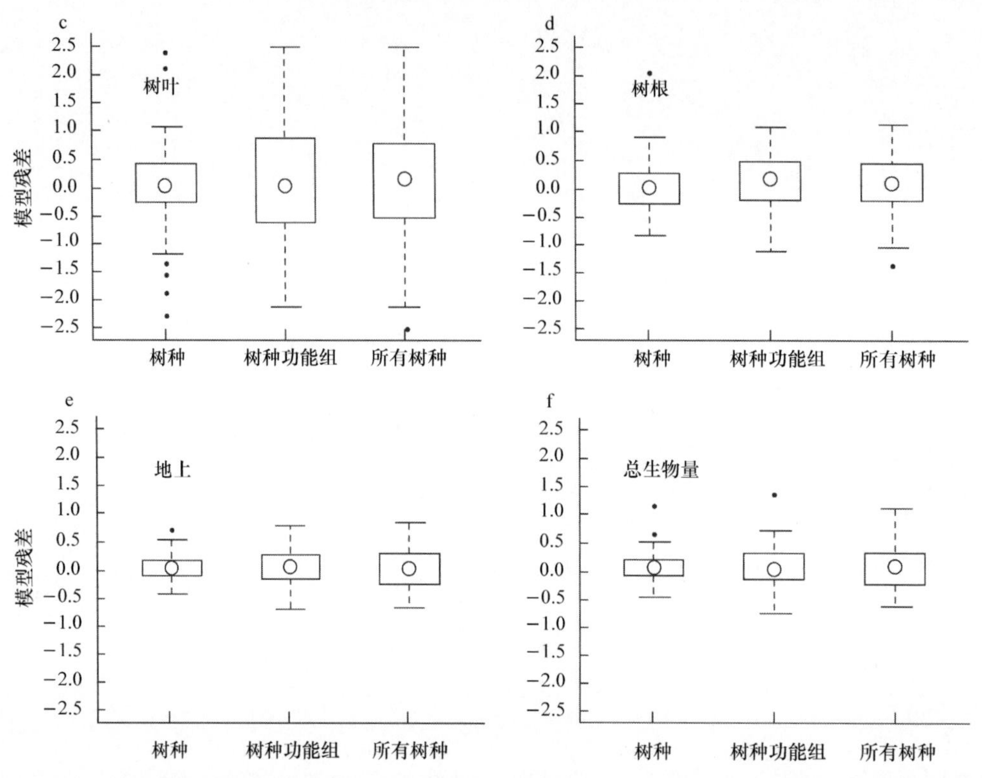

图 4.8　树种、树种功能组和所有树种的迭加相对生长方程[$\ln W_i=\beta_{i0}+\beta_{i1}\times\ln(D)$]不同器官生物量的残差比较

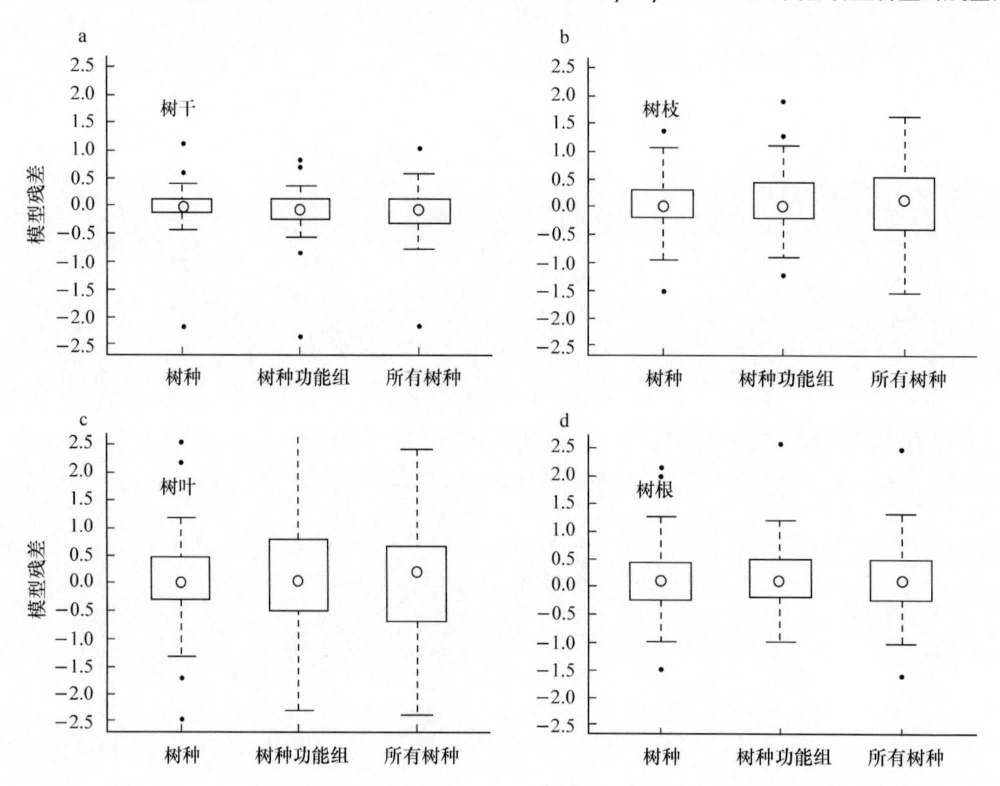

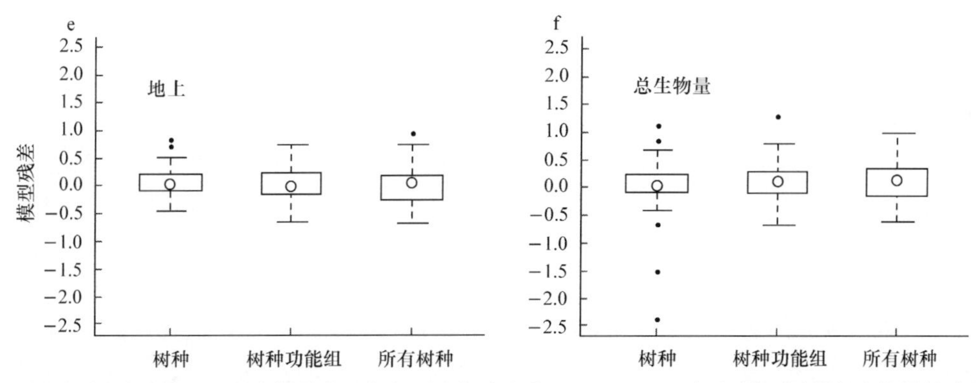

图 4.9　树种、树种功能组和所有树种的迭加相对生长方程[$\ln W_i=\beta_{i0}+\beta_{i1}\times\ln(D^2H)$]不同器官生物量的残差比较

构建通用相对生长方程，可简化地把森林资源调查数据转化为碳储量的计算过程(Williams et al.，2005；Montagu et al.，2005)，且能用于那些暂未构建对应树种相对生长方程的林分生物量的估算(Djomo et al.，2010；Paul et al.，2013)。同时，综合多树种生物量的实测数据构建通用相对生长方程，可以增加样本数，从而得到更稳定的回归系数和变量预测效果(Williams et al.，2005)。目前，在国家尺度(Jenkins et al.，2003；Lambert et al.，2005)，区域尺度(Muukkonen，2007；Paul et al.，2013)，不同生境同一树种(Montagu et al.，2005；Xiang et al.，2011)，以及不同生境不同树种(Chave et al.，2005；Williams et al.，2005；Ishihara et al.，2015)均已构建了通用相对生长方程。但本研究是第一次构建适用于中国亚热带森林多树种生物量的通用相对生长方程。

根据我国森林资源清查对亚热带地区森林类型的分类，本研究选择了两个树种功能组(落叶阔叶树种和常绿阔叶树种)及所有树种构建了通用相对生长方程。结果表明不管是以 D 还是 D^2H 作为变量的通用相对生长方程对各树种生物量的解释度均较高(>81%)，但落叶阔叶树种和所有树种的树叶生物量、所有树种的树枝生物量估算情况除外(表 4.5 和表 4.6)。Ishihara 等(2015)认为，如果构建适用于不同树种功能组的通用相对生长方程，对植物器官生物量的估算准确度将提高至可接受的范围内。另外，本书还采用 Adu-Bredu 等(2008)的方法比较了我们构建的通用相对生长方程与泛亚热带通用相对生长方程(Chave et al.，2014)预测地上生物量的数值差异，结果表明，当使用 D 为预测变量时亚热带通用相对生长方程会使估计值偏高 9.5%，而使用 D^2H 时估计值将偏高 17.2%(图 4.10)。

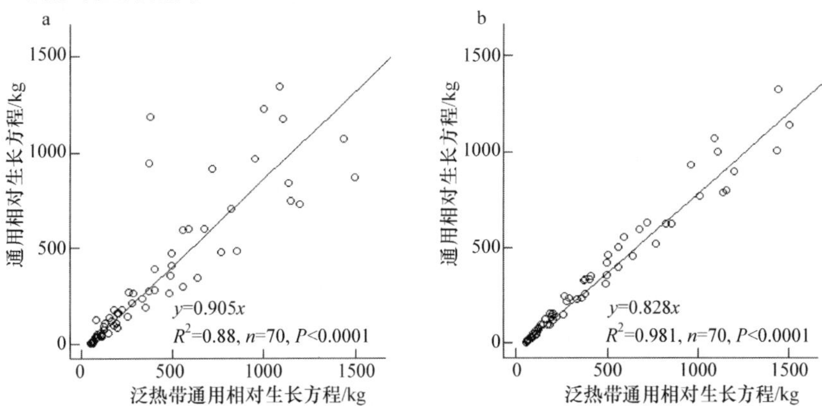

图 4.10　通用相对生长方程 $\ln W_i=\beta_{i0}+\beta_{i1}\times\ln D$(a)、$\ln W_i=\beta_{i0}+\beta_{i1}\times\ln(D^2H)$(b)与泛热带通用相对生长方程对地上生物量预测情况的比较

4.3.3 相对生长方程在亚热带次生林的应用

本书构建的相对生长方程与中国国家森林资源清查数据相结合，可用于监测森林结构和功能（包括生物量和碳储量）的变化情况。相对生长方程在森林生长模型构建中也是必不可少的（Neumann et al.，2016），通过相对生长方程可以对混交林的生长动态经营措施和气候变化响应进行预测（Forrester and Tang，2016）。选择各树种相对生长方程还是通用相对生长方程取决于对生物量估算精度的要求和数据测量的难度（Cole and Ewel，2006；Wang，2006），比如需要准确估算碳或养分的储量，或者是变异性较高的器官（如枝、叶、根）的生物量预测，则选择各树种相对生长方程更合适；在区域范围内估算森林生物量和碳储量，或者是需要预测缺乏对应树种相对生长方程的生物量时，则可以选择通用相对生长方程。通用相对生长方程对于在亚热带区域内估算生物量和碳储量是简单实用的方法，因为不是所有的树种信息都记录在国家森林资源清查数据之中的。

综合考量精确度、费用和实际测量可行性等因素，本研究的结果表明，选择以 D 作为变量的相对生长方程来预测森林及各器官的生物量最为可行（Montagu et al.，2005；Wang，2006）。在树种丰富的亚热带次生林准确测量树高是耗时耗力的工作，而测量的误差又会影响后续相对生长方程的准确性（Williams et al.，2005；Wang，2006），同时引入变量 H 并没有提高树种各器官生物量预测的准确性。

4.4 亚热带 4 种典型森林生物量及分配特征

以大山冲国有林场的杉木林、马尾松-石栎针阔混交林（马尾松林）、南酸枣落叶阔叶林（南酸枣林）、石栎-青冈常绿阔叶林（石栎-青冈林）4 种典型森林为研究对象，从林分生物量、生物量在不同器官中的分配特征、冠幅生物量和树干生物量相关关系、地上生物量与地下生物量相关关系等方面对亚热带次生林生物量估算及其分配特征进行研究。本研究结果将为我国区域尺度的森林生态系统碳汇功能研究提供数据支持，为制定可持续的次生林经营措施提供科学依据。

4.4.1 4 种林分生物量及分配特征

4 种林分的密度、平均胸径及树高、胸径及树高范围如表 4.7 所示。4 种森林中马尾松林的生物量最高，其次是石栎-青冈林、南酸枣林，杉木林最低（表 4.8）。单株生物量杉木林最高，为 120.58kg，其次是石栎-青冈林，为 78.05kg，南酸枣林次之，为 72.99kg，马尾松林最低，为 62.21kg。在对 4 种森林每木调查结果进行整理的过程中，将各样地数据按照 10m×10m 小样方进行分析，得到各样地不同器官所占生物量的均值与标准差（表 4.8），4 种森林各器官的生物量分配差异显著（$P<0.01$），同一器官不同森林类型间方差达到极显著（$P<0.0001$）（表 4.8）。各器官生物量分配格局总体表现为树干生物量所占比例最大，分配顺序为树干>树根>树枝>树叶。杉木林、马尾松林、南酸枣林和石栎-青冈林树干分别占 72.38%、63.38%、60.56%及 59.99%；其次为根，4 种森林根生物量所占比例依次为 16.57%、17.09%、18.43%、18.41%；枝所占比例依次为 6.51%、15.35%、17.49%、17.31%；叶生物量所占比例分别为 4.53%、4.18 %、3.54%及 4.30%（图 4.11）。各器官生物量在 4 种森林中的分配，树干、树枝、树叶及树根生物量的顺序均为马尾松林>石栎-青冈林>南酸枣林>杉木林（表 4.8）。

表 4.7 4 种森林类型林分特征

森林类型	密度/(株/hm²)	平均胸径/cm	胸径范围/cm	平均树高/m	树高范围/m
杉木林	374	28.1(1.0)	7.20～43.90	18.9(0.2)	5.0～27.9
马尾松林	2476	10.8(0.1)	4.00～42.70	9.4(0.1)	1.6～26.5
南酸枣林	1474	9.1(0.2)	4.00～54.10	7.1(0.1)	1.0～34.5
石栎-青冈林	1582	10.9(0.2)	4.00～46.80	9.4(0.1)	1.3～21.0

注：括号内数字为标准误差

表 4.8 4 种森林的林分生物量及各器官分配情况

森林类型	树干/(t/hm²)	树枝/(t/hm²)	树叶/(t/hm²)	树根/(t/hm²)	总计/(t/hm²)
杉木林	52.65(2.75)d***	4.74(0.71)c***	3.30(0.20)d***	12.05(0.78)c***	72.74(4.31)d***
马尾松林	97.62(3.44)a	23.64(1.06)a	6.44(0.22)a	26.33(1.07)a	154.03(5.67)a
南酸枣林	64.73(5.38)c	18.69(1.57)b	3.79(0.28)c	19.70(1.54)b	106.89(8.76)c
石栎-青冈林	80.43(3.59)b	23.21(1.05)a	5.77(0.20)b	24.68(1.04)a	134.08(5.84)b

注：括号内数字为标准误差；同一列字母不同表示不同森林之间差异显著；***表示差异极显著($P<0.001$)

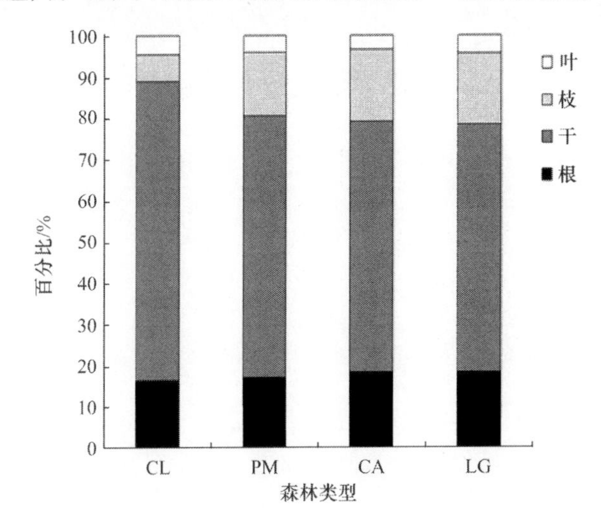

图 4.11 各器官不同林分中生物量分配情况

CL、PM、CA 和 LG 分别表示杉木林、马尾松林、南酸枣林及石栎-青冈林

4.4.2 4 种林分各器官生物量与总生物量的关系

将杉木林树干、树枝、树叶及树根分别与杉木林总生物量进行拟合，如图 4.12 所示，杉木林树根生物量与总生物量的关系最为密切，相关系数高达 0.9798。树干生物量与总生物量相关系数为 0.9783，树叶生物量与总生物量相关系数为 0.8208，树枝生物量与总生物量相关系数为 0.7979。

将马尾松林树干、树枝、树叶及树根分别与马尾松林总生物量进行拟合，如图 4.13 所示，马尾松林树干生物量与总生物量的关系最为密切，相关系数高达 0.9757。树根生物量与总生物量相关系数为 0.9594，树枝生物量与总生物量相关系数为 0.9089，树叶生物量与总生物量相关系数为 0.8608。与杉木林相比，马尾松林树干生物量与总生物量的关系高于树根生物量与总生物量的关系。树枝生物量对总生物量的影响也较之杉木林树枝生物量对总生物量的影响高（R^2= 0.7979）。

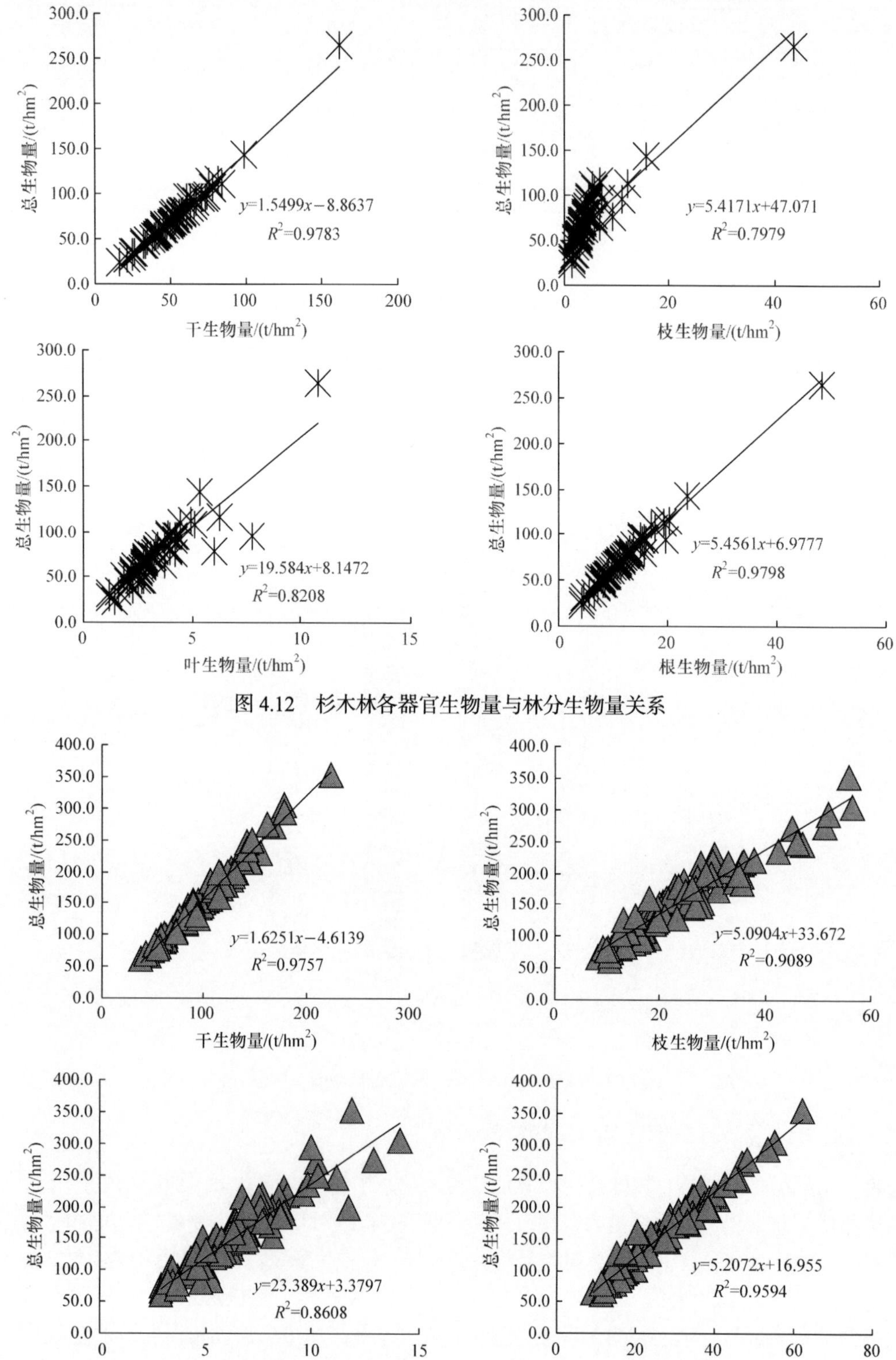

图 4.12　杉木林各器官生物量与林分生物量关系

图 4.13　马尾松林各器官生物量与林分生物量关系

将南酸枣林树干、树枝、树叶及树根分别与南酸枣林总生物量进行拟合，如图 4.14 所示，南酸枣林树干生物量与总生物量的关系最为密切，相关系数高达 0.999，高于其他几种林分树干生物量与总生物量的关系。树枝生物与总生物量相关系数较高，为 0.9961，树根生物量与总生物量相关系数为 0.9955，树叶生物量与总生物量相关系数为 0.9537。

石栎-青冈林树干、树枝、树叶及树根分别与石栎-青冈林总生物量进行拟合，如图 4.15 所示，石栎-青冈林树干生物量与总生物量的关系最为密切，相关系数高达 0.9941。树根生物量与总生物量相关系数较高，为 0.9904，树枝生物量与总生物量相关系数为 0.9686，树叶生物量与总生物量相关系数为 0.8624。石栎-青冈林各器官与总生物量的关系与马尾松林各器官与总生物量的关系大小相似，同样为树干>树根>树枝>树叶，且各器官显著性相似。

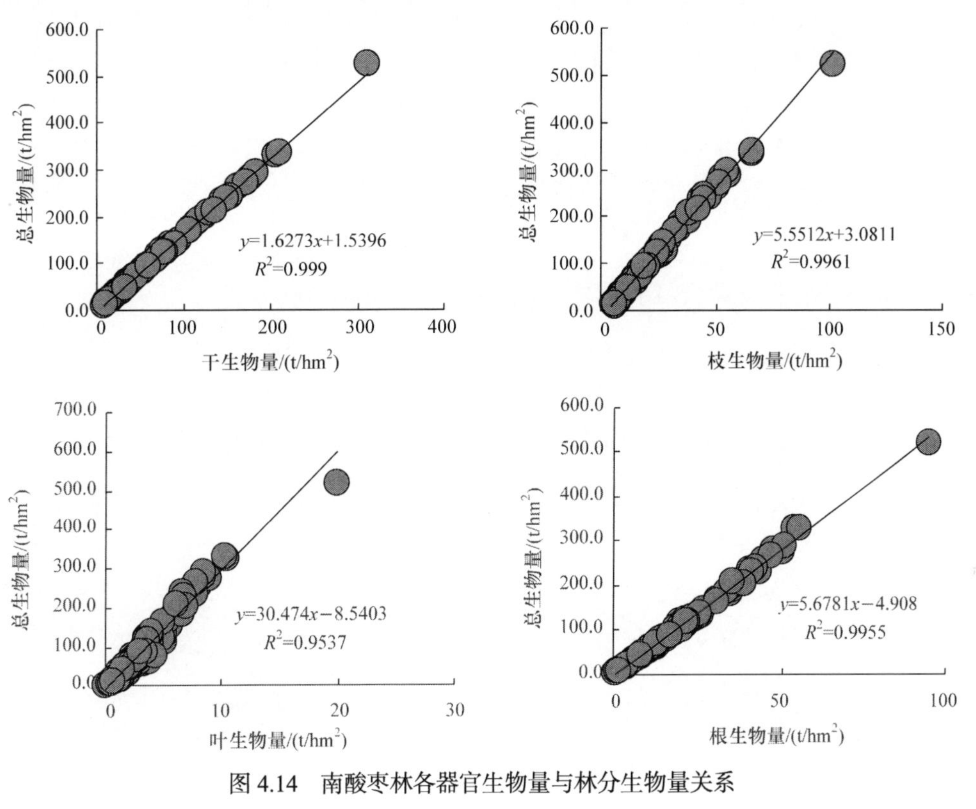

图 4.14　南酸枣林各器官生物量与林分生物量关系

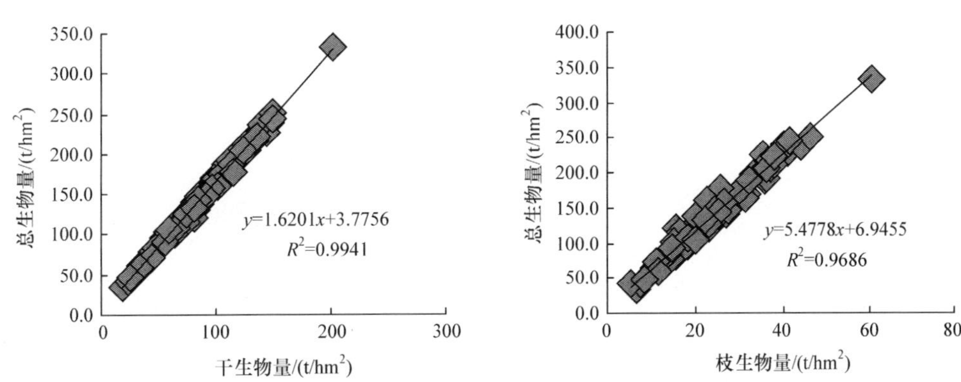

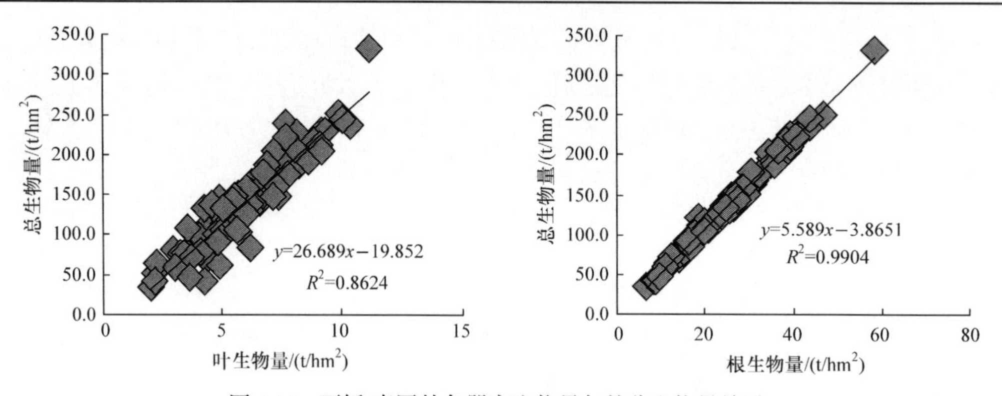

图 4.15　石栎-青冈林各器官生物量与林分生物量关系

4 种森林各器官生物量(树干、树枝、树叶及树根生物量)分别与林分总生物量存在密切关系。例如，树干生物量与总生物量相关系数同样高达 0.98～0.99，树枝生物量与总生物量相关系数为 0.80～0.97，树叶生物量与总生物量相关系数为 0.82～0.95，树根生物量与总生物量相关系数为 0.96～0.99。各器官生物量与林分总生物量之间关系的回归模型可为利用森林资源调查数据估算森林生物量提供有效途径。

4.4.3　4 种林分林冠生物量与树干生物量的关系

图 4.16 为杉木林、马尾松林、南酸枣林、石栎-青冈林林冠生物量与树干生物量关系拟合的曲线。如图 4.16 所示，林冠生物量随着树干生物量增大而有不同程度的增大，4 种森林林冠生物量与树干生物量存在较高线性正相关，杉木林相关系数为 0.7539，马尾松林为 0.8183，南

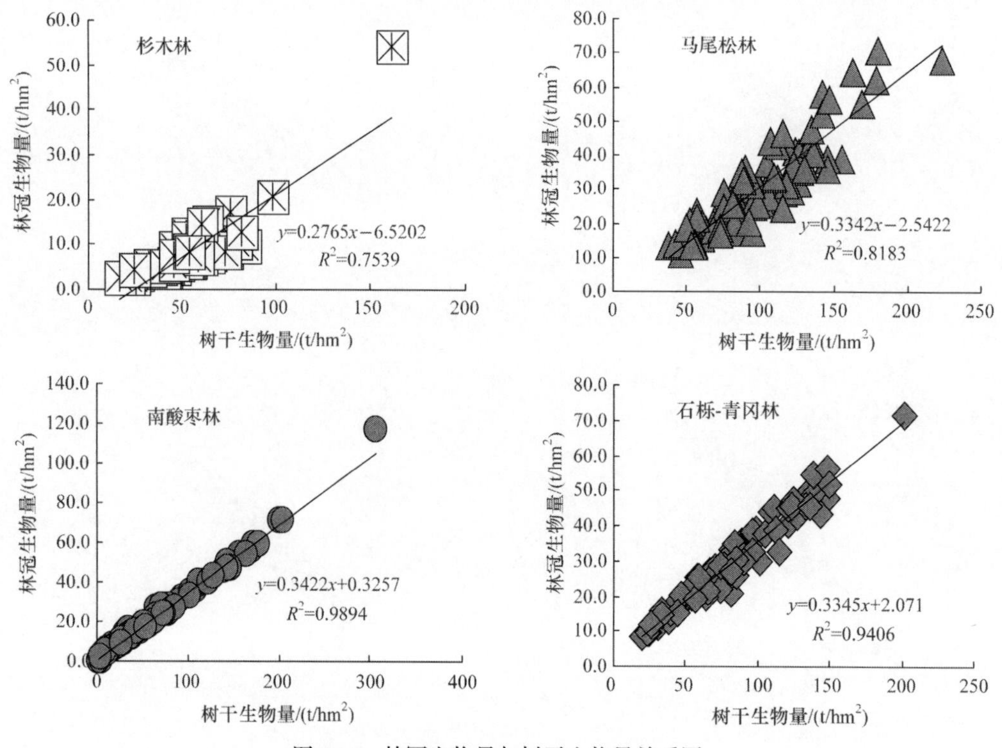

图 4.16　林冠生物量与树干生物量关系图

酸枣林为 0.9894，石栎-青冈林最低，为 0.9406，用林分树干生物量可预测林冠生物量的 75%～99%。在生物量的研究中，通过树干作自变量进行线性回归拟合的方程判定系数较高，达到显著水平且比较方便，较为可靠。该方法对估算林分生物量有一定的参考价值。在实际应用中，可以结合变量的易测程度进行选择。森林调查数据记录了样地内树木的胸径，可计算出树木材积，然后根据木材密度计算林分树干生物量，最后根据各森林类型树干与林冠生物量的关系，估算各森林类型林冠和地上部分生物量，为研究地上部分碳贮量和养分积累提供基础数据。

4.4.4　4 种林分地上部分生物量与地下部分生物量的关系

图 4.17 为杉木林、马尾松林、南酸枣林、石栎-青冈林地上部分生物量与地下部分生物量的拟合曲线。如图 4.17 所示，各林分地上部分与地下部分存在较高的线性相关关系，根据地上部分生物量可预测地下部分生物量的 94%～99%，对于传统森林调查数据和仅有地上部分生物量数据，可用本研究的方程来估算亚热带典型森林的地下生物量和森林生物量。同时，考虑到森林各器官生物量的分配，可根据经营目标，加强生物量的管理和利用。例如，对于能源林来讲，可以进行全树生物量利用。但对人工林来讲需要维持土壤肥力，在木材利用的同时，考虑将采伐后林地上剩余的树枝和树叶保留在林地内，树枝和树叶的分解可增加林地土壤的养分，增加林地整体持水量，保护土壤，防治水土流失(赵敏和周广胜，2004)，也稳定了森林生态系统的固碳量，避免造成新的“碳源”流失(Feng et al.，1999)。

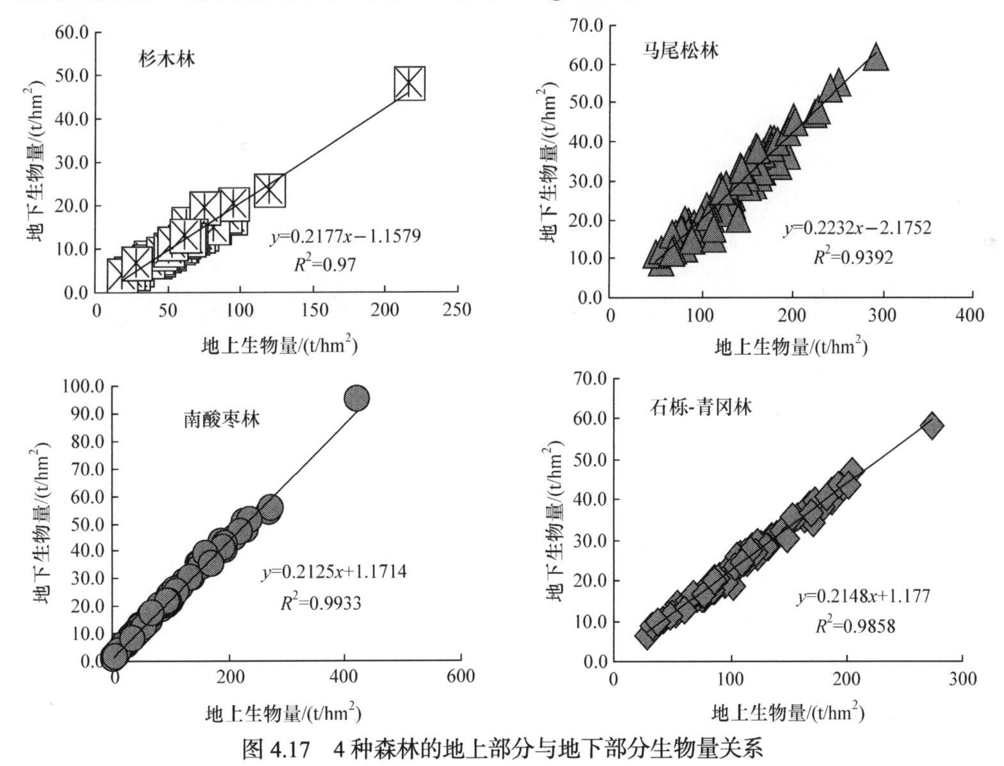

图 4.17　4 种森林的地上部分与地下部分生物量关系

4.5　亚热带森林生物多样性与森林生物量的关系

本节选择位于湖南省大山冲国有林场处于不同演替时期的亚热带次生林作为研究对象(马

尾松-石栎针阔混交林、南酸枣落叶阔叶林、石栎-青冈常绿阔叶林），探讨在考虑生物和非生物环境因子的情况下，物种、功能和谱系多样性对森林生物量的影响作用。同时，由于样方的大小可能对 BEF 的分析结果有影响，本节还比较了两种尺度的小样方（10m×10m 和 20m×30m）中生物多样性与生物量的关系。

4.5.1 不同演替时期次生林生物多样性和生物量差异

如图 4.18 和图 4.19 所示，物种丰富度、Shannon-Weaver 指数和 Pielou 均匀度指数这 3 个物种多样性指标的分析结果均显示演替中期南酸枣林（CA）的多样性较高，早期马尾松林（PM-LG）和晚期石栎-青冈林（LG-CG）的生物多样性较低。功能多样性从演替早期到晚期的次生林依次降低，谱系多样性则为演替早期次生林显著大于中、晚期林分。生物量最高的林分为演替早期的次生林 PM-LG，而演替中期次生林 CA 的生物量最低。

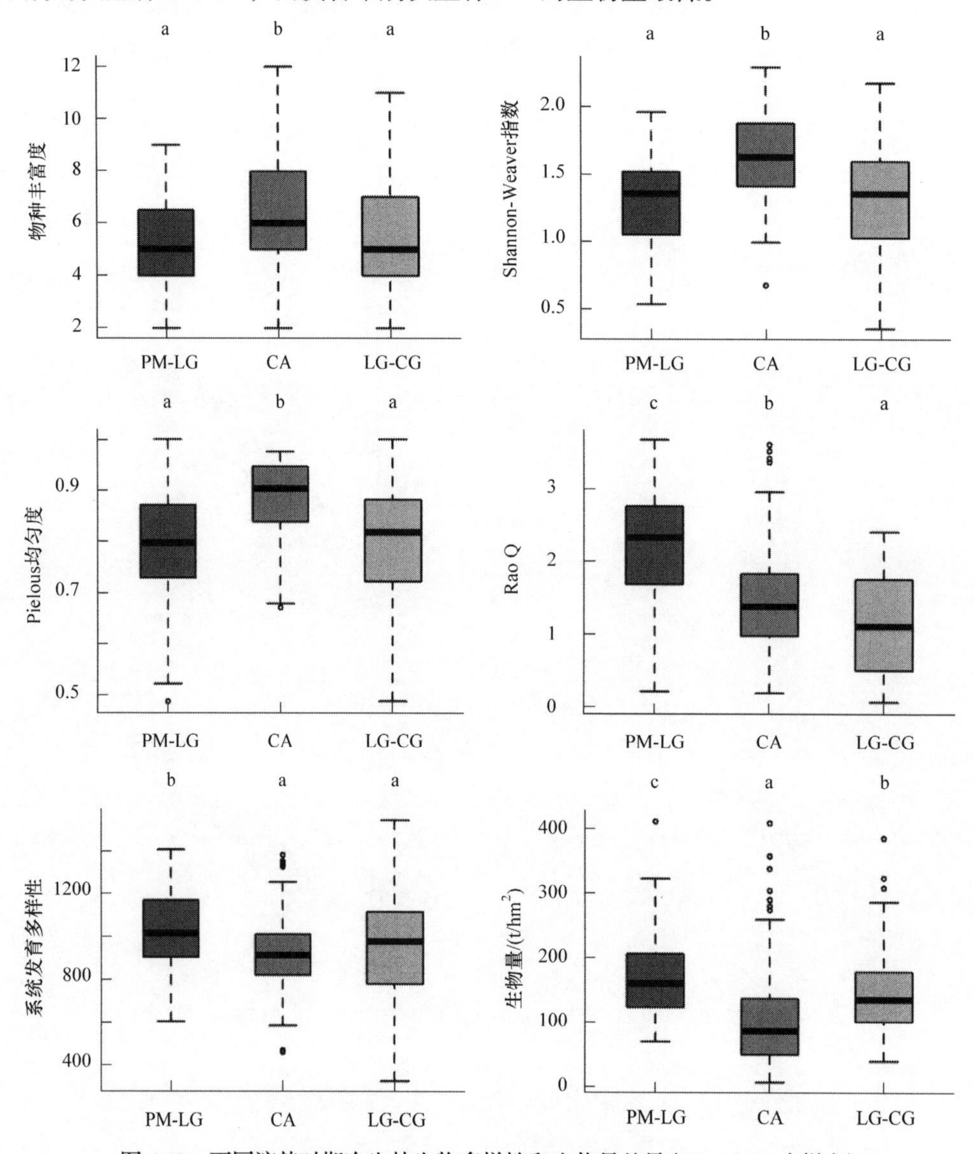

图 4.18 不同演替时期次生林生物多样性和生物量差异（10m×10m 小样方）

不同的小写字母（a～c）表示差异显著（P<0.05）

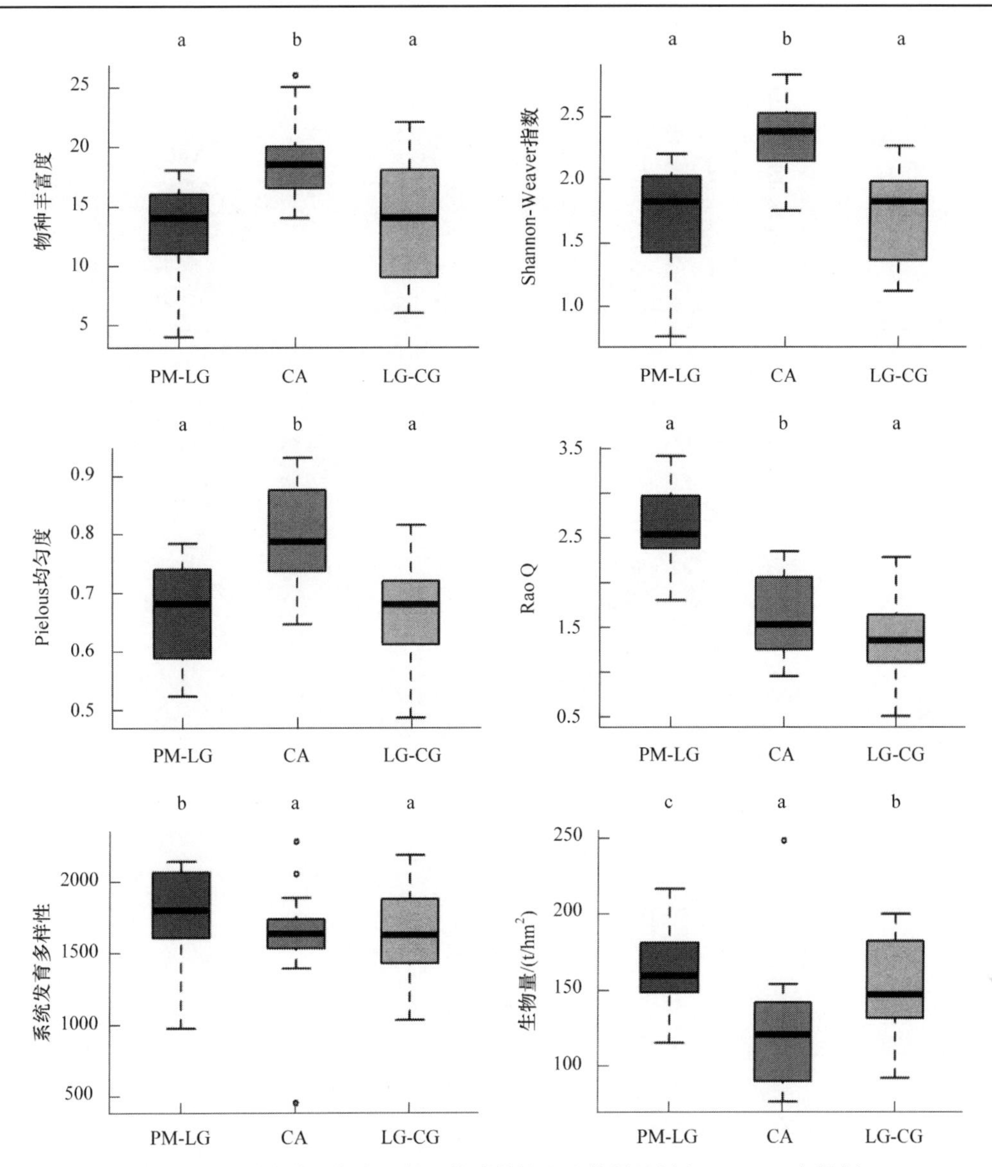

图 4.19　不同演替时期次生林生物多样性和生物量差异(20m×30m 小样方)

不同的小写字母(a～c)表示差异显著(P<0.05)

4.5.2　次生林生物多样性和生物量的双变量相关性分析

由图 4.20 可知，在 10m×10m 尺度的小样方中，生物量与物种丰富度、Shannon-Weaver 指数之间没有显著的相关性，但与 Pielou 均匀度指数显著相关(R^2=0.032，P=0.001)；而在 20m×30m 尺度的小样方中，生物量与物种丰富度、Shannon-Weaver 指数和 Pielou 均匀度指数这 3 个物种多样性指标的关系均不显著(图 4.21)。同时，不论是 10m×10m 还是 20m×30m 尺度的小样方中，功能多样性指标与谱系多样性指标均未发现与生物量的显著相关性(图 4.20 和图 4.21)。

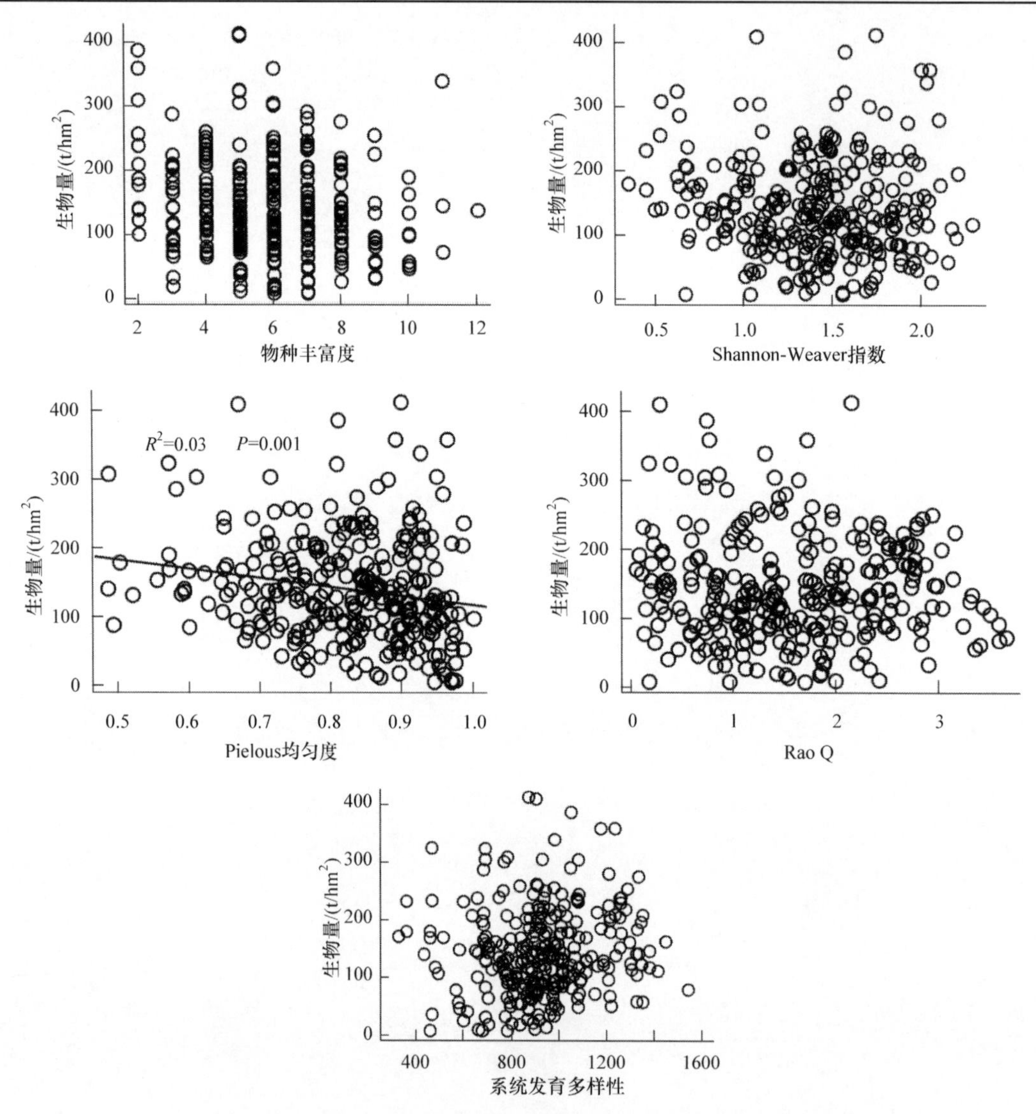

图 4.20　生物多样性和生物量的双变量相关性分析（10m×10m 小样方）

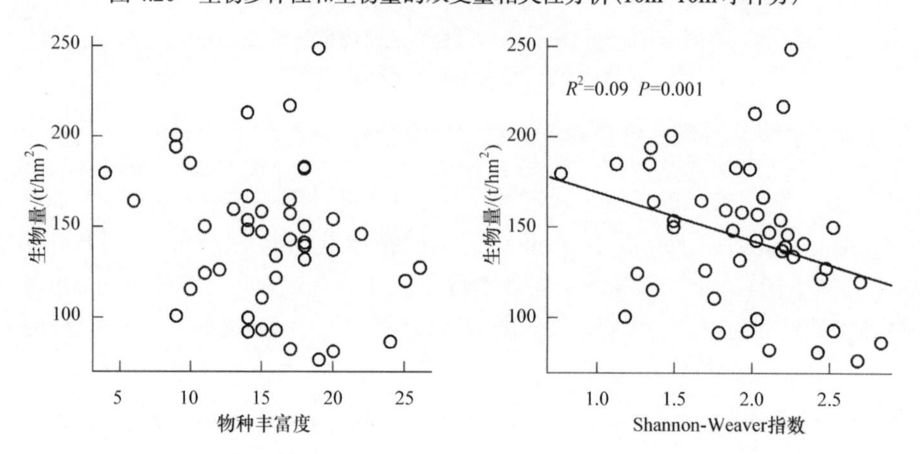

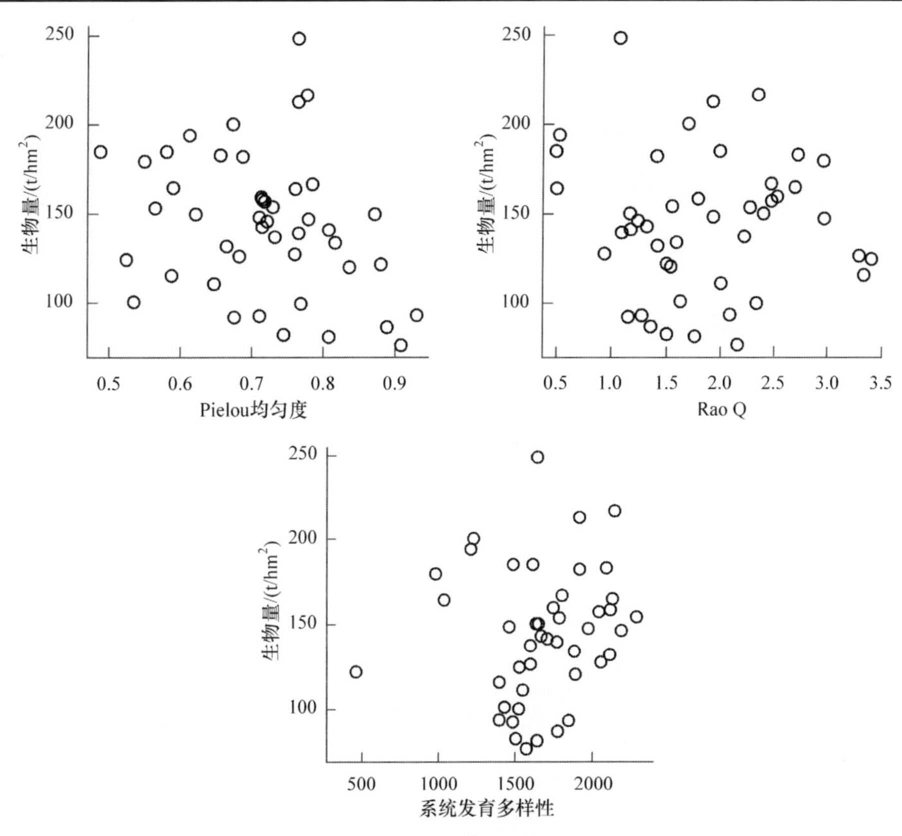

图 4.21　生物多样性和生物量的双变量相关性分析(20m×30m 小样方)

4.5.3　环境因子与生物多样性对次生林生物量的影响

对物种多样性而言，考虑了生物和非生物的环境因子以后，在 10m×10m 尺度的小样方中，仅有演替时期和林分密度对生物量有显著影响，而其他的环境因子及物种多样性指标均与林分生物量不显著相关(表 4.9)；然而在 20m×30m 尺度的小样方中，3 个物种多样性指标均与生物量显著相关(表 4.10)。在 10m×10m 和 20m×30m 两个尺度的小样方中，功能多样性、林分密度和演替时期均显著影响生物量，而 LAI 和平均海拔与生物量大小不相关(表 4.9 和表 4.10)；对于谱系多样性而言，两个尺度的小样方中只有演替时期和林分密度对林分生物量影响显著(表 4.9 和表 4.10)。

表 4.9　物种、功能、谱系多样性与生物和非生物因素影响不同演替阶段次生林生物量的线性混合模型基本参数(10m×10m 小样方)

生物多样性指标	自变量	估算值	标准误	*t* 值	*P* 值
物种多样性	截距	14.68	48.08	0.31	0.760
	叶面积指数	2.65	6.55	0.41	0.686
	海拔	0.25	0.29	0.87	0.383
	林分密度	2.23	0.60	3.72	<0.01
	森林演替阶段	0.46	0.04	12.34	<0.001
	物种丰富度	7.53	6.88	1.10	0.274
	Shannon-Weaver 指数	−14.81	41.30	−0.36	0.720
	Pielous 均匀度	−17.90	66.99	−0.27	0.790

续表

生物多样性指标	自变量	估算值	标准误	*t* 值	*P* 值
功能多样性	截距	40.72	23.05	1.77	0.081
	叶面积指数	0.06	6.49	0.01	0.993
	海拔	0.08	0.29	0.26	0.793
	林分密度	3.43	0.53	6.50	<0.001
	森林演替阶段	0.44	0.04	12.19	<0.001
	Rao Q 二次熵	−17.07	4.73	−3.61	<0.001
谱系多样性	截距	−16.68	26.10	151.59	0.524
	叶面积指数	3.56	6.53	280.98	0.586
	海拔	0.47	0.29	277.00	0.109
	林分密度	2.60	0.55	93.53	<0.001
	森林演替阶段	0.46	0.04	280.99	<0.001
	谱系多样性	0.03	0.02	273.20	0.141

表 4.10　物种、功能、谱系多样性与生物和非生物因素影响不同演替阶段次生林生物量的线性混合模型基本参数（20m×30m 小样方）

生物多样性指标	自变量	估算值	标准误	*t* 值	*P* 值
物种多样性	截距	−1438.23	473.47	−3.04	0.004
	叶面积指数	−64.47	71.78	−0.90	0.375
	海拔	−0.62	2.090	−0.29	0.770
	林分密度	5.87	0.81	7.24	<0.001
	森林演替阶段	6.61	0.82	8.03	<0.001
	物种丰富度	59.00	22.38	2.64	0.012
	Shannon-Weaver 指数	−974.84	416.28	−2.34	0.025
	Pielous 均匀度	2658.39	1125.70	2.36	0.024
功能多样性	截距	−168.95	244.03	−0.69	0.510
	叶面积指数	−69.58	68.92	−1.01	0.319
	海拔	−2.20	2.06	−1.11	0.272
	林分密度	6.11	0.77	7.95	<0.001
	森林演替阶段	5.73	0.73	7.85	<0.001
	Rao Q 二次熵	−106.28	35.22	−3.02	0.018

续表

生物多样性指标	自变量	估算值	标准误	*t* 值	*P* 值
谱系多样性	截距	−515.93	253.21	−2.04	0.048
	叶面积指数	−59.77	72.63	−0.82	0.416
	海拔	−0.44	2.13	−0.21	0.837
	林分密度	4.96	0.71	6.99	<0.001
	森林演替阶段	5.90	0.75	7.84	<0.001
	谱系多样性	0.11	0.07	1.66	0.106

4.5.4　生物多样性增加对不同演替阶段次生林生物量影响的研究

生物多样性如何提高生态系统功能受到了生态学界的广泛关注(Cardinale et al.，2011；Adler et al.，2011；Lasky et al.，2014；Zhang and Chen，2015)，但在自然条件下，生物多样性是否对生物量有影响仍存在争议(Cardinale et al.，2012；Schuldt et al.，2014；Zhang and Chen，2015)。在实验室条件下的研究结果表明，生物多样性对生物量有促进作用(Hooper et al.，2005；Balvanera et al.，2006；Duffy，2009；Cardinale et al.，2012)，但在天然林中，生物多样性对生物量可能是正影响、负影响、无影响或先升后降(峰状)的影响(Thompson et al.，2005；Jiang et al.，2009；Adler et al.，2011；Flynn et al.，2011；Zhang and Chen，2015)，这与人为控制的生物多样性实验的研究结果不符(Thompson et al.，2005)。

实验室条件与天然林中生物多样性影响生物量研究结果的不同，很可能是由于在自然条件下，生物多样性、生物量及其它们之间的相互关系都受到生物及非生物环境因子的影响，因此，不能仅采用生物多样性与生物量的双变量相关性分析来研究它们的相互作用(Stage and Salas，2007；Ma et al.，2010；Barrufol et al.，2013；Wu et al.，2015a)。例如，Ma 等(2010)的研究表明，中国草地生态系统的地上生物量与物种丰富度紧密相关，但当综合考虑了环境因子的影响后，生物量与物种丰富度则没有显著关系。我们的研究结果则与此相反，在生物多样性和生物量的双变量分析中，不管是在 10m×10m 还是 20m×30m 尺度的小样方中，大部分的物种多样性、功能多样性和谱系多样性指数与森林生物量的相关性不显著；但当引入了生物及非生物的环境因子进行综合分析后，功能多样性对生物量在两个小样方尺度上都有显著作用，物种多样性也在 20m×30m 尺度的小样方中对生物量大小影响显著。这与相关文献中关于生物多样性与生物量(生产力)的关系可能受到诸多环境因子如林分密度、演替时期、经营方式等直接或间接影响的结论一致(Liang et al.，2005；Stage and Salas，2007；Barrufol et al.，2013)。一些文献表明，选取合适的环境因子可以解释生物多样性效应对森林生物量的影响(Vila et al.，2007；Paquette and Messier，2011；Ruiz-Benito et al.，2014；Wu et al.，2015a)，以往这些研究大多在北温带或温带中开展，近期也有相关文献的研究结果表明，全球范围内的热带森林中存在生物多样性增加，碳储量相应提高的证据(Cavanaugh et al.，2014)，以及在中国亚热带森林自然演替的过程中生物多样性可以提高森林生产力(Barrufol et al.，2013)，这也与本研究的研究结果相符。

在本研究涉及的所有生物及非生物因子中(如海拔、冠层光照、林分密度和演替时期)，不同的混合线性模型中只有林分密度和演替阶段对生物量的影响显著，这与前人的相关研究结果一致，如 Nguyen 等(2012)发现考虑了树龄和密度的影响后，生物多样性(生产力)与物种丰富度显著相关；对美国几种森林类型的研究结果表明，净基径断面积的增长与树种多样性极显著相关，但这种相关性仅在综合考虑了林分特征后才存在(Liang et al.，2005)；另外，Barrufol 等(2013)发现，在亚热带森林中 BEF 的研究与林分密度和森林演替阶段密切相关，因此在将来的 BEF 研究中应该综合考虑环境因素、演替阶段和经营方式的影响。海拔和冠层光照几乎对生物量没有影响,这是因为本研究选取的研究样地海拔和LAI的差异本身较小(海拔为220～321m，LAI 为 3.62～4.33)。

4.5.5　不同生物多样性指标与森林生物量关系的评价

目前，在 BEF 的研究中最常见的是采用物种多样性作为生物多样性的唯一衡量指标(Loreau and Hector, 2001; Hooper et al., 2005; Adler et al., 2011; Cardinale et al., 2011; Chisholm et al.，2013；Schuldt et al.，2014；Wu et al.，2015a)，但生态系统功能往往与物种丰富度没有显著关系。因此，研究者将目光转向其他的生物多样性衡量指标(Balvanera et al., 2006; Petchey and Gaston, 2006; Cadotte et al., 2008; Cadotte, 2011; Adler et al., 2011; Schuldt et al., 2014)。功能多样性(FD)和谱系多样性(PD)是除物种多样性以外研究得较多的 2 个生物多样性指标(Flynn et al.，2011)。Petchey 等(2004)首先表明 FD 是比物种多样性更合适的预测生物量的指标，然而他们并没有发现物种多样性与碳储量之间存在显著的相关性，并认为这归因于在物种丰富程度高的林分，物种多样性和碳储量都已经饱和。但在本研究中发现，同样在物种丰富程度较高的亚热带次生林，功能多样性仍与生物量的相关性显著，这说明功能多样性或许是比物种多样性和谱系多样性更好的研究 BEF 的生物多样性指标。采用功能多样性作为衡量指标具有以下两个优势：一是每个树种的功能特性都是不同的，功能多样性涵盖了不同树种的功能特性(Micheli and Halpern，2005)，这是物种多样性所不具备的特点；二是功能特性决定了从环境中获取资源的能力(McGill et al.，2006)。例如，在本研究中，选择了最大树高和木材密度作为功能多样性的研究指标，其中，最大树高是树种捕获更多光照从而获得与相邻树种竞争优势的重要策略(Westoby et al.，2002；Falster and Westoby，2005；Kraft et al.，2008)，而木材密度是反映树种是选择快速生长尽快进入繁殖期还是选择缓慢生长以提高对环境抵抗能力策略的重要指标(Tilman，1988；Chave et al.，2006)。同时，我们的研究结果还证明生态位互补效应是增加生物多样性提高生物量的原因，而对于取样效应则需要更多其他的实验结果来证明。

近年来，越来越多的学者采用谱系多样性指标来研究 BEF，这是由于相比功能特性的测定，谱系多样性更为简便易得(Cadotte et al.，2008；Srivastava et al.，2012)。随着系统发育学的发展，研究者希望谱系多样性可以表征生态学功能特征的变化(Cadotte et al.，2008；Flynn et al.，2011；Srivastava et al.，2012；Cardinale et al.，2015)，然而，本研究结果并不支持此结论。例如，Flynn 等(2011)的研究表明在 29 个草地研究样地中，功能多样性和谱系多样性对生产力变化的预测效果相当；相反，我们的研究结果则表明至少在本研究选取的亚热带次生林样地中，PD 不是一个好的生物量预测指标。Flynn 和本研究结果的差异性可能是由于生物群落的差别(草原实验地和亚热带森林)，以及生态系统功能的差别(生产力和生物量)，这些因素都可能对 BEF 研究产生影响(Schimid et al.，2009)。另一个合理的解释可能是，反映生物量差别的功能特性可能缺乏对应的系统发育学差别(Maherali and Klironomos，2007)，因此谱系多样性也就不能代表生态功能的多样性。

4.6 结　论

亚热带次生林由于地理及气候条件优越，因此物种组成丰富，森林生物量大，固碳潜力高。但也正因为树种组成多样化为生物量的准确估算带来了更大的难度，亚热带森林生物量相关研究较少。本章选取了亚热带次生林常见的 7 个优势树种建立了各树种相对生长方程，分落叶阔叶和常绿阔叶两个树种功能组及所有树种建立了通用相对生长方程，比较了亚热带不同林分及各器官生物量的分配差异，并进一步研究了不同演替阶段次生林中，在生物和非生物环境因子的共同作用下生物多样性与生物量的关系。本章的研究结果不仅能填补亚热带森林生物量的数据空白，更为在亚热带或类似的物种丰富林分中开展生物量估算及机理研究工作提供了方法支持。本章的主要结论如下。

1) 分别用 D 和 DH^2 作为变量，构建了 7 种亚热带主要树种的相对生长方程和通用相对生长方程。结果表明：构建的这些相对生长方程与树木生物量的拟合程度很高，适用于亚热带森林生物量和碳储量的估算；以 D 作为变量的各树种相对生长方程可以较好地预测树种生物量，由于树枝、树叶和树根等数量小、周转快的器官生物量与 D 的相关性随树种的变化较大，可能更适用于各树种的相对生长方程估算生物量；分树种功能组构建的通用相对生长方程对生物量的估算效果达到可接受的精度范围，所有树种的通用相对生长方程可以用于较大区域的森林范围内木质化程度较高的器官生物量（树干、地上和总生物量）估算。

2) 比较了杉木人工林和 3 种亚热带次生林林分生物量及器官生物量分配的差异。结果表明：4 种林分的生物量差异极显著，杉木林最低，马尾松林最高，石栎-青冈林和南酸枣林居中；不同器官的生物量分配差异显著（$P<0.01$），器官生物量顺序为树干>树根>树枝>树叶，树干是生物量积累的主要器官；建立了 4 种林分地下与地上部分生物量的回归方程，地上部分生物量可预测地下部分生物量的 97%～99%，在仅有地上部分生物量数据的情况下可以利用此方程估算地下生物量和森林生物量。

3) 研究了生物多样性对不同演替阶段次生林生物量的影响。结果表明，是否考虑了环境因子、选用何种类型生物多样性评价指标和样方尺寸大小将显著影响 BEF 的研究结果；功能多样性比物种多样性和谱系多样性更有效的评价生物多样性与生物量关系的指标；本研究结果进一步证明了，生物多样性的提高对处于不同演替阶段的次生林生物量有促进作用，因此要通过适当的经营管理措施或相应的政策制定来保护亚热带次生林，提高生物多样性，从而进一步提高森林的碳储量。

主要参考文献

白云庆. 1982. 凉水红松人工林的现存量. 东北林学院学报, (增刊): 29-37.
鲍显诚, 陈灵芝, 陈清朗. 1984. 栓皮栎林的生物量研究. 植物生态学与地植物学丛刊, 8(4): 313-320.
陈劲松, 苏智先. 2001. 缙云山马尾松种群生物量生殖配置研究. 植物生态学报, 25(6): 704-708.
陈灵芝, 陈清朗, 鲍显诚. 1986. 北京山区的侧柏林及其生物量研究. 植物生态学与地植物学丛刊, 10(1): 17-24.
邓士坚, 王开平, 高虹. 1988. 杉木老龄人工林生物产量和营养元素含量的分布. 生态学杂志, 7(1): 13-18.
范文义, 张海玉, 于颖, 等. 2011. 三种森林生物量估测模型的比较分析. 植物生态学报, 35(4): 402-410.

冯志立, 郑征, 张建侯, 等. 1998. 西双版纳热带湿性季节雨林生物量及其分配规律研究. 植物生态学报, 22(6): 481-488.
冯宗炜, 陈楚莹, 张家武. 1982. 湖南会同地区马尾松林生物量的测定. 林业科学, 18(2): 127-134.
冯宗炜, 汪效科, 吴刚. 1999. 中国森林生物量和生产力. 北京: 科学出版社.
冯宗炜, 张家武, 邓仕坚. 1980. 杉木人工林生物产量的研究//中国科学院湖南省桃源农业现代化综合科学实验基地考察队. 桃源综合考察报告集. 长沙: 湖南科学技术出版社: 322-333.
韩有志, 李玉娥, 梁胜发, 等. 1997. 华北落叶松人工林林木生物量的研究. 山西农业大学学报, 17(3): 278-283.
贾炜炜, 于爱民. 2008. 樟子松人工林单木生物量模型研究. 林业科技情报, 40(2): 1-2.
李文华, 邓坤枚, 李飞. 1981. 长白山主要生态系统生物量生产量的研究. 森林生态系统研究(试刊), 2: 34-50.
林鹏. 1989. 福建九江口秋茄红树林的生物量和六元素的积累与循环. 武汉植物学研究, 7(3): 251-257.
刘世荣. 1990. 兴安落叶松人工林群落生物量及其净初级生产力的研究. 东北林业大学学报, 18(2): 40-46.
刘玉萍, 吴明作, 郭宗民, 等. 2001. 内乡宝天曼自然保护区锐齿栎林生物量和净生产力研究. 生态学报, 21(9): 1405-1456.
罗云建, 张小全, 王效科, 等. 2009. 森林生物量的估算方法及其研究进展. 林业科学, 45(8): 129-133.
潘维俦, 李利村, 高正衡. 1979. 两个不同地域类型杉木林的生物产量和营养元素的分布. 中南林业科技, 4: 1-14.
彭少麟, 张祝平. 1994. 鼎湖山地带性植被生物量生产力和光能利用率. 中国科学B(辑), 24(5): 497-502.
祁承经. 1990. 湖南植被. 长沙: 湖南科学技术出版社.
邱扬, 张金屯, 柴宝峰, 等. 1999. 晋西油松人工林地上部分生物量与生产力的研究. 河南科学, 17: 72-79.
宋永昌. 2013. 中国常绿阔叶林: 分类、生态和保护. 北京: 科学出版社.
唐建维, 张建侯, 宋启示, 等. 1998. 西双版纳热带次生林生物量的初步研究. 植物生态学报, 22(6): 489-498.
温达志, 魏平, 孔国辉, 等. 1997. 鼎湖山锥栗+黄果厚壳桂+荷木群落生物量及其特征. 生态学报, 17(5): 497-504.
吴守蓉, 杨惠强, 洪蓉. 1999. 马尾松林生物量及其结构的研究. 福建林业科技, 26(1): 18-21.
俞新妥, 陈存及, 林思祖. 1979. 福建杉木人工林生态系统生物量的初步研究. 林业科技资料(福建林学院): 46-68.
曾慧卿, 刘琪景, 冯宗炜, 等. 2007. 红壤丘陵区林下灌木生物量估算模型的建立及其应用. 应用生态学报, 18(10): 2185-2190.
张祝平, 彭少麟. 1989. 鼎湖山森林群落植物量和第一性生产力的初步研究. 热带亚热带森林生态系统研究, 5: 63-73.
赵敏, 周广胜. 2004. 基于森林资源清查资料的生物量估算模式及其发展趋势. 应用生态学报, 15(8): 1468-1472.
郑征, 冯志立, 曹敏, 等. 2000. 西双版纳原始热带湿性季节雨林生物量及净初级生产. 植物生态学报, 24(2): 197-203.
朱守谦, 杨世逸. 1978. 杉木生产结构及生物量的初步研究. 林业科技资料(贵州农学院), 5: 1-14.
邹春静, 卜军, 徐文铎. 1995. 长白松人工林群落生物量和生产力的研究. 应用生态学报, 6(2): 123-127.
左藤大七郎, 堤利夫. 1986. 陆地森林群落的物质生产. 聂绍荃, 等译. 北京: 科学出版社.
Adler PB, Seabloom EW, Borer ET, et al. 2011. Productivity is a poor predictor of plant species richness. Science, 333: 1750-1753.
Adu-Bredu S, Bi AFP, Bouillet JP, et al. 2008. An explicit stem profile model for forked and un-forked Teak (*Tectona grandis*) trees in West Africa. Forest Ecology and Management, 255: 2189-2203.
Alvarez E, Duque A, Saldarriaga J, et al. 2012. Tree above-ground biomass allometries for carbon stocks estimation in the natural forests of Colombia. Forest Ecology and Management, 267: 297-308.
Ares A, Fownes JH. 2000. Comparison between generalized and specific tree biomass functions as applied to tropical ash (*Fraxinus uhdei*). New Forests, 20: 277-286.

Balvanera P, Pfisterer AB, Buchmann N, et al. 2006. Quantifying the evidence for biodiversity effects on ecosystem functioning and services. Ecology Letters, 9: 1146-1156.

Barrufol M, Schmid B, Bruelheide H, et al. 2013. Biodiversity promotes tree growth during succession in subtropical forest. PLoS One, 8: e81246.

Bastein-Henri S, Park A, Ashton M, et al. 2010. Biomass distribution among tropical tree species grown under differing regional climate. Forest Ecology and Management, 260: 403-410.

Basuki TM, van Laake PE, Skidmore AK, et al. 2009. Allometric equations for estimating the above-ground biomass in tropical lowland *Dipterocarp* forests. Forest Ecology and Management, 257: 1684-1694.

Bequet R, Campioli M, Kint V, et al. 2012. Spatial variability of leaf area index in homogeneous forests relates to local variation in tree characteristics. Forest Science, 58: 633-640.

Berner LT, Alexander HD, Loranty MM, et al. 2015. Biomass allometry for alder, dwarf birch, and willow in boreal forest and tundra ecosystems of far northeastern Siberia and north-central Alaska. Forest Ecology Management, 337: 110-118.

Bi H, Murphy S, Volkova L, et al. 2015. Additive biomass equations based on complete weighing of sample trees for open eucalypt forest species in south-eastern Australia. Forest Ecology and Management, 349: 106-121.

Bolker BM, Brooks ME, Clark CJ, et al. 2009. Generalized linear mixed models: a practical guide for ecology and evolution. Trends in Ecology and Evolution, 24: 127-135.

Bond-Lamberty B, Wang C, Gower ST. 2002. Aboveground and belowground biomass and sapwood area allometric equations for six boreal tree species of northern Manitoba. Canadian Journal of Forest Research, 32: 1441-1450.

Borders BE. 1989. Systems of equations in forest stand modeling. Forest Science, 35 (2): 548-556.

Botta-Dukát Z. 2005. Rao's quadratic entropy as a measure of functional diversity based on multiple traits. Journal of Vegetation Science, 16: 533-540.

Boysen JP. 1910. Studier over skovtraernes forhold til lyset Tidsskr. F Skorvaessen, 22: 11-16.

Brown S. 1997. Estimating biomass and biomass change of tropical forests: a primer. Food and Agriculture Organization.

Brown S, Gillespie A, Lugo AE. 1989. Biomass estimation methods for tropical forest with applications to forest inventory data. Forest Science, 35: 881-902.

Brown S, Lugo AE. 1984. Biomass of tropical forests: a new estimate based on forest volumes. Science, 223 (4642): 1290-1293.

Burger HH, Blattmenge Z. 1952. 12 Fichten im plenterwald mitteil, Schweiz, Anst Forrtl. Versuchsw, 28: 109-156.

Cadotte MW. 2011. The new diversity: management gains through insights into the functional diversity of communities. Journal of Applied Ecology, 48: 1067-1069.

Cadotte MW, Cardinale BJ, Oakley TH. 2008. Evolutionary history and the effect of biodiversity on plant productivity. Proceedings of National Academy of Science, USA, 105: 17012-17017.

Cairns MA, Brown S, Helmer EH, et al. 1997. Root biomass allocation in the world's upland forests. Oecologia, 111: 1-11.

Callaway RM. 1995. Positive interactions among plants. Botanical Reviews, 61: 306-349.

Cardinale BJ, Duffy JE, Gonzalez A, et al. 2012. Biodiversity loss and its impact on humanity. Nature, 486: 59-67.

Cardinale BJ, Matulich KL, Hooper DU, et al. 2011. The functional role of producer diversity in ecosystems. American Journal of Botany, 93: 572-592.

Cardinale BJ, Venail P, Gross K, et al. 2015. Further re-analyses looking for effects of phylogenetic diversity on community biomass and stability. Functional Ecology, 29: 1607-1610.

Caspersen JP, Pacala SW. 2001. Successional diversity and forest ecosystem function. Ecological Research, 16: 895-903.

Cavanaugh KC, Gosnell JS, Davis SL, et al. 2014. Carbon storage in tropical forests correlates with taxonomic diversity and functional dominance on a global scale. Global Ecology and Biogeography, 23: 563-573.

Chave J, Andalo C, Brown S, et al. 2005. Tree allometry and improved estimation of carbon stocks and balance in tropical forests. Oecologia, 145: 87-99.

Chave J, Muller-Landau HC, Baker TR, et al. 2006. Regional and phylogenetic variation of wood density across 2456 Neotropical tree species. Ecological Applications, 16: 2356-2367.

Chave J, Réjou-Méchain M, Búrquez A, et al. 2014. Improved allometric models to estimate the aboveground biomass of tropical trees. Global Change Biology, 20: 3177-3190.

Cheng Z, Gamarra JGP, Birigazzi L. 2014. Inventory of allometric equations for estimation tree biomass—a database for China. Rome: UNREDD Programme.

Chisholm RA, Muller-Landau HC, Abdul RK, et al. 2013. Scale-dependent relationships between tree species richness and ecosystem function in forests. Journal of Ecology, 101: 1214-1224.

Cole TG, Ewel JJ. 2006. Allometric equations for four valuable tropical tree species. Forest Ecology and Management, 229: 351-360.

Crawley MJ. 2013. The R book. 2nd ed. West Sussex: John Wiley & Sons Ltd.

Debski I, Burslem DF, Palmiotto PA, et al. 2002. Habitat preferences of Aporosa in two Malaysian forests: implications for abundance and coexistence. Ecology, 83: 2005-2018.

Dixon RK, Solomon AM, Brown S, et al. 1994. Carbon pools and flux of global forest ecosystems. Science, 263(5144): 185-190.

Djomo AN, Ibrahima A, Saborowski J, et al. 2010. Allometric equations for biomass estimations in Cameroon and pan moist tropical equations including biomass data from Africa. Forest Ecology and Management, 260: 1873-1885.

Duffy JE. 2009. Why biodiversity is important to the functioning of real-world ecosystems. Frontiers in Ecology and Environment, 7: 437-444.

Editorial Committee of Flora of China. 2004. Flora Reipublicae Popularis Sinicae (Chinese Edition of Flora of China). Beijing: Science Press.

Faith DP. 1992. Conservation evaluation and phylogenetic diversity. Biological Conservation, 61: 1-10.

Falster DS, Westoby M. 2005. Alternative height strategies among 45 dicot rain forest species from tropical Queensland, Australia. Journal of Ecology, 93: 521-535.

Fang J, Chen A, Peng C, et al. 2001. Changes in forest biomass carbon storage in China between 1949 and 1998. Science, 292(5525): 2320-2322.

Flynn DFB, Mirotchnick N, Jain M, et al. 2011. Functional and phylogenetic diversity as predictors of biodiversity-ecosystem-function relationships. Ecology, 92: 1573-1581.

Forrester DI. 2014. The spatial and temporal dynamics of species interactions in mixed-species forests: From pattern to process. Forest Ecology and Management, 312: 282-292.

Forrester DI, Tang X. 2016. Analysing the spatial and temporal dynamics of species interactions in mixed-species forests and the effects of stand density using the 3-PG model. Ecological Modelling, 319: 233-254.

Garkoti SC. 2008. Estimates of biomass and primary productivity in a high-altitude maple forest of the west central Himalayas. Ecological Research, 23(1): 41-49.

Gower ST, Kucharik CJ, Norman JM. 1999. Direct and indirect estimation of leaf area index, F(APAR), and net primary production of terrestrial ecosystems. Remote Sensing of Environment, 70: 29-51.

Grime JP. 1973. Competitive exclusion in herbaceous vegetation. Nature, 242: 344-347.

Guisasola R, Tang X, Bauhus J, et al. 2015. Intra- and inter-specific differences in crown architecture in Chinese subtropical mixed-species forests. Forest Ecology and Management, 353: 164-172.

Henningsen A, Hamann JD. 2007. Systemfit: A package for estimating systems of simultaneous equations in R. Journal of Statistics Software, 23(4): 1-40.

Henry M, Bombelli A, Trotta C, et al. 2013. GlobAllomeTree: international platform for tree allometric equations to support volume, biomass and carbon assessment. iForest Biogeosciences & Forestry, 6: 326-330.

Hooper DU, Chapin Ⅲ FS, Ewel JJ, et al. 2005. Effects of biodiversity on ecosystem functioning: a consensus of current knowledge. Ecological Monographs, 75: 3-35.

Hubbell SP. 2006. Neutral theory and the evolution of ecological equivalence. Ecology, 87: 1387-1398.

Hunter MO, Keller M, Victoria D, et al. 2013. Tree height and tropical forest biomass estimation. Biogeosciences, 10(12): 8385-8399.

Iio A, Hikosaka K, Anten NPR, et al. 2014. Global dependence of field-observed leaf area index in woody species on climate: a systematic review. Global Ecology and Biogeography, 23: 274-285.

Ishihara MI, Utsugi H, Tanouchi H, et al. 2015. Efficacy of generic allometric equations for estimating biomass: a test in Japanese natural forests. Ecological Applications, 25: 1433-1446.

Jackson RB, Jobbágy EG, Avissar R, et al. 2005. Trading water for carbon with biological carbon sequestration. Science, 310: 1944-1947.

Jenkins JC, Chojnacky DC, Heath LS, et al. 2003. National-scale biomass estimators for United States tree species. Forest Science, 49: 12-35.

Jiang L, Wan S, Li L. 2009. Species diversity and productivity: why do results of diversity-manipulation experiments differ from natural patterns? Journal of Ecology, 97: 603-608.

Keith H, Mackey BG, Lindenmayer DB. 2009. Re-evaluation of forest biomass carbon stocks and lessons from the world's most carbon-dense forests. Proceedings of the National Academy of Sciences, USA, 106(28): 11635-11640.

Kenzo T, Ichie T, Hattori D, et al. 2009. Development of allometric relationships for accurate estimation of above- and below-ground biomass in tropical secondary forests in Sarawak, Malaysia. Journal of Tropical Ecology, 25: 171-186.

Ketterings QM, Coe R, van Noordwijk M, et al. 2001. Reducing uncertainty in the use of allometric biomass equations for predicting above-ground tree biomass in mixed secondary forests. Forest Ecology and Management, 146: 199-209.

Kindermann GE, McCallum I, Fritz S, et al. 2008. A global forest growing stock, biomass and carbon map based on FAO statistics. Silva Fennica, 42(3): 387.

Kira T, Ono Y, Hosokawa T. 1978. Biological production in a warm-temperate evergreen oka forest of Japan. Tokyo: University of Tokyo Press.

Kraft NJ, Valencia R, Ackerly DD. 2008. Functional traits and niche-based tree community assembly in an Amazonian forest. Science, 322: 580-582.

Kuyah S, Dietz J, Muthuri C, et al. 2012. Allometric equations for estimating biomass in agricultural landscapes: I. Aboveground biomass. Agriculture, Ecosystems and Environment, 158: 216-224.

Laliberté E, Legendre P. 2010. A distance-based framework for measuring functional diversity from multiple traits. Ecology, 91: 299-305.

Lambert MC, Ung CH, Raulier F. 2005. Canadian national tree aboveground biomass equations. Canadian Journal of Forest Research, 35: 1996-2018.

Lasky JR, Uriarte M, Boukili VK, et al. 2014. The relationship between tree biodiversity and biomass dynamics changes with tropical forest succession. Ecology Letters, 17: 1158-1167.

Liang JJ, Buongiorno J, Monserud RA. 2005. Growth and yield of all-aged Douglas-fir-western hemlock forest stands: a matrix model with stand diversity effects. Canadian Journal of Forest Research, 35: 2368-2381.

Liu C, Xiang W, Lei P, et al. 2014. Standing fine root mass and production in four Chinese subtropical forests along a succession and species diversity gradient. Plant and Soil, 376: 445-459.

Loreau M, Hector A. 2001. Partitioning selection and complementarity in biodiversity experiments. Nature, 412: 72-76.

Ma WH, He JS, Yang YH, et al. 2010. Environmental factors covary with plant diversity-productivity relationships among Chinese grassland sites. Global Ecology and Biogeography, 19: 233-243.

MacFarlane DW. 2015. A generalized tree component biomass model derived from principles of variable allometry. Forest Ecology and Management, 354: 43-55.

Maherali H, Klironomos JN. 2007. Influence of phylogeny on fungal community assembly and ecosystem functioning. Science, 316: 1746-1748.

McGill BJ, Enquist BJ, Weiher E, et al. 2006. Rebuilding community ecology from functional traits. Trends in Ecology and Evolution, 21: 178-185.

McKinley DC, Ryan MG, Birdsey RA, et al. 2011. A synthesis of current knowledge on forests and carbon storage in the United States. Ecological Applications, 21: 1902-1924.

Micheli F, Halpern BS. 2005. Low functional redundancy in coastal marine assemblages. Ecology Letters, 8: 391-400.

Mitchard ETA, Saatchi SS, Baccini A, et al. 2013. Uncertainty in the spatial distribution of tropical forest biomass: a comparison of pan-tropical maps. Carbon Balance and Management, 8 (10) : 1-13.

Mitchard ETA, Saatchi SS, White LJT, et al. 2012. Mapping tropical forest biomass with radar and spaceborne LiDAR in Lopé National Park, Gabon: overcoming problems of high biomass and persistent cloud. Biogeosciences, 9 (1) : 179-191.

Montagu KD, Düttmer K, Barton CVM, et al. 2005. Developing general allometric relationship for regional estimates of carbon sequestration——an example using *Eucalyptus pilularis* from seven contrasting sites. Forest Ecology Management, 204: 113-127.

Muukkonen P. 2007. Generalized allometric volume and biomass equations for some tree species in Europe. European Journal of Forest Research, 126: 157-166.

Næsset E, Bollandsås OM, Gobakken T, et al. 2013. Model-assisted estimation of change in forest biomass over an 11 year period in a sample survey supported by airborne LiDAR: A case study with post-stratification to provide “activity data” . Remote Sensing of Environment, 128: 299-314.

Návar J. 2009. Allometric equations for tree species and carbon stocks for forests of northwestern Mexico. Forest Ecology Management, 257: 427-434.

Nelson BW, Mesquita R, Pereira JLG, et al. 1999. Allometric regressions for improved estimate of secondary forest biomass in the central Amazon. Forest Ecology Management, 117: 149-167.

Neumann M, Moreno A, Mues V, et al. 2016. Comparison of carbon estimation methods for European forests. Forest Ecology Management, 361: 397-420.

Nguyen H, Herbohn J, Firn J, et al. 2012. Biodiversity-productivity relationships in small-scale mixed-species plantations using native species in Leyte province, Philippines. Forest Ecology Management, 274: 81-90.

Nicklas KJ. 1994. Plant allometry: The Scaling of Form and Process. Chicago: The University of Chicago Press.

Nogueira EM, Fearnside PM, Nelson BW, et al. 2008. Estimates of forest biomass in the Brazilian Amazon: New allometric equations and adjustments to biomass from wood-volume inventories. Forest Ecology Management, 256: 1853-1867.

Ogawa H. 1977. Principle and methods of estimating primary production in forests. *In*: Shidei T, Kora T. Primary Productivity of Japanese Forests & Productivity of Terrestrial Communities. Tokyo: University of Tokyo Press: 29-38.

Ovington JD. 1962. Quantitative ecology and the woodland ecosystem concept. Advance in Ecology Research, l: 103-192.

Paquette A, Messier C. 2011. The effect of biodiversity on tree productivity: from temperate to boreal forests. Global Ecology and Biogeography, 20: 170-180.

Parresol BR. 1999. Assessing tree and stand biomass: a review with example and critical comparison. Forest Science, 45: 573-593.

Paul KI, Roxburgh SH, England JR, et al. 2013. Development and testing of allometric equations for estimating above-ground biomass of mixed-species environmental plantings. Forest Ecology and Management, 310: 483-494.

Peichl M, Arain MA. 2007. Allometry and partitioning of above- and belowground tree biomass in an age-sequence of white pine forests. Forest Ecology and Management, 253: 68-80.

Petchey OL, Gaston KJ. 2006. Functional diversity: back to the basics and looking forward. Ecology Letters, 9: 741-758.

Petchey OL, Hector A, Gaston KJ. 2004. How do different measures of functional diversity perform? Ecology, 85: 847-857.

Pflugmacher D, Cohen WB, Kennedy RE, et al. 2014. Using Landsat-derived disturbance and recovery history and lidar to map forest biomass dynamics. Remote Sensing of Environment, 151: 124-137.

Picard N, Saint-André L, Henry M. 2012. Manual for Building Tree Volume and Biomass Allometric Equations: from Field Measurements to Predictions. Montpellier: FAO, CIRAD.

Pilli R, Anfodillo T, Carrer M. 2006. Towards a functional and simplified allometry for estimating forest biomass. Forest Ecology Management, 237: 583-593.

Potter KM, Woodall CW. 2014. Does biodiversity make a difference? Relationships between species richness, evolutionary diversity, and aboveground live tree biomass across US forests. Forest Ecology Management, 321: 117-129.

R Development Core Team. 2015. R: A Language and Environment for Statistical Computing. R Foundation for Statistical Computing, Vienna, Austria. URL http: //www. R-project. org.

Reiss J, Bridle JR, Montoya JM, et al. 2009. Emerging horizons in biodiversity and ecosystem functioning research. Trends in Ecology and Evolution, 24: 505-514.

Resh SC, Battaglia M, Worledge D, et al. 2003. Coarse root biomass for eucalypt plantations in Tasmania, Australia: sources of variation and methods for assessment. Trees, 17: 389-399.

Roscher C, Schumacher J, Gubsch M, et al. 2012. Using plant functional traits to explain diversity-productivity relationships. PLoS One, 7: e36760.

Ruiz-Benito P, Gomez-Aparicio L, Paquette A, et al. 2014. Diversity increases carbon storage and tree productivity in Spanish forests. Global Ecology and Biogeography, 23: 311-322.

Ruiz-Jaen MC, Potvin C. 2011. Can we predict carbon stocks in tropical ecosystems from tree diversity? Comparing species and functional diversity in a plantation and a natural forest. New Phytologist, 189: 978-987.

Schmid B, Balvanera P, Cardinale B, et al. 2009. Consequences of species loss for ecosystem functioning: meta-analyses of data from biodiversity experiments. *In*: Naeem S, Bunker DE, Hector A, et al. Biodiversity, Ecosystem Functioning, and Human Wellbeing: an Ecological and Economic Perspective. Oxford: Oxford University Press: 14-29.

Schuldt A, Assmann T, Bruelheide H, et al. 2014. Functional and phylogenetic diversity of woody plants drive herbivory in a highly diverse forest. New Phytologist, 202: 864-873.

Srivastava DS, Cadotte MW, MacDonald AM, et al. 2012. Phylogenetic diversity and the functioning of ecosystems. Ecology Letters, 15: 637-648.

Stage AR, Salas C. 2007. Interactions of elevation, aspect, and slope in models of forest species composition and productivity. Forest Science, 53: 486-492.

Ter-Mikaelian MT, Korzukhin MD. 1997. Biomass equations for sixty-five North American tree species. Forest Ecology Management, 97: 1-24.

The Angiosperm Phylogeny Group (APG). 2009. An update of the angiosperm phylogeny group classification for the orders and families of flowering plants: APG Ⅲ. Botanical Journal of the Linnean Society, 161: 105-121.

Thompson K, Askew AP, Grime JP, et al. 2005. Biodiversity, ecosystem function and plant traits in mature and immature plant communities. Functional Ecology, 19: 355-358.

Tilman D. 1988. Plant strategies and the dynamics and structure of plant communities. Princeton: Princeton University Press.

Tilman D, Knops J, Wedin D, et al. 1997. The influence of functional diversity and composition on ecosystem processes. Science, 277: 1300-1302.

Tobin B, Nieuwenhuis M. 2005. Biomass expansion factors for Sitka spruce [*Picea sitchensis* (Bong). Carr.] in Ireland. European Journal of Forest Research, 126: 189-196.

Vila M, Vayreda J, Comas L, et al. 2007. Species richness and wood production: a positive association in Mediterranean forests. Ecology Letters, 10: 241-250.

Wang CK. 2006. Biomass allometric equations for 10 co-occurring tree species in Chinese temperate forests. Forest Ecology Management, 222: 9-16.

Webb CO, Ackerly DD, Kembel SW. 2008. Phylocom: software for the analysis of phylogenetic community structure and trait evolution. Bioinformatics, 24: 2098-2100.

Webb CO, Ackerly DD, McPeek MA, et al. 2002. Phylogenies and community ecology. Annual Review of Ecology and Systematic, 33: 475-505.

West GB, Brown JH, Enquist BJ. 1997. A general model for the origin of allometry scaling laws in biology. Science, 276: 122-126.

Westoby M, Falster DS, Moles AT, et al. 2002. Plant ecological strategies: some leading dimensions of variation between species. Annual Review of Ecology and Systematic, 33: 125-159.

Wikström N, Savolainen V, Chase MW. 2001. Evolution of the angiosperms: calibrating the family tree. Proc. Roy. Soc. London, 268: 2211-2220.

Williams RJ, Zerihun A, Montagu KD, et al. 2005. Allometry for estimating aboveground tree biomass in tropical and subtropical eucalypt woodlands: towards general predictive equations. Austrilian Journal of Botany, 53: 607-619.

Wu X, Wang X, Tang Z, et al. 2015a. The relationship between species richness and biomass changes from boreal to subtropical forests in China. Ecography, 37: 602-613.

Wu X, Wang X, Wu Y, et al. 2015b. Forest biomass is strongly shaped by forest height across boreal to tropical forests in China. Journal of Plant Ecology, 8: 559-567.

Xiang W, Fan G, Lei P, et al. 2015. Fine root interactions in subtropical mixed forests in China depend on tree species composition. Plant and Soil, 395: 335-349.

Xiang W, Liu S, Deng X, et al. 2011. General allometric equations and biomass allocation of *Pinus massoniana* trees on regional scale in southern China. Ecological Research, 26: 697-711.

Xiang XH, Liu SH, Lei XD, et al. 2013. Secondary forest floristic composition, structure, and spatial pattern in subtropical China. Journal of Forest Research, 18: 111-120.

Yu G, Chen Z, Piao S, et al. 2014. High carbon dioxide uptake by subtropical forest ecosystems in the East Asian monsoon region. Proceedings of National Academy of Science, USA, 111: 4910-4915.

Zhang J, Ge Y, Chang J, et al. 2007. Carbon storage by ecological service forests in Zhejiang Province, subtropical China. Forest Ecology and Management, 245: 64-75.

Zhang SB, Slik JWF, Zhang JL, et al. 2011. Spatial patterns of wood traits in China are controlled by phylogeny and the environment. Global Ecology and Biogeography, 20: 241-250.

Zhang Y, Chen H. 2015. Individual size inequality links forest diversity and above-ground biomass. Journal of Ecology, 103: 1245-1252.

Zianis D, Mencuccini M. 2004. On simplifying allometric analyses of forest biomass. Forest Ecology and Management, 187: 311-332.

Zianis D, Muukkonen P, Mäkipää R, et al. 2005. Biomass and stem volume equations for tree species in Europe. Silva Fennica Monographs, 4: 63.

第 5 章　亚热带次生林土壤特征

5.1　森林土壤特征研究概述

森林土壤是影响林木生长发育的重要环境因子，是森林生态系统养分的主要来源，调节着林木的生长发育，也是森林生态系统物质循环、能量流动和信息传递的核心区域，可以与水、气和植物相互作用来影响环境的变化，又可以反映人类生产经营活动对生物地球化学循环的影响。人们对土地不合理利用，导致全球生物地球化学循环的改变，进而加快土壤肥力下降（刘梦山等，2005）。当前世界各地土壤退化相当严重，已威胁到人类赖以生存的土地资源（刘占峰等，2006）。因此，迫切需要科学合理地利用有限的森林土壤资源，以维持和提高林地生产力。

我国亚热带地区由于人类活动的干扰，地带性植被常绿阔叶林多转变为次生林或人工林，土壤肥力下降，生态系统生产力大幅度降低。20 世纪 80 年代以来，我国先后实施了“退耕还林”“天然林资源保护”“长江中上游防护林建设”等系列林业生态工程，大面积次生林恢复迅速，形成了由不同树种组成的多种次生林，但有关次生林恢复对土壤肥力形成、演变机理及其对土壤有机碳库的影响机制仍不十分清楚。而我国亚热带地区地形多样、山高坡陡、土层薄、抗蚀性弱，水土流失严重，生态系统具有极大的潜在脆弱性，而且该地区东亚季风盛行，冬冷夏热、水热同季、季节变化明显，在此环境下，森林土壤有机碳库如何响应对估算该地区森林碳库潜力十分重要（杨玉盛等，2007），也将有助于阐明亚热带天然林保护与恢复、人工林经营对森林土壤碳库动态、土壤肥力演变的影响机制，以及其在该区域碳平衡中的作用，但目前相关研究仍比较匮乏（Iqbal et al.，2010；Luan et al.，2010；Wang et al.，2011）。此外，由于次生林和人工林在森林结构、抚育方式、经营目标等方面存在较大的差异，出现了人工林特别是针叶树种人工纯林立地衰退、生物多样性下降、生态系统功能退化、病虫害频发等诸多问题，因此人工林特别是针叶林土壤肥力维持一直是人们关注和争论的焦点之一，而人工林土壤肥力维持机制的研究途径之一就是通过系统比较人工林与其他森林类型（次生林、天然林）土壤特性的差异，探寻森林土壤肥力形成及其演变机理，进而揭示人工林土壤肥力下降机理及其维持机制，以寻求人工林可持续经营模式。

在森林与环境因素的相互作用过程中，森林土壤理化性质随着森林生态系统各个组分的演变而不断变化。森林土壤理化特征一方面决定了它在维持森林生态系统生产力、作为环境过滤器和保持动植物健康方面的功能状况；另一方面也可以作为评价和衡量森林生态系统可持续性的指标和依据（张万儒，1986）。为此，近期我国林业建设的重点是森林恢复与可持续利用森林资源，森林土壤学主要研究森林与土壤相互反馈关系的规律性，因此，可以运用土壤科学的先进知识和手段去解决森林恢复与利用森林资源中的实际问题。本章以湖南省长沙县大山冲国有林场 3 种次生林（马尾松-石栎针阔混交林、南酸枣落叶阔叶林、石栎-青冈常绿阔叶林）和杉木人工林为对象，比较研究不同森林类型土壤理化性质、养分分布特征及土壤有机碳库的差异，弄清森林树种组成差异与森林土壤理化性质、土壤有机碳库之间的关系，揭示亚热带地区次生林保护与恢复对土壤肥力演变过程、有机碳库的影响机制，为该地区森林恢复、次生林改造及其可持续经营提供科学依据。

5.1.1　森林土壤物理性质的研究

土壤物理性质包括土壤固相物质的组成、结构不同而形成的某些特征，包括土壤机械组成（质地）、结构、容重、相对密度、孔隙度和水分等重要指标，反映了土壤的水、气、质地和结构等综合物理状况，是土壤肥力的重要组成部分。由于土壤各种物理性质和过程相互联系、相互制约，其中某一方面的变化常引起土壤其他性质和过程的变化。土壤物理性质反映土壤肥力水平，也是评价林地土壤水源涵养、水土保持功能不可缺少的一个指标（田积瑩等，1964；姚贤良等，1982）。

土壤物理性质主要受自然因素（如成土母质、气候、地形）的影响，制约着土壤水、肥、气、热状况，直接影响着林木根系的生长和穿插能力、微生物活动和物质转化过程。由于森林树种组成、林分密度、物种多样性、枯枝落叶层的发育及林内小气候等因素不同，不同森林类型土壤物理性质差异显著。研究表明，随着森林演替和林木生长，土壤容重、孔隙度、含水量等发生明显的变化，在表层土壤表现最为显著（陈立新，2003；高雪松等，2005；姜林等，2013）。海南岛霸王岭热带低地雨林植被恢复过程中，从 15a 次生林到老龄林土壤容重呈下降趋势，土壤孔隙度呈现波动性增加趋势，土壤含水量略有小幅的升高，土壤机械组成变化显著，粗砂粒变动起伏较大，粗粉粒和黏粒减少，而细粉粒增多（黄永涛，2013）。不同土地利用方式对土壤物理性质影响显著，三峡库区小流域土壤容重依次为旱地>柑橘园>林地，土壤颗粒组成中<0.02mm 颗粒含量的顺序为林地>柑橘园>旱地，土壤孔隙度、渗透率变化的次序为林地>柑橘园>旱地（廖晓勇等，2005）。

5.1.2　森林土壤化学性质的研究

土壤化学性质是土壤肥力和土壤质量的重要组成部分，能供应和协调植物生长的营养条件与环境条件，对生态系统结构与功能有着重要的影响，对土地的可持续利用具有重要作用。土壤化学性质是由土壤化学物质及电荷控制的，需要采用化学分析或仪器分析手段鉴别的土壤表征和功能。土壤是植物营养的重要来源，也是土壤微生物的主要能源和营养元素。国外关于土壤化学性质的研究可追溯到 200 多年前，我国对土壤化学性质也有非常深入的研究。虽然土壤化学性质研究的历史较为悠久，同时研究方法和技术不断进步，但涉及土壤化学性质在土壤中的起源和化学成分及其对土壤肥力、土壤成土过程、土壤养分影响的许多问题仍需要深入研究。土壤化学性质是一个十分复杂的土壤生物化学过程，涉及土壤固相和液相的无机反应。目前，在土壤化学性质研究中所采用的指标主要有 pH，有机质、氮、磷和钾含量等，是植物的必需营养元素，也是养分的重要组成部分，它们都是土壤肥力的重要物质基础。

土地利用变化通过土地管理措施的改变对土壤养分变化有着密切的影响。研究表明，土地利用方式对土壤有机质、全氮、有效氮、全磷、有效磷、全钾、有效钾含量和 C/N 值均有显著的影响，林地和撂荒地有利于土壤养分循环，林地转变为耕地后，土壤有机质、全氮、全磷含量降低，全钾、速效钾含量有所增加，pH 明显升高，粗放的农业耕作降低了土壤养分并引起土壤退化，植被恢复等措施可以培肥土壤（高雪松等，2005；刘刚才等，2005；董杰等，2007；徐波等，2011；杨葳等，2011）。随着植被群落的进展演替，土壤有机质、全氮、全磷含量逐渐增加，土壤肥力逐步提高（张全发等，1990；黄永涛，2013）。湖南省会同县杉木林采迹地撂荒近 20a 后，撂荒地 0～30cm 和 30～60cm 土层有机质和养分含量普遍高于连栽的杉木人工林，尤其是腐殖质碳、有效磷含量的差异均达到了极显著水平，全磷含量在 0～30cm 土层中的差异达到显著水平(方晰等，2009)。北京八达岭地区土壤处于缺磷的状态，不同林分下土壤有效磷含量不同，含量变化比较复杂(耿玉清等，2006)。落叶松人工林的不同年龄阶段的根际、非根际土壤全磷含量差异达到了极显著的水平，且人工林土壤全磷含量均低于天然次生林土壤全磷含量(陈立新，2003)。

5.1.3　土壤碳、氮、磷生态化学计量学的研究

碳(C)是植物体干物质组成最主要的结构性元素，氮(N)、磷(P)是植物生长代谢过程中不可缺少的组成元素，影响植物的生长发育。生态化学计量学为研究 C、N、P 等元素在各种生态过程中的耦合关系及它们之间的动态平衡提供了一种综合方法。近年来，生态化学计量学已成为了生态学研究热点之一，受到国内外学者广泛关注(Ågren et al.，2012)。国外率先开展这方面的研究，从海洋生态系统扩展到湖泊、草地、森林等生态系统(Elser et al.，2000；Sardans et al.，2012)。许多学者运用生态化学计量方法来研究土壤 C、N、P 的区域分布特征和规律。我国虽起步较晚，但近年来发展迅速，也取得了较多研究成果，但当前主要集中在植物叶片 C、N、P 生态化学计量学特征的研究(Yu et al.，2010；张珂等，2014)，有关亚热带次生林恢复及其树种组成的差异对土壤 C、N、P 含量及其生态化学计量比影响的研究报道尚不多见，对不同演替阶段树种适应所在环境 N、P 养分限制性的重要机制，以及不同森林类型土壤 C、N、P 生态化学计量特征的研究仍比较欠缺(Sardans et al.，2012；Achat et al.，2013)。森林土壤 N、P 含量直接影响植物生长发育，常被作为判断植物生长是否受到限制的两种元素，在一定程度上调节着植物 C/N 值和 C/P 值(闫恩荣等，2008)，土壤 C、N、P 比值是成土因子、植被类型和人类活动的综合影响结果(王绍强等，2008；Achat et al.，2013)，可反映土壤 C、N、P 循环及它们之间的动态平衡特征。因此，研究森林土壤 C、N、P 含量及其生态化学计量学特征对认识森林生态系统的营养元素循环过程、反馈机制和对各种干扰的响应，对实现森林生态系统可持续经营具有重大的理论和实践意义。

土壤 C、N、P 生态化学计量比受到地貌、气候、植被等成土因子及人类经营活动的影响，因而空间差异性显著(王绍强等，2008)。在南亚热带，随着森林演替，土壤 N/P 值呈明显增加的变化趋势(刘兴诏等，2010)。但也有研究发现，在季风常绿阔叶林不同演替阶段之间，土壤 C/N 值没有显著的差异，随着植被演替，土壤 C/P 值、N/P 值呈下降趋势(刘万德等，2010)。滇中高原典型植被演替过程中，土壤 C/P 值、N/P 值先升高后降低，演替中期出现最大值(白荣，2012)。土壤 C、N、P 生态化学计量学特征因人为干扰程度不同而发生改变(王维奇等，2011)。可见，对森林土壤 C、N、P 含量及其生态化学计量比随着森林树种组成变化的研究仍较缺乏，而且目前不同研究结果之间仍存在较大的差异。

5.1.4　森林土壤酶活性的研究

土壤酶(soil enzyme)是土壤有机物质代谢的动力，主要来源于土壤微生物的活动、植物根系分泌物和腐解的动植物残体(关松荫，1986)，直接或间接影响着生态系统的物质循环和功能的发挥，既参与包括土壤生物化学过程在内的自然界物质循环，又是植物营养元素的活性库(薛立等，2003a；何斌等，2002)，在很大程度上反映土壤物质循环与转化的强度，

常被作为反映土壤生态系统变化的预警和敏感指标(南京土壤研究所，1985；周礼恺，1987)。在几乎所有的森林生态系统研究中，土壤酶活性的监测似乎成为了必不可少的研究内容(杨万勤等，2004)。森林砍伐、凋落物采集和施肥等人类活动可能改变森林植物群落结构、土壤生物区系、土壤水热状况和土壤理化性质等，从而对森林土壤酶活性产生深刻影响(杨万勤等，2004)。因此，研究森林土壤酶活性可以监测人类干扰对森林生态系统功能的影响。

近十几年来，土壤酶与植被特征的关系也受到广泛关注。我国对土壤酶活性研究的论文逐渐增多，且研究深度和广度日益增加。在不同演替阶段森林植被、土壤理化性质、水热状况、土壤生物区系的不同导致土壤酶活性特征发生不同的变化。土壤酶活性的变化规律不仅与植被的演替有关，而且与植被树种组成有关(杨万勤等，1999a；杨万勤等，1999b)。研究表明，不同演替阶段的森林生态系统的植物多样性与土壤过氧化氢酶、土壤转化酶、酸性磷酸酶等酶活性呈显著正相关，不同植物群落之间，土壤酶活性的季节变化规律存在着较大的差异(杨万勤等，2001)。湿地松混交林地的脲酶、过氧化氢酶和纤维素分解酶的活性大于湿地松纯林地(薛立等，2003b)。因此，研究不同森林土壤酶活性的差异及其季节动态，对于探讨不同森林土壤质量的差异性具有不可替代的作用。

土壤酶活性与土壤养分密切相关(张成娥等，2003)。研究发现，林地土壤过氧化氢酶、磷酸酶、脲酶、蔗糖酶活性与土壤有机质、养分含量之间均有较好的正相关性，而且与水解氮、速效磷、腐殖质碳的相关性高于其与有机质的相关性(方晰等，2009)。对固氮树种引入非固氮树种的林地之后进行研究发现，土壤有机碳和氮的输入增加，林地土壤酶活性明显增强，磷酸酶活性提高 1 倍以上(Allison et al.，2006)。随着森林恢复，土壤养分的时空变化与土壤酶活性的变化趋势基本一致，土壤有机碳、全氮、碱解氮含量呈上升趋势，脲酶与有机碳、全氮、碱解氮呈极显著正相关，多酚氧化酶与有机碳、碱解氮呈极显著正相关，与全氮、速效磷、速效钾呈显著正相关，蔗糖酶活性与有机碳、全氮、碱解氮、速效磷、速效钾呈显著正相关(杨宁等，2013)。

土壤酶活性是否可以作为评价土壤肥力的参数，仍存在争议(张猛等，2003)，不同学者对不同林分土壤酶活性与土壤养分之间相关性的研究结论有所不同，反映出林地土壤酶活性与土壤养分之间相关性的复杂性。但大多研究结果(关松荫，1986；李勇，1989；Dick et al.，1992；张庆费等，1999；方晰等，2009)表明，土壤酶活性可以评价土壤肥力。李勇(1989)指出，不仅单个酶参与某一专一的生物化学过程且与某些肥力因素密切相关，酶活性之间也存在着共性的相关关系，在土壤肥力形成、发展中起重要作用的酶活性群体(几个关键酶类)必然在一定程度上反映土壤肥力的真实水平。

5.1.5　森林土壤有机碳库组分特征的研究

森林土壤有机碳(soil organic carbon，SOC)库是森林生态系统碳库的重要组成部分，其储量占森林生态系统碳库的 2/3 以上，其微小变化不仅会影响全球碳平衡，导致全球气候变化，而且直接或间接影响森林生态系统生物产量和生产力，在维持森林立地生产力及全球碳平衡过程中起重要作用。森林 SOC 主要来源于动植物残体的分解和积累，与气候条件(水、热)紧密相关。因此，森林 SOC 含量反映了植物群落空间上的分布和时间上的演替阶段(苏静等，2005)，森林 SOC 库的大小与森林类型关系密切，也受制于当地的气候条件(周玉荣等，2000)。目前，森林 SOC 库对全球气候变化的响应尚未完全弄清(Davidson et al.，2006)。为此，开展森林 SOC

库的估算，仍然是全球森林生态系统碳循环研究的核心内容。此外，随着全球对土壤质量的日益关注，SOC 作为衡量土壤质量高低的重要指标，也成为森林可持续经营可参考的重要依据之一。

SOC 在森林生态系统中空间变异较大，在短时间内很难被检测到明显的变化。SOC 的组成成分比较复杂，目前还没有统一的有机碳组分划分方法。根据其平均驻留时间，一般认为它是由活性的、缓性的和稳定的惰性有机碳组成的(赵鑫等，2006)。随着对土壤 SOC 库研究的逐渐深入，SOC 库的活性组分也成为了研究的热点(宇万太等，2007；万忠梅等，2011)，SOC 库的变化主要发生在活性有机碳库里，一般而言，土壤有机碳和活性有机碳含量降低及土壤肥力下降是森林生产力下降的重要原因(Powers et al.，1997)。土壤活性有机碳(soil active organic carbon)是指在土壤中具有一定溶解性、易氧化、易矿化、易分解、不稳定，其形态和空间位置对植物和微生物活性较高的有机碳(沈宏等，1999)。国外在描述土壤活性有机碳指标中使用的术语很多，如土壤微生物量碳、易氧化碳、可溶性有机碳、颗粒有机碳、轻组有机碳等。其中，微生物生物量碳(microbial biomass carbon，MBC)、可矿化有机碳(mineralized organic carbon，MOC)、易氧化有机碳(readily oxidized carbon，ROC)、水溶性有机碳(dissolved organic carbon，DOC)是表征土壤活性有机碳库的主要指标(沈宏等，1999)。土壤活性有机碳虽然仅占土壤有机碳极小的比例，却直接参与土壤物质循环、能量转化等诸多生态过程，影响着陆地生态系统 C、N、P 等养分的循环过程(Taylor et al.，2007)，而且能在 SOC 变化之前反映出管理措施或环境变化所引起的 SOC 库微小变化(Wander et al.，1994；沈宏等，1999)。因此，常用作土壤潜在生产力和 SOC 库变化的早期敏感性指标，对维持土壤肥力和碳库平衡有重要作用(Wander et al.，1994；Haynes，2005)，森林土壤活性有机碳的动态变化研究是森林 SOC 库动态及其调控机理研究的重要方面。

由于树种组成不同、凋落物化学组成不同导致不同森林土壤活性有机碳库存在明显的差异(Quideau et al.，2001)。研究表明，天然常绿阔叶林土壤活性有机碳含量明显高于杉木人工林(Wang et al.，2005；王清奎等，2006；Wang et al.，2011；Luan et al.，2010)，阔叶林土壤活性有机碳含量均显著高于针叶林(姜培坤，2005；耿玉清等，2009)，灌木林和阔叶林土壤活性有机碳库存在一定的差异(徐秋芳等，2005)，天然次生林土壤无论 SOC 还是 ROC、DOC 和轻组有机质含量均高于同一地区的杉木人工林(刘荣杰等，2012)。川南天然常绿阔叶林及其人工更新后形成的檫木林、柳杉林和水杉林土壤 ROC 含量在各季节均为：天然常绿阔叶林>檫木林>水杉林>柳杉林(龚伟等，2008)。苏南丘陵杉木林随林龄的增长，土壤 ROC 含量呈现先降低后增加的变化，过熟林阶段最高，中龄林最低(李平等，2011)。天然次生林转化为红松人工林、长白落叶松人工林 30a 后，土壤表层有机碳、活性有机碳(水溶性有机碳、微生物生物量碳)质量分数显著降低，45a 生人工林土壤表层有机碳、活性有机碳质量分数逐渐恢复(王彦梅等，2010)。

土壤活性有机碳对气候、土壤、植被变化的响应极为敏感，具有明显的季节变化，但由于多种因子的综合作用及关键因子的主导地位不同，即使同一气候条件、土壤类型下，不同植被同一土壤活性有机碳组分或同一植被不同土壤活性有机碳组分含量的季节变化模式也不相同(Singh et al.，2010；谢涛等，2012)。土壤 MBC 含量的季节变化呈现 3 种模式：夏高冬低型、夏低冬高型、干-湿季节交替循环型(王国兵等，2009)。土壤 DOC 含量也呈现多种变化模式：春、夏季较高，冬季较低(Tipping et al.，1999；Kawahigashi et al.，2003)；冬季高，夏季低(汪伟等，2008；刘荣杰等，2013）；秋季最高（Zhou et al.，2006）；季节变化不明显（Dosskey et al.，1997）。苏北沿海地区 4 种土地利用方式土壤 ROC 含量最大值出现在夏季，冬季次之，春季最低（王国兵等，2013），中亚热带不同演替阶段常绿阔叶林土壤 MBC 和 DOC 含量季节变化显著，秋季出现最低值，最高值随演替进程由冬季逐步转向夏季（范跃新等，2013）。至今，比较同一地区不同森林多种土壤活性有机碳组分含量的季节动态仍少见报道。

5.1.6　森林地表凋落物层现存量及其养分含量特征

土壤是生态系统养分的主要来源，调节着植物的生长发育，植物通过枯枝落叶和根系的凋落分解，将养分归还土壤，参与土壤成土过程，维持土壤碳库和养分稳定，因而凋落物在植物与土壤相互作用体系中起着重要"枢纽"作用。森林地表凋落物是凋落物量与其分解量动态平衡的结果，是森林生态系统一个重要的碳库和养分库，具有增加土壤有机碳、氮含量及土壤含水量、增大土壤比热容量等生态功能，直接影响着土壤理化性质，对森林生态系统有机质贮存和养分循环等起着重要的作用，是森林土壤肥力的自然来源之一。

目前对森林凋落物的研究主要集中在凋落物产量、组成和动态变化（Kamruzzaman et al.，2012；侯玲玲等，2013；郭婧等，2015）及其分解（Tang et al.，2010；Hossain et al.，2011），持水特性（常雅军等，2011）及其对森林水源涵养功能（张洪江等，2003；薛立等，2005）和土壤理化性质的影响（林波等，2003），凋落物分解和营养元素的动态分析（项文化等，1997），还有对纯林、混交林、天然林和人工林凋落物养分含量的比较（杨玉盛等，2004；杨智杰等，2010）等方面，森林地表凋落物现存量及其养分特征的研究对认识森林生态系统功能具有十分重要的意义（潘紫重等，2002），凋落物中碳、氮对整个森林生态系统的物质循环和能量流动过程都具有特殊的作用，其分解速率直接影响到森林生态系统碳、氮循环速率，从而影响到整个森林生态系统的碳、氮吸收量（Caldentey et al.，2001）。研究表明，地表凋落物层现存量的多少会受到很多因素的影响，如森林类型、林龄、林分密度、气候和人为干扰等（原作强等，2010）。此外，对凋落物的另一重要方面——不同分解层的 C、N、P 含量及其化学计量学特征随森林恢复过程变化的研究仍很缺乏（Sardans et al.，2012；马文济等，2014）。

5.2　研 究 方 法

5.2.1　土壤样品的采集及处理

在马尾松-石栎针阔混交林（PM）、南酸枣落叶阔叶林（CA）、石栎-青冈常绿阔叶林（LG）3 种次生林和杉木人工林（CL）的 1hm^2 长期观测固定样地内，沿上坡、中坡、下坡分别设置 1 块 10m×10m 的固定样方，每种森林构成 3 个重复，在每一固定样方内随机布置 3 个固定采样点。每个采样点均按 0～15cm、15～30cm 分层采集土壤样品，于 2011 年 12 月下旬（冬季）、2012 年 3 月下旬（春季）、2012 年 6 月下旬（夏季）和 2012 年 9 月下旬（秋季）在连续晴天 1 周后采集土壤样品。每次采样时在每个采样点附近挖 1 个土壤剖面，沿土壤剖面从下至上采集土壤；同一固定样方的 3 个采样点相同土层土壤混合为 1 个土壤样品（约取 2kg）；每个森林类型每季节分别采集土壤样品 6 个，取 3 个固定样方的算术平均值作为每个森林类型每季节的最终测定结果。

在室内，清除土壤样品中的动植物残体、石砾等杂质后，混合均匀，分成两份：一份过

2mm 土壤筛后，装入无菌塑料袋密封，置于冰箱 0～4℃条件下保存，用于测定土壤自然含水率、土壤微生物生物量碳(MBC)、水溶性有机碳(DOC)和可矿化有机碳(MOC)；另一份自然风干后再分成两份，一份过 0.25mm 土壤筛，用于测定土壤有机碳(SOC)、易氧化有机碳(ROC)、pH、全氮(TN)、全磷(TP)、全钾(TK)，另一份过 1mm 土壤筛，用于测定土壤有效氮(AN)、有效磷(AP)、速效钾(AK)、酸性磷酸酶(ACP)、蔗糖酶(IVA)、脲酶(UA)、过氧化氢酶(CAT)。同时，在 2011 年冬季用环刀法测定土壤容重，2012 年秋季采集土壤样品测定土壤的颗粒组成。

5.2.2　土壤理化性质、酶活性的测定

土壤自然含水率用 105℃烘干法、颗粒组成用吸管法、pH 采用土水比 1∶2.5 pH 计法、TN 用 KN580 全自动凯氏定氮仪法、TP 用钼锑抗比色法、TK 用火焰分光光度计法、AN 用碱解扩散法、AP 用盐酸-氟化铵法、AK 用乙酸铵浸提-火焰光度法测定(中国科学院南京土壤研究所，1978)。土壤 ACP 活性用磷酸苯二钠比色法、IVA 活性用三硝基水杨酸比色法、CAT 活性用紫外分光光度计比色法、UA 活性用苯酚钠比色法测定(关松荫，1986)。

5.2.3　土壤有机碳库组分的测定

土壤 SOC 采用重铬酸钾-浓硫酸水合加热法测定；土壤 MBC 用经前处理鲜土 10g，三氯甲烷熏蒸、K_2SO_4 浸提、滤液直接在 TOC-1020A 分析仪测定(吴金水等，2006)；土壤 DOC 用经前处理鲜土 10g，按水土比 4∶1，加 40mL 蒸馏水浸提，在 25℃条件下恒温振荡 30min(200r/min)后，离心 20min(4000r/min)，用 0.45μm 滤膜抽滤，滤液直接在 TOC-1020A 分析仪上测定(汪伟等，2008)；MOC 用经前处理鲜土 50g 在室内短期培养 3d，碱液吸收酸滴定法测定(段正锋等，2009)；ROC 用 333mmol/L $KMnO_4$ 氧化比色法测定(吴建国等，2004)。

5.2.4　林地地表凋落物层现存量及其养分含量的测定

在 4 种森林长期观测固定样地内，沿上、中、下坡分别选择 6 个 10m×10m 小样地，每个小样地各随机设置 2 个 1.0m×1.0m 小样方，根据凋落物层分层标准(郑路等，2012)，自上而下按未分解层、半分解层和已分解层(分别记为 OL 层、OF 层、OH 层，下同)收集小样方内的凋落物，带回实验室，将同一小样地内 2 个小样方的同一分解层凋落物混合为一个样品，置于 80℃条件下烘干至恒重后称重，4 种森林用 6 个小样方的平均值估算各种森林地表凋落物层各分解层的现存量及各分解层现存量占林地凋落物层现存总量的百分比。

将在 80℃条件下烘干后的凋落物经植物粉碎机磨碎，过 60 目筛，保存于样品自封袋，用于测定凋落物碳(C)、氮(N)、磷(P)、钾(K)含量。凋落物 C 含量用重铬酸钾-浓硫酸外加热法测定，N 含量用 KN580 全自动凯氏定氮仪测定，P 含量用碱熔钼锑抗比色法测定，K 含量用火焰分光光度计法测定，每个样品平行测定 3 次，取其平均值作为该样品的最终测定结果。

为分析不同森林地表凋落物现存量、养分含量的影响因子，在采集林地地表凋落物的同时，在 1.0m×1.0m 小样方按 0～10cm、10～20cm、20～30cm 分层采集土壤样品，用于测定土壤有机碳(SOC)、全氮(TN)、全磷(TP)含量。

5.2.5　数据处理

用 Excel(2003)统计各项指标平均值、标准差和制作季节变化图。用 SPSS16.0 软件包中的

单因素方差(one-way ANOVA)的 LSD 法比较不同森林土壤理化性质、酶活性、各形态有机碳及其分配比例、凋落物现存量各项指标的差异显著性($P<0.05$)，计算平均值和标准差，用重复测量设计的方差分析(repeated-measure ANOVA)比较不同季节各森林类型不同土层活性有机碳各组分含量的差异，用 Pearson 法分析计算土壤各指标之间的相关系数。

1. 土壤粒径分布分形维数模型

采用杨培岭等(1993)提出的反映土壤粒径分布分形维数的计算方法，建立土壤粒径、土壤颗粒重量分布与土壤分形维数的关系式如下：

$$D = 3 - \frac{\lg(W_i / W_0)}{\lg(\bar{d}_i / \bar{d}_{\max})} \tag{5.1}$$

式中，D 为土壤颗粒分形维数；W_i 为粒径小于 d_i 的颗粒累积重量；W_0 为土壤各粒径颗粒重量之和；$\bar{d}_i$ 为两筛分粒径 d_i 和 d_{i+1} 间的粒径平均值；$\bar{d}_{\max}$ 为最大粒径土粒的平均直径。

2. 土壤养分供应强度

土壤养分供应强度的计算公式(湖南省农业厅，1989)如下：

$$供氮强度(\%) = \frac{土壤水解氮含量}{土壤全氮含量} \times 100 \tag{5.2}$$

$$供磷强度(\%) = \frac{土壤有效磷含量}{土壤全磷含量} \times 100 \tag{5.3}$$

$$供钾强度(\%) = \frac{土壤速效钾含量}{土壤全钾含量} \times 100 \tag{5.4}$$

3. 基于综合指数法的土壤养分库评价

利用综合指数的计算形式(王月容等，2010)对 4 种森林土壤养分库进行定量评价。选择有机质、TN、AN、TP、AP、TK、AK 7 个养分指标建立评价指标体系。单项指数(y)计算如下：

$$y = \frac{X}{M} \tag{5.5}$$

式中，X 为各养分指标的观测值；M 为土壤养分含量的临界值，取中国土壤养分分级标准中等级别的下限值(全国土壤普查办公室，1992)(表 5.1)。单项指数大于 1，表明土壤中该项指标含量丰富；单项指数小于 1，表明土壤中该项指标含量缺乏。

表 5.1　土壤养分含量临界值

土壤养分指标	有机质/(g/kg)	全氮/(g/kg)	水解氮/(mg/kg)	全磷/(g/kg)	有效磷/(mg/kg)	全钾/(g/kg)	速效钾/(mg/kg)
临界值(M)	20.0	1.0	100.0	1.5	10.0	20.0	100.0

土壤养分综合指数(I)按同类指数相乘、异类相加的方法进行指数综合：

$$I = \sum_{i=1}^{m} \prod_{j=1}^{n} y_{ij} \tag{5.6}$$

4. 土壤总有机碳密度计算

$$\mathrm{SOCD}=\sum_{i=1}^{n}\mathrm{SOC}_i\times B_i\times H_i \tag{5.7}$$

式中，SOCD 为土壤有机碳密度(t/hm^2)；n 为土壤剖面分割的层数；SOC_i、B_i、H_i分别为第 i 层土壤的有机碳含量(g/kg)、土壤容重(g/cm^3)、土层深度(cm)。

5. 土壤微生物碳商、其他形态活性有机碳的分配比例计算

$$土壤微生物碳商(\%)=\frac{土壤\mathrm{MBC}碳含量}{\mathrm{SOC}含量}\times 100 \tag{5.8}$$

$$\mathrm{DOC}分配比例(\%)=\frac{土壤\mathrm{DOC}含量}{\mathrm{SOC}含量}\times 100 \tag{5.9}$$

6. 土壤微生物生物量的周转率和流通量计算

周转率是指单位重量的微生物在单位时间的减少量,周转时间是指单位重量的微生物减少所需的时间，流通量是指在单位时间内单位体积土壤中微生物的生长量和消亡量。土壤微生物生物量的周转率、周转时间和流通量分别应用下列公式计算(洪坚平等，1997)：

$$周转率(1/\mathrm{a})=\frac{微生物生物量1\mathrm{a}内的动态变化量之和}{1\mathrm{a}内微生物生物量的平均值} \tag{5.10}$$

$$周转时间(\mathrm{a})=\frac{1}{周转率} \tag{5.11}$$

$$流通量[\mathrm{g/(m^2\cdot a)}]=\frac{微生物生物量平均值\times容重\times深度系数}{周转时间} \tag{5.12}$$

深度系数是指取样深度每 10cm 则深度系数为 1。

7. 土壤碳库管理指数计算

以石栎-青冈天然次生林土壤为参考土壤，用以下公式(龚伟等，2008)计算：

$$\mathrm{NL=TOC-ROC} \tag{5.13}$$

$$\mathrm{CPI=TOC_{样品}/TOC_{参考}} \tag{5.14}$$

$$L=\mathrm{ROC/NL} \tag{5.15}$$

$$\mathrm{LI}=L_{样品}/L_{参考} \tag{5.16}$$

$$\mathrm{CMI=CPI\times LI\times 100} \tag{5.17}$$

式中，NL 为非活性有机碳含量(g/kg)；TOC 为总有机碳含量(g/kg)；ROC 为易氧化有机碳含量(g/kg)；CPI 为碳库指数；$\mathrm{TOC}_{样品}$为样品总有机碳含量(g/kg)；$\mathrm{TOC}_{参考}$为参考土壤有机碳含量(g/kg)；L 为碳库活度；LI 为碳库活度指数；$L_{样品}$为样品碳库活度；$L_{参考}$为参考土壤碳库活度；CMI 为碳库管理指数。

5.3 次生林土壤物理特性

5.3.1 土壤颗粒组成及其分形维数的差异

由表 5.2 可知，4 种森林 0～30cm 土层以黏粒(<0.005mm)含量最高，为 35.75%～56.19%，平均为 44.38%，其次是粉粒(0.05～0.005mm)含量，为 28.05%～39.48%，平均达 32.67%，而砂粒(1～0.05mm)含量较低，为 12.88%～30.49%，平均仅为 22.39%。根据中国土壤质地分类标准(中国科学院南京土壤研究所，1978)，4 种森林土壤均属于黏壤土，表明研究区 4 种森林土壤颗粒组成具有南方丘陵区红壤典型质地黏重特征。4 种森林土壤各粒级颗粒百分含量存在一定的差异。其中，各土层细砂粒(0.25～0.05mm)百分含量的差异最大，变异系数为 60.88%，均以南酸枣落叶阔叶林含量最高(18.29%～19.91%)，其次是马尾松-石栎针阔混交林(15.19%～15.93%)，杉木人工林与石栎-青冈常绿阔叶林处于较低水平；土壤粗黏粒(0.005～0.001mm)和黏粒(<0.001mm)百分含量的差异也较明显，均以杉木人工林含量最高，分别为 30.04%～30.93%和 25.25%～26.17%，但 3 种次生林土壤粗黏粒(0.005～0.001mm)和黏粒(<0.001mm)含量差异均不明显；其他粒级颗粒含量的差异不大。

表 5.2 不同森林土壤不同粒径(mm)土粒质量与总质量百分比(%)

土层/cm	森林类型	粗砂粒		细砂粒	粗粉粒	细粉粒	粗黏粒	黏粒	质地名称(中国制)
		1～0.5	0.5～0.25	0.25～0.05	0.05～0.01	0.01～0.005	0.005～0.001	<0.001	
0～15	CL	4.43	4.55	4.20	18.66	11.94	30.04	26.17	黏壤土
	PM	8.22	7.28	15.19	18.62	12.91	21.09	16.69	黏壤土
	CA	4.66	4.77	19.91	15.07	11.01	25.24	19.31	黏壤土
	LG	6.15	6.15	4.45	22.73	17.06	29.00	14.46	黏壤土
15～30	CL	4.08	5.06	3.45	17.17	14.06	30.93	25.25	黏壤土
	PM	7.21	6.22	15.93	19.08	13.84	20.42	17.30	黏壤土
	CA	4.57	4.91	18.17	18.05	11.96	23.73	18.61	黏壤土
	LG	5.56	5.61	7.43	21.71	17.46	26.61	15.62	黏壤土
平均值(0～30)	CL	4.26	4.81	3.82	17.92	13.00	30.48	25.71	黏壤土
	PM	7.72	6.75	15.56	18.85	13.38	20.76	17.00	黏壤土
	CA	4.62	4.84	19.04	16.56	11.49	24.49	18.96	黏壤土
	LG	5.86	5.88	5.94	22.22	17.26	27.81	15.04	黏壤土

注：表中 CL、PM、CA、LG 分别代表杉木人工林、马尾松-石栎针阔混交林、南酸枣落叶阔叶林、石栎-青冈常绿阔叶林；下同

分别以 $\lg(W_i/W_0)$ 、$\lg(\bar{d}_i/\bar{d}_{\max})$ 为纵、横坐标，根据表 5.2 数据得到 4 种森林各土层 $\lg(W_i/W_0)$ 与 $\lg(\bar{d}_i/\bar{d}_{\max})$ 的线性回归分析结果，如图 5.1 所示。从图 5.1 可以看出，土壤作为一种多孔介质，其结构具有统计意义上的自相似性，表现出明显的分形特征。

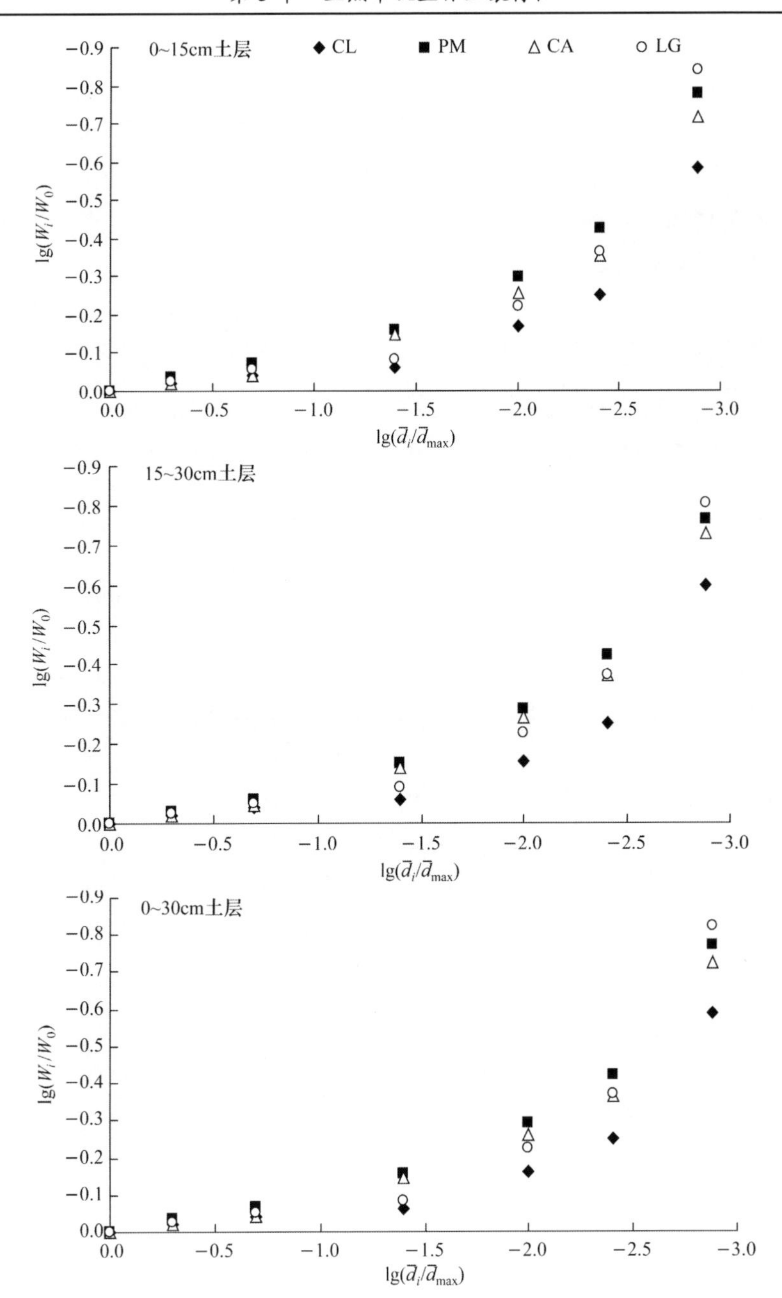

图 5.1　不同森林类型土壤 $\lg(W_i/W_0)$ 和 $\lg(\bar{d}_i/\bar{d}_{max})$ 的关系

图中 CL、PM、CA、LG 分别代表杉木人工林、马尾松-石栎针阔混交林、南酸枣落叶阔叶林、石栎-青冈常绿阔叶林；下同

根据土壤粒径分形维数的计算方法（杨培岭等，1993），得出 4 种森林 0～15cm 土层、15～30cm 土层、0～30cm 土层粒径分形维数平均值分别为 2.765～2.836、2.768～2.834 和 2.766～2.835（表 5.3），4 种森林各土层粒径分形维数平均值均以杉木人工林最高，其次是南酸枣落叶阔叶林、石栎-青冈常绿阔叶林，马尾松-石栎针阔混交林最低。方差分析结果（表 5.3）显示，4 种森林土壤粒径分形维数受土层深度影响的变化差异不显著（P>0.05），随着土层深度增加，其变化趋势不明显，表明一定土壤深度范围内（0～30cm），土壤深度对土壤粒径分形维数的影响不大，因此可以忽略森林类型、土壤层次二者间的交互作用。而不同森林类型土壤粒径分形维

数差异极显著($P<0.01$)，其中，杉木人工林各土层粒径分形维数与 3 种次生林差异显著($P<0.05$)，而 3 种次生林两两之间差异均不显著($P>0.05$)，表明不同森林类型对土壤粒径分形维数产生了显著影响。土壤粒径分形维数与森林树种多样性相关性分析结果表明，土壤粒径分形维数与森林树种多样性呈极显著线性负相关(相关系数为 0.8498，n=8，$P<0.01$)，表明随着森林树种多样性的增加，土壤粒径分形维数下降，土壤形成多孔隙良性结构状况，既能保证良好的通气透水性，又具有一定的保水保肥性能。

表 5.3　不同森林土壤颗粒分布的分形维数

土壤层次/cm	杉木林	马尾松林	南酸枣林	石栎-青冈林
0～15	2.834±0.02a	2.746±0.04b	2.766±0.04b	2.763±0.02b
15～30	2.834±0.04a	2.737±0.04b	2.758±0.05b	2.764±0.04b
平均值	2.834a	2.742b	2.762b	2.764b

注：同一行不同字母表示不同森林之间差异显著($P<0.05$)

从表 5.2 和表 5.3 可以看出，4 种森林各土层粒径分形维数的最高值、最低值分别与黏粒(<0.001mm)含量的最高值和最低值对应。土壤粒径分形维数与土壤各粒径含量相关性分析结果(图 5.2)表明，土壤粒径分形维数与不同粒级颗粒含量的相关性不一致。其中，土壤粒径分形维数与砂粒(1.0～0.05mm)含量呈极显著线性负相关(相关系数为 0.6740，n=72，$P<0.01$)，但与粉粒(0.05～0.005mm)含量呈线性负相关，但不显著($P>0.05$)，与粗黏粒(0.005～0.001mm)、黏粒(<0.001mm)含量呈极显著线性正相关(相关系数分别为 0.4427 和 0.9411，n=72，$P<0.01$)，表明土壤粒径分形维数对各个粒级土粒含量的反映程度不同，反映最大的是黏粒含量，其次是砂粒、粗黏粒含量。在分形维数上表现出土壤黏粒(<0.001mm)含量越高，其分形维数越高，土壤砂粒(1.0～0.05mm)含量越高，土壤粒径分布的分形维数越低。这表明土壤粒径分形维数可作为土壤质地综合性的定量化指标之一。

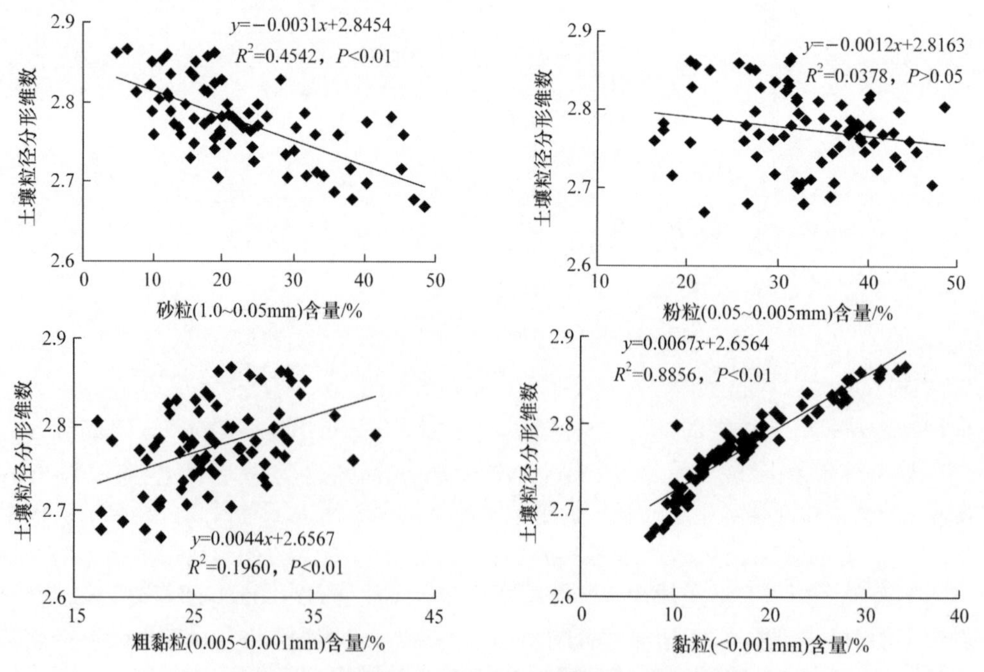

图 5.2　土壤颗粒分形维数与土壤颗粒组成的关系

5.3.2　土壤容重

从表 5.4 可以看出，4 种森林 0～15cm 土层容重为 1.02～1.48g/cm^3，平均为 1.28g/cm^3，变异系数为 9.34%，15～30cm 土层为 1.14～1.53g/cm^3，平均为 1.35g/cm^3，变异系数为 7.91%，除杉木人工林外，3 种次生林均表现为 0～15cm 土层显著低于 15～30cm 土层(P<0.05)；杉木人工林各土层容重均高于 3 种次生林相应土层，其中 0～15cm 土层较为明显，依次较马尾松-石栎针阔混交林、南酸枣落叶阔叶林、石栎-青冈常绿阔叶林高出 10.71%、7.86%和 10%，且杉木人工林与 3 种次生林的差异显著(P<0.05)，但 3 种次生林两两之间的差异不显著(P>0.05)。15～30cm 土层和 0～30cm 土层，4 种森林两两之间差异均不显著(P>0.05)，表明杉木人工林的树种组成不同，人为干扰较多，导致表层土壤容重明显升高。

表 5.4　不同森林土壤容重(平均值±标准差，n=12，g/cm^3)

土壤层次/cm	杉木林	马尾松林	南酸枣林	石栎-青冈林
0～15	1.40±0.09a	1.25±0.10b	1.29±0.14b	1.26±0.06b
15～30	1.41±0.09	1.38±0.07	1.38±0.10	1.34±0.13
平均值	1.40±0.09	1.31±0.10	1.34±0.13	1.30±0.10

注；同一行中不同字母表示不同森林之间差异显著

5.3.3　土壤含水率

如图 5.3 所示，4 种森林两个土层含水率的变化趋势基本一致，均表现为：杉木人工林土壤平均含水率最高(26.44%～26.62%)，其次是南酸枣落叶阔叶林(22.26%～25.53%)，而马尾松-石栎针阔混交林(18.33%～20.27%)最低，且杉木人工林与马尾松-石栎针阔混交林、南酸枣落叶阔叶林(除 0～15cm 土层外)、石栎-青冈常绿阔叶林之间差异显著(P<0.05)，但 3 种次生林之间差异不显著(P>0.05)。3 种次生林 0～15cm 土层均高于 15～30cm 土层，而杉木人工林相反。可能是森林树种组成不同，根系分布深度及密度不同，土壤蒸发和植被蒸腾差异较大所致。

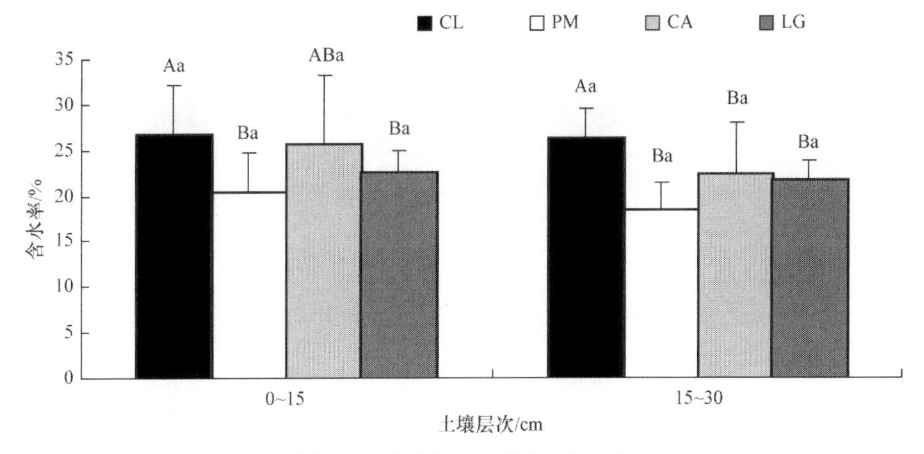

图 5.3　不同森林土壤平均含水率

图中不同大写字母表示同一土层不同森林之间差异显著(P<0.05)，小写字母表示同一森林不同土层之间差异显著(P<0.05)；下同

5.3.4　粒径分形维数、<0.01mm 颗粒含量与容重、含水量之间的关系

如图 5.4 所示，森林土壤粒径分形维数、<0.01mm 颗粒含量与土壤容重呈极显著线性正相关(相关系数分别为 0.3953 和 3635，n=72，P<0.01)，与土壤含水率不存在显著相关性(P>0.05)。

而土壤容重与土壤含水率呈极显著线性负相关(相关系数为 0.3680，n=72，P<0.01)。表明在该研究区域，可用土壤分形维数、<0.01mm 颗粒含量来表征森林土壤容重，即土壤粒径分形维数、<0.01mm 颗粒含量越高，森林土壤容重越大，土壤越紧实，土壤透水性越差，而土壤自然含水率受土壤粒径分形维数、<0.01mm 颗粒含量影响不明显。

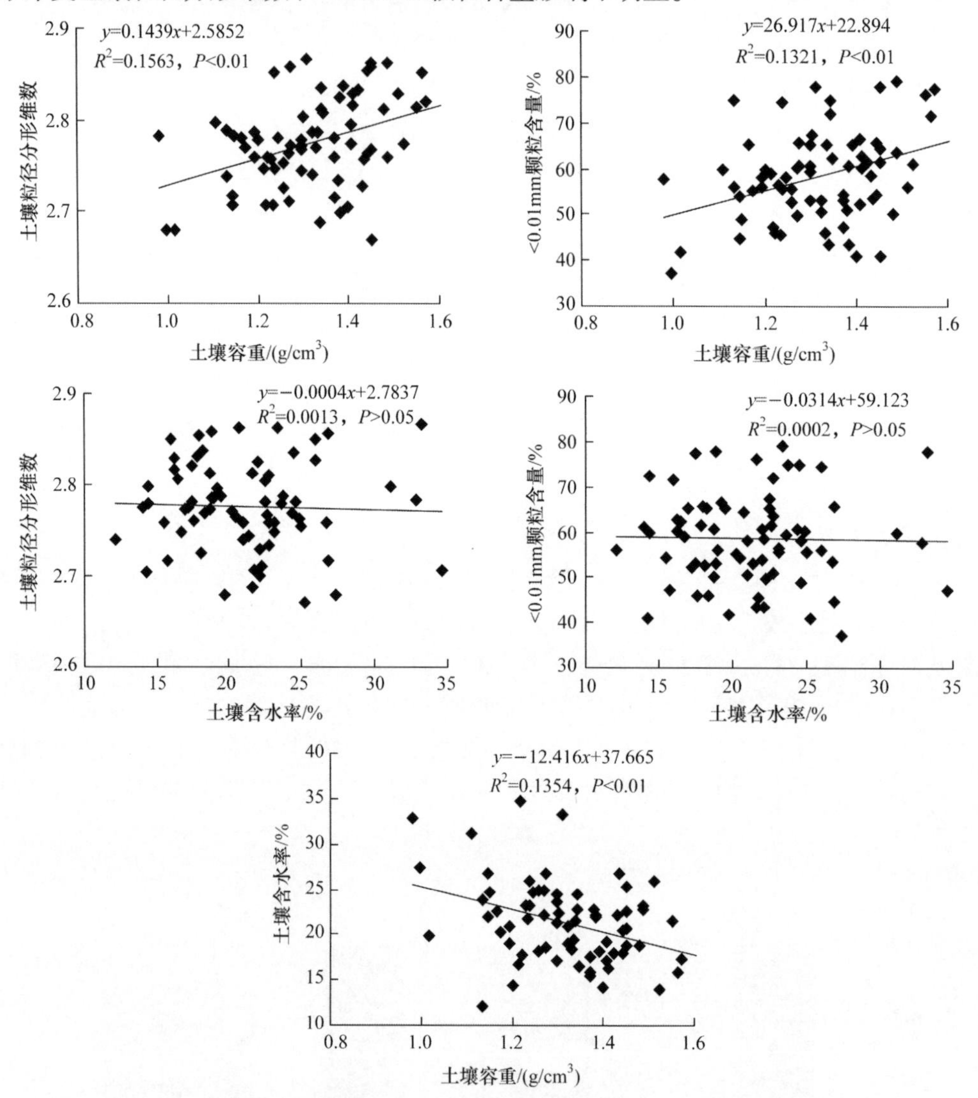

图 5.4　土壤粒径分形维数、<0.01mm 颗粒含量与容重、含水率之间的关系

5.3.5　结论与讨论

土壤颗粒是土壤结构形成的重要基础物质。不同级别土粒含量的组合构成不同的土壤质地类型和孔隙结构，进而影响土壤的物理、化学和生物学过程(刘秀珍等，2011)。土壤颗粒组成(又称土壤机械组成或土壤质地)是指土壤矿物颗粒的大小及其组成比例，直接影响土壤密度、容重、孔隙度、田间持水量、凋萎湿度等(高雪松等，2005)。研究表明，在人为长期耕作作用下，土壤会粗化(罗珠珠等，2010)。本研究中，4 种森林土壤均具有典型南方红壤质地黏重的特征，均为黏壤土，4 种森林土壤细砂粒(0.25～0.05mm)百分含量的差异最大，土壤粗黏粒(0.005～0.001mm)和黏粒(<0.001mm)含量差异也较大，杉木人工林土壤粗黏粒(0.005～

0.001mm）和黏粒（<0.001mm）含量均高于 3 种次生林，表明森林土壤颗粒组成在一定程度受到森林组成树种的影响，但主要还是与母质和地理环境有关。

土壤粒径分形维数可作为评价土壤结构的一个指标，研究表明，土壤质地越粗，分形维数越小，土壤结构越松散，通透性越好；土壤质地越细，分形维数越大，土壤结构越紧实，通透能力越弱（杨培岭等，1993）。结构良好的土壤粒径分形维数的最佳值为 2.75 左右，即当土壤黏粒含量质量分数在 11.38%左右时，土壤结构状况良好（刘云鹏等，2003），当分形维数>2.88 时，土壤的质地黏重且通透性差（廖尔华等，2002）。本研究中，4 种森林土壤粒径分形维数为 2.737～2.834，属于我国壤土类土壤粒径分形维数值的范围（2.359～2.852）（李德成等，2000），3 种次生林土壤粒径分形维数与 2.75 接近，与杉木人工林差异显著，而杉木人工林（2.834）显著高于 2.75，表明 3 种次生林土壤质地和结构状况明显优于杉木人工林，形成多孔隙透性良好的结构状况，既能保证良好的通气透水性，又具有一定的保水保肥性能。相关性分析表明，土壤粒径分形维数与森林树种多样性呈极显著线性负相关（$P<0.01$），与砂粒（1.0～0.05mm）含量呈极显著线性负相关，与粗黏粒（0.005～0.001mm）、土壤黏粒（<0.001mm）含量呈极显著的线性正相关，但与粉粒（0.05～0.005mm）含量不存在显著相关（$P>0.05$），与刘霞等（2011）的研究结果基本一致。此外，土壤粒径分形维数、土壤黏粒（<0.001mm）含量与土壤容重呈极显著的线性正相关（$P<0.01$），表明土壤粒径分形维数随着土壤黏粒含量增加而增大，但黏粒含量太高会导致土壤通气能力下降，土壤结构变得紧实，随着森林植被的恢复，树种多样性的增加，森林土壤粒径分形维数下降。

土壤容重是土壤物理性质的一个重要指标，影响土壤水、肥、气、热的变化与协调，是表征土壤肥力和质量的重要参数之一（Whalley et al.，1995；Acosta-Martinez et al.，1999）。研究表明，高的土壤容重通常表明土壤有退化的趋势（高雪松等，2005），森林砍伐后，开垦种植破坏了土壤原有的结构，使土壤易于侵蚀，土壤容重增加（郭旭东等，2001）。土壤容重与土壤有机质含量呈显著的线性负相关（方晰等，2011）。本研究中，湘中丘陵区 4 种森林类型 0～15cm 土层容重为 1.25～1.40g/cm^3，平均为 1.29g/cm^3，15～30cm 土层为 1.31～1.41g/cm^3，平均为 1.37g/cm^3，与湖南省红壤容重平均值（1.35g/cm^3）相近（湖南省农业厅，1989），杉木人工林各土层容重均高于 3 种次生林，可能是由于杉木人工林人为干扰频繁，如每年秋冬季进行人工整枝和清除林下植物、林内枯死木等，减少土壤有机质输入量，其各土层土壤容重升高。相关性分析表明，土壤容重与土壤含水量、有机质含量呈极显著负相关（$P<0.01$）。表明土壤容重越低，土壤持水性越强，土壤容重对于土壤质地与结构有较好的指示作用。

土壤自然含水率是土壤孔隙度状况及土壤持水能力的综合体现，在一定程度上控制植物的生长及土壤养分转化和代谢过程，是土壤主要肥力因素之一，受气象、植被、土壤理化性质及人为经营措施等诸多因素的影响。本研究中，土壤粒径分形维数与土壤黏粒（<0.001mm）含量和土壤含水率不相关（$P>0.05$），可能与研究区土壤的质地黏重特点及土壤分形维数的物理本质有关，表明研究区域森林土壤质地不是影响土壤自然含水率的主要因素。4 种森林各土层含水率的变化趋势基本一致，杉木人工林最高，马尾松-石栎针阔混交林最低，3 种次生林 0～15cm 土层含水率均高于 15～30cm 土层。究其原因可能是：4 种森林树种组成不同，根系分布深度不同，林分密度差异（李胜蓝等，2014）对林地覆盖程度不同，导致林地蒸发和植被蒸腾差异较大；此外，可能是杉木人工林土壤黏粒百分含量高于 3 种次生林，0～15cm 土层黏粒百分含量高于 15～30cm 土层，土壤黏重，土壤结构紧实，透水性差。

5.4　次生林土壤化学性质

5.4.1　土壤 pH 及其季节变化

测定结果(图 5.5)表明，4 种森林土壤 pH 为 4.55～4.69，呈酸性，均随土壤深度增加而增高，但两土层间的差异很小。不同森林同一土层 pH 也有一定的差异，石栎-青冈常绿阔叶林、南酸枣落叶阔叶林较高(为 4.63～4.69)，杉木人工林、马尾松-石栎针阔混交林较低(为 4.55～4.65)，但差异均不显著(P>0.05)。可能是杉木人工林、马尾松-石栎针阔混交林中杉木、马尾松针叶树种对土壤的酸化作用所致。

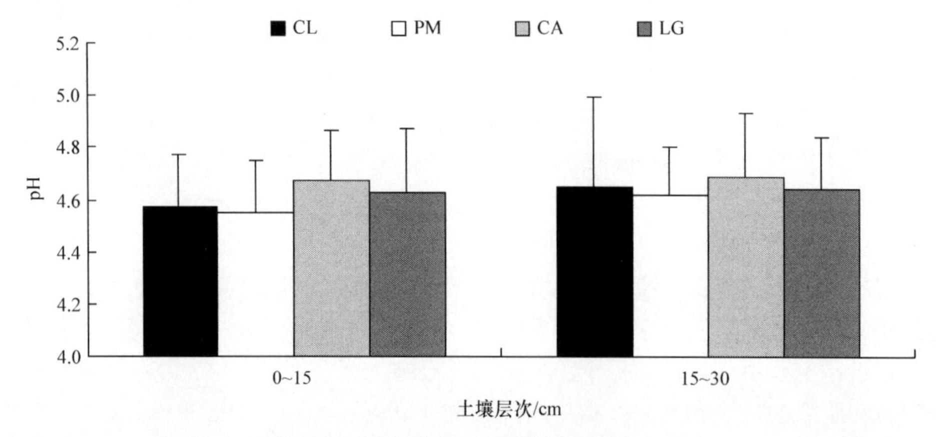

图 5.5　不同森林土壤平均 pH

从图 5.6 可以看出，4 种森林土壤 pH 呈现明显的季节变化，且变化格局基本一致，均表现为：春季最低，夏、秋季逐渐升高，冬季最高(杉木林 15～30cm 土层除外)，但季节间差异极微小，表明森林树种组成对土壤 pH 的季节变化节律影响不明显。

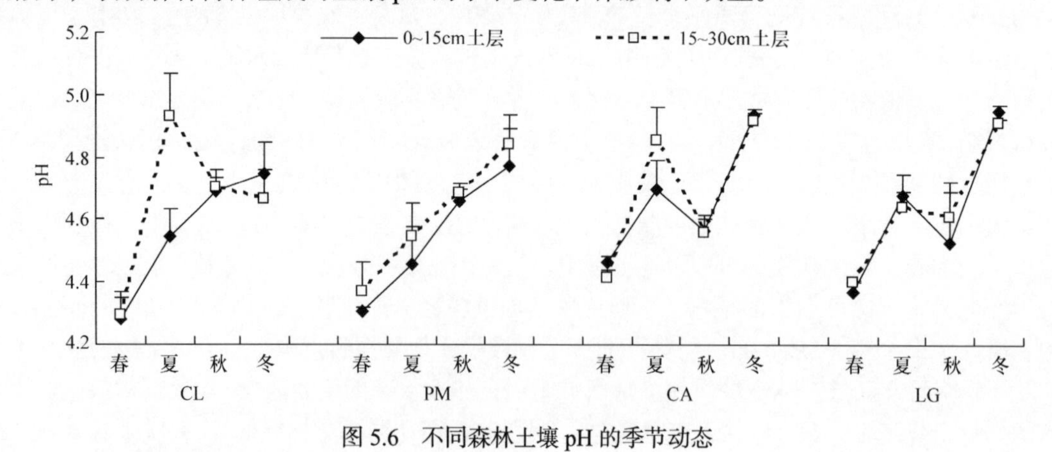

图 5.6　不同森林土壤 pH 的季节动态

5.4.2　土壤有机质含量

如图 5.7 所示，4 种森林土壤有机质(soil organic matter，SOM)平均含量表现为 0～15cm 土层高于 15～30cm 土层，两土层之间差异显著(P<0.05)。同一土层有机质平均含量随着森林

组成树种增多而增加，与森林树种多样性指数呈显著相关（相关系数为0.9612～0.9897，P<0.05，n=4），0～15cm 土层，石栎-青冈常绿阔叶林、南酸枣落叶阔叶林、马尾松-石栎针阔混交林 SOM 平均含量比杉木人工林分别提高了 21.5%、18.1%和 16.3%，且杉木人工林与马尾松-石栎针阔混交林、南酸枣落叶阔叶林、石栎-青冈常绿阔叶林差异显著（P<0.05）。15～30cm 土层，石栎-青冈常绿阔叶林、南酸枣落叶阔叶林、马尾松-石栎针阔混交林的有机质含量比杉木人工林分别提高了 18.8%、18.5%和 15.5%，且杉木人工林与马尾松-石栎针阔混交林、南酸枣落叶阔叶林、石栎-青冈常绿阔叶林的差异显著（P<0.05）。同一土层 SOM 含量表现出马尾松-石栎针阔混交林、南酸枣落叶阔叶林、石栎-青冈常绿阔叶林两两之间差异均不显著（P>0.05）。

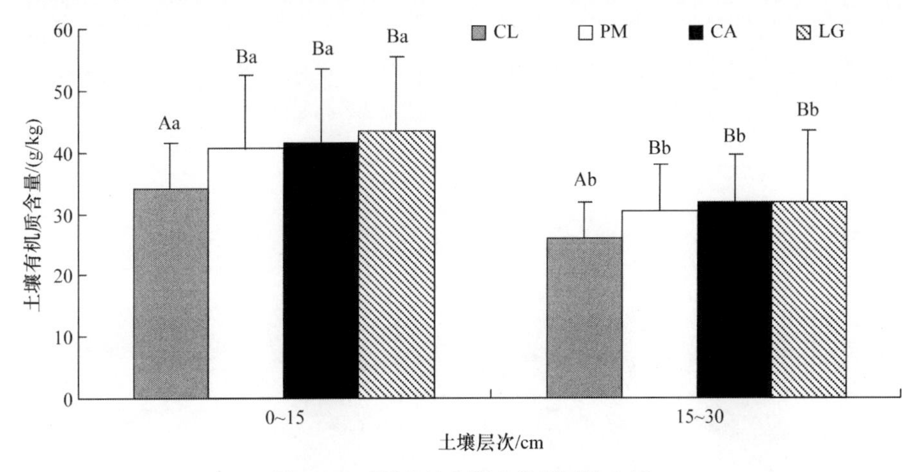

图 5.7　不同森林土壤有机质平均含量

不同大写字母表示同一土层的不同森林之间的差异显著，不同小写字母表示不同土层之间差异显著

对照中国第二次土壤普查有机质含量分级标准（全国土壤普查办公室，1992）（表 5.5），研究区杉木人工林 0～15cm 土层 SOM 平均含量达到 2 级（高水平），3 种次生林 0～15cm 土层 SOC 平均含量达到 1 级（极高水平），杉木人工林 15～30cm 土层 SOM 平均含量达到 3 级（中水平），3 种次生林 15～30cm 土层 SOM 平均含量达到 2 级（高水平）。表明由不同树种组成的森林对 SOM 含量产生了显著的影响，天然次生林转变为杉木人工林后，SOM 含量明显下降。

表 5.5　第二次全国土壤普查有机质分级标准

级别	水平	土壤有机质/(g/kg)	土壤有机碳/(g/kg)
1	极高	>40	>23.20
2	高	30～40	17.40～23.20
3	中	20～30	11.60～17.40
4	偏低	10～20	5.80～11.60
5	低	6～10	3.48～5.80
6	极低	<6	<3.48

5.4.3　土壤全 N、全 K、全 P 含量

从图 5.8 可知，4 种森林土壤全 N 平均含量表现为 0～15cm 土层高于 15～30cm 土层，且两土层之间（除杉木人工林外）差异显著（P<0.05）。同一土层全 N 平均含量依次为：南酸枣落

叶阔叶林>石栎-青冈常绿阔叶林>马尾松-石栎针阔混交林>杉木人工林。0～15cm 土层全 N 含量与森林树种多样性指数呈显著相关(相关系数为 0.9516，P<0.05，n=4)，石栎-青冈常绿阔叶林、南酸枣落叶阔叶林、马尾松-石栎针阔混交林比杉木人工林分别提高了 24.0%、33.6%和 20.0%；15～30cm 土层全 N 含量与森林树种多样性指数相关性不显著(相关系数为 0.7931，P>0.05，n=4)，但石栎-青冈常绿阔叶林、南酸枣落叶阔叶林、马尾松-石栎针阔混交林比杉木人工林分别提高了 14.1%、28.0%和 6.2%，杉木人工林各土层全 N 平均含量与马尾松-石栎针阔混交林、南酸枣落叶阔叶林、石栎-青冈常绿阔叶林之间，马尾松-石栎针阔混交林与南酸枣落叶阔叶林之间的差异显著(P<0.05)，而马尾松-石栎针阔混交林、南酸枣落叶阔叶林与石栎-青冈常绿阔叶林之间的差异不显著(P>0.05)。对照第二次全国土壤普查全 N 含量分级标准(1992)(表 5.6)，除南酸枣落叶阔叶林 0～15cm 土层全 N 含量达 2 级(丰水平)外，其他 3 种森林 0～15cm 土层及 4 种森林 15～30cm 全 N 含量均为 3 级(适中水平)。

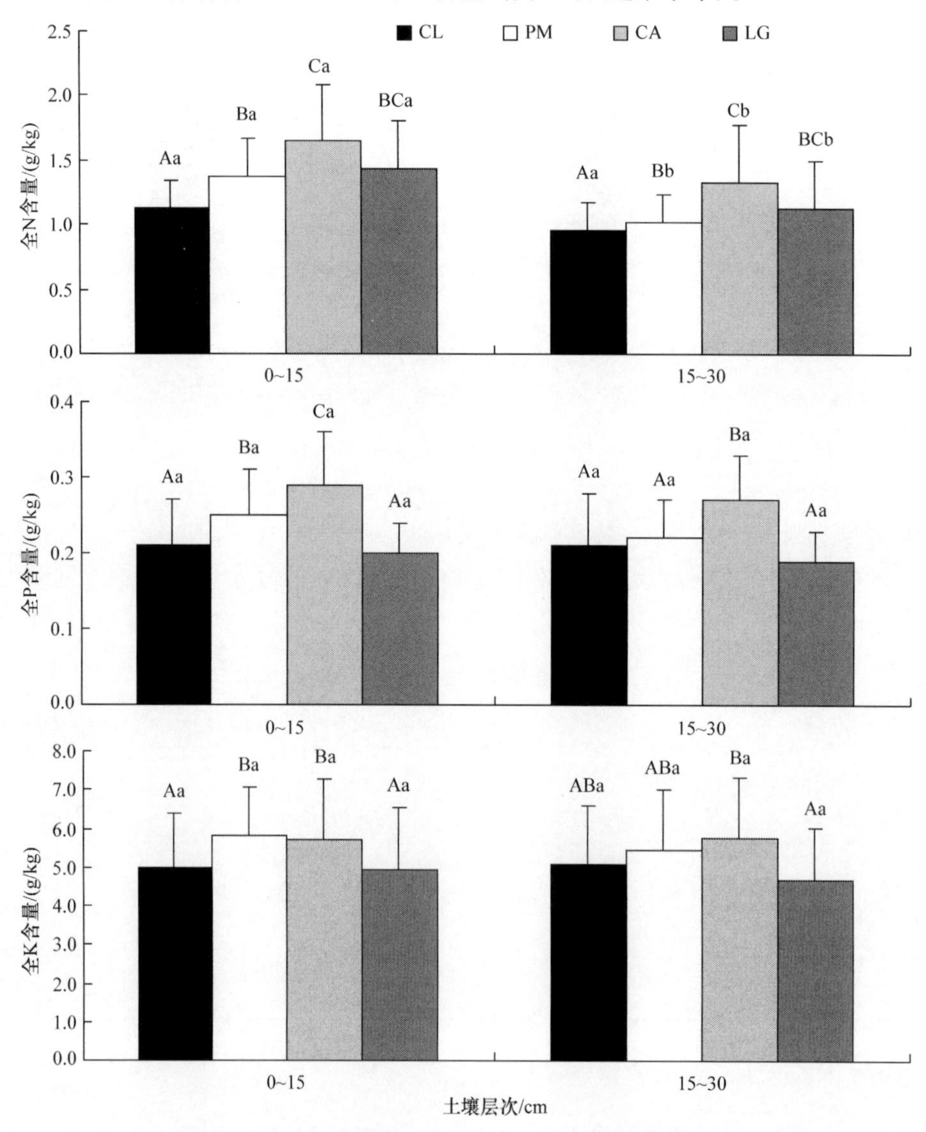

图 5.8　不同森林土壤全 N、全 P、全 K 含量

不同大写字母表示同一土层的不同森林之间的差异显著，不同小写字母表示不同土层之间差异显著

表 5.6　第二次全国土壤普查全 N、全 P 和全 K 含量分级标准

级别	水平	全 N/(g/kg)	全 P/(g/kg)	全 K/(g/kg)
1	很丰	>2.00	>1.0	>25
2	丰	1.50～2.00	0.8～1.0	20～25
3	适中	1.00～1.50	0.6～0.8	15～20
4	稍缺	0.75～1.00	0.4～0.6	10～15
5	缺	0.50～0.75	0.2～0.4	5～10
6	极缺	<0.50	<0.2	<5

全 P 含量通常是一个潜在的肥力指标，虽不能直接表明土壤供应 P 的能力，但一般当土壤全 P 含量低于 0.8g/kg 时，土壤出现 P 供应不足（王树立，2006），湖南省土壤全 P 含量为 0.1～9.7g/kg（湖南省农业厅，1989）。从图 5.8 可以看出，4 种森林 0～15cm 土层全 P 平均含量为 0.20～0.29g/kg，平均值为 0.24g/kg，变异系数为 17.32%；15～30cm 土层全 P 平均含量为 0.19～0.27g/kg，平均值为 0.22g/kg，变异系数为 15.30%，杉木人工林除外，均表现为 0～15cm 土层高于 15～30cm 土层，但各土层间的差异极小；4 种森林各土层全 P 平均含量变化趋势与全 N 平均含量变化趋势略有不同，南酸枣落叶阔叶林最高，石栎-青冈常绿阔叶林最低，且南酸枣落叶阔叶林与其他 3 种森林之间的差异，马尾松-石栎针阔混交林与杉木人工林、石栎-青冈常绿阔叶林之间的差异达到显著水平（$P<0.05$），但杉木人工林与石栎-青冈常绿阔叶林之间的差异不显著（$P>0.05$）。对照第二次全国土壤普查全 P 含量分级标准（1992）（表 5.6），4 种森林各土层 P 含量均为极缺（6 级）水平，显著低于全国土壤全 P 含量（0.60g/kg）（刘文杰等，2012）。表明研究区域森林土壤极其缺 P，与南方亚热带森林土壤低 P 含量相符。

4 种森林 0～15cm 土层全 K 平均含量为 4.91～5.82g/kg，平均值为 5.36g/kg，变异系数为 9.03%，15～30cm 土层全 K 平均含量为 4.66～5.76g/kg，平均值为 5.24g/kg，变异系数为 9.07%，土层之间的差异均不显著（$P>0.05$）；4 种森林各土层全 K 平均含量均表现为马尾松-石栎针阔混交林、南酸枣落叶阔叶林较高于杉木人工林、石栎-青冈常绿阔叶林。0～15cm 土层中，马尾松-石栎针阔混交林、南酸枣落叶阔叶林与杉木人工林、石栎-青冈常绿阔叶林之间的差异达到显著水平（$P<0.05$），但马尾松-石栎针阔混交林、南酸枣落叶阔叶林之间，杉木人工林、石栎-青冈常绿阔叶林之间的差异不显著（$P>0.05$）；15～30cm 土层，除南酸枣落叶阔叶林与其他 3 种森林之间差异显著（$P<0.05$）外，其他 3 种森林之间的差异均不显著（$P>0.05$）（图 5.8）。对照第二次全国土壤普查全 K 含量分级标准（全国土壤普查办公室，1992）（表 5.6），石栎-青冈常绿阔叶林两土层全 K 平均含量处于极缺（6 级）水平，杉木人工林、马尾松-石栎针阔混交林、南酸枣落叶阔叶林各土层为缺（5 级）水平，表明研究区域森林土壤严重缺 K。

5.4.4　土壤水解 N、速效 K、有效 P 含量

如图 5.9 所示，4 种森林 0～15cm 土层水解 N 平均含量为 54.39～77.93mg/kg，平均为 64.24mg/kg，15～30cm 土层平均含量为 37.95～64.36mg/kg，平均为 49.26mg/kg，土层之间差异显著（$P<0.05$）。4 种森林两土层水解 N 平均含量变化趋势一致，南酸枣落叶阔叶林最高，马尾松-石栎针阔混交林最低，且南酸枣落叶阔叶林与其他 3 种森林之间的差异显著（$P<0.05$），石栎-青冈常绿阔叶林与杉木人工林、马尾松-石栎针阔混交林差异也显著（$P<0.05$），但杉木人工林与马尾松-石栎针阔混交林差异不显著（$P>0.05$）。对照第二次全国土壤普查水解 N 含量分

级标准(全国土壤普查办公室，1992)(表 5.7)，南酸枣落叶阔叶林两土层水解 N 含量处于稍缺(4 级)水平，杉木人工林、马尾松-石栎针阔混交林、石栎-青冈常绿阔叶林各土层水解 N 含量处于缺(5 级)水平，表明研究区森林土壤水解 N 平均含量均较低。

表 5.7　第二次全国土壤普查水解 N、有效 P 和速效 K 分级标准

级别	水平	水解 N/(mg/kg)	有效 P/(mg/kg)	速效 K/(mg/kg)
1	很丰	>150	>40	>200
2	丰	120～150	20～40	150～200
3	适中	90～120	10～20	100～150
4	稍缺	60～90	5～10	50～100
5	缺	30～60	3～5	30～50
6	极缺	<30	<3	<30

土壤有效 P 含量是衡量土壤 P 供应状况的较好指标。湖南省土壤有效 P 含量为 0.2～117.8mg/kg(湖南省农业厅，1989)。从图 5.9 可知，4 种森林 0～15cm 土层有效 P 平均含量为 1.96～2.73mg/kg，平均值为 2.37mg/kg，变异系数为 13.39%；15～30cm 土层有效 P 平均含量为 1.35～2.15mg/kg，平均值为 1.88mg/kg，变异系数为 19.14%，土层之间的差异均达到显著水平(P<0.05)；4 种森林各土层有效 P 平均含量变化趋势基本一致，3 种次生林显著高于杉木人工林(P<0.05)，除 0～15cm 土层外，3 种次生林差异均不显著(P>0.05)。对照第二次全国土壤普查有效 P 含量分级标准(全国土壤普查办公室，1992)(表 5.7)，4 种森林各土层有效 P 含量均处于极缺(6 级)水平。

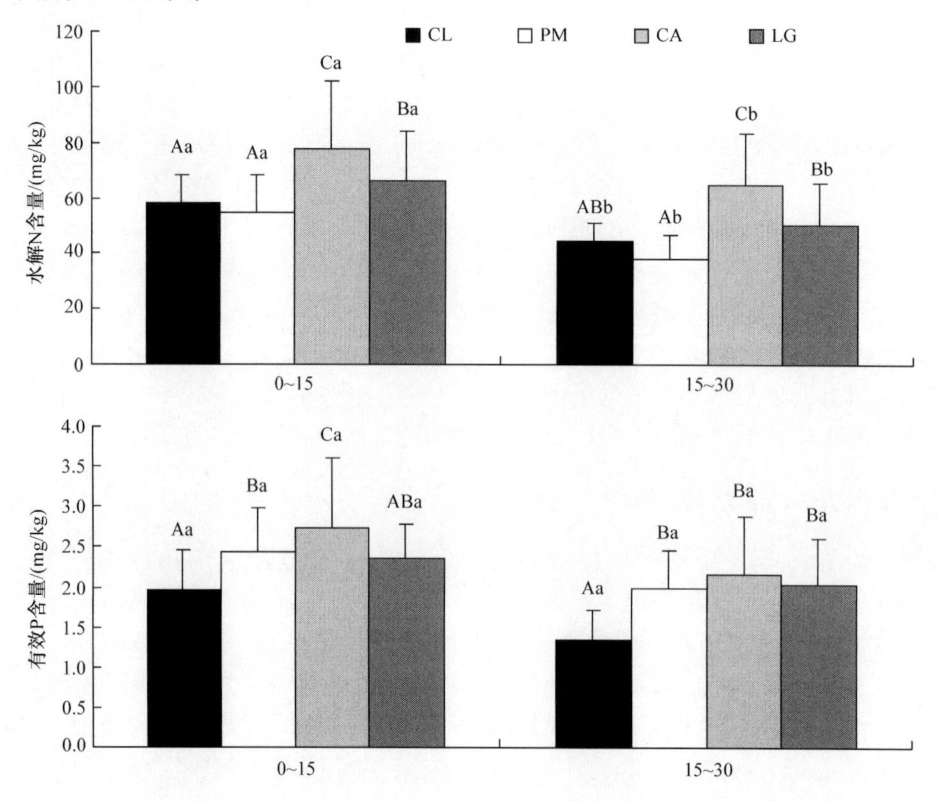

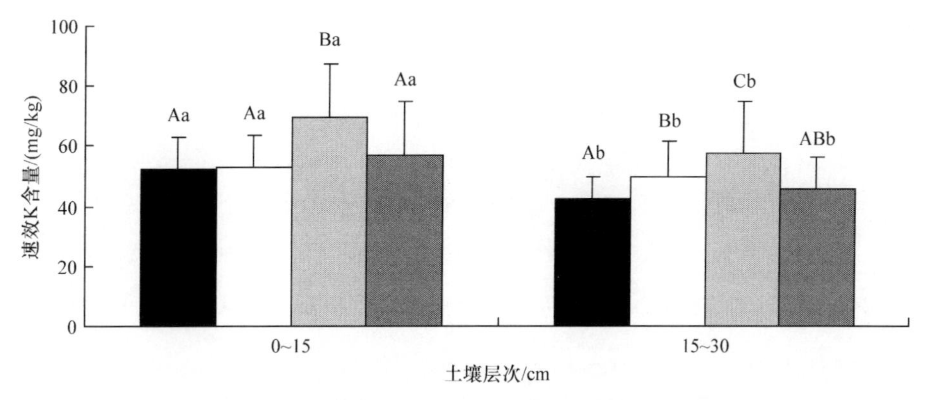

图 5.9　不同森林土壤水解 N、有效 P、速效 K 含量

不同大写字母表示同一土层的不同森林之间的差异显著，不同小写字母表示不同土层之间差异显著

土壤速效 K 包括水溶性 K 和交换性 K，并以交换性 K 为主体，且主要来源于矿物 K 的风化，是植物根系吸收的直接 K 供应源。由图 5.9 可知，4 种森林 0～15cm 土层速效 K 平均含量为 52.55～69.30mg/kg，平均为 57.90mg/kg，变异系数为 13.52%，15～30cm 土层速效 K 平均含量为 42.13～57.75mg/kg，平均为 48.75mg/kg，变异系数为 13.79%，土层之间的差异显著($P<0.05$)；4 种森林各土层速效 K 平均含量变化趋势基本一致，3 种次生林高于杉木人工林，但仅南酸枣落叶阔叶林与杉木人工林的差异显著($P<0.05$)，而马尾松-石栎针阔混交林、石栎-青冈常绿阔叶林、杉木人工林两两间的差异均不显著($P>0.05$)。杉木人工林两土层速效 K 含量处于缺(5 级)水平，马尾松-石栎针阔混交林、南酸枣落叶阔叶林、石栎-青冈常绿阔叶林两土层为稍缺(4 级)水平(表 5.7)。

从图 5.8 和图 5.9 可以看出，4 种森林各土层水解 N、有效 P、速效 K 平均含量变化趋势、垂直分布与全 N、全 P、全 K 平均含量基本一致。

5.4.5　土壤 N、K、P 的供应强度

从图 5.10 可知，4 种森林 0～15cm 土层供 N、P、K 强度均高于 15～30cm 土层，但差异均不显著($P>0.05$)。0～15cm 土层供 N 强度以杉木人工林最高，马尾松-石栎针阔混交林最低，且杉木人工林与马尾松-石栎针阔混交林的差异达到显著水平($P<0.05$)；15～30cm 土层供 N 强度依次为：南酸枣落叶阔叶林>杉木人工林=石栎-青冈常绿阔叶林>马尾松-石栎针阔混交林，且南酸枣落叶阔叶林、石栎-青冈常绿阔叶林、杉木人工林与马尾松-石栎针阔混交林之间的差异显著($P<0.05$)，但南酸枣落叶阔叶林与石栎-青冈常绿阔叶林、杉木人工林的差异不显著($P>0.05$)。

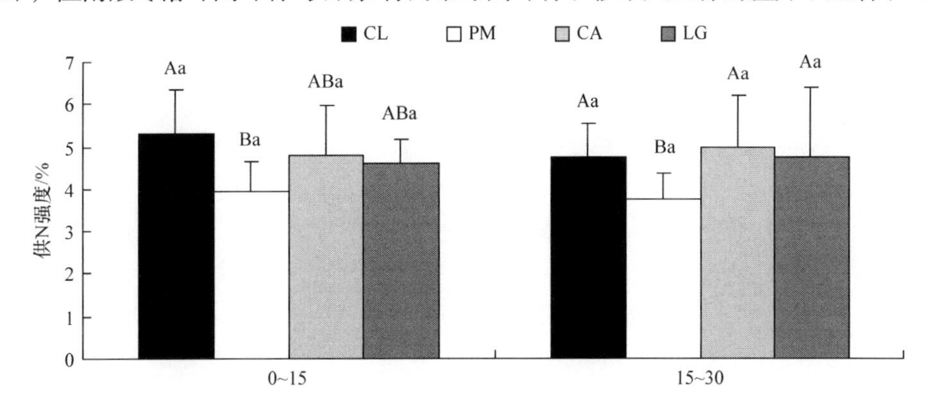

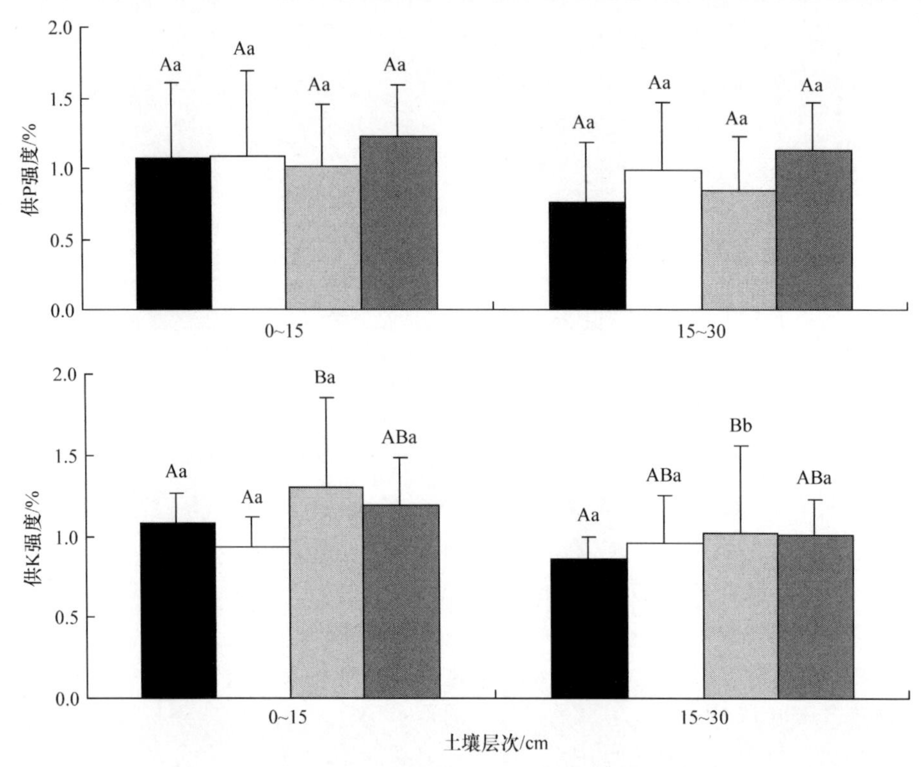

图 5.10　不同森林土壤 N、P、K 的供应强度

不同大写字母表示同一土层的不同森林之间的差异显著，不同小写字母表示不同土层之间差异显著

4 种森林 0～15cm 土层、15～30cm 土层供 P 强度变化基本一致，以杉木人工林、南酸枣落叶阔叶林较低，石栎-青冈常绿阔叶林最高，但 4 种森林两两之间的差异均不显著($P>0.05$)。4 种森林 0～15cm 土层供 K 强度与供 P 强度变化趋势有所不同，南酸枣落叶阔叶林显著高于马尾松-石栎针阔混交林、杉木人工林($P<0.05$)，但与石栎-青冈常绿阔叶林间的差异不显著($P>0.05$)；15～30cm 土层供 K 强度以南酸枣落叶阔叶林最高，杉木人工林最低，且南酸枣落叶阔叶林与杉木人工林差异显著($P<0.05$)，但与石栎-青冈常绿阔叶林、马尾松-石栎针阔混交林之间的差异不显著($P>0.05$)(图 5.10)。

5.4.6　土壤水解 N、有效 P、速效 K 含量的季节动态

从图 5.11 可以看出，4 种森林 0～15cm、15～30cm 土层的水解 N 含量具有明显的季节变化，同一森林两个土层的季节变化趋势基本一致，但不同森林的季节变化节律不同。杉木人工林变化趋势表现为：春季最高，秋、冬季较低，夏季最低，0～15cm 土层，春季与夏、秋、冬季之间差异显著($P<0.05$)，夏、秋、冬季之间差异不显著($P>0.05$)，15～30cm 土层，夏季与春、秋、冬季之间差异显著($P<0.05$)，春、秋、冬季之间差异不显著($P>0.05$)。

与杉木人工林不同，马尾松-石栎针阔混交林、南酸枣落叶阔叶林土壤水解 N 含量的季节变化趋势为：春、夏、冬季较低，秋季最高(除南酸枣落叶阔叶林 15～30cm 土层外)，秋季与春、夏、冬季差异显著($P<0.05$)；石栎-青冈常绿阔叶林春、夏、秋季较高，冬季最低，且冬季与春、夏、秋季差异显著($P<0.05$)。与 15～30cm 土层相比，0～15cm 土层水解 N 的季节波动幅度也较大，4 种森林冬季两土层之间差异最小，3 种次生林夏、秋季两土层之间差异最大，

杉木人工林春季两土层之间差异最大。不同森林类型之间的差异夏季最大，春季或冬季最小。各森林由于组成树种不同，对土壤 N 吸收不同，此外，土壤水解 N 含量还受到温度、降水的影响，因此不同森林因树种组成不同对土壤水解 N 含量的季节变化产生了较明显的影响。

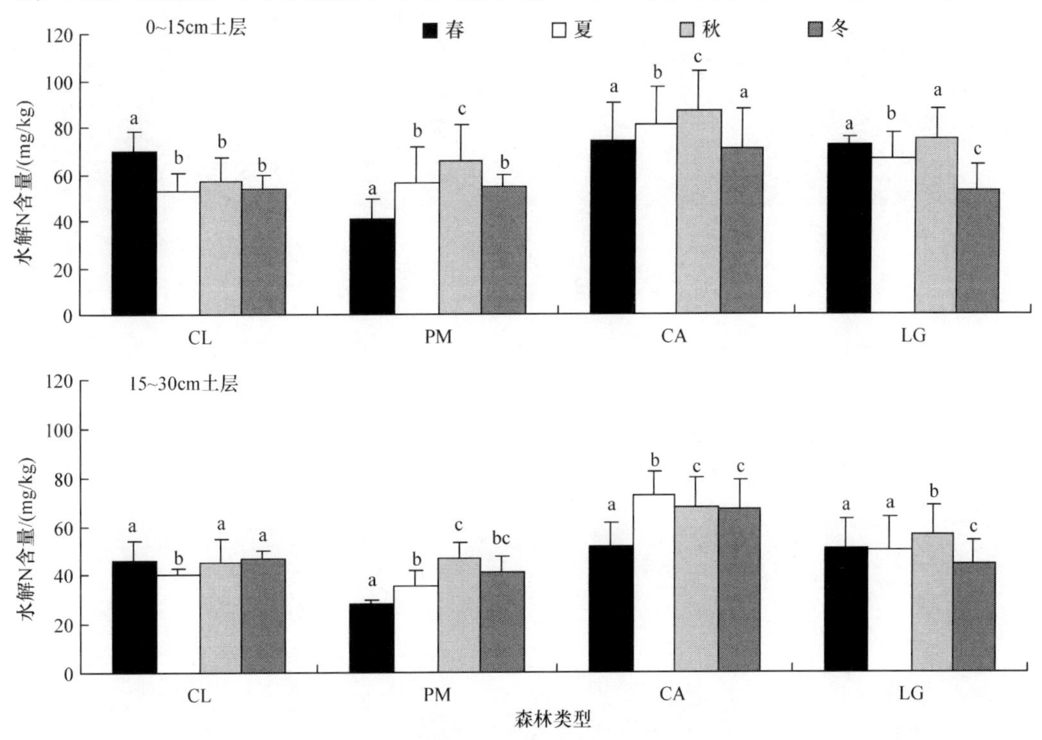

图 5.11　不同森林土壤水解 N 含量的季节变化

不同小写字母表示同一森林不同季节之间差异显著($P<0.05$)；下同

由图 5.12 可知，4 种森林 0～15cm、15～30cm 土层的有效 P 含量具有明显的季节变化，同一森林两个土层的变化趋势基本一致，但不同森林的季节变化节律不同。杉木人工林两土层变化趋势表现为：春季较高，秋、冬季较低，夏季最低，0～15cm 土层，春季与夏、冬季之间差异显著($P<0.05$)，但夏、秋、冬季之间差异不显著($P>0.05$)。马尾松-石栎针阔混交林两土层均表现为：春、冬季较高，夏、秋季较低，且秋季与春、冬季差异显著($P<0.05$)。南酸枣落叶阔叶林和石栎-青冈常绿阔叶林春、夏季较高，秋、冬季较低。表明土壤有效 P 含量主要受到温度、降水和植物吸收节律的影响，森林树种组成不同对土壤有效 P 含量的季节变化影响明显。

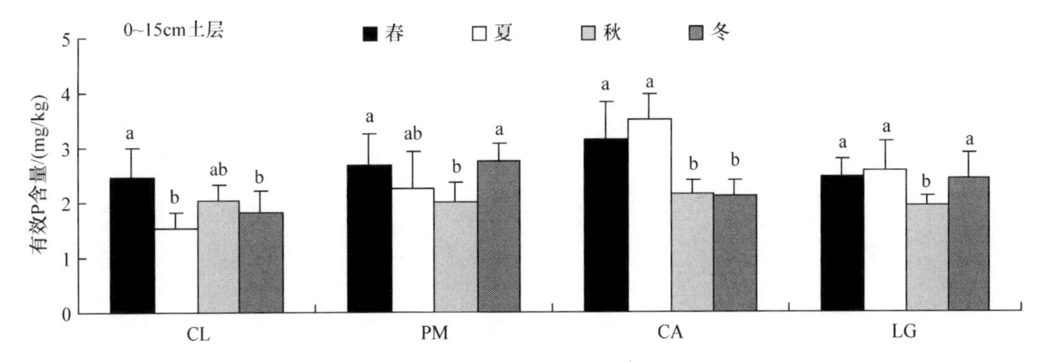

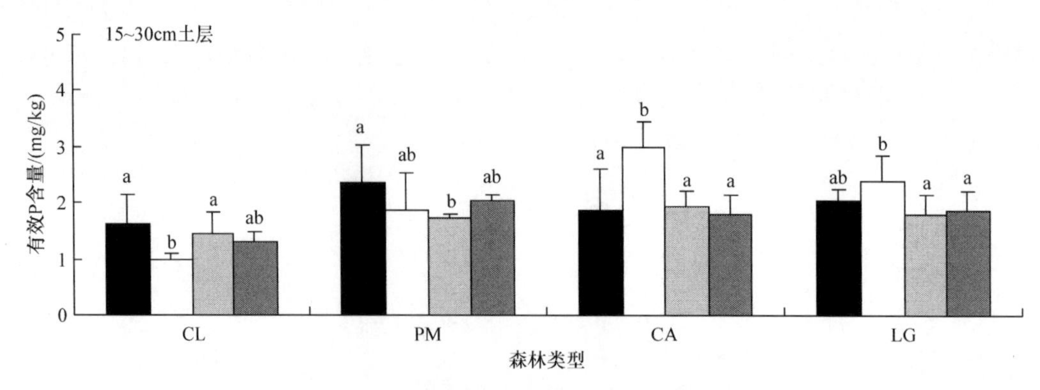

图 5.12　不同森林土壤有效 P 含量的季节变化

由图 5.13 可知，4 种森林 0～15cm、15～30cm 土层的速效 K 含量具有明显的季节变化，且不同森林两个土层的变化趋势基本一致：春、冬季较高，夏、秋季较低，且春、冬季与夏、秋季的差异达到显著水平（$P<0.05$），且 0～15cm 土层波动幅度高于 15～30cm 土层。表明土壤速效 K 含量主要受到温度、降水和植物吸收节律的影响，但森林树种组成不同对土壤速效 K 含量的季节变化影响不明显。

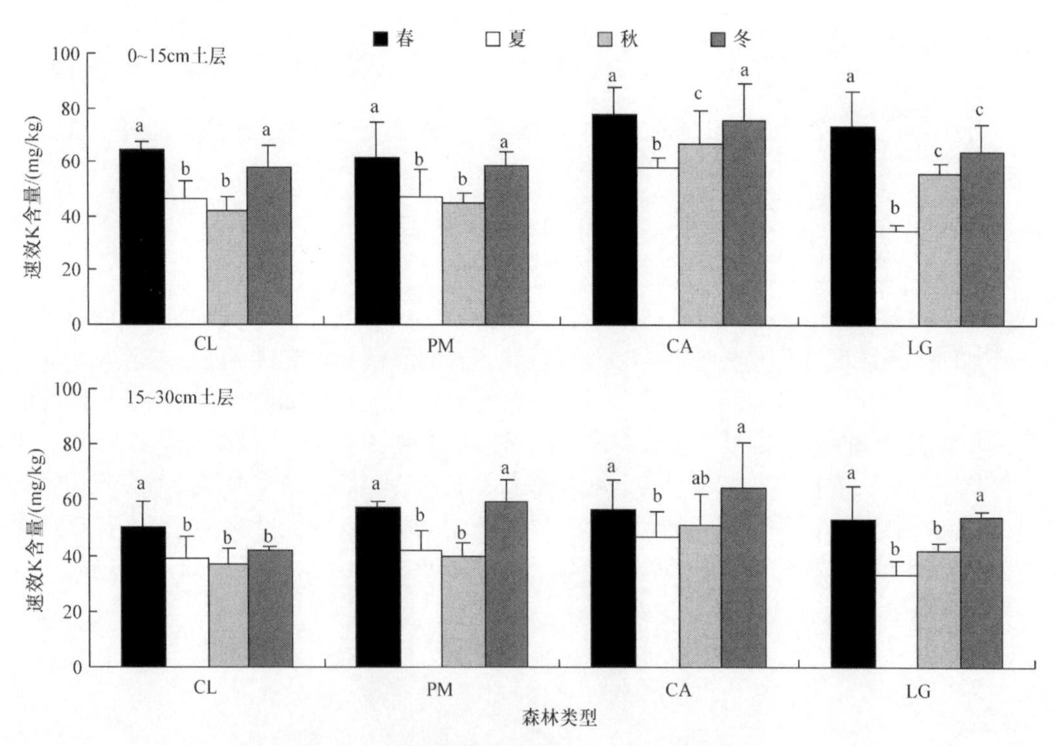

图 5.13　不同森林土壤速效 K 含量的季节变化

5.4.7　不同森林土壤养分库综合指数的差异

根据 4 种森林 0～15cm 土层有机质、全 N、全 P、全 K、水解 N、有效 P、速效 K 的 4 个季节平均含量（X）及其含量的临界值（M）（表 5.1），得出各项指标的单项指数（y）和综合指数（I）（表 5.8）。从表 5.8 可以看出，4 种森林土壤全 N 含量均较丰富，土壤有机质含量均明显高于临界值，水解 N、全 P、有效 P、全 K、速效 K 含量普遍低于临界值，表明亚热带森林土壤水解 N、全 P、有效 P、全 K、速效 K 相对缺乏，尤其是全 P、有效 P、全 K 尤为严重。

表 5.8　土壤养分指标单项指数和综合指数

森林类型	单项指数(y)							综合指标(I)
	有机质	全 N	水解 N	全 P	有效 P	全 K	速效 K	
CL	1.70±0.37	1.12±0.23	0.58±0.10	0.14±0.04	0.20±0.05	0.25±0.07	0.53±0.11	2.52±0.52A
PM	2.03±0.59	1.37±0.29	0.54±0.14	0.17±0.04	0.24±0.06	0.30±0.06	0.53±0.11	3.00±0.83AB
CA	2.08±0.60	1.65±0.44	0.78±0.24	0.19±0.04	0.27±0.09	0.29±0.08	0.69±0.18	3.67±1.17B
LG	2.17±0.61	1.44±0.16	0.66±0.17	0.13±0.03	0.24±0.04	0.25±0.08	0.57±0.18	3.35±1.02B

土壤养分库综合指数越高，表明土壤肥力水平越高，可供植物生长发育的养分越丰富。如表 5.8 所示，亚热带森林土壤养分库综合指数为 2.52～3.67，以南酸枣落叶阔叶林最高，其次是石栎-青冈常绿阔叶林，杉木人工林最低，杉木人工林与南酸枣落叶阔叶林、石栎-青冈常绿阔叶林差异显著(P<0.05)，但与马尾松-石栎针阔混交林差异不显著(P>0.05)，3 种次生林两两之间差异不显著(P>0.05)。相关性分析结果(图 5.14)表明，森林土壤养分综合指数与森林树种多样性呈极显著正相关(P<0.05)，但与林分密度不存在显著相关性(P>0.05)。

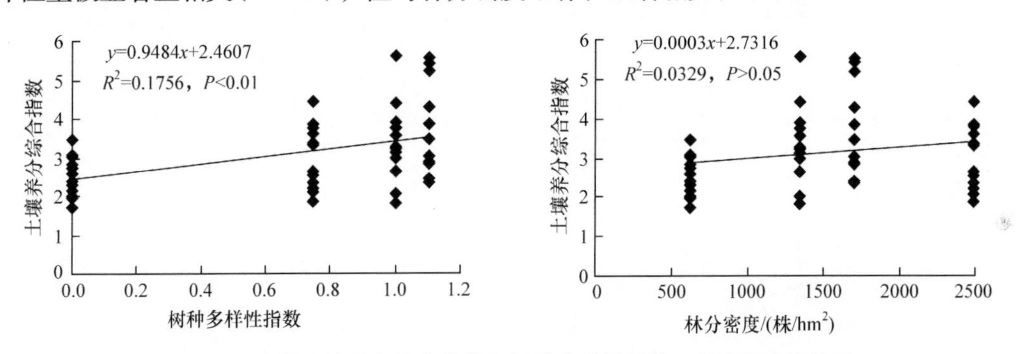

图 5.14　森林土壤养分综合指数与树种多样性指数、林分密度的关系

5.4.8　土壤化学性状之间的相关性

从表 5.9 可以看出，土壤养分含量及其与土壤 pH 的相关性不完全一致。土壤酸碱度是反映土壤养分状况的重要指标，不仅影响土壤微生物的活性，还与土壤养分的形成、转化和有效性密切相关(许自成等，2008)。整个研究区内土壤 pH 与全 P 含量呈极显著(P<0.01)的正相关，与全 K 含量呈极显著(P<0.01)的负相关，与全 N、水解 N、有效 P、速效 K 含量不相关(P>0.05)。不同森林土壤 pH 与全 P 含量均呈显著(P<0.05)或极显著(P<0.01)的正相关，与全 K 含量呈显著(P<0.05)或极显著(P<0.01)的负相关，与全 N、水解 N、有效 P、速效 K 含量不相关(P>0.05)。表明土壤 pH 在不同森林对土壤全 P、全 K 含量的影响一致，土壤 pH 升高有利于提高土壤 P 含量，但会导致 K 的流失，对全 N、水解 N、有效 P、速效 K 无明显影响。

表 5.9　不同森林土壤化学性状之间的相关系数

森林类型	指标	pH	全 N	全 P	全 K	水解 N	有效 P	速效 K
CL (*n*=24)	pH	1	0.156	0.782**	–0.476*	–0.326	–0.401	–0.301
	全 N		1	0.209	0.025	0.543**	0.362	0.071
	全 P			1	–0.470*	–0.143	–0.249	–0.359
	全 K				1	0.363	0.307	0.669**
	水解 N					1	0.738**	0.596**
	有效 P						1	0.505*
	速效 K							1
PM (*n*=24)	pH	1	0.253	0.455*	–0.478*	0.400	–0.015	0.064
	全 N		1	0.594**	–0.284	0.817**	0.371	0.087
	全 P			1	–0.643**	0.681**	–0.237	–0.402*
	全 K				1	–0.294	0.221	0.469*
	水解 N					1	0.141	–0.004
	有效 P						1	0.464*
	速效 K							1
CA (*n*=24)	pH	1	0.067	0.447*	–0.792**	–0.090	–0.108	–0.035
	全 N		1	0.485*	–0.090	0.638**	0.631**	–0.014
	全 P			1	–0.443*	0.551**	–0.012	–0.263
	全 K				1	0.027	0.011	0.102
	水解 N					1	0.431*	–0.162
	有效 P						1	0.066
	速效 K							1
LG (*n*=24)	pH	1	–0.124	0.524*	–0.503*	–0.213	0.016	–0.091
	全 N		1	0.254	–0.225	0.655**	0.238	–0.056
	全 P			1	–0.641**	0.164	0.179	–0.165
	全 K				1	0.026	–0.015	0.613**
	水解 N					1	0.481*	0.146
	有效 P						1	–0.048
	速效 K							1
整个研究区 (*n*=96)	pH	1	0.1126	0.5183**	–0.5203**	0.0112	–0.0850	–0.0371
	全 N		1	0.4640**	–0.0690	0.7022**	0.5321**	0.1467
	全 P			1	–0.3001**	0.4192**	0.0759	–0.0547
	全 K				1	0.0450	0.1628	0.4354**
	水解 N					1	0.4554**	0.1878
	有效 P						1	0.2773**
	速效 K							1

注：*n* 为样本数，*表示相关性显著（P<0.05）；**表示相关性极显著（P<0.01）。下同

整个研究区森林土壤全 N 含量与全 P、水解 N、有效 P 含量呈极显著的正相关(P<0.01)，与其他养分含量不存在相关性(P>0.05)；不同森林土壤全 N 含量与水解 N 均呈极显著(P<0.01)的正相关，与全 P 含量在马尾松-石栎针阔混交林、南酸枣落叶阔叶林呈极显著(P<0.01)和显著(P<0.05)的正相关，在石栎-青冈天然次生林、杉木人工林不存在相关(P>0.05)，与有效 P 含量在马尾松-石栎针阔混交林呈极显著(P<0.01)的正相关(表 5.9)。

同样，整个研究区，土壤全 P 含量与全 K 含量呈极显著的负相关(P<0.01)，与水解 N 呈极显著正相关(P<0.01)，与有效 P 含量不相关(P>0.05)；在不同森林土壤全 P 含量与全 K 含量呈显著(P<0.05)或极显著负相关(P<0.01)，在马尾松-石栎针阔混交林、南酸枣落叶阔叶林，与水解 N 呈极显著正相关(P<0.01)。整个研究区，土壤全 K 含量与速效 K 含量呈极显著(P<0.01)正相关，在杉木人工林、马尾松-石栎针阔混交林、石栎-青冈常绿阔叶林呈极显著(P<0.01)正相关，与水解 N、有效 P 含量不相关；除马尾松-石栎针阔混交林外，整个研究区和其他 3 种森林土壤水解 N 含量与有效 P 含量均呈现出显著(P<0.05)或极显著(P<0.01)的正相关，在杉木人工林与速效 K 含量呈极显著(P<0.01)的正相关；整个研究区及杉木人工林、马尾松-石栎针阔混交林土壤有效 P 含量与速效 K 含量均呈显著(P<0.05)或极显著(P<0.01)的正相关(表 5.9)。表明森林土壤水解 N、有效 P 取决于土壤全 N 含量，而速效 K 含量取决于全 K 含量。不同森林土壤全 N 含量与土壤全 P、水解 N、有效 P 含量，全 P 含量与水解 N 含量多表现为协同耦合作用，土壤全 N 含量增加促进土壤 N 有效性，有利于土壤 P 积累；土壤 P、K 含量表现为拮抗作用，水解 N 含量对有效 P、速效 K 含量的影响，以及有效 P 含量对速效 K 含量的影响基本一致，表现为协同耦合作用。

5.4.9　森林土壤分形维数与土壤 pH、有机质含量的相关性

由表 5.10 可知，无论是整个研究区森林土壤还是不同森林土壤粒径分形维数与土壤 pH 均不存在显著相关性(P>0.05)。但无论是整个研究区森林土壤还是不同森林土壤粒径分形维数与土壤有机质含量均呈显著(P<0.05)或极显著(P<0.01)负相关。

表 5.10　土壤分形维数与土壤 pH、有机质含量的相关系数

项目	CL (n=24)	PM (n=24)	CA (n=24)	LG (n=24)	整个研究区 (n=96)
pH	0.3244	0.0967	−0.0857	0.1978	0.1128
有机质	−0.4691*	−0.4582*	−0.4721*	−0.4725*	−0.2591**

注：*表示相关性显著(P<0.05)；**表示相关性极显著(P<0.01)

5.4.10　森林土壤分形维数与土壤 N、P、K 含量的相关性

从表 5.11 可以看出，杉木人工林土壤粒径分形维数与土壤全 N、全 P 含量呈极显著(P<0.01)和显著(P<0.05)正相关，与全 K、水解 N、有效 P、速效 K 含量不存在显著相关性(P>0.05)；马尾松-石栎针阔混交林土壤粒径分形维数与全 K 含量呈显著(P<0.05)负相关，与全 N、全 P、水解 N、有效 P、速效 K 含量不存在显著相关性(P>0.05)；南酸枣落叶阔叶林土壤粒径分形维数与全 P、水解 N 含量呈极显著(P<0.01)正相关，与速效 K 含量呈极显著(P<0.01)负相关，与全 N、全 K、有效 P 含量不存在显著相关性(P>0.05)；石栎-青冈常绿阔叶林土壤粒径分形维数与全 P 含量呈极显著(P<0.01)负相关，与有效 P、速效 K 呈显著(P<0.05)负相关，与全 N、全 K、水解 N 含量不存在显著相关性(P>0.05)。整个研究区森林土壤粒径分形维数与全 N、全 P、全 K、

水解 N、有效 P、速效 K 含量呈极显著(P<0.01)负相关，表明土壤粒径分形维数能较好地反映森林土壤理化性质的演变，可以作为定量评价森林植被恢复过程土壤肥力演变的指标。

表 5.11　土壤分形维数与土壤养分含量的相关系数

森林类型	全 N	全 P	全 K	水解 N	有效 P	速效 K
CL (n=24)	−0.5020**	−0.4943*	−0.2610	−0.1593	−0.1066	−0.2508
PM (n=24)	−0.0985	−0.0107	−0.4855*	−0.1552	−0.1975	−0.2129
CA (n=24)	−0.2159	−0.7233**	−0.1398	−0.7444**	−0.1270	−0.5943**
LG (n=24)	−0.1637	−0.7041**	−0.3090	−0.2057	−0.3743*	−0.4526*
整个研究区 (n=96)	−0.2471**	−0.2205**	−0.2671**	−0.2708**	−0.2176**	−02594**

注：*表示相关性显著(P<0.05)；**表示相关性极显著(P<0.01)

5.4.11　结论与讨论

土壤 pH 主要取决于成土母质和成土过程及土壤溶液浓度。土壤 pH 对植物生长有着极其重要的作用，不但影响土壤微生物区系，而且直接影响土壤养分元素的存在形态及其转化，进而影响养分的有效性。按土壤 pH 将土壤酸碱度分为：强酸性(pH<4.5)、酸性(pH4.5～5.4)、微酸性(pH5.5～6.4)、中性(pH6.5～7.4)、碱性(pH7.5～8.5)和强碱性(pH>8.5)(湖南省农业厅，1989)。第二次全国土壤普查数据显示，我国南方红壤 pH 为 4.5～6.0(全国土壤普查办公室，1992)。本研究中，4 种森林土壤 pH 为 4.55～4.69，呈酸性，杉木人工林、马尾松-石栎针阔混交林土壤 pH 较低(为 4.55～4.65)，可能是杉木人工林、马尾松-石栎针阔混交林中杉木、马尾松针叶树种对土壤酸化作用所致。

导致森林土壤酸化及土壤 pH 季节性变化的因素很多，如土壤生物的种类和数量、气候条件及土壤理化性质等，也由于不同因子间复杂的相互作用，往往难以识别出主导因子(夏汉平等，1997)。研究表明，植物和微生物是引起土壤酸化的主要生物因素，而气候的季节变化导致降水增多，温度升高，凋落物量增加，植物和微生物活动增强，因此气候的季节变化是土壤 pH 季节变化的间接因子(刘艳等，2005)。湘中丘陵区降水主要集中在 4～7 月，高强度和高频度的降水能带走土壤酸性离子，可能是土壤 pH 呈上升趋势的主要原因。森林每年有大量的凋落物和植物死根，而这些物质在腐烂过程中有可能对土壤酸度起到缓冲作用，可能也是导致土壤 pH 上升，且影响到 15～30cm 土层的原因。

由于地表枯枝落物、植物根系及根系分泌物所形成的有机质及其分解释放的养分(如 N、P、K)首先进入表层土壤，随着土壤深度增加进入的有机质和养分量逐渐下降，因而表层土壤有机质、养分含量高于深层土壤。本研究中，4 种森林土壤全 N、全 P、全 K、水解 N、有效 P、速效 K 平均含量整体上均表现为 0～15cm 土层高于 15～30cm 土层，与大多研究结果基本一致(高雪松等，2005；路翔等，2012a)，表明森林土壤表层更容易受到外界环境的影响。同时，由于土壤表层更容易受到人为活动、凋落物分解养分归还及土壤微生物作用等多种因子的影响，土壤表层的养分含量及其季节变化都明显大于下层土壤，因此观测土壤表层的养分状况显得更为重要。

尽管自然条件下矿物质的风化是土壤养分库的主要来源，但由于不同森林类型组成树种不同，凋落物量及其组成、分解速率及土壤微生物作用的差异等，不同森林类型土壤养分含量存在差异。本研究中，杉木人工林各土层全 N、全 P、全 K 平均含量均低于 3 种次生林，4 种森林土壤养分库综合指数为 2.51～3.57，以南酸枣落叶阔叶林最高，其次是石栎-青冈常绿阔叶林，杉木人工林最低。究其原因可能是：3 种次生林组成树种多样且林分密度大(李胜蓝等，2014)，次生林阔叶树的叶面积和质量均远大于杉木人工林的针叶，导致 3 种次生林的凋落物量和落叶量(郭婧等，2015)、细根生物量(刘聪等，2011)、地表枯枝落叶层现存量显著高于杉木人工林(路翔等，2012b)，表明 3 种次生林组成树种复杂多样，凋落物量大，更有利于养分归还和林地土壤肥力的恢复与维持，不同森林类型人为干扰程度与过程对土壤的养分库具有重要的影响。4 种森林土壤供 N、供 P、供 K 强度也随森林类型不同而异，可能与植物生长所需要的养分含量、人为活动干扰等因素有关。

迄今，对森林植物体内营养元素的季节变化研究报道已有很多，但森林土壤养分的季节变化的研究报道不多，可能是由于营养元素在土壤中的季节变化远不如植物体内的变化幅度大。本研究结果表明，4 种森林土壤养分(N、P、K)元素(有效态)的季节动态变化是相当明显的，与夏汉平等(1997)、刘艳等(2005)的研究结果相类似。与土壤 pH 一样，影响土壤养分含量季节动态变化的因子很多，同样也难以识别哪个是最主要因子。在本研究中，森林类型对土壤水解 N、有效 P 含量季节变化节律产生了明显的影响，对土壤速效 K 含量的季节动态没有明显的影响。尽管夏、秋季植物处于生长旺盛时期，对养分的吸收利用较多，但 4 种森林在夏、秋季土壤养分含量仍维持在较高水平。原因可能是：夏季正值雨季，土壤水分充足、温度逐渐回升，土壤微生物活性增强，土壤有机物质分解速率加快，释放出更多的养分，土壤养分含量提高，经历了 1a 的生长季后，植物吸收了大量养分，春、冬季土壤温度低，土壤微生物活性下降，有机质分解速度下降，土壤养分归还量少，土壤养分含量下降。也有一些土壤养分(如 K)可能从春季植物萌发开始，到 4～7 月雨季到来，植物、土壤生物进入生长旺盛期，消耗量大且有部分随雨水淋溶而流失，从而造成土壤全 K、速效 K 含量在夏季或秋季下降到最低值，秋季植物生长缓慢，雨季结束，土壤养分有所积累，因此秋季或冬季全 K 含量有所回升。

5.5　次生林土壤酶活性特征

5.5.1　土壤酶活性的空间分布特征

如表 5.12 所示，4 种森林土壤脲酶、蔗糖酶、酸性磷酸酶、过氧化氢酶活性均表现出 0～15cm 土层高于 15～30cm 土层，且同一种酶活性在不同森林随土壤深度增加递减的幅度基本一致，但不同酶活性递减幅度不同，其中，蔗糖酶活性递减幅度最大，两土层之间的差异达到显著水平(P<0.05)，酸性磷酸酶、脲酶、过氧化氢酶活性两土层之间的差异均未达到显著水平(P>0.05)。

表 5.12　不同森林土壤酶活性

项目	土层深度/cm	CL	PM	CA	LG
脲酶/(g/kg)	0～15	0.21(0.06)Aa	0.36(0.17)Ba	0.39(0.19)BCa	0.58(0.20)Ca
	15～30	0.16(0.06)Aa	0.32(0.15)Ba	0.35(0.17)Ba	0.47(0.15)Ba
	平均	0.18(0.06)A	0.34(0.16)B	0.36(0.18)B	0.53(0.18)B
蔗糖酶/(g/kg)	0～15	25.03(8.77)Aa	32.59(9.38)Ba	41.63(12.91)BCa	44.99(8.88)Ca
	15～30	21.61(9.94)Aa	26.72(5.62)ABa	37.56(10.91)BCa	40.43(8.96)Ca
	平均	23.32(9.29)A	29.66(8.03)B	39.59(10.28)C	42.71(8.98)C

续表

项目	土层深度/cm	CL	PM	CA	LG
酸性磷酸酶/(g/kg)	0～15	3.22 (0.95) Aa	3.96 (1.00) Aa	3.67 (0.90) Aa	3.57 (0.70) Aa
	15～30	2.56 (0.85) Aa	3.71 (0.91) Ba	3.32 (0.94) Aa	3.18 (0.57) Aa
	平均	2.88 (0.95) A	3.84 (0.94) A	3.49 (0.92) A	3.38 (0.66) A
过氧化氢酶/(g/kg)	0～15	3.01 (0.58) Aa	3.58 (1.10) Aa	3.51 (0.61) Aa	3.37 (0.74) Aa
	15～30	2.77 (0.49) Aa	3.29 (0.87) Aa	3.18 (0.52) Aa	3.01 (0.75) Aa
	平均	2.89 (0.54) A	3.43 (0.98) A	3.35 (0.58) A	3.19 (0.75) A

注：表中的数据是4个季节的算术平均值和标准差

从表5.12可知，同一种土壤酶活性在4种森林之间的变异特征在两个土层基本一致，但不同土壤酶活性在4种森林之间的变化趋势略有不同。脲酶主要参与土壤氮代谢，脲酶活性强表明土壤氮素转化特别有效，氮转化过程较快。4种森林0～15cm土层脲酶活性为0.21～0.58g/kg，15～30cm土层为0.16～0.47g/kg，0～30cm土层为0.18～0.53g/kg，顺序依次均为：石栎-青冈常绿阔叶林>南酸枣落叶阔叶林>马尾松-石栎针阔混交林>杉木人工林，且3种次生林与杉木人工林差异显著($P<0.05$)，石栎-青冈常绿阔叶林与南酸枣落叶阔叶林、马尾松-石栎针阔混交林差异也显著($P<0.05$)，南酸枣落叶阔叶林、马尾松-石栎针阔混交林差异不显著($P>0.05$)。表明石栎-青冈常绿阔叶林土壤氮素有效化过程最明显，其次是南酸枣落叶阔叶林、马尾松-石栎针阔混交林，杉木人工林最低。与前面4种森林土壤氮含量的变化趋势基本一致。

蔗糖酶(又称转化酶)是研究最多的土壤酶类之一，它可以将蔗糖分解为植物和微生物可以直接吸收、利用的葡萄糖及果糖，为土壤生物体提供能量，其活性反映了土壤有机碳的积累和分解转化的强度，比其他酶类更能明显地反映土壤肥力水平和生物活性强度，以及各种农业技术措施对土壤熟化的影响(龚伟等，2008)。4种森林0～15cm土层蔗糖酶活性为19.84～65.15g/kg，15～30cm土层为18.21～52.98g/kg，0～30cm土层为23.32～42.71g/kg，排序均为：石栎-青冈常绿阔叶林>南酸枣落叶阔叶林>马尾松-石栎针阔混交林>杉木人工林，且3种次生林与杉木人工林(除15～30cm土层马尾松-石栎针阔混交林与杉木人工林外)差异显著($P<0.05$)，石栎-青冈常绿阔叶林与马尾松-石栎针阔混交林差异也显著($P<0.05$)，与南酸枣落叶阔叶林差异不显著($P>0.05$)，南酸枣落叶阔叶林与马尾松-石栎针阔混交林差异也不显著($P>0.05$)。表明石栎-青冈常绿阔叶林土壤有机碳的积累和分解转化的强度显著高于杉木人工林、马尾松-石栎针阔混交林。

研究区森林土壤呈酸性，因此土壤磷酸酶以酸性磷酸酶为主，该酶类主要催化土壤磷酸脂或磷酸酐的水解反应，促进有机磷化合物分解和将聚磷酸盐水解为正磷酸盐供给植物吸收，在土壤磷素的生物化学循环过程中起着重要作用，其活性的高低直接影响着土壤中有机磷的分解转化及其生物有效性(Burns et al.，2001)。4种森林0～15cm土层酸性磷酸酶活性为3.22～3.96g/kg，15～30cm土层为2.56～3.71g/kg，0～30cm土层为2.88～3.84g/kg，马尾松-石栎针阔混交林最高，其次是南酸枣落叶阔叶林、石栎-青冈天然次生林，杉木人工林最低，但4种森林两两间(除15～30cm土层杉木人工林与马尾松-石栎针阔混交林外)的差异不显著($P>0.05$)。表明次生林土壤有机磷的分解转化及其生物有效性略高于杉木人工林，但同一地区由不同树种组成的森林对土壤酸性磷酸酶活性影响不明显。

过氧化氢酶是一种重要的土壤氧化还原酶，能酶促水解过氧化氢为水和氧，解除过氧化氢对植物的毒害作用，可反映土壤中总的生物呼吸程度，表征土壤微生物活性强度(任勃等，2009)。4 种森林 0～15cm 土层过氧化氢酶活性为 3.01～3.58g/kg，15～30cm 土层为 2.77～3.29g/kg，0～30cm 土层为 2.89～3.43g/kg，3 种次生林高于杉木人工林，但差异不显著(P>0.05)。表明次生林土壤微生物活性强度强，有利于解除土壤中过氧化氢的毒害作用。可见，由不同树种组成的森林对不同土壤酶活性影响不一，其中，土壤过氧化氢酶、酸性磷酸酶活性在 4 种森林之间变幅较小，脲酶、蔗糖酶活性变幅较大，表明森林类型对土壤过氧化氢酶、酸性磷酸酶活性影响较小，对脲酶、蔗糖酶活性影响较大。也由于石栎-青冈常绿阔叶林群落层次结构良好、植物种类丰富且多样，人为干扰活动较少，水土流失较轻，林下土壤水分环境较好，枯枝落叶等物质就地贮存和分解，使其生态系统基本处于封闭状态，土壤养分含量和微生物生物量高，物质转化速率较高，土壤酶活性普遍较高。

5.5.2　土壤酶活性的季节动态

从图 5.15 可以看出，同一森林两个土层脲酶活性的季节变化节律基本一致，且 4 种森林均为“单峰曲线型”，按峰值出现的时间可分为两种类型：第一种是随着春季温度升高和雨季到来，脲酶活性逐渐提高，秋季(9 月)出现最高值，冬季下降，春季为一年中的最低值；第二种是随着春季温度升高和雨季到来，脲酶活性升高，夏季(6 月)出现最高值，秋季下降，春季或冬季为一年中的最低值。杉木人工林、马尾松-石栎针阔混交林属于第一种类型，季节波动幅度较小，南酸枣落叶阔叶林、石栎-青冈常绿阔叶林属于第二种类型，季节波动幅度较大，特别是石栎-青冈常绿阔叶林，表明森林类型不仅对土壤脲酶活性的大小产生了明显的影响，对其季节变化节律也会产生一定的影响。

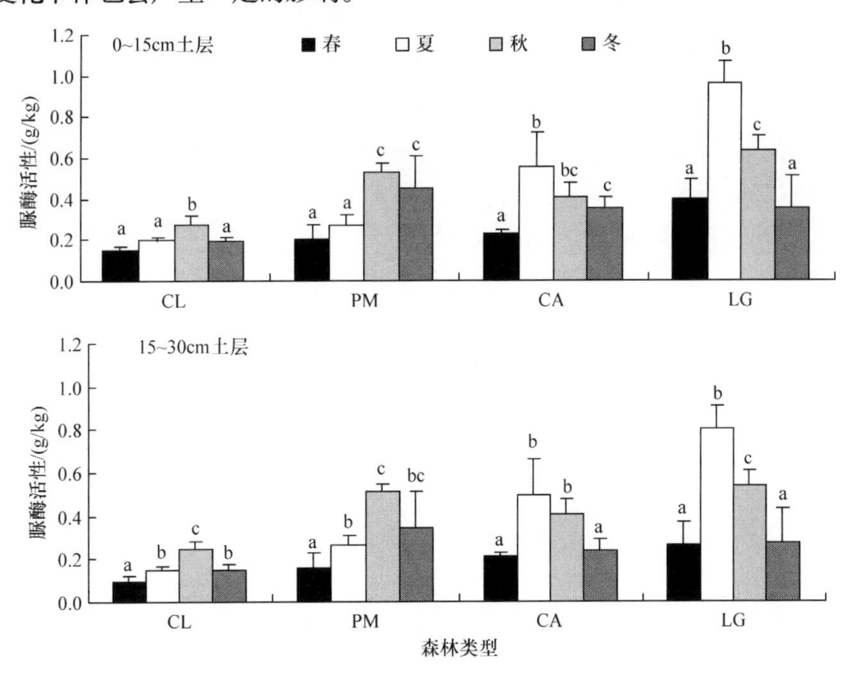

图 5.15　不同森林土壤脲酶活性的季节动态

4 种森林两个土层蔗糖酶活性季节动态基本一致，表现为：春季最低，夏季最高(除杉木人工林、南酸枣落叶阔叶林 0～15cm 土层冬季最高外)，秋季下降，冬季回升，且冬季高于春、秋季，杉木人工林变化幅度较大，3 种次生林变化幅度较小(图 5.16)。表明森林类型对土壤蔗糖酶活性季节动态节律影响不明显，但改变了森林土壤蔗糖酶活性的大小。

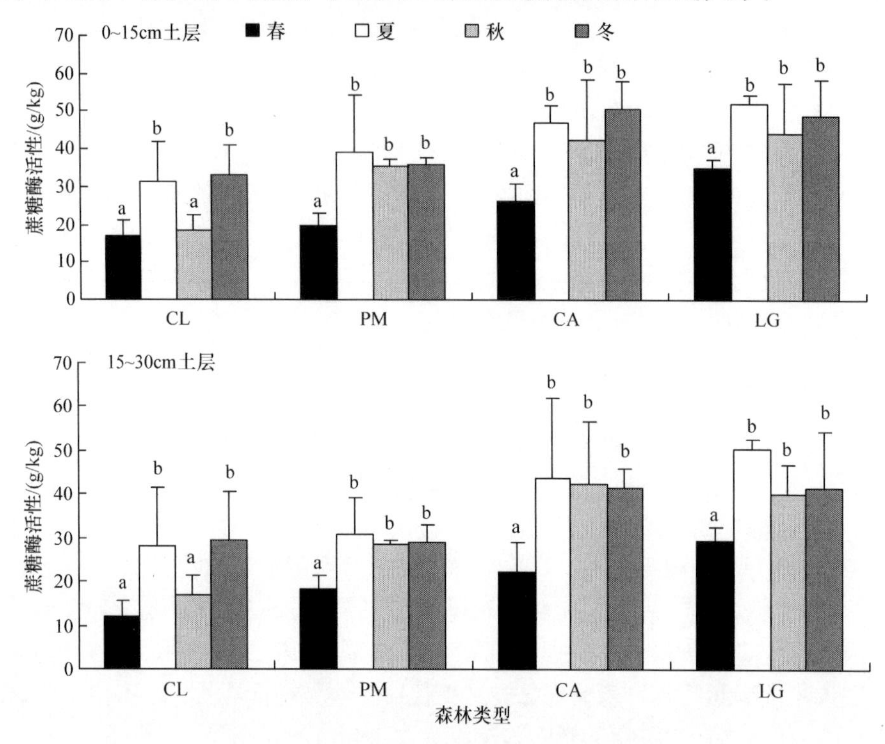

图 5.16　不同森林土壤蔗糖酶活性的季节动态

4 种森林土壤酸性磷酸酶活性季节动态明显且基本一致，均表现为春季较高，随着春季温度逐渐升高和雨季的到来，酸性磷酸酶活性逐渐提高，夏季(6 月)出现最高值，秋季下降，冬季为一年中最低(图 5.17)。表明森林类型没有影响酸性磷酸酶活性季节动态节律，但明显影响土壤酸性磷酸酶活性大小。

4 种森林土壤过氧化氢酶活性季节动态明显且基本一致，即春季(3 月)较高，夏季(6 月)稍有下降，秋季(9 月)回升到最高值，冬季(12 月)又下降至最低值(图 5.18)。表明森林类型没有影响过氧化氢酶活性季节动态节律，但明显影响了土壤过氧化氢酶活性大小。

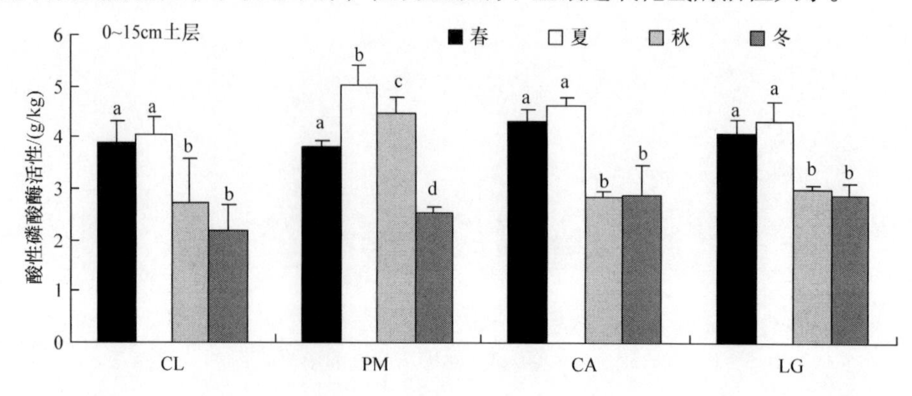

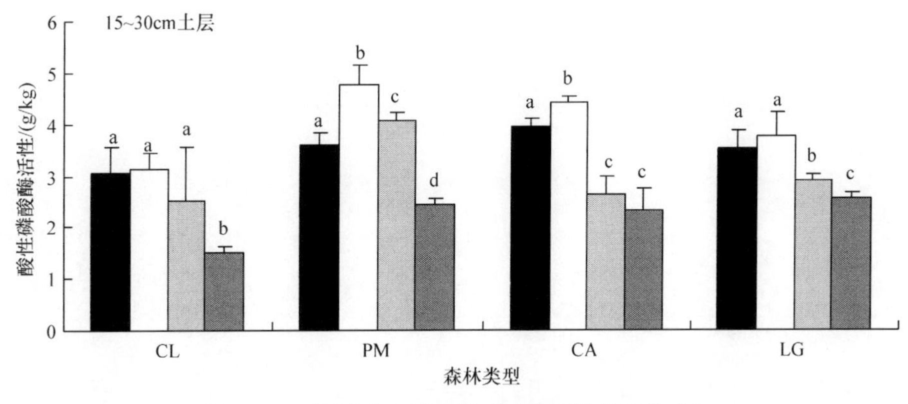

图 5.17　不同森林土壤酸性磷酸酶活性的季节动态

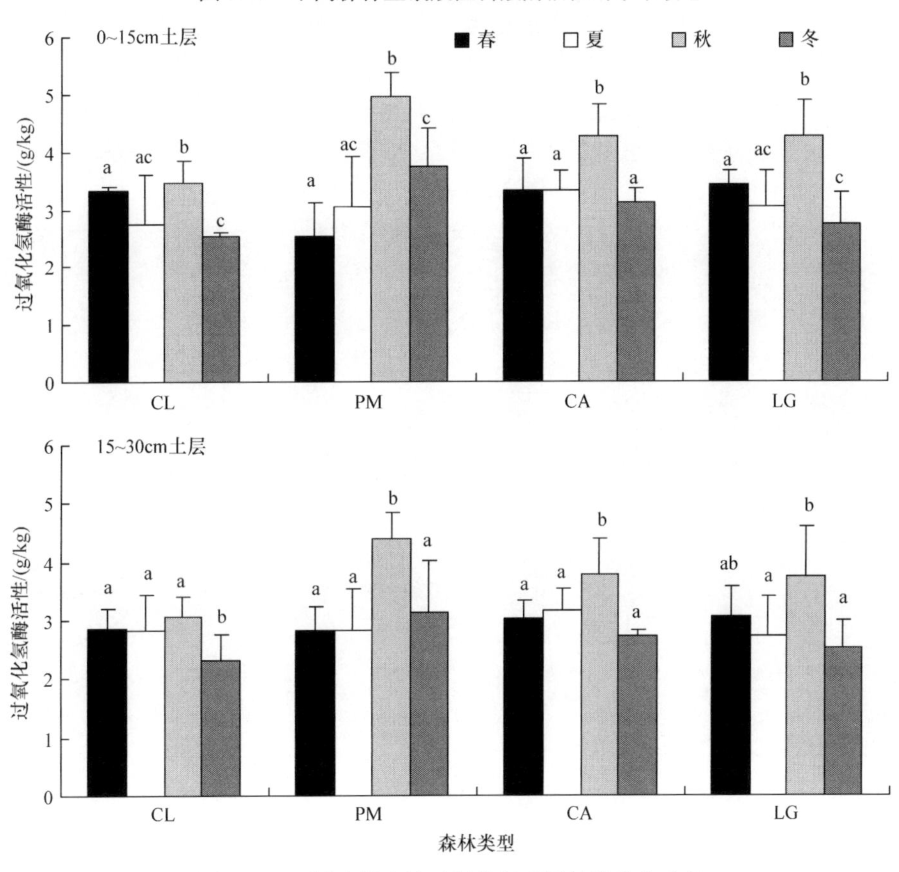

图 5.18　不同森林土壤过氧化氢酶活性的季节动态

5.5.3　土壤酶活性之间的相关分析

如表 5.13 所示，土壤过氧化氢酶活性与脲酶、酸性磷酸酶、蔗糖酶活性呈显著或极显著正相关(相关系数分别为 0.2490、0.5252 和 0.3129，$P<0.01$)，脲酶活性与酸性磷酸酶、蔗糖酶活性呈极显著正相关(相关系数分别为 0.4072 和 0.2245，$P<0.01$)，酸性磷酸酶活性与蔗糖酶活性呈极显著正相关(相关系数为 0.2296，$P<0.01$)。表明土壤过氧化氢酶活性和 3 种水解酶活性在促进土壤有机质的转化及参与土壤物质转化和能量交换中，不仅显示出其专一性，同时还存在着共性关系，共同影响着土壤肥力的演变。

表 5.13　不同土壤酶活性之间的相关系数（n=96）

指标	脲酶	蔗糖酶	酸性磷酸酶	过氧化氢酶
脲酶	1	0.2245**	0.4062**	0.2490**
蔗糖酶		1	0.2296**	0.3129**
酸性磷酸酶			1	0.5252**
过氧化氢酶				1

注：*表示相关性显著（P<0.05）；**表示相关性极显著（P<0.01）

5.5.4　土壤酶活性与土壤 pH、养分之间的相关分析

从表 5.14 可以看出，土壤 pH 与土壤蔗糖酶活性呈极显著正相关（P<0.01），与土壤酸性磷酸酶呈极显著负相关（P<0.01），与脲酶、过氧化氢酶活性不存在显著相关性（P>0.05），表明土壤蔗糖酶、酸性磷酸酶活性明显受到土壤酸碱性的影响。土壤脲酶、蔗糖酶、酸性磷酸酶、过氧化氢酶活性与土壤全 N、水解 N（除酸性磷酸酶外）、全 P（除酸性磷酸酶外）、有效 P 含量均呈极显著（P<0.01）的正相关，表明土壤酶活性可以用来指示该区域森林土壤质量的演变特征，4 种酶活性在土壤养分，尤其在 N、P 转化过程中作用很大，土壤酶活性的增强与其矿质养分含量及其有效性的提高有着紧密的联系。土壤脲酶、蔗糖酶活性与土壤全 K 含量呈极显著的负相关（P<0.01），而酸性磷酸酶与全 K 含量呈极显著的正相关（P<0.01），4 种酶活性与速效 K 含量不存在显著相关性（P>0.05），可能与土壤中 K 的主要来源及不同森林对土壤中全 K 含量的影响有关，还有待于进一步探讨。

表 5.14　森林土壤酶活性与土壤 pH、养分含量之间的相关系数（n=96）

指标	pH	全 N	全 P	全 K	水解 N	有效 P	速效 K
脲酶	0.1595	0.4542**	0.2749**	−0.3520**	0.4040**	0.3272**	−0.1780
蔗糖酶	0.3526**	0.5231**	0.3284**	−0.3493**	0.3451**	0.2998**	0.1030
酸性磷酸酶	−0.3581**	0.3121**	0.0203	0.2426**	0.1411	0.4016**	0.0141
过氧化氢酶	0.0161	0.4488**	0.3552**	0.0923	0.5046**	0.2626**	0.0824

注：*表示相关性显著（P<0.05）；**表示相关性极显著（P<0.01）

5.5.5　结论与讨论

土壤酶活性的垂直分布特征反映了土壤受干扰的程度（Burns et al.，2001）。4 种森林土壤酸性磷酸酶、脲酶、蔗糖酶、过氧化氢酶活性在土壤剖面上的分布均表现出自上而下递减的趋势，但不同酶活性递减幅度不同，是由于土壤酶主要来源于微生物、动植物残体及植物根系分泌物，在土壤表层动植物残体和微生物数量最多，根系分布密集，其分泌的酶也多，酶的活性相应就高，但随土层加深，土壤熟化程度、肥力水平及营养元素含量不利于微生物的活动与繁殖，导致土壤酶活性下降，表明土壤有机质分解、土壤营养元素循环与土壤剖面结构息息相关，也表明了不同土壤酶活性对土壤层次的响应不同。

5.6　次生林土壤有机碳及其活性有机碳库特征

5.6.1　土壤有机碳含量及其碳密度

1. 土壤有机碳含量

如图 5.19 所示，不同森林土壤有机碳(SOC)含量在空间上分布极不均衡。4 种森林 SOC 平均含量表现为 0～15cm 土层高于 15～30cm 土层，且两土层之间的差异显著(P<0.05)。同一土层的 SOC 平均含量随着林分组成树种增多而增加，与林分植物多样性指数呈显著相关(相关系数为 0.9612～0.9897，P<0.05，n=4)。0～15cm 土层，石栎-青冈常绿阔叶林、南酸枣落叶阔叶林、马尾松-石栎针阔混交林 SOC 平均含量分别比杉木人工林提高了 21.5%、18.1%和 16.3%，且杉木人工林与马尾松-石栎针阔混交林、南酸枣落叶阔叶林、石栎-青冈常绿阔叶林之间差异显著(P<0.05)。15～30cm 土层，石栎-青冈常绿阔叶林、南酸枣落叶阔叶林、马尾松-石栎针阔混交林 SOC 含量分别比杉木人工林提高了 18.8%、18.5%和 15.5%，且杉木人工林与马尾松-石栎针阔混交林、南酸枣落叶阔叶林、石栎-青冈常绿阔叶林之间差异显著(P<0.05)。同一土层 SOC 含量表现为马尾松-石栎针阔混交林、南酸枣落叶阔叶林、石栎-青冈常绿阔叶林两两之间差异均不显著(P>0.05)。

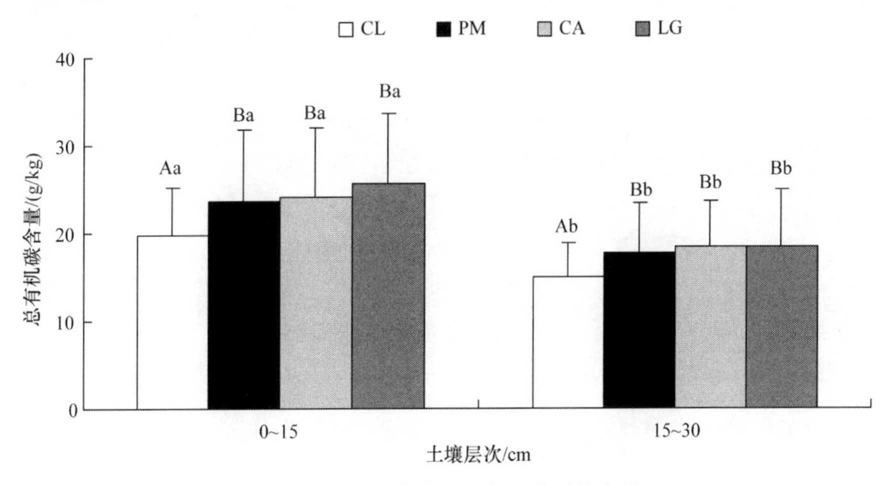

图 5.19　不同森林土壤有机碳平均含量

对照第二次全国土壤普查 SOC 含量分级标准(全国土壤普查办公室，1992)(表 5.5)，杉木人工林 0～15cm 土层 SOC 平均含量达到 2 级(高水平)，3 种次生林达到 1 级(极高水平)；杉木人工林 15～30cm 土层 SOC 平均含量达到 3 级(中水平)，3 种次生林达到 2 级(高水平)。表明不同森林因组成树种不同对 SOC 含量产生了显著不同的影响，次生林转变为杉木人工林后，SOC 含量明显下降，这与已有的研究结果基本一致(Collins et al.，1997)。

2. 土壤有机碳密度

土壤有机碳密度是土壤有机碳含量和土壤容重的乘积，因此不同森林 SOC 含量、土壤容重存在着差异，土壤有机碳密度(soil organic carbon density，SOCD)也存在差异。从表 5.15 可以看出，4 种森林 SOC 均表现为 0～15cm 土层高于 15～30cm 土层。由于南酸枣落叶阔叶林、石栎-青冈常绿阔叶林具有较高的 SOC 含量，故其各层土壤有机碳密度均高于马尾松-石栎针阔混交林、杉木人工林相应土层的有机碳密度，0～15cm 土壤层碳密度为 41.32～47.55t C/hm^2，排序为：石栎-青冈常绿阔叶林>南酸枣落叶阔叶林>马尾松-石栎针阔混交林>杉木人工林。0～30cm 土壤层碳密度为 72.97～84.53t C/hm^2，以南酸枣落叶阔叶林最高，其次是石栎-青冈常绿阔叶林，杉木人工林最低。表明了不同森林土壤有机碳密度及不同土层间土壤有机碳密度的差异主要取决于土壤有机碳含量和土壤容重的差异。

表 5.15　不同森林土壤有机碳密度　　(单位：t C/hm^2)

土壤层次/cm	杉木林	马尾松林	南酸枣林	石栎-青冈林
0～15	41.32	41.91	46.43	47.55
15～30	31.65	34.41	38.10	36.25
合计	72.97	76.32	84.53	83.80

5.6.2　土壤活性有机碳各组分含量

1. 土壤微生物生物量碳含量的空间分布

垂直分布上，4 种森林土壤微生物生物量碳(MBC)平均含量的变化与土壤 SOC 平均含量的变化基本一致，随土层深度增加而下降，两土层之间差异显著($P<0.05$)。同一土层，4 种森林土壤 MBC 平均含量均以南酸枣落叶阔叶林为最高，石栎-青冈常绿阔叶林为其次，杉木人工林为最低。0～15cm 土层，石栎-青冈常绿阔叶林、南酸枣落叶阔叶林、马尾松-石栎针阔混交林 MBC 平均含量比杉木人工林分别提高了 18.5%、28.1%和 11.3%；15～30cm 土层，石栎-青冈常绿阔叶林、南酸枣落叶阔叶林、马尾松-石栎针阔混交林 MBC 平均含量比杉木人工林分别提高了 18.6%、26.9%和 5.9%。南酸枣落叶阔叶林 MBC 平均含量与杉木人工林、马尾松-石栎针阔混交林、石栎-青冈常绿阔叶林差异显著($P<0.05$)，石栎-青冈常绿阔叶林与杉木人工林差异显著($P<0.05$)，与马尾松-石栎针阔混交林差异不显著($P>0.05$)，除 0～15cm 土层 MBC 含量外，马尾松-石栎针阔混交林与杉木人工林差异均不显著($P>0.05$)(表 5.16)。

表 5.16　不同森林土壤活性有机碳库的含量(4 个季节的平均值±标准差，*n*=12)

项目	土层深度/cm	杉木林	马尾松林	南酸枣林	石栎-青冈林
MBC/(g/kg)	0～15	0.446(0.22)Aa	0.503(0.23)Ba	0.621(0.16)Ca	0.547(0.23)Ba
	15～30	0.365(0.17)Aa	0.388(0.13)ABb	0.499(0.15)Cb	0.448(0.21)Bb
MOC/(g/kg)	0～15	0.054(0.01)Aa	0.075(0.02)Ba	0.084(0.03)Ba	0.104(0.02)Ba
	15～30	0.041(0.01)Ab	0.055(0.01)Bb	0.056(0.02) Bb	0.075(0.02)Cb
ROC/(g/kg)	0～15	4.163(1.03)Aa	6.457(2.05)Ba	6.724(2.61)Ba	6.950(1.68)Ba
	15～30	3.056(0.95)Ab	4.327(1.09)Bb	5.344(2.56)Bb	4.798(1.41)Bb
DOC/(g/kg)	0～15	0.422(0.05)Aa	0.435(0.07)ABa	0.439(0.06)ABa	0.475(0.07)Ba
	15～30	0.367(0.03)Ab	0.407(0.05)Ba	0.399(0.06)ABa	0.417(0.06)Bb

注：括号内的数据为标准差，同行不同大写字母表示不同森林之间差异显著($P<0.05$)，同列不同小写字母表示不同土层之间差异显著($P<0.05$)

2. 土壤可矿化有机碳含量的分布

4 种森林土壤可矿化有机碳(MOC)含量均随土壤深度增加而下降,且不同森林土层间的差异不同，其中石栎-青冈常绿阔叶林差异最大，其次为南酸枣落叶阔叶林，杉木人工林最低。同一土层 MOC 含量因森林不同而异，3 种次生林各土层 MOC 含量均以石栎-青冈常绿阔叶林为最高，其次是南酸枣落叶阔叶林，马尾松-石栎针阔混交林最低，均高于杉木人工林相应土层。马尾松-石栎针阔混交林、南酸枣落叶阔叶林、石栎-青冈常绿阔叶林 0～30cm 土层 MOC 含量分别比杉木人工林高出 41.0%、45.2%、51.6%。各土层杉木人工林与马尾松-石栎针阔混交林、南酸枣落叶阔叶林、石栎-青冈常绿阔叶林间的差异均达到显著水平($P<0.05$)，但除 0～15cm 土层的马尾松-石栎针阔混交林与石栎-青冈常绿阔叶林之间的差异显著($P<0.05$)外，3 种次生林两两间的差异均未达到显著水平($P>0.05$)。表明次生林较杉木人工林土壤积累了更多微生物可利用的有机碳，且随着森林植被恢复，土壤积累微生物可利用的有机碳增多，有利于土壤养分的转化和循环，改善土壤肥力(表 5.16)。

3. 土壤易氧化有机碳含量

4 种森林土壤易氧化有机碳(ROC)含量均随土壤深度增加而下降，且不同森林土层间的差异均达到显著水平($P<0.05$)，其中石栎-青冈常绿阔叶林差异最大，其次为马尾松-石栎针阔混交林，杉木人工林最低。同一土层 ROC 含量因森林不同而异，0～15cm 土层 ROC 含量以石栎-青冈常绿阔叶林最高，其次是南酸枣落叶阔叶林，杉木人工林最低，且 3 种次生林与杉木人工林差异显著($P<0.05$)，石栎-青冈常绿阔叶林、南酸枣落叶阔叶林、马尾松-石栎针阔混交林分别比杉木人工林高出 40.10%、38.08%、35.52%，3 种次生林两两之间差异不显著($P>0.05$)；15～30cm 土层 ROC 含量以南酸枣落叶阔叶林最高，其次是石栎-青冈常绿阔叶林，杉木人工林最低，且 3 种次生林与杉木人工林差异显著($P<0.05$)，3 种次生林两两之间差异不显著($P>0.05$)，石栎-青冈常绿阔叶林、南酸枣落叶阔叶林、马尾松-石栎针阔混交林分别比杉木人工林高出 36.29%、42.80%、29.36%。表明次生林较杉木人工林土壤有机碳活性更高，且随着森林植被恢复，树种多样性增加，土壤活性有机碳含量增多，有利于土壤养分的转化和循环，改善土壤肥力(表 5.16)。

4. 土壤水溶性有机碳含量

如表 5.16 所示，4 种森林土壤 DOC 含量 0～15cm 土层高于 15～30cm 土层，其中杉木人工林、石栎-青冈常绿阔叶林两土层之间差异显著($P<0.05$)，4 种森林 0～15cm 土层 DOC 含量为 0.422～0.475g/kg，平均为 0.443g/kg，15～30cm 土层为 0.367～0.417g/kg，平均为 0.397g/kg。4 种森林同一土层 DOC 含量均以石栎-青冈常绿阔叶林最高，其次是马尾松-石栎针阔混交林、南酸枣落叶阔叶林，杉木人工林最低。在 0～15cm 土层中，马尾松-石栎针阔混交林、南酸枣落叶阔叶林、石栎-青冈常绿阔叶林的 DOC 分别较杉木人工林高 3.15%、3.85%和 11.24%，且杉木人工林与石栎-青冈常绿阔叶林之间差异显著($P<0.05$)，但与马尾松-石栎针阔混交林、南酸枣落叶阔叶林之间的差异不显著($P>0.05$)，3 种次生林两两之间的差异也不显著($P>0.05$)；在 15～30cm 土层中，马尾松-石栎针阔混交林、南酸枣落叶阔叶林、石栎-青冈常绿阔叶林分别较杉木人工林高 9.81%、8.19%和 12.00%，且杉木人工林与马尾松-石栎针阔混交林、石栎-青冈常绿阔叶林之间差异显著($P<0.05$)，但与南酸枣落叶阔叶林之间差异不显著($P>0.05$)，3

种次生林两两之间差异也不显著(P>0.05)，表明地带性常绿阔叶林或天然次生林转变为杉木人工林后可能会导致土壤 DOC 的下降。

5.6.3 土壤活性有机碳库的分配比例

土壤 MBC 的分配比例是指土壤 MBC 含量分别占土壤 SOC 含量的百分比。如表 5.17 所示，同一森林土壤 MBC 的分配比例均表现为 0～15cm 土层较 15～30cm 土层低，但差异不大。同一土层 4 种森林土壤的 MBC 分配比例均以南酸枣落叶阔叶林为最高，石栎-青冈常绿阔叶林次之，马尾松-石栎针阔混交林为最低。0～15cm 土层 MBC 的分配比例为 2.3%～2.8%，15～30cm 土层 MBC 分配比例为 2.4%～2.9%。除 15～30cm 土层南酸枣落叶阔叶林土壤 MBC 与杉木人工林、石栎-青冈常绿阔叶林的差异不显著(P>0.05)外，南酸枣落叶阔叶林各土层 MBC 的分配比例与马尾松-石栎针阔混交林、杉木人工林、石栎-青冈常绿阔叶林的差异均显著(P<0.05)，马尾松-石栎针阔混交林、杉木人工林、石栎-青冈常绿阔叶林两两间的差异不显著(P>0.05)。

从表 5.17 可以看出，同一森林不同土层 MOC 的分配比例不同，0～15cm 土层高于 15～30cm 土层。同一土层不同森林间 MOC 分配比例也不同，各土层分配比例大小依次为：石栎-青冈常绿阔叶林>南酸枣落叶阔叶林>马尾松-石栎针阔混交林>杉木人工林，在 0～30cm 土层，马尾松-石栎针阔混交林、南酸枣落叶阔叶林、石栎-青冈常绿阔叶林分别比杉木人工林高出 20.0%、39.3%、35.8%。在 0～15cm 土层，石栎-青冈常绿阔叶林与杉木人工林、马尾松-石栎针阔混交林间差异显著(P<0.05)，南酸枣落叶阔叶林与杉木人工林、马尾松-石栎针阔混交林间差异显著(P<0.05)，而马尾松-石栎针阔混交林与杉木人工林间，南酸枣落叶阔叶林与石栎-青冈常绿阔叶林间差异不显著(P>0.05)。在 15～30cm 土层，石栎-青冈常绿阔叶林与杉木人工林差异显著(P<0.05)，马尾松-石栎针阔混交林、南酸枣落叶阔叶林与杉木人工林之间，石栎-青冈常绿阔叶林与南酸枣落叶阔叶林之间差异达到显著水平(P<0.05)，南酸枣落叶阔叶林与马尾松-石栎针阔混交林、石栎-青冈常绿阔叶林间差异不显著(P>0.05)。

表 5.17 不同森林土壤活性有机碳库的分配比例(4 个季节的平均值±标准差，n=12)

项目	土层/cm	杉木林	马尾松林	南酸枣林	石栎-青冈林
MBC 分配比例/%	0～15	2.30(0.97)Aa	2.25(1.02)Aa	2.88(1.14)Ba	2.37(0.95)Aa
	15～30	2.51(1.13)ABa	2.43(1.25)Aa	2.91(1.13)Ba	2.73(1.28)ABa
MOC 分配比例/%	0～15	0.27 (0.01)Aa	0.32 (0.02)Ba	0.34 (0.04)Ba	0.43 (0.06)Ca
	15～30	0.27 (0.01)Aa	0.31 (0.01)Ba	0.30 (0.04)Bb	0.43 (0.14)Ca
ROC 分配比例/%	0～15	21.19 (3.37)Aa	28.11(6.55)Ba	28.22(8.03)Ba	28.24(4.79)Ba
	15～30	20.74(5.82)Aa	24.89(5.76)ABa	28.84(9.57)Ba	26.66(4.21)Ba
DOC 分配比例/%	0～15	2.24(0.56)Aa	2.03(0.83)Aa	2.02(0.67)Aa	2.00(0.65)Aa
	15～30	2.54(0.49)Aa	2.43(0.69)Aa	2.31(0.66)Aa	2.44(0.64)Aa

从表 5.17 可以看出，同一森林不同土层 ROC 的分配比例不同，杉木人工林、马尾松-石栎针阔混交林表现为 0～15cm 土层高于 15～30cm 土层，而石栎-青冈常绿阔叶林、南酸枣落叶阔叶林表现为 15～30cm 土层高于 0～15cm 土层，但各森林两土层之间差异均不显著(P>0.05)。同一土层不同森林间 ROC 的分配比例也不同，0～15cm 土层分配比例大小依次为：石栎-青冈常绿阔叶

林>南酸枣落叶阔叶林>马尾松-石栎针阔混交林>杉木人工林，且 3 种次生林与杉木人工林间差异显著（$P<0.05$），但 3 种次生林两两之间差异不显著（$P>0.05$）；15～30cm 土层分配比例大小依次为：南酸枣落叶阔叶林>石栎-青冈常绿阔叶林>马尾松-石栎针阔混交林>杉木人工林，且南酸枣落叶阔叶林、石栎-青冈常绿阔叶林与杉木人工林间差异显著（$P<0.05$），但马尾松-石栎针阔混交林与杉木人工林差异不显著（$P>0.05$），3 种次生林两两之间差异也不显著（$P>0.05$）。

4 种森林土壤 DOC 的分配比例为 2.00%～2.54%，杉木人工林高于 3 种次生林，但 4 种森林两两之间差异均不显著（$P<0.05$），4 种森林土壤 DOC 的分配比例 15～30cm 土层高于 0～15cm 土层（表 5.17）。此外，ROC 占土壤 SOC 的分配比例明显高于土壤 MBC、DOC、MOC 的分配比例。

5.6.4　土壤活性有机碳各组分含量的季节变化

从表 5.18 可以看出，不同森林类型、不同季节、不同土层 MBC、MOC、ROC、DOC 含量差异极显著（$P<0.01$），表明森林类型、季节变化和土层深度对森林土壤 MBC、MOC、ROC、DOC 含量的影响极其显著。森林类型和季节变化的交互作用对土壤 MBC、ROC 含量影响极显著（$P<0.01$），对土壤 MOC、DOC 含量影响不显著（$P>0.05$），表明随着季节变化，不同森林土壤 MBC、ROC 含量差异极显著，而 MOC、DOC 含量差异不显著。

表 5.18　土壤 MBC、MOC、ROC 和 DOC 含量变化的重复测量设计的方差分析

因子	MBC			MOC			ROC			DOC		
	df	F	P	df	F	P	df	F	P	df	F	P
A	3	7.37	0.003	3	43.06	0.000	3	41.24	0.000	3	7.24	0.003
B	3	32.21	0.000	3	21.81	0.000	3	28.25	0.000	3	63.22	0.000
C	1	18.05	0.001	1	74.13	0.000	1	95.48	0.000	1	33.30	0.000
A×B	9	5.97	0.000	9	1.42	0.206	9	3.63	0.002	9	1.40	0.215
A×C	3	0.13	0.941	3	1.89	0.173	3	2.34	0.112	3	0.78	0.524
B×C	3	0.423	0.736	3	1.91	0.141	3	1.20	0.320	3	3.74	0.017
A×B×C	9	0.77	0.645	9	0.12	0.999	9	0.27	0.979	9	0.28	0.977

1. 土壤 MBC 含量的季节变化

如图 5.20 所示，4 种森林两土层 MBC 含量均呈现出“单峰型”的季节动态节律，CL、PM、LG 表现为“夏高冬低型”，即春、秋季较低，夏季最高，冬季最低，夏季与春、秋（除 LG 0～15cm 土层外）、冬季之间差异显著（$P<0.05$），CL、PM 春、秋、冬季之间差异不显著（$P>0.05$），LG 春、秋季与冬季之间差异显著（$P<0.05$），春季与秋季之间差异不显著（$P>0.05$）；而 CA 表现为“秋高春低型”，即春季最低，秋季最高，春季与秋季差异显著（$P<0.05$），夏、秋、冬季之间差异不显著（$P>0.05$）。土壤 MBC 峰值因森林类型不同而异，CL 0～15cm 土层和 15～30cm 土层 MBC 的最高值分别为 0.73g/kg、0.54g/kg，PM 为 0.80g/kg、0.57/g/kg，CA 为 0.72g/kg、0.59g/kg，LG 为 0.65g/kg、0.60g/kg。与 CA、LG 相比，CL、PM 土壤 MBC 含量的季节波动幅度较大；CL、PM 的 0～15cm 土层 MBC 的季节波动幅度较 15～30cm 土层大，而 CA、LG 两土层 MBC 的季节波动幅度差异不明显。表明森林类型对土壤 MBC 含量及其季节变化节律产生了一定的影响。

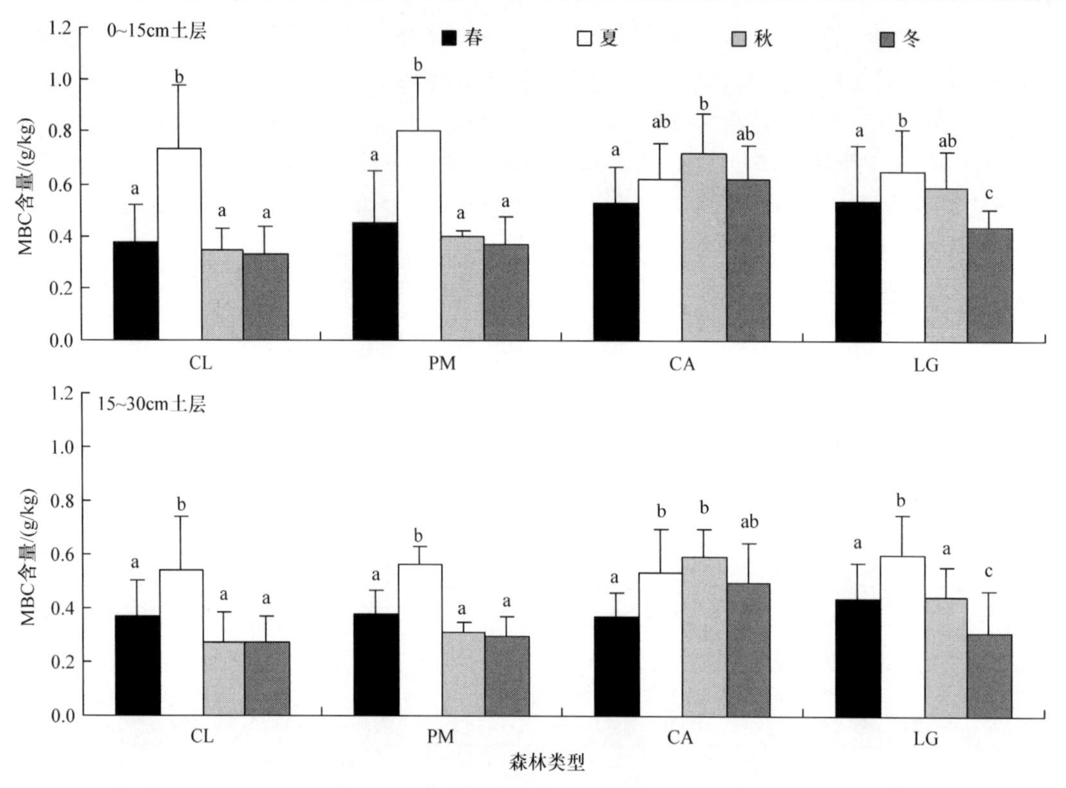

图 5.20　不同森林土壤 MBC 含量的季节变化

不同字母表示同种森林不同季节之间差异显著($P<0.05$)，下同

2. 土壤 MOC 含量的季节变化

如图 5.21 所示，4 种森林两土层 MOC 含量均呈现出“单峰型”的季节变化节律，CL 为夏季最高，春、秋次之，冬季最低；PM、CA、LG 从春季到秋季逐渐升高，秋季(除 CA、LG 0～15cm 土层外)最高，冬季下降，为一年中最小值，均与其土壤 MBC 含量的季节变化节律略有不同。单因素方差分析表明，CL 0～15cm 土层，春、夏、秋季与冬季差异显著($P<0.05$)，春、夏、秋季两两之间差异不显著($P>0.05$)，15～30cm 土层，春、秋、冬季与夏季差异显著($P<0.05$)，春、秋、冬季之间差异不显著($P>0.05$)；PM、CA、LG 秋季与春(除 LG 外)、冬季差异显著($P<0.05$)，春季与冬季(除 PM 外)差异显著($P<0.05$)，夏季与春(除 CA 外)、秋季差异不显著($P>0.05$)。与 CL 相比，PM、CA、LG 两土层 MOC 含量季节波动较大；与 15～30cm 土层相比，0～15cm 土层 MOC 季节波动幅度也较大。表明森林类型对土壤 MOC 含量及其季节变化节律有较明显的影响。

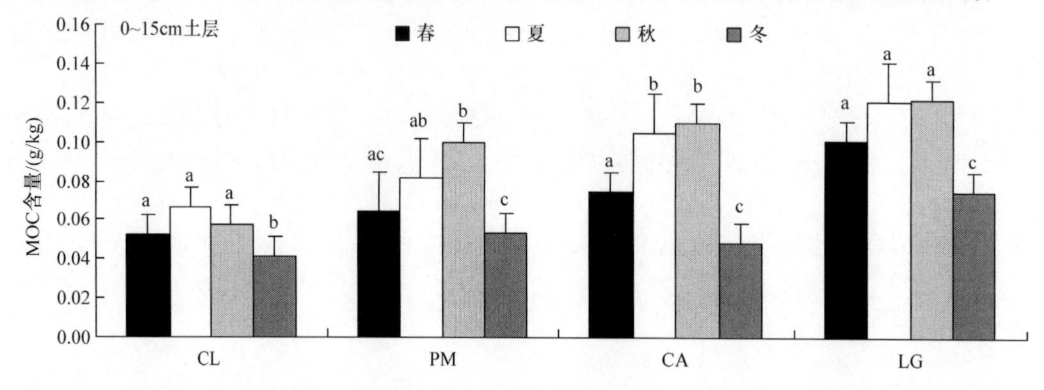

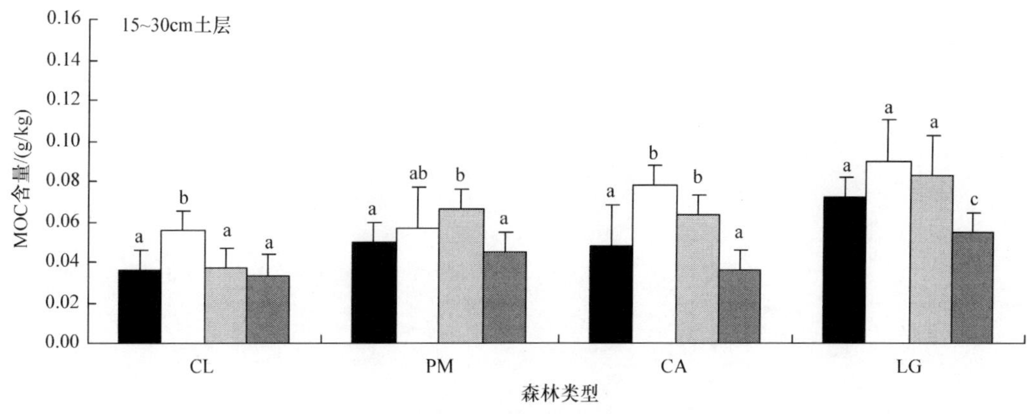

图 5.21　不同森林土壤 MOC 含量的季节变化

3. 土壤 ROC 含量的季节变化

从图 5.22 可知，4 种森林 0～15cm、15～30cm 土层 ROC 含量的季节变化模式均表现为“单峰型”节律，即夏季最高，冬季最低，与其土壤 MBC 含量的季节变化节律相似，但不完全一致。0～15cm 土层，夏季与秋(除 LG 外)、冬季差异显著($P<0.05$)，与春季(除 CA 外)差异不显著($P>0.05$)，春、秋、冬(除 PM、LG 外)季之间差异不显著($P>0.05$)；15～30cm 土层，仅夏季与冬季差异显著($P<0.05$)，夏季与春、秋(除 CA 外)季之间，春、秋、冬季之间差异均不显著($P>0.05$)。CA 两土层 ROC 含量的季节波动幅度最大，PM 次之，CL 最小；0～15cm 土层的季节波动幅度较 15～30cm 土层大。表明森林类型对土壤 ROC 含量影响明显，但对其季节变化节律影响不大。

4. 土壤 DOC 含量的季节变化

如图 5.23 所示，4 种森林两土层 DOC 含量均呈现春、夏、冬季较高，秋季最低的季节变化节律，与其土壤 MBC、MOC、ROC 含量的季节动态节律不同。0～15cm 土层，春、夏、冬季与秋季差异显著($P<0.05$)，春、夏、冬季之间差异不显著($P>0.05$)；15～30cm 土层，春(除 CL 外)、夏季与秋季差异显著($P<0.05$)，但秋、冬两季之间，春、夏、冬季之间差异不显著($P>0.05$)。与 CL 相比，PM、CA、LG 土壤 DOC 含量的季节波动幅度较大，0～15cm 土层 DOC 含量的季节波动幅度较 15～30cm 土层大。4 种森林秋季两土层之间差异最小，PM、CA、LG 冬季两土层之间差异最大，CL 春季最大。不同森林类型之间的差异夏季最大，秋季或冬季最小。表明森林类型对土壤 DOC 含量影响明显，但对其季节变化节律影响不大。

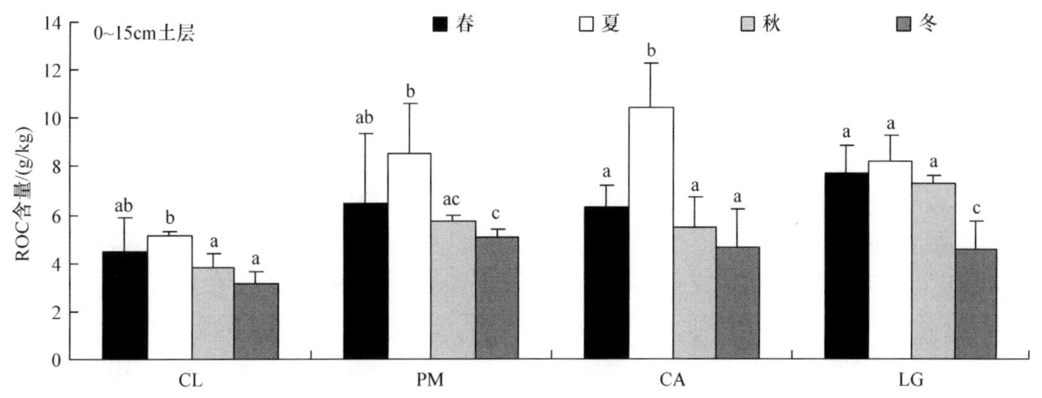

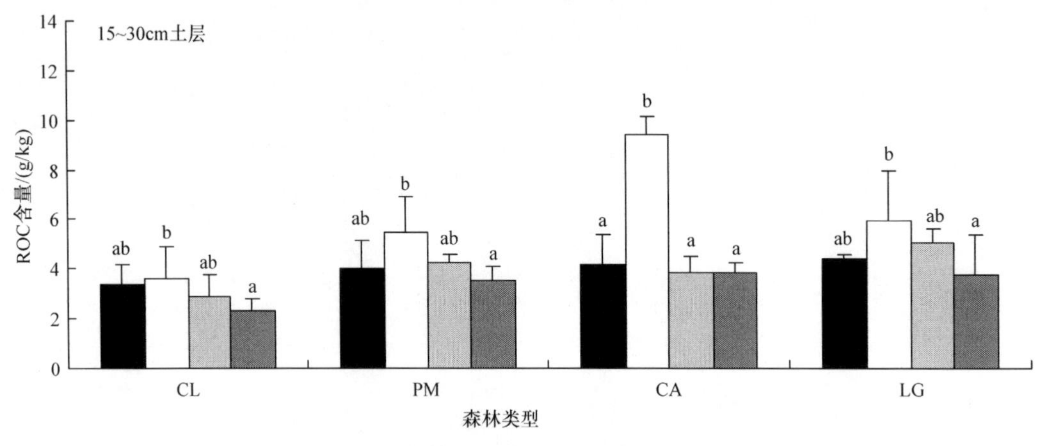

图 5.22 不同森林土壤 ROC 含量的季节变化

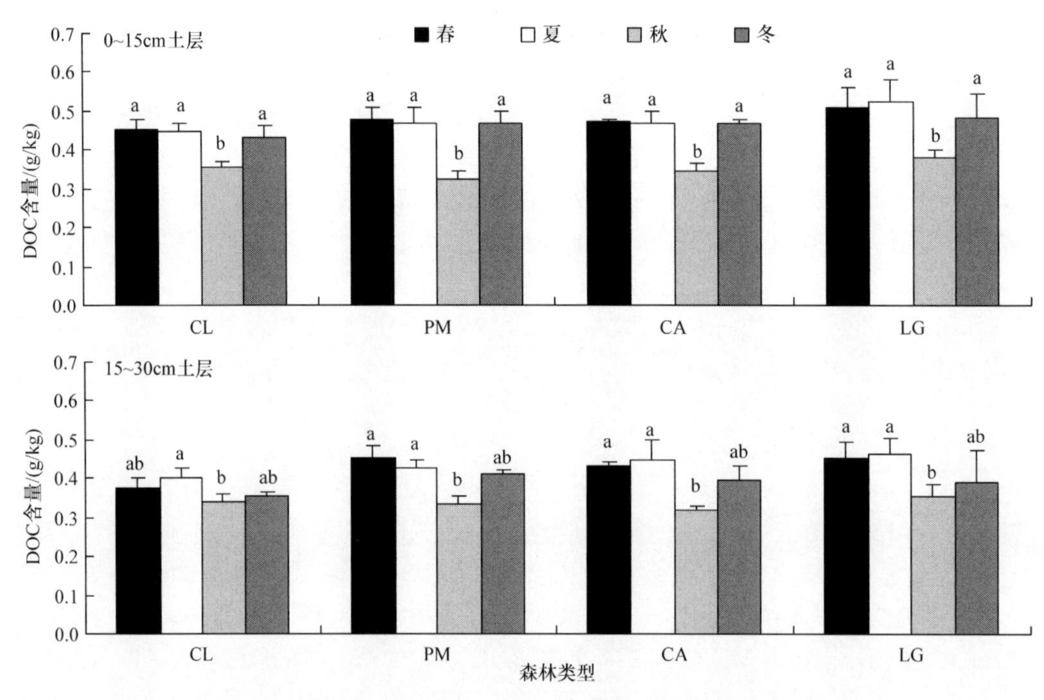

图 5.23 不同森林土壤 DOC 含量的季节变化

5.6.5 土壤微生物生物量碳的周转率

土壤微生物生物量及其周转率可表征土壤肥力供应的容量和强度，是反映土壤养分资源的生物有效性的一个重要指标(洪坚平等，1997)。根据 4 种森林 4 个季节土壤 MBC 含量的测定结果，运用土壤 MBC 的周转率、周转时间和流通量的计算方法(洪坚平等，1997)，估算了 4 种森林土壤 MBC 的周转率、周转时间和流通量。结果(表 5.19)表明，同一森林不同土层 MBC 周转率和流通量不同，杉木人工林、马尾松-石栎针阔混交林土壤 MBC 周转率和流通量表现为 0～15cm 土层高于 15～30cm 土层，而南酸枣落叶阔叶林、石栎-青冈常绿阔叶林则表现出 0～15cm 土层低于 15～30cm 土层。不同森林同一土层 MBC 周转率和流通量也不同，杉木人工林各土层 MBC 周转率(1.21～1.71/a)和流通量[93.29～160.13g/(m^2 · a)]最高，其次是马尾松-石栎针阔混交林，南酸枣落叶阔叶林均为最低，分别为 0.47～0.61/a 和 56.76～63.10g/(m^2 · a)。

表明南酸枣落叶阔叶林、石栎-青冈常绿阔叶林土壤 MBC 的周转率较低，而维持较高的微生物生物量且变化较平稳，有利于有机质的积累和养分的固定。

表 5.19　不同森林土壤微生物生物量碳的周转率、周转时间和流通量

森林类型	项目	土壤层次/cm		
		0～15	15～30	0～30
杉木人工林	生物量平均值/(g/kg)	0.45	0.36	0.41
	生物量转移值/(g/kg)	0.76	0.44	0.60
	周转率/$\frac{1}{a}$	1.71	1.21	1.46
	周转时间/a	0.58	0.83	0.70
	流通量/[g/(m^2·a)]	160.13	93.29	126.71
马尾松-石栎针阔混交林	生物量平均值/(g/kg)	0.50	0.39	0.45
	生物量转移值/(g/kg)	0.78	0.46	0.62
	周转率/$\frac{1}{a}$	1.56	1.19	1.37
	周转时间/a	0.64	0.84	0.74
	流通量/[g/(m^2·a)]	146.69	94.90	120.79
南酸枣落叶阔叶林	生物量平均值/(g/kg)	0.62	0.50	0.56
	生物量转移值/(g/kg)	0.29	0.30	0.30
	周转率/$\frac{1}{a}$	0.47	0.61	0.54
	周转时间/a	2.11	1.64	1.87
	流通量/[g/(m^2·a)]	56.76	63.10	59.93
石栎-青冈常绿阔叶林	生物量平均值/(g/kg)	0.55	0.45	0.50
	生物量转移值/(g/kg)	0.33	0.46	0.39
	周转率/$\frac{1}{a}$	0.60	1.03	0.81
	周转时间/a	1.68	0.97	1.33
	流通量/[g/(m^2·a)]	62.00	92.32	77.16

5.6.6　土壤碳库管理指数

以石栎-青冈常绿阔叶林各土层土壤为参照，根据土壤 CMI 的计算公式(龚伟等，2008)，对不同森林土壤 CMI 进行计算，结果(表 5.20)表明，0～15cm 土层、15～30cm 土层的 CMI 分别为 55.95～100 和 60.01～119.81，均随土层深度增加而升高，0～15cm 土层的 CMI 依次为：石栎-青冈常绿阔叶林>南酸枣落叶阔叶林>马尾松-石栎针阔混交林>杉木人工林，与石栎-青冈常绿阔叶林相比，杉木人工林 0～15cm 土层下降了 44.05%，15～30cm 土层下降了 40.00%。

如表 5.20 所示，随着土壤环境因子、人为活动的季节性变化，土壤 CMI 也呈现一定的季节动态，不同森林同一土层 CMI 的季节变化基本一致，但同一森林不同土层 CMI 的季节变化不同。0～15cm 土层基本表现为：夏季最高(除杉木人工林冬季最高外)，春季次之，秋季最低，同一森林最高值与最低值相差 14.36～66.35。15～30cm 土层则基本表现为：夏季最高(除杉木人工林春季最高外)，秋季最低，同一森林最高值与最低值相差 22.01～130.84。不同季节，同一土层 CMI 不同森林间的变化趋势略有不同，春、秋季各土层 CMI 从高至低的排序与其 4 个季节平均值的排序一致。

表 5.20　不同森林土壤碳库管理指数

土壤深度/cm	森林类型	碳库管理指数				
		春	夏	秋	冬	平均
0～15	LG	100.00	100.00	100.00	100.00	100.00
	CL	54.36	56.27	49.41	63.77	55.95
	PM	86.73	106.71	75.68	114.22	95.83
	CA	81.85	138.59	72.24	103.14	98.95
15～30	LG	100.00	100.00	100.00	100.00	100.00
	CL	75.11	55.60	53.10	56.21	60.01
	PM	88.35	97.11	78.13	95.04	89.66
	CA	92.58	201.92	71.08	111.13	119.18

5.6.7　土壤有机碳各组分含量与土壤自然含水率的相关性

相关分析(表 5.21)表明，无论是整个研究区森林还是不同森林土壤 SOC、MBC、MOC、ROC、DOC 与土壤自然含水率均呈显著($P<0.05$)或极显著($P<0.01$)的线性正相关，其中除 CA 外，森林土壤 MBC 含量与土壤自然含水率的相关系数最高。表明土壤自然含水率的变化显著影响森林土壤活性有机碳的转化和积累，特别是对土壤 MBC 含量的影响，不同森林类型土壤自然含水率的差异及其季节变化可能是导致各森林土壤活性有机碳各组分含量的差异及其季节变化的主要原因之一。

表 5.21　森林土壤有机碳各组分含量与土壤自然含水率的相关系数

森林类型	SOC	MBC	MOC	ROC	DOC
CL (n=24)	0.5103*	0.7723**	0.5591**	0.4089*	0.4366*
PM (n=24)	0.5969**	0.8067**	0.5326**	0.7960**	0.4144*
CA (n=24)	0.5307**	0.4223*	0.5062*	0.6385**	0.5010 *
LG (n=24)	0.5162*	0.7765 **	0.5450**	0.5296**	0.4098*
研究区 (n=96)	0.3445**	0.4972**	0.2465**	0.3192**	0.2671**

注：n 为样本数，*代表 $P<0.05$，**代表 $P<0.01$；下同

5.6.8　土壤活性有机碳各组分含量与 C、N、P 含量及 pH 的相关性

从表 5.22 可以看出，无论是整个研究区森林土壤还是不同森林土壤 MBC、MOC、ROC、DOC 含量与土壤 SOC、TN、AN、TP(除 CL 的 MBC、ROC、MOC 外)、AP 含量之间均呈显著($P<0.05$)或极显著($P<0.01$)的正相关，与 TK、AK 之间不存在显著相关($P>0.05$)，其中 PM、CA、LG 土壤 MBC、MOC、ROC、DOC 含量与土壤 SOC、TN、TP 含量的相关系数均高于 CL。表明不同森林类型土壤 SOC、N、P 含量及其供应状况的差异显著影响土壤活性有机碳各

组分的转化和积累，土壤 MBC、MOC、ROC、DOC 含量均可作为衡量森林土壤 SOC、N、P 含量变化的敏感性指标。森林土壤 MBC、MOC、ROC、DOC 含量与土壤 pH 均不存在显著相关(P>0.05)。表明不同森林土壤 MBC、MOC、ROC、DOC 含量的差异及其季节变化不是土壤 pH 所致。

表 5.22　森林土壤活性有机碳各组分与土壤 SOC、养分、pH 的相关系数

森林类型	项目	SOC	TN	TP	TK	AN	AP	AK	pH
CL (n=24)	MBC	0.6317**	0.4810 *	0.2054	−0.1563	0.5334**	0.4738 *	−0.1083	−0.0646
	MOC	0.4593*	0.4038 *	−0.0508	0.2444	0.5396**	0.4181 *	0.5403**	−0.2798
	ROC	0.7121**	0.4551 *	−0.0211	0.0371	0.6008**	0.5599**	0.0768	−0.3806
	DOC	0.9473**	0.7081**	0.4556 *	−0.0669	0.6458**	0.5984 *	0.0568	0.0609
PM (n=24)	MBC	0.5683**	0.5703**	0.4736*	−0.0718	0.4206*	0.4888*	0.0514	−0.3914
	MOC	0.5360**	0.5791**	0.5833**	−0.3320	0.6579**	0.4910*	0.0506	0.2518
	ROC	0.7093**	0.6382**	0.5233**	−0.0645	0.5548**	0.5456*	0.0131	−0.2701
	DOC	0.9727**	0.6561**	0.7021**	−0.1006	0.6521**	0.4799*	−0.1581	−0.0058
CA (n=24)	MBC	0.5339**	0.5113*	0.6781**	−0.3184	0.4517*	0.4595*	0.1386	0.1478
	MOC	0.6390**	0.5593**	0.4217*	0.0783	0.6137**	0.5076*	−0.2882	−0.2659
	ROC	0.7434**	0.7223**	0.5149*	−0.0941	0.4703*	0.6594**	0.0387	0.0028
	DOC	0.9878**	0.7033**	0.5079*	0.2678	0.5846**	0.5455**	0.1097	−0.3039
LG (n=24)	MBC	0.7247**	0.8277**	0.4878*	−0.2001	0.5103*	0.5858**	−0.2733	−0.1271
	MOC	0.6371**	0.6039**	0.4393*	0.1154	0.5163**	0.4717*	0.2678	−0.2654
	ROC	0.7156**	0.5628**	0.4585*	−0.0881	0.5593**	0.4121*	0.1264	−0.0526
	DOC	0.6012**	0.5847**	0.4096*	−0.1686	0.6594**	0.7286**	−0.0095	−0.2374
研究区 (n=96)	MBC	0.6165**	0.6344**	0.4512**	−0.1247	0.5192**	0.5245**	0.0716	−0.0593
	MOC	0.6199**	0.5372**	0.2621**	0.0022	0.5073**	0.4811**	0.0938	−0.1280
	ROC	0.7307**	0.6713**	0.4098**	−0.0035	0.5325**	0.6331**	0.1832	−0.0862
	DOC	0.8089**	0.6344**	0.3260**	−0.0223	0.5574**	0.5864**	0.0790	−0.0871

5.6.9　结论与讨论

研究表明，不同森林因树种组成不同，凋落物量和组成及其分解行为不同，显著地改变碳源输入的数量和质量，影响土壤微生物的功能类群及其数量，进而显著影响土壤活性有机碳的含量(Quideau et al.，2001；姜培坤，2005；王清奎等，2005)。土壤活性有机碳来源于 SOC，容易受到生物残体分解和利用的影响(刘荣杰等，2012)，其变化受到 SOC 变化的制约(耿玉清等，2009)。本研究中，从杉木人工林到石栎-青冈常绿阔叶林的 4 种森林类型，树种逐渐增多，阔叶树种比例增大(Liu et al.，2014)，细根生物量和生产力呈增加趋势(刘聪等，2011；Liu et al.，2014)，年凋落物量明显增多(郭婧等，2015)，且阔叶树凋落物易分解，地表凋落物现存量也呈增加趋势，而未分解现存量占地表凋落物现存量的百分比呈下降趋势(路翔等，2012)，土壤理化性质明显改善，各土层 SOC、N、P 含量逐渐提高(表 5.1)。分析也表明，4 种森林土壤 MBC、MOC、ROC、DOC 含量与土壤自然含水率及 SOC、N、P 含量呈极显著正相关(表 5.4)。表明不同森林类型外源碳库输入和土壤理化性质的差异，是导致不同森林类型土壤活性有机碳

含量差异显著的主要原因。

不同森林因组成树种不同，凋落物量、质量和分解速率不同，对土壤碳库数量和质量的影响也不同(Quideau et al.，2001)。研究表明，阔叶林(常绿、落叶)生物归还量大，土壤 TOC 和 TN 含量较高，针叶林较低(朱志建等，2006；龚伟等，2008；Luan et al.，2010；Wang et al.，2011)。本研究的 3 种天然次生林各土层 SOC 平均含量随着林分树种增多，阔叶树比例增大，细根生物量增加(刘聪等，2011)，年凋落物量增加，地表凋落物现存量增加，未分解现存量占地表凋落物现存量的百分比下降(路翔等，2012)，而随森林恢复呈现逐渐增加的趋势，但两两间的差异不显著($P>0.05$)。3 种天然次生林各土层 SOC 含量均显著或极显著高于杉木人工林，原因可能是：①杉木人工林树种单一，细根生物量、年凋落物量明显低于 3 种次生林，且地表凋落物层现存量仅为石栎-青冈常绿阔叶林的 74.1%，马尾松-石栎针阔混交林的 76.6%，南酸枣落叶阔叶林的 97.8%，而未分解层现存量占地表凋落物层现存总量的百分比又均高于 3 种次生林(刘聪等，2011；路翔等，2012)，土壤有机碳的补给低于次生林；②杉木人工林的长期经营活动，如每年秋冬季清除林下植物和人工整枝、清除林内枯死木等，导致土壤有机碳输入量减少。

不同生态系统土壤微生物生物量差异较大，是生态系统特性与环境因子综合作用的结果，其中森林类型是重要的影响因子之一(Quideau et al.，2001)。本研究中，阔叶林(南酸枣落叶阔叶林、石栎-青冈常绿阔叶林)土壤 MBC 平均含量高于针叶林(杉木人工林、马尾松-石栎针阔混交林)。可能是不同森林因组成树种数量、生物量、凋落物量和质的差异，导致土壤有机碳输入量不同，进而影响土壤微生物的生长与繁殖(Wardle，1992)，阔叶林凋落物养分含量较高，易分解，土壤微生物生物量较大，而针叶林凋落物养分含量较低，难分解，土壤微生物效应较差(周存宇等，2005)，阔叶树种比重增加会提高土壤的养分状况和微生物活性(胡亚林等，2005)。

由于土壤中大多数微生物属于异养型，动植物残体的分解及根系分泌物随着土层深度增加而减少，土壤有机物质和无机物质也随土层深度增加而逐渐减少，为土壤微生物提供的营养物质下降，下土层微生物减慢了其自身的合成代谢，导致 MBC 随土层深度的增加而降低(漆良华等，2009)。本研究中，4 种森林土壤 TOC、MBC 均随土层深度的增加而降低。

土壤 MBC 周转是土壤有机质矿化和转化的动力，土壤中 N、P、K、S 的供应很大程度上依赖于土壤微生物的周转(陈国潮等，2002)。土壤 MBC 的周转期受土壤质地(腐殖质等)、利用方式等方面的影响，较短的周转期能使土壤养分更有效地通过微生物流通，而较长的周转期则有利于土壤养分的积累和保持(姚槐应等，1999)。本研究中，土壤 MBC 的周转时间为 0.58～1.64a，属于 0.14～4a(汪伟，2008)。杉木人工林、马尾松-石栎针阔混交林 0～15cm 土层 MBC 周转率和流通量高于 15～30cm 土层，而南酸枣落叶阔叶林、石栎-青冈常绿阔叶林相反。

本研究中，4 种森林土壤 DOC 含量 0～15cm 土层高于 15～30cm 土层，与已有的研究结果一致(田静等，2011；Wallage et al.，2006；汪伟等，2008；刘荣杰等，2013)，其中杉木人工林、石栎-青冈常绿阔叶林尤为明显。研究表明，森林土壤水溶性有机质主要来源于枯枝落叶、根系分泌物和土壤有机质，土壤 DOC 与土壤 SOC 常处于动态平衡之中，在一定条件下可以相互转化(Kalbita et al.，2000)。相关分析结果表明，4 种森林土壤 DOC 含量与土壤 SOC 含量之间呈极显著的正相关(表 5.21)，表明森林土壤 DOC 含量依赖于土壤 SOC 含量，随土壤 SOC 含量的增加而增加，而地表植物的枯落物、根系及根系分泌物分解、淋溶形成的有机碳首先进入土壤表层，导致土壤 SOC 含量随土壤深度增加而下降，DOC 含量也随之下降。此外，随土壤深度的增加，黏土矿物的物理吸附作用增强(田静等，2011)，有待于进一步研究。

研究表明，森林土壤 DOC 含量与森林植被种类密切相关，阔叶林土壤 DOC 含量明显高于针叶林(Smolander et al.，2002)，次生林土壤 DOC 含量高于杉木林(刘荣杰等，2013)，常绿阔叶林土壤 DOC 含量显著高于杉木纯林(王清奎等，2006)。本研究结果表明，4 种森林同一土层 DOC 含量均以石栎-青冈常绿阔叶林最高，其次是马尾松-石栎针阔混交林、南酸枣落叶阔叶林，杉木人工林最低。导致这一结果的原因可能是：①杉木人工林树种单一，年凋落物量[414.40g/(m^2 · a)]和 0～30cm 土层细根总生物量(305.20g/m^2)(刘聪等，2011)均明显低于 3 种次生林年凋落物量[723.67～818.22g/(m^2 · a)]和细根总生物量(374.25～579.33g/m^2)(刘聪等，2011)，且地表凋落物层现存量(892g/m^2)低于 3 种次生林，但未分解层现存量又高于 3 种次生林(路翔等，2012)，表明杉木人工林凋落物少且分解缓慢，土壤有机碳的补给低于次生林；②杉木人工林的长期经营活动，如每年秋、冬季清除林下植物和人工整枝，清除林内枯死木等，导致土壤有机碳输入量减少，土壤有机碳(SOC)含量明显低于 3 种次生林(图 5.19)。此外，3 种次生林由于组成树种及其树种多样性不同，凋落物量和质的差异，导致土壤 DOC 含量的不同，但差异不显著(P>0.05)。因此，不同森林类型土壤有机碳输入量的变化，导致土壤 DOC 含量的差异，地带性常绿阔叶林或天然次生林转变为杉木人工林后，土壤 DOC 含量下降。

研究表明，土壤 DOC 的分配比例反映土壤有机碳的稳定性和损失，一般不超过 3%(Jandl et al.，1997)。本研究的 4 种森林土壤 DOC 的分配比例为 2.00%～2.54%，以杉木人工林最高，与已有的研究结果(王清奎等，2006；徐秋芳等，2004)基本一致。由于森林土壤水溶性有机质主要是以富啡酸和分子质量较小的有机酸、碳水化合物为主(王清奎等，2006)，且杉木林土壤腐殖质含大量富啡酸，酸性强，易分散，维持较高的 DOC 含量(王清奎等，2006；徐秋芳等，2004)；此外，由于杉木人工林土壤有机质输入量低于次生林，杉木人工林土壤 TOC 含量显著低于 3 种次生林(图 5.19)，因而杉木人工林土壤 DOC 的分配比例高于 3 种次生林。土壤 DOC 的分配比例 0～15cm 土层低于 15～30cm 土层，表明下层土壤有机碳的稳定性高于表层土壤。

由于土壤活性有机碳对环境因子的变化响应敏感，因而土壤 DOC 含量随环境因子(如降水量、温度等)的季节变化而呈现出一定的季节变化(Wallage et al.，2006)。但由于气候、立地条件及土壤理化性质的差异，土壤 DOC 含量的季节变化呈现出多种模式，如春、夏季较高，冬季较低(张剑等，2009；Kawahigashi et al.，2003；Tipping et al.，1999)；冬季高，夏季低(Wallage et al.，2006；刘荣杰等，2013；徐秋芳等，2004)；秋季最高(Zhou et al.，2006)；也有季节变化不明显的(Dosskey et al.，1997)。

本研究的不同森林类型两个土层 DOC 含量均表现为春、夏、冬季含量较高，秋季含量最低，且秋季与春、夏、冬季差异显著，与张剑等(2009)、Kawahigashi 等(2003)、Tipping 等(1999)的研究结果基本一致。相关性分析结果表明，4 种林分土壤 DOC 含量与土壤自然含水量呈显著或极显著的线性正相关(表 5.19)。土壤 DOC 是由相对较简单的有机化合物组成的(刘荣杰等，2013)，春、夏季温度升高，降水量增多，土壤含水量升高，经秋、冬季地表凋落物的积累，土壤能提供大量易分解的有机质，土壤微生物活性和新陈代谢提高，有利于 DOC 的形成，即使春、夏季的降水对土壤有机碳有较强的淋溶作用，土壤微生物对土壤 DOC 的消耗量较大，但土壤 DOC 含量仍维持较高的水平或保持上升。在秋季气温仍较高，降水量明显减少，土壤含水量下降，大部分土壤微生物因土壤干燥而导致其活性极大减弱，土壤 DOC 含量下降(曹建华等，2005)。冬季温度低，植物处于休眠状态，土壤微生物活性明显下降，土壤 DOC 消耗量下降而得到积累。此外，冬季地表凋落物分解不彻底，土壤积累有机物较多，且以阴雨天气为主，土壤含水量较高，死亡的微生物残体释放出大量的 DOC(Schimel et al.，1996)。表明森林土壤有机碳累积过程中，气候因子(如降水量、气温等)的季节性变化起重要作用，一方面影响土壤有机碳的输入量；另一方面影响土壤温、湿度，造成土壤微生物活性的差异，导致土壤 DOC 含量呈现明显的季节变化。表土层环境因子的季节变化较下土层明显，表土层 DOC 含量的季节变化也较下土层明显，秋季表土层 DOC 含量下降幅度大，下土层下降幅度小，导致秋季土层间的差异最小。

土壤可矿化有机碳的分配比例(即有机碳矿化释放的 CO_2-C 分配比例)是指在一定时间，土壤有机碳矿化释放的 CO_2-C 含量占土壤总有机碳含量的百分比例，是土壤有机碳矿化速率的表征指标之一(罗友进等，2010)。土壤 N 来源虽多，但主要来源于土壤有机质，其有机形态占土壤 TN 的 80%以上，且与土壤有机碳含量之间的比值为 1∶(10～12)(贾月慧等，2005)，土壤有机碳与 TN 的消长趋势常常是一致的(吕国红等，2006)，土壤 TN 与土壤有机碳呈极显著的正相关(田昆等，2004)。本研究中，4 种森林各层土壤 TN 含量的变化趋势与土壤 SOC 含量的变化趋势基本一致，两者呈极显著的正相关(相关系数为 0.4615，$P<0.001$，$n=288$)。

5.7　次生林地表凋落物层和土壤层 C、N、P 化学计量特征

5.7.1　不同森林凋落物层现存量

4 种森林凋落物层现存量及其各分解层所占比例如表 5.23 所示，凋落物层现存量依次为：LG>PM>CA>CL，且 LG、PM 与 CA、CL 之间差异显著($P<0.05$)，但 LG 与 PM 之间，CA 与 CL 之间差异不显著($P>0.05$)。各分解层凋落物现存量及其占林分凋落物层现存量的百分比因森林类型不同而异，尽管 OL 层现存量依次为：PM>CA>CL>LG，但两两之间差异不显著($P>0.05$)，OL 层现存量占林分凋落物层现存量的百分比以 CL 最高，其次是 CA，LG 最低，表明不同森林凋落物的分解强度不同，与郑路等(2012)的研究结果一致，针叶林 OL 层凋落物现存量所占比例普遍高于阔叶林。OF 层凋落物现存量以 CL 最低，其次是 PM、CA，LG 最高，但 4 种森林两两之间差异不显著($P>0.05$)，且 4 种森林 OF 层凋落物现存量占其林分凋落物层现存量的百分比相当；OH 层现存量及其占林分凋落物层现存量的百分比差异显著($P<0.05$)，OH 层现存量及其占林分凋落物层现存量的百分比以 LG 最高，其次是 PM，CA 最低，且 CL、CA 与 PM、LG 之间差异显著($P<0.05$)，但 LG 与 PM 之间、CA 与 CL 之间差异不显著($P>0.05$)。4 种森林不同分解层现存量占其林分凋落物层现存量的百分比均以 OF 层最低，在 CL 中，OH 层现存量低于 OL 层现存量，但差异不显著($P>0.05$)，显著高于 OF 层($P<0.05$)；在 PM 中，OH 层现存量与 OL 层现存量相近($P>0.05$)，显著高于 OF 层($P<0.05$)；在 CA 中，OH 层、OF 层现存量显著低于 OL 层($P<0.05$)，OH 层与 OF 层相当($P>0.05$)；在 LG 中，OH 层现存量显著高于 OL 层、OF 层现存量($P<0.05$)，这与 CA、LG 凋落物分解率较大有关。分析表明，森林类型对凋落物现存量的影响不显著($P=0.0914$)，凋落物分解层及森林类型与凋落物分解层次的交互作用对凋落物现存量的影响极显著($P<0.001$)。

表 5.23　不同森林地表凋落物层现存量　(单位：g/m²)

分解层	杉木林	马尾松林	南酸枣林	石栎-青冈林
未分解层	456.48±125.72(50.8) Aa	551.96±101.61(41.6) Aa	525.42±151.97(50.0) Aa	404.63±92.17(27.1) Aa
半分解层	165.64±48.68(15.5) Ba	227.21±38.93(17.0) Ba	224.54±85.04(21.5) Ba	246.59±61.24(18.1) Ba
已分解层	329.10±61.44(33.7) ABa	512.75±220.99(41.6) Ab	288.41±103.29(28.5) Ba	687.54±298.80(54.7) Cb
合计	1034.72±188.91(100) a	1295.42±220.77(100) b	1041.87±238.44(100) a	1342.26±357.35(100) b

注：括号内的数据为百分数(%)，同列不同大写字母为同一森林不同分解层之间差异显著(P<0.05)，同行不同小写字母为同一分解层不同森林之间差异显著(P<0.05)

5.7.2　地表凋落物层 C、N、P 含量

如图 5.24 所示，4 种森林整个凋落物层、OL 层、OF 层、OH 层的 C 平均含量变化分别为 352.68～488.46g/kg、492.45～580.16g/kg、383.02～483.06g/kg、182.56～402.16g/kg，均以 PM 最高，与 CL(除 OL 层外)、CA、LG 差异显著(P<0.05)，而 CL、CA、LG 两两之间差异均不显著(P>0.05)。4 种森林不同分解层凋落物 C 含量均为：OL 层>OF 层>OH 层，且同一森林不同分解层两两之间差异显著(P<0.05)。

4 种森林整个凋落物层的 N 平均含量为 9.97～12.77g/kg，其中 PM 最高，CL 最低，CL 与 PM、LG 差异显著(P<0.05)，与 CA 差异不显著(P>0.05)，PM、CA、LG 两两之间差异不显著(P>0.05)。在 OL 层，LG 最高，CL 最低，且 CL 与 PM、CA、LG 之间，PM 与 LG 之间差异显著(P<0.05)，但 CA 与 LG 之间差异不显著(P>0.05)；在 OF 层，LG 最高，CL 最低，但 4 种森林两两之间差异不显著(P>0.05)；在 OH 层，PM 最高，CL 最低，PM 与 CL、CA、

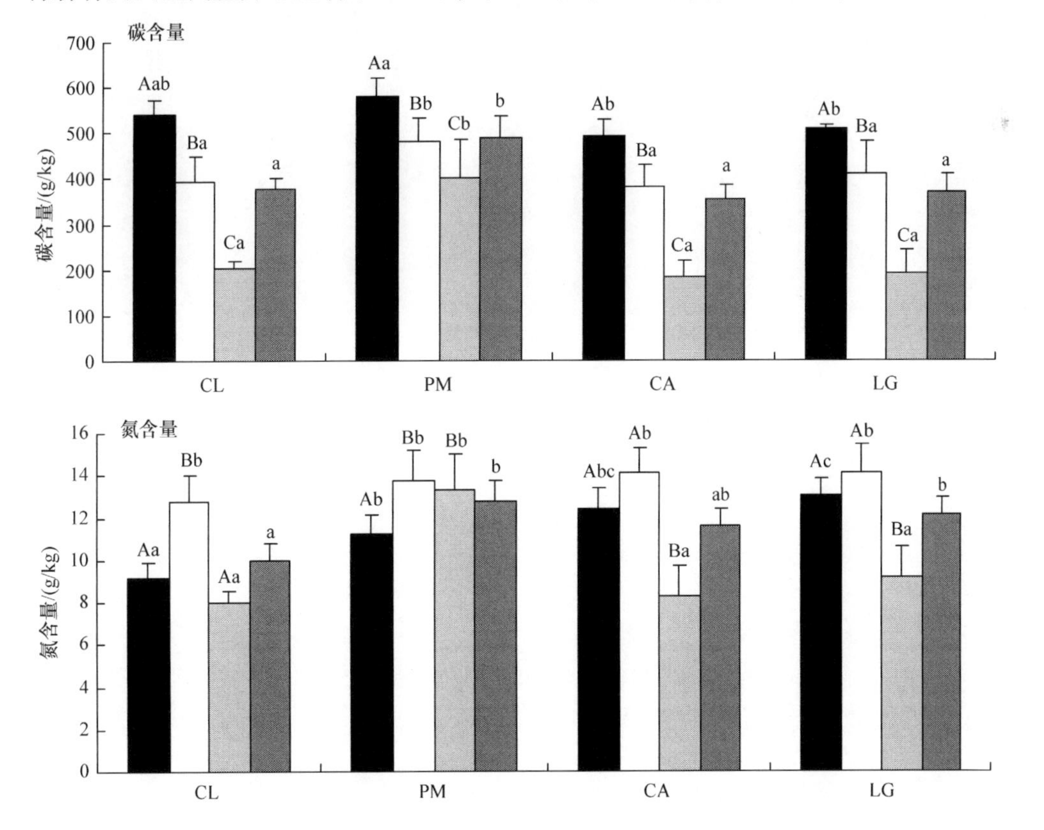

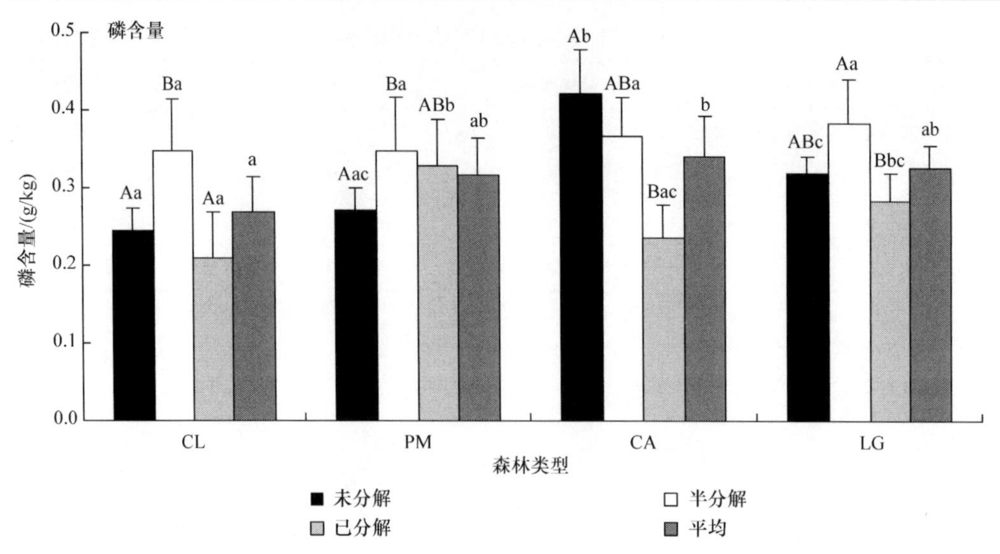

图 5.24　各森林不同分解凋落物层 C、N、P 含量(平均值±标准差)

CL 为杉木人工林，PM 为马尾松-石栎针阔混交林，CA 为南酸枣落叶阔叶林，LG 为石栎-青冈常绿阔叶林，下同；不同大写字母表示同一森林不同分解层之间差异显著($P<0.05$)，不同小写字母表示同一分解层在不同森林之间差异显著($P<0.05$)

LG 差异显著($P<0.05$)，CL、CA、LG 两两之间差异不显著($P>0.05$)。PM 不同分解层 N 含量表现为：OF 层>OH 层>OL 层，且 OF 层、OH 层与 OL 层差异显著($P<0.05$)，OF 层与 OH 层差异不显著($P>0.05$)；CL、CA、LG 均表现为：OF 层>OL 层>OH 层；在 CL 中，OF 层与 OL 层、OH 层差异显著($P<0.05$)，OL 层与 OH 层差异不显著($P>0.05$)；在 CA、LG 中，OL 层、OF 层与 OH 层差异显著($P<0.05$)，OL 层与 OF 层差异不显著($P>0.05$)(图 5.24)。

4 种森林整个凋落物层的 P 平均含量为 0.27～0.34g/kg，CA 最高，与 CL 差异显著($P<0.05$)，与 PM、LG 差异不显著($P>0.05$)。OL 层中，CA 最高，CL 最低，CA 与 CL、PM、LG 之间差异显著($P<0.05$)；LG 与 CL 之间差异显著($P<0.05$)，与 PM 差异不显著($P>0.05$)；CL 与 PM 之间差异不显著($P>0.05$)。OF 层中，4 种森林两两之间差异不显著($P>0.05$)。OH 层中，PM 最高，CL 最低，PM 与 CL、CA 差异显著($P<0.05$)，与 LG 差异不显著($P>0.05$)；LG 与 CL 差异显著($P<0.05$)，与 CA 差异不显著($P>0.05$)；CL 与 CA 差异不显著($P>0.05$)。CA 不同分解层 P 含量表现为 OL 层>OF 层>OH 层，且 OL 层与 OH 层差异显著($P<0.05$)，OF 层与 OL 层、OH 层差异不显著($P>0.05$)；CL、PM、LG 的 OF 层最高，OH 层最低(除 PM 外)，不同分解层之间的差异性在不同森林中不同(图 5.24)。4 种森林同一分解层凋落物 C、N、P 含量均表现为 C>N>P。随着森林恢复和阔叶树比例增多，同一分解层凋落物 C 含量呈下降趋势，N、P 含量(除 OH 层外)大体呈增加趋势。

5.7.3　地表凋落物层 C、N、P 储量

从表 5.24 可以看出，各森林凋落物层 C、N、P 储量基本以 OL 层占优势，其次是 OH 层，OF 层最低。4 种森林凋落物层 C 储量为(6.48±1.60)～(4.02±1.32)t/hm^2，其中 PM 最高，且与 CL、CA、LG 差异显著($P<0.05$)，CL、CA、LG 两两之间差异不显著($P>0.05$)。4 种森林均为 OL 层 C 储量显著高于 OF 层、OH 层($P<0.05$)，OF 层与 OH 层之间差异不显著($P>0.05$)。各分解层中，均以 PM 最高，但仅 OL 层与 LG 差异显著($P<0.05$)，OH 层与 CL、CA 差异显著($P<0.05$)，其他的差异不显著($P>0.05$)。

表 5.24　不同森林类型凋落物层 C、N、P 储量(平均值±标准差)

养分储量	分解层次	杉木林	马尾松林	南酸枣林	石栎-青冈林
碳储量/(t/hm²)	未分解层	2.88±0.62 Aab	3.23±0.79 Aa	2.62±0.54Aab	2.07±0.48Ab
	半分解层	0.64±0.18 Ba	1.11±0.29 Ba	0.88±0.39Ba	1.03±0.36Ba
	已分解层	0.66±0.10 Ba	2.15±1.23 ABb	0.52±0.20Ba	1.23±0.32Bab
	合计	4.19±0.77a	6.48±1.60b	4.02±1.32a	4.33±0.94a
氮储量/(kg/hm²)	未分解层	49.43±13.27Aa	61.94±12.12Ab	64.93±19.03Ab	52.66±11.19Aab
	半分解层	21.22±7.51Ba	31.42±7.46Bb	31.89±6.58Bb	34.71±8.98Bb
	已分解层	26.51±5.97Ba	70.14±34.75Ab	23.72±8.68Ba	61.79±22.06Ab
	合计	97.56±21.94 a	163.50±38.15b	120.55±35.44 c	149.17±34.07 b
磷储量/(kg/hm²)	未分解层	1.34±0.44Aab	1.52±0.40Aab	2.21±0.80Aa	1.29±0.32ABb
	半分解层	0.58±0.22Ba	0.79±0.23Ba	0.82±0.34Ba	0.95±0.27Aa
	已分解层	0.70±0.31Ba	1.70±0.77Ab	0.70±0.31Ba	1.92±0.81Bb
	合计	2.62±0.92a	4.01±0.98b	3.73±1.21b	4.16±1.13b

注：不同大写字母表示同一森林不同分解层之间差异显著(P<0.05)，不同小写字母表示同一分解层在不同森林之间差异显著(P<0.05)；下同

4 种森林凋落物层 N 储量为(97.56±21.94)～(163.50±38.15)kg/hm²，与 C 储量变化趋势一致，PM 最高，其次是 LG，CL 最低，且 CL 与 PM、CA、LG 差异显著(P<0.05)。CA 凋落物层 N 储量表现为：OL 层>OF 层>OH 层，CL、PM、LG 表现为：OL 层>OH 层>OF 层，且 OL 层与 OF 层、OH 层(除 PM、LG 外)差异显著(P<0.05)，而 OF 层与 OH 层(除 PM、LG 外)差异不显著(P>0.05)。在 OL 层，PM、CA 与 CL 差异显著(P<0.05)，与 LG 差异不显著(P>0.05)，在 OF 层，PM、CA、LG 显著高于 CL(P<0.05)，在 OH 层，PM、LG 显著高于 CL、CA(P<0.05)，但 PM 与 LG 之间、CL 与 CA 之间差异不显著(P<0.05)(表 5.24)。

4 种森林凋落物层 P 储量为(2.62±0.92)～(4.16±1.13)kg/hm²，与 C、N 储量的变化趋势基本一致，CL 最低，与 PM、CA、LG 之间差异显著(P<0.05)，但 PM、CA、LG 之间差异不显著(P>0.05)。CA 凋落物层 P 储量表现为：OL 层>OF 层>OH 层，CL、PM、LG 表现为：OL 层>OH 层>OF 层，OL 层与 OF 层、OH 层(除 PM、LG 外)差异显著(P<0.05)，而 OF 层与 OH 层(除 PM、LG 外)差异不显著(P>0.05)。在 OL 层，CA 最高，但仅与 LG 差异显著(P<0.05)，在 OF 层，4 种森林两两之间差异不显著(P>0.05)，在 OH 层，PM、LG 显著高于 CL、CA(P<0.05)(表 5.24)。

5.7.4　地表凋落物层 C、N、P 化学计量比

从表 5.25 可以看出，凋落物层的 C/N、C/P、N/P 平均值基本上表现为：C/P>N/P>C/N，PM>CL>LG>CA，但除 PM、CL 的 C/N、C/P 值与 CA、LG 差异显著(P<0.05)外，其他的差异均不显著(P>0.05)。在 OL 层，CL、PM 的 C/N、C/P 值显著高于 CA、LG(P<0.05)，CL、PM、LG 的 N/P 值显著高于 CA(P<0.05)。在 OF 层，PM 的 C/N、C/P 值显著高于 CA、LG(P<0.05)，但与 CL 差异不显著(P>0.05)；N/P 值在 4 种森林之间差异均不显著(P>0.05)。在 OH 层，PM 的 C/N、C/P 值显著高于 CA、LG(P<0.05)，但与 CL 差异不显著(P>0.05)，CL、PM 的 N/P

值显著高于 LG(P<0.05)。同一分解层的 C/N、C/P、N/P 值随着森林恢复而下降。随着枯落物分解，C/N、C/P 值下降，同一森林不同分解层 C/N 值差异显著(P<0.05)；对于 C/P，OL 层与 OF 层(除 CA 外)、OH 层差异显著(P<0.05)，OF 层与 OH 层(除 LG 外)差异不显著(P>0.05)；4 种森林不同分解层 N/P 值没有明显变化规律，CL、PM 各分解层之间差异不显著(P>0.05)，CA 的 OL 层与 OF 层之间、LG 的 OL 层与 OH 层之间差异显著(P<0.05)。

表 5.25 不同森林类型凋落物层 C、N、P 化学计量特征(平均值±标准差)

项目	分解层次	杉木林	马尾松林	南酸枣林	石栎-青冈林
C/N	未分解层	59.13±5.66Aa	51.96±6.25Aa	40.07±5.68Ab	39.21±2.19Ab
	半分解层	31.05±3.53Ba	35.33±3.85Ba	27.16±2.28Ba	29.27±5.32Ba
	已分解层	25.24±2.66Cab	29.99±2.98Cb	22.00±1.94Ca	20.75±3.33Ca
	平均	38.47±3.01a	39.09±3.98a	29.74±2.84b	29.74±2.73b
C/P	未分解层	2218.45±292.68Aa	2155.83±281.74Aa	1212.98±232.03Ab	1613.66±115.94Ab
	半分解层	1155.49±188.36Bab	1434.22±278.61Bb	1059.63±155.68ABa	1087.65±237.62Ba
	已分解层	1023.98±272.80Bab	1245.98±290.66Ba	788.45±154.96Bb	685.89±178.01Cb
	平均	1443.57±230.26a	1574.99±269.24a	1056.97±170.53b	1139.33±152.30b
N/P	未分解层	37.57±4.18Aa	41.66±4.65Aa	30.21±3.68Ab	41.28±3.88Aa
	半分解层	37.48±6.18Aa	40.32±4.24Aa	38.88±3.18Ba	37.00±2.94ABa
	已分解层	40.82±11.75Aa	41.16±6.21Aa	35.65±5.23ABab	32.70±4.36Bb
	平均	37.99±6.23a	40.87±3.63a	34.57±3.33a	37.05±2.66a

注：不同大写字母表示不同凋落物层之间的差异显著，不同小写字母表示不同森林之间的差异显著

5.7.5 土壤有机碳、全氮、全磷含量分布特征

如图 5.25 所示，4 种森林 0～30cm 土层有机碳(SOC)平均含量为 15.16～21.67g/kg，其中，CA、LG 与 CL 差异显著(P<0.05)，与 PM 差异不显著(P>0.05)，CA 与 LG 之间、PM 与 CL 之间差异不显著(P>0.05)。4 种森林 SOC 含量均随土壤深度增加而下降，呈“倒金字塔”的分布模式，0～10cm 土层与 10～20cm 土层、20～30cm 土层差异显著(P<0.05)，10～20cm 土层与 20～30cm 土层差异不显著(P>0.05)。不同森林 SOC 含量的差异也随土壤深度增加而减小，0～10cm 土层，除 CA 与 LG 差异不显著(P>0.05)外，PM、CA、LG 与 CL 之间，CA、LG 与 PM 之间差异显著(P<0.05)；10～20cm 土层，PM、CA、LG 与 CL 差异显著(P<0.05)，PM、CA、LG 两两之间差异不显著(P>0.05)；20～30cm 土层，4 种森林两两之间差异不显著(P>0.05)。4 种森林 0～30cm 土层全氮(TN)平均含量为 1.36～1.93g/kg，CA 最高，CL 最低，CA 与 CL、PM 差异显著(P<0.05)，与 LG 差异不显著(P>0.05)，CL、PM、LG 两两之间差异不显著(P>0.05)。4 种森林 TN 含量也随土壤深度增加而下降，0～10cm 土层与 10～20cm 土层、20～30cm 土层差异显著(P<0.05)，10～20cm 土层与 20～30cm 土层差异不显著(除 CL 外)(P>0.05)，也呈“倒金字塔”的分布模式。不同森林 TN 含量的差异也随土壤深度增加而减小，0～10cm 土层、10～20cm 土层，CA 与 CL、PM 差异显著(P<0.05)，与 LG 差异不显著(P>0.05)，20～30cm 土层，4 种森林两两之间的差异不显著(P>0.05)。4 种森林 0～30cm 土层全磷(TP)平均含量为 0.13～0.18g/kg，CA 各土层 TP 含量最高，CL 最低，且 CA 与 CL、PM、LG 差异显著(P<0.05)，CL、PM、LG 两两之间差异不显著(P>0.05)。各森林土壤 TP 含量均

不随土壤深度增加而变化，同一森林各土层间差异不显著(P>0.05)，呈“圆柱体”的分布模式。4 种森林同一土层 SOC、TN、TP 平均含量均表现为 SOCC>TN>TP，同一土层 SOC、TN、TP 含量基本上随着森林树种增加而增大。分析结果(表 5.26)表明，各土层 SOC 含量(除 20～30cm 土层外)与森林植物多样性指数呈显著正相关(P<0.05)，各土层 TN、TP 含量与森林植物多样性指数呈线性正相关，但不显著(P>0.05)。

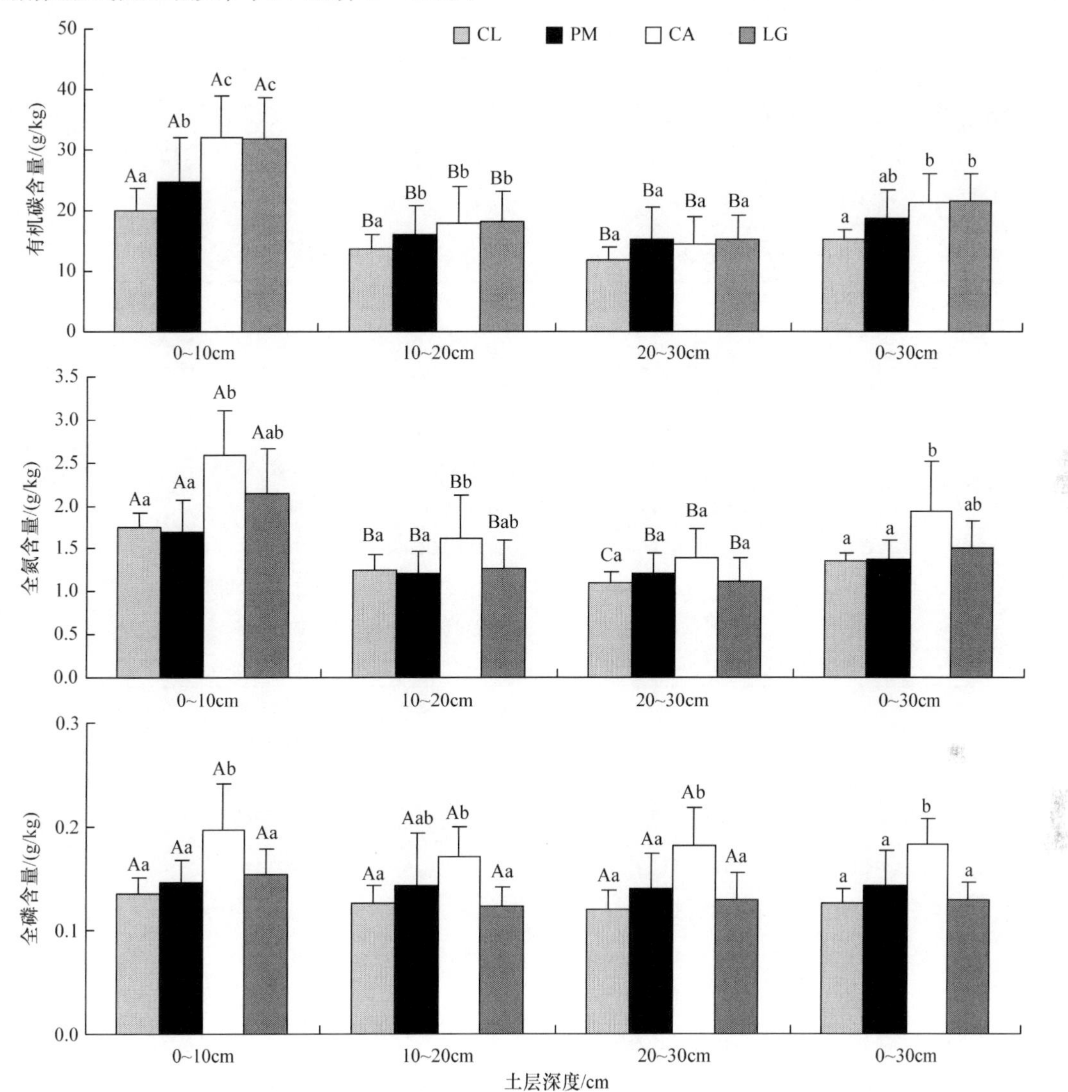

图 5.25 不同森林各土层有机碳、全氮、全磷含量(平均值±标准差)

不同大写字母表示同一森林不同土层间差异显著(P<0.05)，不同小写字母表示同一土层不同森林间差异显著(P<0.05)

表 5.26 森林土壤有机碳、全氮、全磷含量与植物多样性指数的相关系数(n=4)

土层/cm	有机碳	全氮	全磷
0～10	0.9578*	0.7230	0.7550
10～20	0.9824*	0.5570	0.5188
20～30	0.8587	0.5970	0.6756
0～30	0.9837*	0.6782	0.5919

注：n 为样本数，*表示 0.05 水平上差异显著；**表示 0.01 水平上差异显著。下同

5.7.6　土壤有机碳、全氮、全磷化学计量比

由于 SOC、TN、TP 含量不同，不同森林土壤具有不同的化学计量学特征(表 5.27)。各土层 C/N 值表现为 LG>PM>CA>CL，C/P 值为 LG>PM>CL>CA，但不同森林之间的差异显著性因土层不同而异，0～30cm 土层中，LG 与 CA、CL 差异显著(P<0.05)，与 PM 差异不显著(P>0.05)，PM 与 CA(除 C/N 外)、CL 差异不显著(P>0.05)，CA 与 CL 之间差异不显著(P>0.05)。同一土层 N/P 值，4 种森林两两之间差异不显著(P>0.05)。4 种森林土壤 C/N、C/P、N/P 值随土壤深度增加而下降，但同一森林不同土层 C/N 值差异不显著(P>0.05)，C/P、N/P 值 0～10cm 土层与 10～20cm 土层、20～30cm 土层差异显著(P<0.05)，10～20cm 土层与 20～30cm 土层差异不显著(P>0.05)。

表 5.27　不同森林土壤 C、N、P 化学计量比(平均值±标准差)

项目	森林类型	土层/cm			
		0～10	10～20	20～30	0～30
C/N	CL	11.42±2.26Aa	11.08±1.87Aa	10.87±1.53Aa	11.21±1.21a
	PM	14.41±1.79Ab	13.38±3.76Aab	12.45±3.22Aab	13.41±2.31b
	CA	12.43±1.16Aa	11.25±4.18Aab	10.12±1.81Aa	11.27±1.88a
	LG	15.21±2.77Ab	14.35±1.76Ab	14.00±3.74Ab	14.52±2.31b
C/P	CL	150.10±35.06Aa	110.85±31.34Ba	102.15±24.53Bab	121.03±19.70a
	PM	171.65±51.33Aa	123.41±51.51Bab	111.61±44.00Bab	135.56±41.78ab
	CA	163.61±16.53Aa	105.63±39.03Ba	81.52±24.02Bb	116.92±17.46a
	LG	219.72±40.09Ab	146.78±28.64Bb	119.29±26.54Ba	161.93±22.889b
N/P	CL	13.15±1.71Aa	10.03±2.41Ba	9.47±2.18Ba	10.88±1.21a
	PM	11.77±2.61Aa	8.98±2.22Ba	8.82±1.87Ba	9.85±1.96a
	CA	13.22±1.45Aab	9.48±1.97Ba	7.88±1.73Ba	10.19±0.78a
	LG	14.56±2.05Aa	10.37±2.36Ba	8.68±1.65Ba	11.20±1.43a
C/N/P	CL	150 : 13 : 1	110 : 10 : 1	102 : 9 : 1	121 : 11 : 1
	PM	171 : 12 : 1	123 : 9 : 1	113 : 9 : 1	135 : 10 : 1
	CA	163 : 13 : 1	106 : 9 : 1	81 : 8 : 1	117 : 10 : 1
	LG	220 : 15 : 1	147 : 10 : 1	119 : 9 : 1	162 : 11 : 1

注：不同大写字母表示同一森林不同土层之间差异显著(P<0.05)，不同小写字母表示同一土层在不同森林之间差异显著(P<0.05)

4 种森林土壤 C/N/P 值均随着土壤深度增加而下降，不同森林同一土层 C/N/P 值均以 LG 最高，其次是 CL(除 0～10cm 土层外)、PM，最低是 CA(除 0～10cm 土层外)。0～30cm 土层，CL、PM、CA、LG 的 C/N/P 值分别为 121 : 11 : 1、135 : 10 : 1、117 : 10 : 1、162 : 11 : 1(表 5.27)。

5.7.7　凋落物层 C、N、P 含量及其化学计量比与土壤养分的相关性

从表 5.28 可以看出，凋落物 OL 层 C 含量，C/N、C/P、N/P 值与土壤层 SOC(除 0～30cm 土层 N/P 值外)、TN、TP 含量呈显著(P<0.05)或极显著负相关(P<0.01)；凋落物 OL 层 N 含量与土壤层 SOC、TP 含量分别呈极显著(P<0.01)和显著正相关(P<0.05)，与土壤 TN 含量呈

正相关，但不显著(P>0.05)；凋落物 OL 层 P 含量与土壤层 SOC、TN、TP 含量呈显著(P<0.05)或极显著的正相关(P<0.01)。整个凋落物层 C、N 含量与土壤层 SOC、TN、TP 含量相关性不显著(P>0.05)；P 含量与土壤层 TP 含量呈显著正相关(P<0.05)，与土壤层 SOC、TN 含量相关性不显著(P>0.05)；C/N、C/P 值与土壤层 SOC、TN、TP 含量呈显著(P<0.05)或极显著负相关(P<0.01)，N/P 值与土壤层 SOC、TN、TP 含量相关性不显著(P>0.05)。

表 5.28　凋落物层 C、N、P 含量与土壤层 C、N、P 含量的相关系数(n=24)

凋落物层		0～30cm 土层			0～10cm 土层		
		碳	全氮	全磷	碳	全氮	全磷
未分解层	C	−0.4083*	−0.4512*	−0.4219*	−0.4658*	−0.5055*	−0.4388*
	N	0.5469**	0.3541	0.4343*	0.5986**	0.3960	0.4541*
	P	0.5382**	0.7233**	0.7099**	0.7239**	0.7525**	0.7451**
	C/N	−0.4900*	−0.4159*	−0.5189**	−0.6029**	−0.4658*	−0.4589*
	C/P	−0.4768*	−0.6304**	−0.6346**	−0.7143**	−0.6982**	−0.6364**
	N/P	−0.2010	−0.6042**	−0.4913*	−0.4363*	−0.6314**	−0.5783**
凋落物层(平均)	C	−0.2290	−0.3791	−0.2053	−0.3379	−0.4205	−0.2867
	N	0.3362	0.0757	0.3038	0.2939	0.0581	0.1568
	P	0.2284	0.2794	0.4954*	0.2453	0.2236	0.4669*
	C/N	−0.5554**	−0.4800*	−0.5011*	−0.6455**	−0.5103*	−0.4617*
	C/P	−0.3209	−0.4362*	−0.5716**	−0.4384*	−0.4456*	−0.3907
	N/P	−0.0347	−0.2595	−0.3935	−0.0999	−0.2300	−0.2058

5.7.8　凋落物层化学计量比与土壤化学计量比的相关性

从表 5.29 可以看出，除凋落物未分解层、凋落物层 N/P 值与土壤层 C/N 值呈显著的正相关性外，凋落物层 C/N、C/P 值与土壤层 C/N、C/P、N/P 值之间，凋落物层 N/P 值与土壤层 C/P、N/P 值相关性均不显著(P>0.05)。

表 5.29　凋落物层化学计量比与土壤化学计量比的相关系数(n=24)

凋落物层		0～30cm 土层			0～10cm 土层		
		C/N	C/P	N/P	C/N	C/P	N/P
未分解层	C/N	−0.0407	−0.0683	0.0921	−0.3301	−0.2853	−0.0805
	C/P	0.3179	0.1300	0.0105	−0.1554	−0.2381	−0.2310
	N/P	0.6192**	0.3691	−0.0701	0.2297	0.0527	−0.2255
凋落物层(平均)	C/N	−0.0082	−0.1168	−0.0258	−0.3093	−0.3210	−0.1569
	C/P	0.2991	0.2010	0.1612	−0.0617	−0.1363	−0.2010
	N/P	0.4167*	0.3537	0.2012	0.1780	0.0920	−0.1290

5.7.9　结论与讨论

林地凋落物层是凋落物逐渐积累而形成的，并处于不断分解和聚积的动态变化中，林地凋落物层的积累量随林分密度增大而增加(项文化等，1997)，林地凋落物层的数量和组成反映了凋落物的产生和分解过程(胡灵芝等，2011)。本研究中，4 种林分凋落物层现存量变化趋势为 LG>PM>CA>CL，与郑路等(2012)的研究结果基本一致。由于 CL 凋落物难分解，PM、CA、LG 凋落物易于分解，而 CA 在 9～11 月为落叶高峰，在 12 月测定时，林地未分解的凋落物仍较多，导致 CL、CA 的 OL 层现存量占林分凋落物层现存量的百分比较高于 PM、LG，而 OF 层和 OH 层所占百分比较低于 PM、LG。分析表明，凋落物层现存量、各分解层现存量与林分树种多样性指数、密度呈线性正相关，但均未达到显著水平($P>0.05$)，表明林分树种数量、密度不是林地凋落物现存量的主要影响因子。南酸枣林为落叶阔叶林，且林分密度较大，群落结构复杂，植物多样性高，理论上凋落物现存量应较大，但实际测量中并非如此。凋落物现存量是凋落量与分解量动态平衡的结果，阔叶树凋落物的分解率高于针叶树(Pedersen and Hansen，1999)，因此，较高的分解速率使得南酸枣林凋落物现存量并不高。而杉木林是单一树种的人工林，林分密度低，林分结构单一，树高和胸径较大，林下植被以铁芒箕为主，且盖度高达 80%，拦截杉木凋落物到达地面，最终导致了杉木林的凋落物现存量最低。廖军和王新根(2000)研究表明，森林凋落物现存量按照大小排序依次为常绿阔叶林、针阔混交林、常绿落叶阔叶混交林、落叶阔叶林、针叶林，本研究表现出相似的规律。

森林凋落物的 C、N、P 储量取决于凋落物中 C、N、P 含量及凋落物现存量的大小，并且 C、N、P 储量与凋落物现存量之间呈极显著正相关性($P<0.0001$)，表明林地凋落物现存量与养分储量密切相关。从不同森林类型来看，森林地表凋落物 C 储量、N 贮量、P 贮量均以 PM 最高，LG 次之，CL 最低，可见次生林地表凋落物 C、N、P 储量高于人工林。不管对于凋落物现存量还是 C、N、P 储量，CL 总量均为最小，因此说明营造混交林可明显提高林地养分蓄存量。研究表明，马尾松林混有一定比例的常绿和落叶阔叶树种，会大大改善林分凋落物的养分状况(李正才等，2010)。杉木叶与其他阔叶树凋落物混合分解时能在一定程度上促进其养分释放，而促进作用的大小与阔叶树凋落物初始 N 含量有一定的正相关关系(廖利平等，2000)。PM 由于马尾松凋落物分解速率较小(宋新章等，2009)，凋落物现存量较大，C、N、P 含量较高，因而其林下凋落物层 C、N、P 贮量较高。

森林凋落物养分含量及其化学计量比与土壤养分供给、树种组成和树种养分利用策略密切相关。当土壤某种元素供给不足时，植物就会从枯枝落叶中再吸收养分，导致枯落物中相应的养分元素含量下降，化学计量比发生改变(Franklin and Agren，2002)。由于针叶树具有特殊的养分获取方式，各器官 C 平均含量较阔叶树高 1.6%～3.4%(马钦彦等，2002)，马尾松各器官 C 平均含量也较高于杉木(李斌等，2015)；相反，针叶树各器官 N、P 平均含量普遍低于阔叶树(Liu et al.，2006)。而常绿阔叶树各器官 C 平均含量也高于落叶阔叶树(李斌等，2015)，N、P 平均含量却低于落叶阔叶树(Liu et al.，2006)。本研究中，PM 凋落物以马尾松针叶为主(郭婧等，2015)，因而 PM 凋落物 OL 层 C 含量高于 CL，显著高于 CA、LG，CL 也高于 CA、LG；相反，CL、PM 凋落物 OL 层 N、P 含量低于 CA、LG。这也是 CL、PM 凋落物 OL 层 C/N、C/P 值显著高于 CA、LG 的原因。

不同地域土壤养分含量可以影响植物对养分的利用策略。中国土壤 P 含量仅为美国土壤 P 含量的 89%(Han et al.，2005)，而中国亚热带酸性红壤区为一级缺 P 区(张福锁等，2007)，植物必须改变养分利用策略以适应土壤严重缺 P 的生境，因此植物养分再吸收作用显得尤为重要。通过比较发现，本研究 4 种森林凋落物 OL 层的 C/N 值(39.63～57.67)与长白山次生针阔混交林 9 种植物凋落物初始的 C/N 值(31～70)接近，而 C/P(1254.84～2342.64)、N/P(31.24～

45.72)显著高于长白山次生针阔混交林 9 种植物凋落物初始的 C/P(381～876)和 N/P(8.6～20.0)(李雪峰等，2008)，可能是由于高纬度和低温的影响，北方森林土壤养分(N、P)相对丰富，植物养分含量高于低纬度地区，植物养分再吸收作用相对较弱(Reich et al.，2004)。表明植物养分再吸收作用对凋落物的 C、N、P 含量及其化学计量比影响较大，但不同地区影响程度不同，对土壤养分(N、P)相对匮乏的亚热带地区影响程度要更大一些。

研究表明，随着凋落物的分解，凋落物 C 含量呈显著单调下降(李雪峰等，2008)，杉木林凋落物 C 含量下降速率高于天然次生林，而马尾松林下降速率最小(李正才等，2008)。本研究中，4 种森林凋落物层 C 含量均随凋落物分解程度加深而显著下降($P<0.05$)，其中，CL 下降幅度最大，其次是 CA、LG，PM 下降幅度最小，导致 PM 的 D 层、H 层及其整个凋落物层 C 含量显著高于 CL、CA、LG，而 CL 与 CA、LG 之间差异不显著。这可能也是 PM 凋落物层 C/N、C/P 值明显高于 CL、CA、LG 的原因之一。

凋落物分解过程中，N、P 一般首先富集，C/N 值低于一个阈值(25)后，凋落物 N 才开始释放，C/N 值较低的首先结束富集(李志安等，2004)。因而，凋落物分解初期，N、P 含量升高，对于凋落物初始 N、P 含量足够高可满足微生物分解活动要求的，则没有富集过程(王瑾等，2001)。本研究中，4 种森林凋落物 OF 层 N 含量均分别高于其 OL 层，特别是 CL、PM，是由于 PM 凋落物初始 N 含量较低，C 含量高；在分解过程中，C 含量下降幅度最小，C/N 值低于阈值(25)所需时间较 CL、CA、LG 长，使得 PM 凋落物 OF 层、OH 层及其整个凋落物层 N 含量高于 CL、CA、LG。同样也由于 CL、PM、LG 凋落物 OL 层 P 含量较低，分解过程中也出现了 P 富集，使得 CL、PM、LG 凋落物 OF 层 P 含量均高于其 OL 层。相反，CA 凋落物 OL 层 P 含量较高，分解过程中不出现 P 富集，因此 4 种森林凋落物 OF 层、OH 层的 C/N、C/P、N/P 的变化趋势与 OL 层有所不同。随着凋落物分解，C 含量下降，N、P 含量增加，4 种森林凋落物层 C/N、C/P 值明显下降，但由于不同森林凋落物 N、P 富集程度不同，N、P 含量增加幅度不同，4 种森林凋落物 N/P 值随凋落物分解没有呈现一致的变化趋势。

凋落物 C/N、C/P 值越高，C 含量越高或 N、P 含量越低，则不利于微生物对有机质的分解。研究还表明，凋落物 N/P、C/P 值越高，凋落物分解受 P 的限制越强，特别是 N/P 值大于 25 和 P 含量低于 0.22g/kg 时，凋落物分解速率越低(Güsewell et al.，2006；李雪峰等，2008)。随着常绿阔叶林进展演替，地表凋落物 C/N、C/P 和 N/P 值皆趋于下降(马文济等，2014)。本研究中，4 种森林同一分解层凋落物的 C/N、C/P、N/P 值随着森林恢复而下降，表明 CL、PM 凋落物的分解速率较慢，CA、LG 分解较快，有利于养分的归还。CL、PM、LG 凋落物层 N/P、C/P 值高于 CA，CL、PM、LG 凋落物分解受 P 的限制程度较 CA 高，分解速率较 CA 慢，周转期高于 CA，这与郭婧等(2015)的研究结果基本一致。表明随着森林恢复，组成树种增多，阔叶树比例增加，有利于森林生态系统 C、N、P 循环的优化。

不同森林因组成树种不同，凋落物量、质量及其分解速率不同，对土壤 C 库数量和质量的影响也不同(Quideau et al.，2001)。阔叶林生物归还量大，土壤 SOC 和全 N 含量较高，针叶林较低(Luan et al.，2010；Wang et al.，2011)。本研究中，从 CL 到 PM、CA、LG，随着森林恢复、树种增多和阔叶树比例增大(Liu et al.，2014；李胜蓝等，2014)，细根生物量(Liu et al.，2014)和年凋落物量增加(郭婧等，2015)，地表凋落物现存量增加，OL 层现存量占地表凋落物现存量的百分比下降(路翔等，2012)，各土层 SOC、TN、TP 平均含量逐渐增加。此外，为了加快林木的生长，每年秋、冬季对杉木人工林清理枯死木、修枝、清除林下植物等抚育措施也是导致其土壤SOC、N、P含量下降的另一个重要原因。表明森林类型和人类经营活动对土壤SOC、TN、TP产生明显的影响。

土壤SOC、N、P含量在土壤剖面上的分布模式主要是由C、N、P的来源不同决定的。森林土壤SOC、N主要来源于凋落物、植物根系及根系分泌物所形成的有机质，其导致SOC、N首先在土壤表层积累，随土壤深度增加进入的有机质量逐渐下降，因而表土层SOC、N含量高于深层土壤。本研究中，4种森林0～10cm土层TP含量略高于10～20cm土层、20～30cm土层，但不同土层之间差异不显著。究其原因可能是：①凋落物分解释放的P首先进入表土层并在表土层密集，使表土层P含量增加，这可用凋落物层P含量与土壤层全P含量呈显著正相关性定量表达；②土壤P主要来源于岩石的风化，而岩石风化是一个漫长的过程，风化程度在0～60cm土层中差异不大，因而土壤P含量在土壤剖面上的垂直分布不明显(刘绍兴等，2010)。

土壤C、N、P化学计量比受地貌、气候、植被等成土因子和人类活动的影响，且空间差异较大。刘万德等(2010)研究表明，土壤C/N值在季风常绿阔叶林不同演替阶段之间没有显著的变化，而土壤C/P和N/P值则随着植被演替逐渐降低。刘兴诏等(2010)研究则发现，土壤N/P值随着南亚热带森林的进展演替呈现出明显增加的变化趋势，土壤N含量增加是土壤N/P值增加的重要原因，而枯落物归还和氮沉降是土壤N含量增加的主要原因。但白荣(2012)研究表明，土壤C/P和N/P值随着滇中高原典型植被的进展演替先升高后降低，演替中期达到最大。本研究中，C/N、C/P、N/P值没有呈现出随森林恢复而升高或下降的变化趋势，PM、LG土壤C/N、C/P值高于CL、CA，CL、CA、LG各土层N/P值较高于PM，4种森林同一土层N/P值差异不显著，是由于PM土壤TN、TP含量较低，LG土壤SOC含量较高而P含量较低。进一步分析表明，4种森林土壤C/N、C/P值与土壤SOC含量呈极显著正相关(相关系数分别为0.3079、0.5738，n=72，P<0.01)，与TP含量呈极显著负相关(相关系数分别为−0.3939、−0.3017，n=72，P<0.01)，土壤C/N值与土壤TN含量呈显著负相关(相关系数为−0.2817，n=72，P<0.05)。土壤N/P值与土壤SOC、TN含量呈极显著正相关(相关系数分别为0.4697、0.3543，n=72，P<0.01)，与土壤TP含量呈显著负相关(相关系数为−0.2789，n=72，P<0.05)。表明土壤有机C、TN、TP含量是土壤C/N、C/P、N/P值的重要影响因素。而0～30cm土层SOC含量与4种森林植物多样性指数(Liu et al., 2014)呈显著相关(相关系数为0.9788，P<0.05，n=4)，TN、TP含量也与4种森林植物多样性指数(Liu et al., 2014)呈线性正相关，但不显著(相关系数分别为0.6642和0.5895，P>0.05，n=4)。表明随着森林的恢复，树种的增加，影响土壤SOC、TN、TP含量，进而影响土壤的C/N、C/P、N/P值。

研究表明，枯落物组成及其分解速率的差异导致营养元素向土壤归还不同，进而影响土壤养分含量(Berg，2000)。枯落物C含量越高或C/N值越高，越不利于土壤有机质的形成，土壤养分积累越慢(葛晓改等，2012)，是由于C/N值在一定程度上影响枯落物分解速率，C/N值越高，则C含量越高或N含量越低，限制了微生物对有机质的分解，枯落物分解较慢(Taylor et al., 1989)。然而，凋落物养分释放受多种因素影响(Hendricks et al., 2002；Fioretto et al., 2005)，而且某些养分的释放量还与某些特别的因素相关(Melillo et al., 1989)，因此，凋落物量、质量与提高土壤养分的能力不是线性关系，凋落物的化学计量比与土壤化学计量比不相关(王维奇等，2011)，本研究也验证了这一结果。

主要参考文献

白荣. 2012. 滇中高原典型植被演替进程中的生态化学计量比特征研究. 昆明: 昆明理工大学硕士学位论文.

曹建华, 潘根兴, 袁道先, 等. 2005. 岩溶地区土壤溶解有机碳的季节动态及环境效应. 生态环境, 14(2): 224-229.

常雅军, 陈琦, 曹靖, 等. 2011. 甘肃小陇山不同针叶林凋落物量、养分储量及持水特性. 生态学报, 31(9): 2392-2400.

陈国潮, 何振立, 黄昌勇. 2002. 红壤微生物生物量 C 周转及其研究. 土壤学报, 39(2): 152-160.

陈立新. 2003. 落叶松人工林土壤质量变化规律与调控措施的研究. 北京: 中国林业科学研究院林业研究所博士学位论文: 70-72.

董杰, 罗丽丽, 杨达源, 等. 2006. 三峡库区紫色土坡地土壤退化特征: 土壤养分贫瘠化. 地理与地理信息科学, 23(6): 58-64.

段正锋, 傅瓦利, 甄晓君, 等. 2009. 岩溶区土地利用方式对土壤有机碳组分及其分布特征的影响. 水土保持学报, 23(2): 109-114.

范跃新, 杨玉盛, 杨智杰, 等. 2013. 中亚热带常绿阔叶林不同演替阶段土壤活性有机碳含量及季节动态. 生态学报, 31(18): 5751-5759.

方晰, 洪瑜, 金文芬, 等. 2011. 城乡交错带土地利用方式对土壤理化性质的影响. 长江流域资源与环境, 20(10): 1217-1220.

方晰, 田大伦, 秦国宣, 等. 2009. 杉木林采伐迹地连栽和撂荒对林地土壤养分与酶活性的影响. 林业科学, 45(12): 65-71.

高雪松, 邓良基, 张世熔. 2005. 不同利用方式与坡位土壤物理性质及养分特征分析. 水土保持学报, 19(2): 53-58.

葛晓改, 肖文发, 曾立雄, 等. 2012. 不同林龄马尾松凋落物基质质量与土壤养分的关系. 生态学报, 32(3): 852-862.

耿玉清, 白翠霞, 赵铁蕊, 等. 2006. 北京八达岭地区土壤酶活性及其土壤肥力的关系. 北京林业大学学报, 28(5): 7-11.

耿玉清, 余新晓, 岳永杰, 等. 2009. 北京山地针叶林与阔叶林土壤活性有机碳库的研究. 北京林业大学学报, 31(5): 192-224.

龚伟, 胡庭兴, 王景燕, 等. 2008. 川南天然常绿阔叶林人工更新后土壤碳库与肥力的变化. 生态学报, 28(6): 2536-2545.

关松荫. 1986. 土壤酶及研究方法. 北京: 农业出版社.

郭婧, 喻林华, 方晰, 等. 2015. 中亚热带 4 种森林凋落物量、组成、动态及其周转期. 生态学报, 35(14): 4668-4677.

郭旭东, 傅伯杰, 陈顶利, 等. 2001. 低山丘陵区土地利用方式对土壤质量的影响——以河北省遵化市为例. 地理学报, 56(4): 447-455.

何斌, 温远光, 袁霞, 等. 2002. 广西英罗港不同红树植物群落土壤理化性质与酶活性的研究. 林业科学, 38(2): 21-26.

洪坚平, 谢英荷, Markus K, 等. 1997. 德国西南部惠格兰牧草区土壤微生物生物量的研究. 生态学报, 17(5): 493-496.

侯玲玲, 毛子军, 孙涛, 等. 2013. 小兴安岭十种典型森林群落凋落物生物量及其动态变化. 生态学报, 33(6): 1994-2002.

胡灵芝, 陈德良, 朱慧玲, 等. 2011. 百山祖常绿阔叶林凋落物凋落节律及组成. 浙江大学学报: 农业与生命科学版, 37(5): 533-539.

湖南省农业厅. 1989. 湖南土壤. 北京: 农业出版社.

胡亚林, 汪思龙, 颜绍馗, 等. 2005. 杉木人工林取代天然次生阔叶林对土壤生物活性的影响. 应用生态学报, 16(8): 1411-1416.

黄永涛. 2013. 海南霸王岭热带低地雨林不同演替阶段土壤理化性质比较. 重庆: 西南大学硕士学位论文.
姜林, 耿增超, 张雯, 等. 2013. 宁夏贺兰山、六盘山典型森林类型土壤主要肥力特征. 生态学报, 33(6): 1982-1993.
姜培坤. 2005. 不同林分下土壤活性有机碳库研究. 林业科学, 41(1): 10-14.
李斌, 方晰, 田大伦, 等. 2015. 湖南省现有森林植被主要树种的碳含量. 生态学报, 35(1): 71-78.
李德成, 张桃林. 2000. 中国土壤颗粒组成的分形特征研究. 土壤与环境, 9(4): 263-265.
李平, 郑阿宝, 阮宏华, 等. 2011. 苏南丘陵不同林龄杉木林土壤活性有机碳变化特征. 生态学杂志, 30(4): 778-783.
李胜蓝, 方晰, 项文化, 等. 2014. 湘中丘陵区 4 种森林类型土壤微生物生物量碳氮含量. 林业科学, 50(5): 8-16.
李雪峰, 韩士杰, 胡艳玲, 等. 2008. 长白山次生针阔混交林叶凋落物中有机物分解与碳、氮和磷释放的关系. 应用生态学报, 19(2): 245-251.
李勇. 1989. 试论土壤酶活性与土壤肥力. 土壤通报, 20(4): 190-193.
李征, 韩琳, 刘玉虹, 等. 2012. 滨海盐地碱蓬不同生长阶段叶片 C、N、P 化学计量特征. 植物生态学报, 36(10): 1054-1061.
李正才, 徐德应, 杨校生, 等. 2008. 北亚热带 6 种森林类型凋落物分解过程中有机碳动态变化. 林业科学研究, 21(5): 675-680.
李正才, 杨校生, 周本智, 等. 2010. 北亚热带 6 种森林凋落物碳素归还特征. 南京林业大学学报(自然科学版), 34(6): 43-46.
李志安, 邹碧, 丁永祯, 等. 2004. 森林凋落物分解重要影响因子及其研究进展. 生态学杂志, 23(6): 77-83.
廖尔华, 张世熔, 邓良基, 等. 2002. 丘陵区土壤颗粒的分形维数及其应用. 四川农业大学学报, 20(30): 242-245.
廖军, 王新根. 2000. 森林凋落量研究概述. 江西林业科技, (1): 31-34.
廖利平, 马越强, 汪思龙, 等. 2000. 杉木与主要阔叶造林树种叶凋落物的混合分解. 植物生态学报, 24(1): 27-33.
廖晓勇, 陈治谏, 刘邵权, 等. 2005. 三峡库区小流域土地利用方式对土壤肥力的影响. 生态环境, 14(1): 99-101.
林波, 刘庆, 吴彦, 等. 2003. 川西亚高山针叶林凋落物对土壤理化性质的影响. 应用与环境生物学报, 9(4): 346-351.
刘聪, 项文化, 田大伦, 等. 2011. 中亚热带森林植物多样性增加导致细根生物量“超产”. 植物生态学报, 35(5): 539-550.
刘刚才, 范建容, 张建辉, 等. 2005. 四川盆地紫色丘陵区土地利用类型对土壤理化性质的影响. 山地学报, 23(2): 209-212.
刘梦山, 云韶山, 常庆瑞, 等. 2005. 不同土地利用方式下土壤化学性质特征研究. 西北农林科技大学: 自然科学版, 33(1): 39-42.
刘荣杰, 李正才, 王斌, 等. 2013. 浙西北丘陵地区次生林与杉木林土壤水溶性有机碳季节动态. 生态学杂志, 32(6): 1385-1390.
刘荣杰, 吴亚丛, 张英, 等. 2012. 中国北亚热带天然次生林与杉木人工林土壤活性有机碳库的比较. 植物生态学报, 36(5): 431-437.
刘万德, 苏建荣, 李帅锋, 等. 2010. 云南普洱季风常绿阔叶林演替系列植物和土壤 C、N、P 化学计量特征. 生态学报, 30(23): 6581-6590.
刘文杰, 陈生云, 胡凤祖, 等. 2012. 疏勒河上游土壤磷和钾的分布及其影响因素. 生态学报, 32(17): 5429-5437.
刘霞, 姚孝友, 张光灿, 等. 2011. 沂蒙山林区不同植物群落下土壤颗粒分形与孔隙结构特征. 林业科学, 47(8): 31-37.

刘兴诏, 周国逸, 张德强, 等. 2010. 南亚热带森林不同演替阶段植物与土壤中 N、P 的化学计量特征. 植物生态学报, 34(1): 64-71.
刘秀珍, 李翔, 向云, 等. 2011. 树儿梁小流域坝地土壤颗粒的分形特征. 核农学报, 25(2): 337-341.
刘艳, 周国逸, 褚国伟, 等. 2005. 鼎湖山针阔叶混交林土壤酸度与土壤养分的季节动态. 生态环境, 14(1): 81-85.
刘云鹏, 王国栋, 张社奇, 等. 2003. 陕西 4 种土壤粒径分布的分形特征研究. 西北农林科技大学学报(自然科学版), 31(2): 92-94.
刘占峰, 傅伯杰, 刘国华, 等. 2006. 土壤质量与土壤质量指标及其评价. 生态学报, 26(3): 901-913.
路翔, 项文化, 刘聪. 2012a. 中亚热带 4 种森林类型土壤有机碳氮贮量及分布特征. 水土保持学报, 26(3): 169-173.
路翔, 项文化, 任辉, 等. 2012b. 中亚热带四种森林凋落物及碳氮贮量比较. 生态学杂志, 31(9): 2234-2240.
罗友进, 赵光, 高明, 等. 2010. 不同植被覆盖对土壤有机碳矿化及团聚体碳分布的影响. 水土保持学报, 24(6): 117-122.
罗珠珠, 黄高宝, 张仁陟, 等. 2010. 长期保护性耕作对黄土高原旱地土壤肥力质量的影响. 中国生态农业学报, 18(3): 458-464.
马钦彦, 陈遐林, 王娟, 等. 2002. 华北主要森林类型建群种的含碳率分析. 北京林业大学学报, 24(5/6): 96-100.
马文济, 赵延涛, 张晴晴, 等. 2014. 浙江天童常绿阔叶林不同演替阶段地表凋落物的 C∶N∶P 化学计量特征. 植物生态学报, 38(8): 833-842.
南京土壤研究所. 1985. 土壤微生物研究法. 北京: 科学出版社.
漆良华, 张旭东, 周金星, 等. 2009. 湘西北小流域不同植被恢复区土壤微生物数量、生物量碳氮及其分形特征. 林业科学, 45(8): 14-20.
全国土壤普查办公室. 1992. 中国土壤普查技术. 北京: 农业出版社.
任勃, 杨刚, 谢永宏, 等. 2009. 洞庭湖区不同土地利用方式对土壤酶活性的影响. 生态与农村环境学报, 25(4): 8-11.
沈宏, 曹志洪, 胡正义. 1999. 土壤活性有机碳的表征及其生态效应. 生态学杂志, 18(3): 32-38.
宋新章, 江洪, 余树全, 等. 2009. 中亚热带森林群落不同演替阶段优势种凋落物分解试验. 应用生态学报, 20(3): 537-542.
苏静, 赵世伟, 马继东, 等. 2005. 宁南黄土丘陵区不同人工植被对土壤碳库的影响. 水土保持研究, 12(3): 50-52, 179.
田积莹, 黄义端. 1964. 子午岭连家砭地区土壤物理性质与土壤抗侵蚀性能指标的初步研究. 土壤学报, 12(3): 158-163.
田静, 郭景恒, 陈海清, 等. 2011. 土地利用方式对土壤溶解性有机碳组成的影响. 土壤学报, 48(2): 338-346.
万忠梅, 郭岳, 郭跃东. 2001. 土地利用对温地土壤活性有机碳的影响研究进展. 生态环境学报, 20(3): 567-570.
汪伟. 2008. 中亚热带常绿阔叶林土壤有机碳活性组分的季节动态研究. 福州: 福建师范大学硕士学位论文.
汪伟, 杨玉盛, 陈光水, 等. 2008. 罗浮栲天然林土壤可溶性有机碳的剖面分布及季节变化. 生态学杂志, 27(6): 924-928.
王兵, 刘国彬, 薛萐, 等. 2009. 黄土丘陵区撂荒对土壤酶活性的影响. 草地学报, 17(3): 282-287.
王国兵, 阮宏华, 唐燕飞, 等. 2009. 森林土壤微生物生物量动态变化研究进展. 安徽农业大学学报, 15(3): 390-398.
王国兵, 赵小龙, 王明慧, 等. 2013. 苏北沿海土地利用变化对土壤易氧化有机碳含量的影响. 应用生态学报, 24(4): 921-926.
王瑾, 黄建辉. 2001. 暖温带地区主要树种叶片凋落物分解过程中主要元素释放的比较. 植物生态学报, 25(3): 375-380.

王清奎, 汪思龙, 冯宗炜. 2006. 杉木纯林与常绿阔叶林土壤活性有机碳库的比较. 北京林业大学学报, 28(5): 1-6.
王绍强, 于贵瑞. 2008. 生态系统碳氮磷生态化学计量特征. 生态学报, 28(8): 3937-3947.
王树立. 2006. 不同经营类型红松林对汤旺河流域土壤性质的影响. 水土保持学报, 20(2): 90-93.
王维奇, 徐玲琳, 曾从盛, 等. 2011. 河口湿地植物活体-枯落物-土壤的碳氮磷生态化学计量特征. 生态学报, 31(3): 7119-7124.
王彦梅, 王朋, 于立忠. 2010. 辽东山区天然次生林转化为人工林对土壤有机碳的影响. 东北林业大学学报, 38(12): 54-57.
王月容, 周金星, 周志翔, 等. 2010. 洞庭湖退田还湖不同土地利用方式对土壤养分库的影响. 长江流域资源与环境, 19(6): 634-639.
吴建国, 张小全, 徐德应. 2004. 六盘山林区几种土地利用方式下土壤活性有机碳比较. 植物生态学报, 28(5): 657-664.
吴金水, 林启美, 黄巧云, 等. 2006. 土壤微生物生物量测定方法及其应用. 北京: 气象出版社.
夏汉平, 余清发, 张德强. 1997. 鼎湖山3种不同林型下的土壤酸度和养分含量差异及季节动态变化特性. 生态学报, 17(6): 645-653.
项文化, 田大伦, 蔡宝玉, 等. 1997. 不同密度湿地松林凋落物量及养分特性的研究. 林业科学, 33(增刊 2): 175-180.
谢涛, 郑阿宝, 王国兵, 等. 2012. 苏北不同林龄杨树林土壤活性碳的季节变化. 生态学杂志, 31(5): 1171-1178.
徐波, 朱雪梅, 刘倩, 等. 2011. 川中丘陵区不同土地利用方式下土壤养分特征研究——以中国科学院盐亭紫色土农业生态试验站小流域为例. 西南农业学报, 24(2): 663-668.
徐秋芳, 姜培坤, 沈泉. 2005. 灌木林与阔叶林土壤有机碳库的比较研究. 北京林业大学学报, 27(2): 182-222.
许自成, 王林, 肖汉乾. 2008. 湖南烟区土壤 pH 分布特点及其与土壤养分的关系. 中国生态农业学报, 16(4): 830-834.
薛立, 陈红跃, 邝立刚. 2003b. 湿地松混交林地土壤养分、微生物和酶活性的研究. 应用生态学报, 14(1): 157-159.
薛立, 何跃君, 屈明, 等. 2005. 华南典型人工林凋落物的持水特性. 植物生态学报, 29(3): 415-421.
薛立, 邝立刚, 陈红跃, 等. 2003a. 不同林分土壤养分、微生物与酶活性的研究. 土壤学报, 40(2): 280-285.
闫恩荣, 王希华, 周武. 2008. 天童常绿阔叶林演替系列植物群落的N : P化学计量特征. 植物生态学报, 32(1): 13-22.
阎凯, 付登高, 何峰, 等. 2011. 滇池流域富磷区不同土壤磷水平下植物叶片的养分化学计量特征. 植物生态学报, 35(4): 353-361.
杨宁, 邹冬生, 杨满元, 等. 2013. 衡阳紫色土丘陵坡地不同植被恢复阶段土壤酶活性特征研究. 植物营养与肥料学报, 19(6): 1516-1524.
杨培岭, 罗远培, 石元春. 1993. 用粒径的重量分布表征的土壤分形特征. 科学通报, 38(20): 1896-1899.
杨万勤, 李瑞智, 韩玉萍, 等. 1999a. 缙云山天然次生林土壤酶活性的分布特征 // 董鸣, Werger MJA. 生态学研究论文集. 重庆: 西南师范大学出版社: 171-179.
杨万勤, 王开运. 2004. 森林土壤酶的研究进展. 林业科学, 40(2): 152-159.
杨万勤, 钟章成, 韩玉萍, 等. 1999b. 缙云山森林土壤酶的分布特征和季节动态及其与四川大头茶的关系. 西南师范大学学报(自然科学版), 24(3): 318-324.
杨万勤, 钟章成, 陶建平, 等. 2001. 缙云山森林土壤酶活性与植物多样性的关系. 林业科学, 37(4): 124-128.
杨葳, 王子芳, 高明, 等. 2011. 重庆城郊区不同土地利用方式对土壤养分与酶活性的影响——以北碚区歇马镇为例. 中国农学通报, 27(11): 213-218.
杨玉盛, 郭剑芬, 林鹏, 等. 2004. 格氏栲天然林与人工林枯枝落叶层碳库及养分库. 生态学报, 24(2): 359-367.
杨玉盛, 谢锦升, 盛浩, 等. 2007. 中亚热带山区土地利用变化对土壤有机碳储量和质量的影响. 地理学报, 62(11): 1123-1131.

杨智杰, 陈光水, 谢锦升, 等. 2010. 杉木木荷纯林及其混交林凋落物量和碳归还量. 应用生态学报, 21(9): 2235-2240.

姚槐应, 何振立, 黄昌勇. 1999. 红壤微生物量氮周转期及其研究意义. 土壤学报, 36(3): 387-394.

姚贤良, 于德芬. 1982. 红壤的物理性质及其生产意义. 土壤学报, 19(3): 224-236.

宇万太, 马强, 赵鑫, 等. 2007. 不同土地利用类型下土壤活性有机碳库的变化. 生态学杂志, 26(12): 2013-2016.

原作强, 李步杭, 白雪娇, 等. 2010. 长白山阔叶红松林凋落物组成及其季节动态. 应用生态学报, 21(9): 2171-2178.

张成娥, 陈小利. 1998. 林地砍伐开垦对土壤酶活性及养分的影响. 生态学杂志, 17(6): 18-21.

张福锁, 崔振岭, 王激清, 等. 2007. 中国土壤和植物养分管理现状与改进策略. 植物学通报, 24(6): 687-694.

张洪江, 程金花, 史立虎, 等. 2003. 三峡库区 3 种林下枯落物储量及其持水特性. 水土保持学报, 17(3): 55-58.

张珂, 何明珠, 李欣荣, 等. 2014. 阿拉善荒漠典型植物叶片碳、氮、磷化学计量特征研究. 生态学报, 34(22): 6538-6547.

张猛, 张健. 2003. 林地土壤微生物、酶活性研究进展. 四川农业大学学报, 21(4): 347-351.

张庆费, 宋永昌, 由文辉. 1999. 浙江天童植物群落次生演替与土壤肥力的关系. 生态学报, 19(2): 174-178.

张全发, 郑重, 金义兴, 等. 1990. 植物群落演替与土壤发展之间的关系. 武汉植物学研究, 8(4): 230-233.

张万儒. 1986. 中国森林土壤. 北京: 科学出版社: 411-444.

张万儒. 1990. 国外森林土壤研究现状与趋向. 世界林业研究, 3(2): 23-29.

赵鑫, 宇万太, 李建东, 等. 2006. 不同经营管理条件下土壤有机碳及其组分研究进展. 应用生态学报, 17(11): 2203-2209.

郑路, 卢立华. 2012. 我国森林地表凋落物现存量及养分特征. 西北林学院学报, 27(1): 63-69.

中国科学院南京土壤研究所. 1978. 土壤理化分析. 上海: 上海科学技术出版社.

周存宇, 蚁伟民, 丁明懋. 2005. 不同凋落叶分解的土壤微生物效应. 湖北民族学院学报(自然科学版), 23(3): 303-305.

周礼恺. 1987. 土壤酶学. 北京: 科学出版社: 118-159.

周玉荣, 于振良, 赵士洞. 2000. 我国主要森林生态系统碳贮量和碳平衡. 植物生态学报, 24(5): 518-522.

朱志建, 姜培坤, 徐秋芳. 2006. 不同森林植被下土壤微生物量碳和易氧化态碳的比较. 林业科学研究, 19(4): 523-526.

Achat DL, Bakker MR, Augusto L, et al. 2013. Phosphorus status of soils from contrasting forested ecosystems in southwestern Siberia: Effects of microbiological and physicochemical properties. Biogeosciences, 10: 733-752.

Acosta-Martinez V, Reicher Z, Bischoff M, et al. 1999. The role of tree leaf mulch and nitrogen fertilizer on turf grass soil quality. Biological Fertile Soils, 29: 55-61.

Agren GI, Weih M. 2012. Plant stoichiometry at different scales: Element concentration patterns reflect environment more than genotype. New Phytologist, 194(4): 944-952.

Allison SD, Nielsen C, Hughes RF. 2005. Elevated enzyme activities in soils under the invasive nitrogen-fixing tree *Falcataria moluccana*. Soil Biology and Biochemistry, 38(7): 1537-1544.

Berg B. 2000. Litter decomposition and organic matter turnover in northern forest soils. Forest Ecology and Management, 133: 13-22.

Burns RG, Dick RP. 2001. Enzymes in the Environment: Ecology, Activity and Applications. New York: Marcel Dekker.

Caldentey J, Ibarra M, Hernandez J. 2001. Litter fluxes and decomposition in *Nothofagus pumilio* stands in the region of Magallanes, Chile. Forest Ecology and Management, 148: 145-157.

Collins HP, Paul EA, Paustian K, et al. 1997. Characterization of soil organic carbon relative to its stability and turnover. *In*: Paul EA, Paustian K, Elliott ET, et al. Soil organic matter in temperate agro-ecosystems. Long-term experiments in North America. Boca Raton: CRC Press. Inc: 51-72.

Davidson EA, Janssens IA. 2006. Temperature sensitivity of soil carbon decomposition and feedbacks to climate change. Nature, 440: 165-173.

Dick WA, Tabatabai MA. 1992. Potential uses of soil enzymes. *In*: Jr Metting FB. Soil Microbial Ecology: Applications in Agricultural and Environmental Management. New York: Marcel Dekker.

Dosskey MG, Pertsch PM. 1997. Transport of dissolved organic matter through a sandy forest soil. Soil Science Society of America Journal, 61: 920-927.

Elser JJ, Fagan WF, Denno RF, et al. 2000. Nutritional constraints in terrestrial and freshwater food webs. Nature, 408: 578-580.

Fioretto A, Nardo C, Papa S, et al. 2005. Lignin and cellulose degradation and nitrogen dynamics during decomposition of three leaf litter species in a Mediterranean ecosystem. Soil Biology and Biochemistry, 37: 1083-1091.

Franklin O, Agren GI. 2002. Leaf senescence and resorption as mechanisms of maximizing photosynthetic production during canopy development at limitation. Functional Ecology, 16: 727-733.

Güsewell S, Verhoeven JTA. 2006. Litter N：P ratios indicate whether N or P limits the decomposability of graminoid leaf litter. Plant and Soil, 287: 131-143.

Han WX, Fang JY, Guo DL, et al. 2005. Leaf nitrogen and phosphorus stoichiometry across 753 terrestrial plant species in china. New Phytologist, 168: 377-385.

Haynes RJ. 2005. Labile organic matter fractions as central components of the quality of agricultural soils: an overview. Advances in Agronomy, 85: 221-268.

Hendricks JJ, Wilson CA, Boring LR. 2002. Foliar litter position and decomposition in a fire-maintained longleaf pine-wiregrass ecosystem. Canadian Journal of Forest Research, 32: 928-941.

Hossain M, Siddique MRH, Rahman MS, et al. 2011. Nutrient dynamics associated with leaf litter decomposition of three agroforestry tree species（*Azadirachta indica*, *Dalbergia sissoo*, and *Melia azedarach*）of Bangladesh. Journal of Forestry Research, 22(4): 577-582.

Jandl R, Sollins P. 1997. Water-extractable soil carbon in relation to the belowground carbon cycle. Biology and Fertility of Soils, 25: 196-201.

Kamruzzaman M, Sharma S, Rafiqul Hoque ATM, et al. 2012. Litterfall of three subtropical mangrove species in the family Rhizophoraceae. Journal of Oceanography, 68: 841-850.

Liu C, Berg B, Kutsch W, et al. 2006. Leaf litter nitrogen concentration as related to climatic factors in Eurasian. Global Ecology and Biogeography, 15: 438-444.

Liu C, Xiang WH, Lei PF, et al. 2014. Standing fine root mass and production in four Chinese subtropical forests along a succession and species diversity gradient. Plant and Soil, 376(1/2): 445-459.

Luan J, Xiang C, Liu S, et al. 2010. Assessments of the impacts of Chinese fir plantation and natural regenerated forest on soil organic matter quality at Longmen mountain, Sichuan, China. Geoderma, 156(3-4): 228-236.

Masayuki K, Hiroaki S, Kazuhiko Y, et al. 2003. Seasonal changes in organic compounds in soil solutions obtained from volcanic ash soils under different land uses. Geoderma, 113: 381-396.

Melillo JM, Aber JD, Linkins AE, et al. 1989. Carbon and nitrogen dynamics along the decay continuum. Plant and Soil, 115: 189-198.

Pedersen LB, Hansen JB. 1999. A comparison of litterfall and element fluxes in even aged Norway spruce, sitka spruce and beech stands in Denmark. Forest Ecology and Management, 114: 55-70.

Powers JS, Haggar JP, Fisher RF. 1997. The effect of overstory composition on understory wood regeneration and species richness in 7-year-old plantations in Costa Rica. Forest Ecology Management, 99: 43-54.

Quideau SA, Chadwick OA, Trumbore SE, et al. 2001. Vegetation control on soil organic matter dynamics. Organic Geochemistry, 32(2): 247-252.

Reich PB, Oleksyn J. 2004. Global pattern s of plant leaf N and P in relation to temperature and latitude. Proceedings of the National Academy of Sciences（USA）, 101: 11001-11006.

Sardans J, Rivas-Ubach A, Penuelas J. 2012. The C：N：P stoichiometry of organisms and ecosystems in a changing world: a review and perspectives. Perspectives in Plant Ecology, Evolution and Systematics, 14(1): 33-47.

Schimel JP, Clein JS. 1996. Microbial response to freeze-thaw cycles in tundra and taiga soils. Soil Biology and Biochemistry, 28: 1061-1066.

Singh JS, Singh DP, Kashyap AK. 2010. Microbial biomass C, N and P in disturbed dry tropical forest soils, India. Pedosphere, 20(6): 780-788.

Smolander A, Kitunen V. 2002. Soil microbial activities and characteristics of dissolved organic C and N in relation to tree species. Soil Biology and Biochemistry, 34(5): 651-660.

Tang JW, Cao M, Zhang JH, et al. 2010. Litterfall production, decomposition and nutrient use efficiency varies with tropical forest types in Xishuangbanna, SW China: a 10-year study. Plant and Soil, 335(1): 271-288.

Taylor AR, Wang JR, Chen HYH. 2007. Carbon storage in a chronosequence of red spruce (*Picea rubens*) forests in central Nova Scotia, Canada. Canadian Journal of Forest Research, 37(11): 2260-2269.

Taylor BR, Parkinson D, Parsons WFJ. 1989. Nitrogen and lignin content as predictors of litter decay rates: a microcosm test. Ecology, 70: 97-104.

Tipping E, Woof C, Rigg E, et al. 1999. Climatic influences on the leaching of dissolved organic matter from upland UK moorland soils, investigated by a field manipulation experiment. Environment International, 25: 83-95.

Wallage ZE, Holden J, Mcdonald AT. 2006. Drain blocking: An effective treatment for reducing dissolved organic carbon loss and water discoloration in a drained peat-land. Science of Total Environment, 367: 811-821.

Wander M, Traina S, Stinner B, et al. 1994. Organic and conventional management effects on biologically active soil organic matter pools. Soil Science Society of America Journal, 58: 1130-1139.

Wang QK, Wang SL. 2011. Response of labile soil organic matter to changes in forest vegetation in subtropical regions. Applied Soil Ecology, 47: 210-216.

Wang QK, Wang SL, Deng SJ. 2005. Comparative study on active soil organic matter in Chinese fir plantation and native broad-1eaved forest in subtropical China. Journal of Forestry Research, 16(1): 23-26.

Wardle DA. 1992. A comparative assessment of factors which influence microbial biomass carbon and nitrogen levels in soil. Biological Reviews, 67(3): 321-358.

Whalley WR, Dumitru E, Dexter AR. 1995. Biological effects of soil compaction. Soil and Tillage Research, 35: 53-68.

Yu Q, Chen QS, Elser JJ, et al. 2010. Linking stoichiometric homoeostasis with ecosystem structure, functioning and stability. Ecology Letters, 13(11): 1390-1399.

Zhou GM, Xu JM, Jiang PK. 2006. Effect of management practices on seasonal dynamics of organic carbon in soils under bamboo plantations. Pedosphere, 16: 525-531.

第 6 章　亚热带次生林土壤养分空间分布

6.1　森林土壤性质空间变异的研究概况

在森林土壤形成和演变过程中，受多种时空尺度环境因素(气候、海拔、地貌地形、生物、土地利用等)的影响，土壤性质具有高度的空间异质性(Brady et al., 1999；邵明安等，2006)，呈现大小不一、养分有效性各异的斑块，在空间上呈镶嵌分布格局(张伟等，2006)。即使在一个质地比较均匀的区域内，在同一时间，除了采样和测定的误差外，由于土壤本身特性的变化，不同采样点土壤性质也存在显著的差异性(王政权，1999；张淑娟等，2003)。可见，土壤性质空间异质性是土壤的重要属性，包括垂直剖面的变异和水平空间分布的变异。森林土壤性质在垂直剖面和水平方向上的差异明显，直接影响林木根系生长及其构型，进而影响林分的空间结构和生长，从而影响种群及种群个体在群落中的空间分布格局、植被的分布及其生物量空间格局，对生态系统演替和稳定有着重要作用。在不同尺度上研究森林土壤性质的空间异质性，是探讨森林土壤性质与环境因子关系的有效方法，对了解森林土壤的形成和演变过程、林木与土壤之间的关系(如林分更新过程、土壤养分、水分对林木根系的影响及植物群落的空间格局等)，对揭示森林生态系统空间格局与生态过程、功能之间的关系，特别是土壤与植物空间分布的关系、生物多样性维持和共存机制，具有重要的理论意义(Issaks et al., 1989；Schlesinger et al., 1996；张忠华等，2011)，也是土地管理和现代农林业健康经营的重要依据。因此，掌握森林土壤性质的空间变异特征显得尤为重要，成为了当前林学、生态学、土壤学等领域的研究热点(Drahorad et al., 2013)。

自 20 世纪 90 年代以来，土壤性质空间异质性和植物空间异质性之间的关系一直是生态学研究的重点(王政权等，2000)。国内外在森林土壤养分空间异质性方面的研究已取得了一些成果(冯益明等，2004；Juran et al., 2008)，对森林土壤养分空间异质性的应用领域和研究内容也进行了扩展。随着计算机信息技术、模型模拟技术等相关科学技术的快速发展，森林土壤性质的空间异质性及其重要性越来越受到重视，在森林水文、土壤侵蚀、土地利用规划等领域也已开始了广泛研究和应用。中国亚热带常绿阔叶林植物种类丰富多样、生产力高和生境复杂多样，在维持区域碳平衡和可持续发展等方面发挥着重要作用(汤孟平等，2006)。目前在森林群落尺度上研究亚热带常绿阔叶林土壤养分的空间异质性仍少见报道(苏松锦等，2012)。落叶阔叶林、常绿阔叶林是我国亚热带保存较少的典型地带性植被，树种组成丰富复杂(赵丽娟等，2013)，且主要分布在僻远的山区或丘陵地区，地形复杂多变，土壤性质具有更高的空间异质性。此外，落叶阔叶林、常绿阔叶林树种组成不同，地表凋落物分解速率及其现存量不同，可能将导致两种森林土壤养分含量的空间分布及其影响因素的差异。因此，在群落尺度上比较研究亚热带落叶阔叶林、常绿阔叶林土壤养分(C、N、P)的空间变异特征及其影响因子，不仅对了解亚热带森林土壤的形成和演变过程及其结构、功能具有重要的参考价值，而且对阐明亚热带森林植物多样性维持和共存机理，特别是土壤养分空间格局对森林植物空间结构的影响机制具有重要的理论意义，也可为不同尺度上森林土壤养分的空间插值、制图和土壤研究取样设计等方法提供参考。

6.1.1　土壤性质空间变异的研究方法

即使同一地块，不同坡位，甚至同一坡位不同采样点的土壤性质也具有明显的差异，因此对土壤性质的空间变异及其空间相关性和依赖性做出定量描述相当困难。早期对土壤空间变异的研究主要采用传统统计法，多局限于定性描述，在很多情况下不能做出准确的分析和判断。近十几年来，随着土壤性质空间变异和分布规律受到关注和重视，许多学者试图采用统计参数和统计模型来描述土壤性质的空间变异特征，以期实现定量地分析和预测土壤性质的空间分布格局及其变化。目前，研究土壤空间异质性的基本理论和方法主要有经典统计学、地统计学、状态空间模拟、数字土壤制图。

1. 经典统计学

经典统计学主要用来描述指标的变异程度和计算合理取样数，是最早用于定量研究土壤性质空间变异的方法。在随机变量理论的基础上，经典统计学认为土壤性质在空间上相互独立并服从一定的概率分布(正态分布或对数正态分布等)，据此对土壤性质进行统计估值、相关、回归、聚类和判别等。经典统计学通过已知样本代表研究对象整体，假设样本的抽取是随机的，可以很好地代表整体的概率分布特征，通过计算样本的基本统计参数：均值、最大值、最小值、中位数、极差、方差、标准差、平均标准误差、偏度、峰度等，定量描述研究对象整体的离散程度。同时，通过对样本数据绘制直方图、P-P 图、Q-Q 图及累计频率分布图等直观地表示样本数据的频率分布特征。经典统计学通常采用 Shapiro-Wilk 检验或柯尔莫洛夫-斯米诺夫检验(Kolmogorov-Smirnov test，K-S 检验)等方法检验小样本或大样本数据是否服从正态分布，变异系数(coefficient of variation，CV)常被用来划分土壤性质的变异程度：当 CV 值≤10%时，为弱变异；在 10%～100%为中等变异；≥100%时，为强变异(Nielsen et al.，1985)。

2. 地统计学

地统计学(geo-statistics，也称为地质统计学)是以具有空间分布特点的区域化变量理论为基础，研究自然现象空间变异与空间结构的学科，在空间异质性研究中应用广泛，主要用于研究空间相关尺度和空间插值。20 世纪 70 年代后期，地统计学被引入土壤科学，应用于土壤物理、化学、生物等方面，并得到很好的发展(王其兵等，1998)。

地统计学认为变量在空间或时间上，不一定是完全随机或者完全独立的，变量与自身和其他相关变量在一定空间尺度下可能具有相互联系。因此，在对样本进行统计分析过程中，需要考虑其空间位置信息，不同位置之间的关系，揭示变量的空间连续性及变异特征。与经典统计学一样，地统计学也是建立在一定的假设基础上。在满足基本假设的基础上，地统计学使用半方差函数(semivariogram)来定量描述土壤性质的空间变异结构，即半方差(semivariance)与空间距离(lag distance)之间的关系，并将这种关系通过有效的连续变异函数模型(半方差模型)表达(张仁铎，2005)。地统计学通过拟合得到的连续变异函数模型，将土壤性质的空间变异分为两部分：一部分为随机性因素(采样误差和最小采样间距)引起的变异；另一部分为结构性因素(如降水、气温、地形、植被等)引起的变异。半方差模型参数：块金值(nugget)、基台值(sill)、变程(range)、空间异质比(proportion，或结构比)等，可用来分析变量在空间变异的大小、结构和尺度(Cambardella et al.，1994；邵明安等，2006)。当空间异质比≤25%时，表明土壤性质表现出强烈的空间依赖性；在25%～75%时，为中等程度的空间依赖性；≥75%时，为较弱的空间依赖性(Webster et al.，1980)。更重要的是，连续变异函数模型可以提供空间任意距离间土壤性质的相互依赖关系，并为空间插值提供参数，实现最优无偏估计，将有限的采样点数据转换成空间上连续分布的面数据，也就是人们熟知的克里格(Kriging)插值法(张仁铎，2005)。

地统计学应用于土壤学，早期主要集中在利用空间变异函数描述土壤性状的空间特性和利用克里格(Kriging)插值方法预测未采样点的土壤属性值方面(Castrignane et al.，1999)。随着研究深入和方法改进，地统计学在土壤质量标准、土壤污染程度阈值的确定及其制图、属性值空间分布的随机模拟和建立时空过程模型等方面得到了广泛的应用。近年来，地统计学理论和方法得到了进一步的发展，许多新的应用方向和方法在土壤学研究中得到应用，包括应用3S技术对土壤空间特征进行分析，利用分形和自组织理论对土壤结构的随机性和稳定性进行分析、随机模拟和时空建模等，进一步丰富了这一领域的研究(Castrignane et al.，1999；龚元石等，1998；郭旭东等，2000)。许多研究证明，地统计学是分析土壤性质空间分布特征及其变异规律最有效的方法之一(李艳等，2003)。20世纪80年代以来，应用地统计学研究土壤空间变异已成为土壤学科的研究热点之一。

绘制研究区域土壤性质的空间分布图是研究土壤性质空间变异最基本的任务之一。传统土壤分类方法使用斑块内部采样点的均值概化整个斑块，某一类型斑块内，不同空间位置的土壤属性值被认为是均一的，显然这种绘图方法不能满足人们对精度的要求。对研究区域进行统计时，理论上分布越密集的采样点越能准确地反映区域内部的变异。但由于在实际操作过程中，往往受到人力、物力和时间等多方面因素限制，因而在选择了合适的采样间距后，有限的采样点要求均匀布满整个研究区域，所得到的样本数据才能全面地反映研究区域土壤性质整体的变异特征。也由于采样点的数量是有限的，且在空间上是离散的，因此要绘制空间连续分布的土壤性质分布图，既需要已有的采样数据，也必须借助空间插值方法估计未采样点上的土壤性质数据。常用的空间插值(spatial interpolation)方法有全局多项式法(global polynomial interpolation)、反距离加权法(inverse distance weighting，IDW)、局部多项式法(local polynomial interpolation)、径向基函数法(radial basis functions)、样条函数法(spline function)和克里格(Kriging)插值法(朱长青，2006；史文娇等，2012)。其中，克里格(Kriging)插值法是利用区域化变量的原始数据和半方差函数的结构性，对未采样点的区域化变量的取值进行线性无偏最优估值的一种方法。

3. 状态空间模拟

状态空间模拟(state-space modeling)是从时间序列(time-series)数据的研究发展起来的，适于一维样带数据，或按照一定规则排列成一维形式的空间数据。在描述变量空间过程时，状态空间模拟考虑了变量的空间位置，不同位置上变量与其自身和其他变量之间的关系，用自回归模型来表述这种依赖关系(Timm et al.，2003)，包括状态方程和观测方程，不同于普通自回归模型。状态空间模型不仅包含模型误差，还纳入了观测误差，在两种误差的控制下实现修正(updating)和滤波(filtering)过程，从而获得最优模型参数。状态空间模拟能很好地量化变量与其自身和相关变量之间的空间关系，实现基于一个空间状态下的变量值，对下一个或几个空间状态下变量值的精确估算，尤其适用于空间上存在较大局地变异的情况。与克里格插值法不同，状态空间模拟不需要建立在数据平稳性的基础上，因此具有更广阔的应用前景。目前，该方法被广泛应用于作物产量的估算、土壤性质的空间变异及其与环境因素相关性模拟等方面。

4. 数字土壤制图

随着计算机和信息技术的发展，存储和计算大量数据已不再困难。各种新技术为土壤学研究提供了大量的空间数据，如地理信息系统(geographic information system，GIS)、近地和远地遥感技术(proximal and remote sensing)、全球定位系统(global position system，GPS)及数字高程模型(digital elevation model，DEM)等，这些数据在空间上是连续的，具有高空间或高时空分辨率。土壤学者也开始致力于将这些空间数据应用到土壤调查、土壤制图及土壤动态监测和模拟中，以期获得时间和空间上具有高分辨率的土壤性质分布图(McBratney et al., 2003；Mulder et al.，2011)。实际应用中，需要将地形、遥感等高分辨率空间数据与其在时间和空间上相对应的土壤性质(采样点上的实测数据)关联，并找到能精确预测土壤性质的函数模型，再将模型应用到其他未采样位置，从而实现从点数据到面数据的转换。

土壤空间变异性研究中，GIS 软件(如 ArcGIS 9.3)将行政区域、土壤类型、土地利用类型等每一种信息做成一个图层来管理，不同图层的信息可以通过叠加、组合形成新的图层，展示新的信息(Blaekmore，1994)。总之，GIS 在处理数据上的方法和优势是其他方法所不能及的，强大的数据综合、模拟与分析评价能力，给土壤属性的空间变异性分析带来很大便利，得到常规方法或普通信息系统难以得到的重要信息。赵永存等(2005)采用回归克里金法，结合由 DEM 获取的地形属性因子预测了河北省土壤有机碳密度的空间分布。Baxter 等(2005)利用 DEM 高程数据和协同克里格法(co-Kriging)预测土壤矿化氮和速效氮的空间分布，预测精度均高于普通克里格插值法。Hengl 等(2004)研究表明，利用回归克里格法和 DEM 数据预测的土壤有机质、土壤耕层深度的空间分布图均比普通克里格插值法更详细、更准确，程先富等(2007)利用 GIS 空间分析技术，建立了土壤全氮与地形因子之间的回归模型。

在实际应用中，地统计学有很强的空间分析功能，但空间数据管理功能较弱。而 GIS 则有强大的数据管理、分析和显示功能。另外，地统计学通常要求均匀取样，给大尺度研究带来了一定的困难，使空间变异研究局限在小区域范围内。GIS 可以把大范围的土壤属性数据和地理信息结合起来，通过属性数据计算出变量间的差异，根据地理数据确定采样点之间的距离，使得大尺度上的分析较为方便简单。GIS 技术和地统计学方法结合起来并发挥各自的优势，大大推动了土壤空间变异的研究，不仅能有效地揭示区域变量的空间分布及变异特征，而且能联系空间格局与生态过程，有效地解释空间格局对生态过程与功能的影响，被证明是土壤空间异质性研究最为有效的方法之一(王军，2002)。

6.1.2　土壤性质空间变异的研究进展

由于成土过程影响因素(母质、气候、生物、地形等)的时空异质性，无论在大尺度上还是在小尺度上，土壤具有高度的空间异质性，不但土壤类型分布丰富多样，在同一土壤类型，不同时间和不同空间上土壤性质也有很大的差异(梁春祥等，1993)，即使在面积有限的小流域或群落尺度的林分内也是如此(王政权，1999；杜阿朋等，2006)。

1. 土壤物理性质的空间变异

土壤物理性质(土壤水分、容重、毛管持水量和孔隙度等)影响着林木根系生长和分布，进而影响林分的生长，研究这些因子的空间异质性，对深入了解树木根系的结构变异规律和生长具有十分重要的意义(王政权等，2000)。研究表明，丘陵红壤地区 50m×100m 面积内，土壤饱和导水率、水稳性团聚体、黏粒、孔隙度等存在空间相关性(梁春祥等，1993)。当样地尺度很小时，土壤含水率、容重变异性较小(Amador et al.，2000)。阔叶红松林 0～10cm 土壤层水分、容重、毛管持水量和孔隙度具有明显的空间异质性，在空间上，土壤含水率、孔隙度具有明显的各向异性，而容重、毛管持水量接近各向同性，土壤各物理因子的空间异质性关系密切(王政权，1999)。宁夏六盘山北侧叠叠沟小流域不同坡面土壤的物理性质随土层深度、坡向、坡位、植被类型的变化而变化，土壤密度、石砾含量随土壤的深度增加而增大，而土壤总孔隙度、毛管孔隙度、非毛管孔隙度、饱和持水量、毛管持水量和田间持水量却随着土壤深度的增加而逐渐下降，但非毛管孔隙度在 100cm 以下土层时因石砾含量增加和土层深度的增加而增大；随着坡度减小，土壤厚度、密度、石砾含量及非毛管孔隙度逐渐增大，总孔隙度和毛管孔隙度逐渐减小，各种持水量指标基本上也是不同程度减小，但上坡的持水量大于阴坡的坡顶(杜阿朋等，2006)。水稻土壤物理性质的田间变异不是完全随机的，土壤大团聚体含量在相关空间内的变异，主要是由微团聚体、有机质、粉粒的直接作用及黏粒通过微团聚体的间接作用所造成的(吕军等，1990)。土壤并非具有理想分形特征的介质，它只是在一定的空间尺度内才具有分形特征(龚元石等，1998)。

2. 土壤养分的空间变异

土壤养分是影响植物个体和种群繁衍、群落动态与物种共存乃至生态系统结构和功能的关键因素(Janssens et al.，1998；Wijesinghe et al.，2005)，也是影响森林群落空间格局的重要因素(陈玉福等，2002)。土壤养分空间异质性是土壤属性空间异质性的重要方面(Critchley et al.，2002)。然而，尺度问题的产生，也由于土壤是一个不均匀、具有高度空间异质性的复合体，往往包含多种尺度及不同层次的变化，因此土壤养分的空间分布格局常常不是单纯的一种，而是多种尺度或多层次的叠加(李子忠等，2001)。Lin 等(2005)研究表明，南卡罗莱纳州东北部 Backswamp 流域不同地图比例尺土壤的空间变异差异明显，且土壤的空间变异是地图比例尺、空间位置、土壤属性的函数，研究结果可指导生态建模、环境预测和自然资源管理。尺度不同，生态学过程的作用和重要性也不同，冯娜娜等(2006)采用 2 种尺度研究低山茶园土壤有机质(SOM)的空间变异，结果表明，小尺度下 SOM 由随机性和结构性因素引起的空间变异同等重要，而微尺度下其空间变异主要受结构性因素影响。也有很多学者在不同气候区域与时空尺度上研究了土壤养分的空间异质性及其与环境因子的关系(王政权，2000；郭旭东等，2000；王军等，2002；李晓燕等，2004；孙志虎等，2007；Juran et al.，2007；司建华等，2009；杨秀清等，2009；刘璐等，2010)。Davis 对西非尼日尔土壤化学性质的研究发现，低矮植物和树木分布使速效磷的各参数值(基台值、变程和块金系数)要比土壤 pH、铝含量高，南北方向比东西方向的方差大(张国耀，2011)，王其兵等(1998)在内蒙古锡林河流域草原上对土壤有机碳、氮素的空间异质性进行了分析研究，绘制出了 2 个因子的空间等值分布图。郭旭东等(2000)研究了河北省遵化市土壤表层碱解氮、全氮、速效钾、速效磷和有机质 5 种养分要素的空间变异规律，发现 5 种养分要素的空间自相关程度都属于中等程度的自相关，但空间变异的尺度范围不同，各向同性的范围也不同。从研究对象看，目前土壤养分空间异质性研究多集中在耕地、流域、平原等平坦区域表层不同的土地利用方式、植被类型、土壤管理措施及其影响因素等方面，而对森林土壤在林分尺度上不同土层养分空间异质性及其影响因素的研究报道仍不多见。

3. 土壤性质空间变异的影响因子

母质、地形、土壤类型等一些自然过程是土壤性质空间异质性形成的内在因素，它加强了土壤属性空间异质性内在的结构性和空间相关性，在大尺度范围内表现更为明显；而施肥、耕作、种植制度等人为过程因素表现出较大的随机性，往往削弱了土壤属性空间异质性的结构性及其空间自相关性，使土壤属性朝同质性方向发展，在小尺度范围内表现尤为明显（张国耀，2011）。在不同尺度上，影响土壤性质空间异质性的主要因素不同，一般认为在区域尺度上气候和土壤母质是影响土壤空间异质性的主要因素（赵海霞等，2005）。而在小流域尺度，人为活动是土壤理化性质空间异质性的主要影响因素（Compton et al.，1998；郭旭东等，2001；赵海霞等，2005）。

（1）母质　　母质是土壤形成的基础，对土壤特性具有重要的影响，不同母质的土壤在理化性质上存在明显的差异（Wild，1971；Webster et al.，1975；Tening et al.，1995）。在没有人为因素的干扰下，母质养分含量较高，土壤养分含量相应也较高，但在特定区域内，经过人为长期比较一致的管理和种植后，土壤养分的空间变异将趋向于同质，因此由母质差异产生的土壤属性空间变异性逐渐缩小（李子忠等，2000）。

（2）地形　　地形是造成土壤养分异质性和影响植物分布的一个重要因素。地形通过影响成土母质、水热条件的再分配来影响土壤属性的空间变异。因此，地形直接影响土壤属性的空间变异。研究表明，土壤性质与其所在地区地形地貌特征、景观位置显著相关，即与成土过程密切相关（Morre et al.，1993；Odeh et al.，1995；Bourennane et al.，1996）。海拔、坡度、坡向等地形特征影响了成土母质的特征、地表水热条件的状况，从而影响土壤养分的空间变异（朱阿兴，2008）。不同地形部位上的成土过程不同，该部位处的土壤养分含量也往往不同。在预测土壤属性过程中，地形因子被认为是最容易表达的模型因子（McKenzie et al.，2000）。在相同的研究尺度下，能够反映不同研究区域土壤养分空间差异的最主要的地形属性也可能不同。张伟等（2006）研究表明，地形因素对土壤有机碳、全氮、全磷、碱解氮、速效磷、速效钾和 pH 有显著影响，立地因子与土壤有机碳、全氮、全磷、碱解氮和速效钾等养分含量呈显著正相关。秦松等（2008）研究发现，土壤磷空间分布与海拔呈显著正相关，但张娜等（2012）、樊纲惟等（2014）研究得出，土壤磷空间分布与海拔、凸凹度呈极显著或显著负相关。

（3）气候　　气候因子（降水、温度、日照时数）通常对水热条件起着支配作用，在土壤形成的过程中，直接或间接地影响着土壤发育过程的方向和强度，而土壤属性空间变异程度取决于土壤形成过程及其在空间和时间上的平衡，因而地球上不同地区气候差异使土壤在发育过程中的水热条件不同，从而形成不同类型的土壤，导致土壤属性的空间变异性。研究表明，降水和年均温对土壤有机质含量以负影响为主，年日照时数对除嫩江平原西南部和松江平原南部外的多数区域土壤有机质含量产生正影响，均在 0.01 水平上显著影响（石淑芹等，2014）。

（4）植物　　土壤作为植物生长繁殖的物质基础，也是一种重要的生态因子，它的发展总是与植被协同发展。研究指出，红树林土壤的理化性质影响着群落内植物种类的分布格局

(Mckee, 1993)。刘方等(2005)研究了黔中地区植被退化对土壤质量的影响，吴海勇等(2008)研究了桂西北地区植被恢复与土壤养分变化的关系，表明植被退化后，土壤养分含量降低，但在植被恢复后，土壤养分库会提高。任京辰等(2006)研究了贵州花江谷地典型植被群落下喀斯特土壤养分库在生态系统退化中的演化特点，提出了限制性养分和养分的有效含量在植被体中强烈变化的现象。

不同演替阶段植被对土壤养分也有较大影响(Nielsen et al., 1985；李艳等，2003；路翔等，2012)。植被、地形和高异质性的微生境是造成喀斯特峰丛洼地土壤养分格局差异的主要因素(冯娜娜等，2006)。

(5)人为活动　随着人口数量迅速增长，社会经济快速发展，人为因素(土地利用方式变化、施肥、灌溉等)对土壤性质乃至全球的碳循环产生了重大的影响。研究表明，施肥、灌溉等经营管理措施使得土壤有机质含量产生显著的变异(石淑芹等，2014)。土地利用方式是影响土壤有机碳、全氮、全磷、全钾、碱解氮、速效磷等养分含量的主要环境因子。其中土壤有机碳、全氮、碱解氮含量随着土地利用强度的增加而降低。受施肥影响，耕地土壤的全磷和速效磷含量较高，全钾含量在各土地利用类型间则无明显差异(张伟等，2006)。土地利用方式对土壤性质的影响程度与当地的环境因素密切相关(Yost et al., 1982)。

6.2 研究方法

6.2.1 样地设置

2011 年 3～4 月，在南酸枣落叶阔叶林、石栎-青冈常绿阔叶林内选取代表性地段，分别设置面积为 $1hm^2$(100m×100m)的固定样地，样地海拔分别为 251～317m、245～321m，坡向分别为西南-东南和西北坡向，坡度分别为 28°和 22°，土壤 pH 为 4.18～5.03。每个固定样地再分成 100 个 10m×10m 的小样地(图 6.1)，用水泥桩固定每个小样地 4 个顶点，记录每个小样地 4 个顶点的海拔，调查样地植物组成特征，对胸径≥1cm 的所有植物挂牌编号统计，记

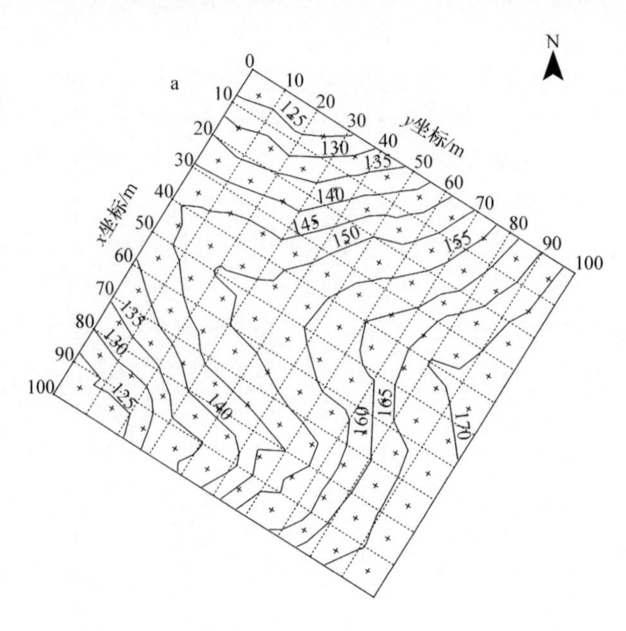

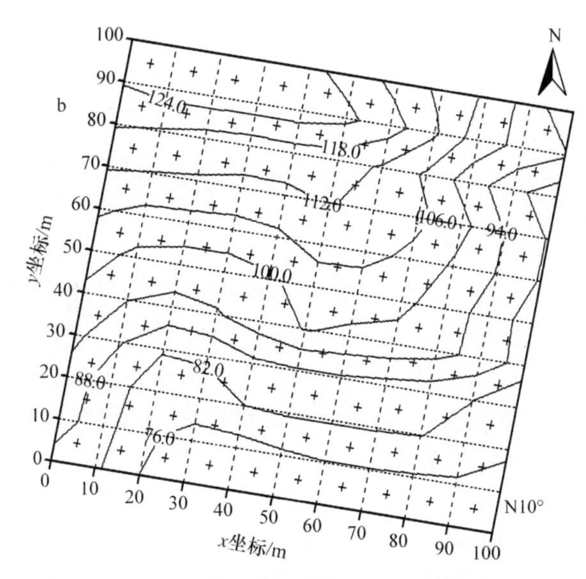

图 6.1　南酸枣林群落(a)、石栎-青冈林群落(b)土壤采样点分布图(总数 n=100)
"+"表示样点位置

录植物种类，测定树高、冠幅、胸径等，南酸枣落叶阔叶林、石栎-青冈常绿阔叶林群落基本特征见第 2 章和第 3 章。

6.2.2　样品采集

2013 年 9～10 月和 2014 年 5～6 月，分别在石栎-青冈常绿阔叶林、南酸枣落叶阔叶林 100 个小样地的中心位置设置 50cm×50cm 的小样方测定地表凋落物量和采集土壤样品，如果在小样地的中心位置遇到树木或大石块，小样方则适当移动，记录每个小样方的经度、纬度和高程。

采样时，先将 50cm×50cm 小样方地表凋落物全部收集，再采集小样方内地表腐殖质层，最后挖掘土壤剖面，按 0～10cm、10～20cm 和 20～30cm 分层从下至上采集土壤样品(每个土壤样品约 3kg)，同时用环刀法测定每一土层的容重。共采集地表凋落物样品 200 个、腐殖质层样品 200 个、土壤样品 600 个，一一对应做好标记。腐殖质层、土壤层样品在室内自然风干后，清除石头和植物碎屑、根系后，将土壤样品分成两份：一份研磨，过 60 目的土壤筛，用于化学分析;另一份用于测定土壤机械组成。地表凋落物样品放置在 85℃烘箱烘干至恒重，然后称重，计算出每一小样地单位面积凋落物现存量。烘干后的凋落物样品经植物粉碎机粉碎过 60 目筛装入自封样品袋，用于测定各项养分指标。

6.2.3　样品分析

土壤样品有机碳(SOC)用重铬酸钾-浓硫酸水合加热法测定，全氮(TN)用半微量凯氏定氮法测定，全磷(TP)用王水酸熔-钼锑抗比色法测定，有效磷(AP)用盐酸氟化铵(Bray-1)比色法测定，pH 用水土比 2.5：1 pH 计法测定，含水率用 105℃烘干法测定(国家林业局，2000)。

6.2.4　数据分析

采用 Excel 统计软件分析 1hm^2 固定样地土壤 SOC、TN、TP、AP 含量的最大值、最小值、平均值、标准差和变异系数，运用 SPSS 软件包中的单因素方差（one-way ANOVA）来分析各土层 SOC、TN、TP、AP 含量的差异显著性（P<0.05），用柯尔莫洛夫-斯米诺夫检验（K-S 检验）对土壤 SOC、TN、TP、AP 含量进行描述性统计分析，显著性水平 α=0.05，若 P>0.05，则认为数据服从正态分布，对不能满足正态分布的数据，用算术平方根或对数转换，使转换后的数据呈正态分布。

考虑特异值会使连续表面离散、半方差函数发生畸变。因此，本研究采用阈值法来检验特异值，即将处于样本平均值加减 3 倍标准差区间外的样点数据为特异值（张朝生等，1997），特异值用同一土层的正常最大值来代替。

运用半方差函数分析各土层 SOC、TN、TP、AP 含量的空间变异特征，通过半方差函数得到散点图，对散点图采用球状模型、高斯模型、指数模型和线性模型等理论模型进行拟合（王政权，1999）。模型拟合得到：块金值（C_0）、基台值（C_0+C）和变程（A_0）3 个评价空间变异程度的重要参数。块金值（C_0）通常表示由实验误差和小于实验取样尺度引起的变异，块金值大，表明研究对象的空间变异不确定因素或随机性因素较多，或者是在较小尺度上的某些过程不容忽视；基台值（C_0+C）通常表示系统内总的变异；块金值与基台值之比（即结构比）表示随机性因素引起的空间异质性占系统总变异的比例，如果该比值高，说明随机性因素引起的空间异质性程度起主要作用，相反，说明结构性因素引起的空间异质性程度起主要作用；从结构性因素的角度来看，结构比可以表明系统变量的空间自相关性程度，当结构比<25%时，说明系统具有强烈的空间自相关性；当在 25%～75%时，表明系统具有中等的空间自相关性；当>75%时，说明系统空间自相关性很弱（Cambardella et al.，1994）。变程（A_0）能够表示空间变异的尺度，在变程内表示变量具有空间自相关性，反之则不存在空间自相关性。

半方差函数的计算公式为

$$\gamma(h)=\frac{1}{2N(h)}\sum_{i=1}^{N(h)}\left[Z(x_i)-Z(x_i+h)\right]^2 \tag{6.1}$$

式中，$\gamma(h)$为半方差函数；h 为样本的间隔距离；$N(h)$是间距为 h 的观测样点的成对数；$Z(x_i)$为系统某属性 Z 在空间位置 x_i 处的值，$Z(x_i+h)$是在(x_i+h)处值的一个区域化变量（唐涛等，2000）。半方差函数中的 h 和$\gamma(h)$在双对数坐标的回归曲线，可以确定土壤养分空间分形维数（D），表征土壤养分空间异质性程度。D 值高表明土壤养分空间分布格局较复杂，随机因素引起的异质性占系统变异的比值大；D 值低表明土壤养分空间分布格局相对简单，空间自相关性强，空间结构好（张朝生等，1997）。分形维数是一个无量纲数，其计算公式为

$$D=2-m/2 \tag{6.2}$$

式中，m 是变异函数值相应取样间距的双对数线性回归方程的斜率（孙志虎等，2007）。m 越大，分形维数越小，双对数半方差图的直线越陡，空间格局的空间依赖性就越强，结构性越好，空间格局相对简单。因此，土壤养分的分形维数可以反映被研究对象空间格局的尺度及层次性和空间异质性在不同尺度间的相互关系等方面的信息，分析不同尺度上生态因子场的差异（邬建国，2000；赵斌等，2000；孙志虎等，2007）。

采用 GS$^+$ Version 9（gamma design software，2008）软件中的空间模块进行空间分布分析，采用克里格（Kriging）插值法对固定样地的土壤 SOC、TN、TP、AP 含量进行空间插值，得到固定样地土壤 SOC、TN、TP、AP 含量的空间分布特征图。

以海拔、凸凹度作为地形因子，分析地形因子对土壤 SOC、TN、TP、AP 空间分布的影

响。每个小样地的海拔高度取该小样地 4 个边角海拔的平均值，凸凹度为小样地海拔减去该样地相邻的 8 个小样地海拔的平均值，而处于样地边缘的小样地凸凹度为小样地中心的海拔减去 4 个顶点海拔的平均值，若凸凹度为正值，则说明该样地比周围样地高，若为负值，则说明该样地海拔比周围样地海拔低(Renato et al.，2004)。采用 SPSS 软件包中 Person 相关分析计算地形因子(海拔、凸凹度)、生物因子(地表凋落物现存量、物种数、株数)、土壤因子(含水率、pH)与土壤层 SOC、TN、TP、AP 含量的相关系数。

6.3　地形、生物和土壤因子描述性统计特征

研究表明，森林土壤养分空间分布受地形、生物和气候等结构性因素，以及取样、测试分析等随机性因素的共同作用(彭晚霞等，2010；苏松锦等，2012；吴昊，2015)。为能准确地揭示中亚热带次生林(南酸枣落叶阔叶林、石栎-青冈常绿阔叶林)群落土壤养分(C、N、P)含量的空间分异机制，分别对南酸枣落叶阔叶林、石栎-青冈常绿阔叶林 1hm^2 固定样地的 100 个小样地(10m×10m)的地形因子(相对海拔、凸凹度)、生物因子(地表凋落物层现存量、物种数、植物株数)和土壤 pH、含水率等进行描述性统计特征分析。

6.3.1　地形因子描述性统计特征

通过对 1hm^2 固定样地内 100 个小样地的相对海拔、凸凹度进行统计和频数分析，结果如表 6.1、图 6.2 所示。

表 6.1　次生林地形因子描述性统计特征

林分类型	指标	最小值	最大值	平均值	标准差	变异系数/%
南酸枣落叶阔叶林	相对海拔/m	4.00	51.80	30.08	12.95	43.04
	凸凹度	–2.48	2.06	0.14	0.85	607.14
石栎-青冈常绿阔叶林	相对海拔/m	0.88	55.82	25.18	15.20	60.37
	凸凹度	–2.67	2.28	0.07	0.99	1481.17

从表 6.1 和图 6.2a 可以看出，南酸枣落叶阔叶林 100 个小样地相对海拔、凸凹度基本呈正态分布，相对海拔为 4.00～51.80m，概率密度、频数主要分布在 20～50m 的相对海拔区域，最高点与最低点相差 47.80m，平均值为 30.08m，变异系数为 43.04%，属于中等程度变异；凸凹度为–2.48～2.06，概率密度、频数主要分布在–1～1.5，平均值为 0.14，整体上以凸地形为主，变异系数为 607.14%，属于强变异程度。从表 6.1 和图 6.2b 可知，石栎-青冈常绿阔叶林 100 个小样地相对海拔、凸凹度基本也呈正态分布，相对海拔为 0.88～55.82m，概率密度、频数主要分布在 5～45m 的相对海拔区域，最高点与最低点相差 54.94m，平均值为 25.18m，变异系数为 60.37%，属于中等程度变异；凸凹度为–2.67～2.28，概率密度、频数主要分布在–1～1，平均值为 0.07，整体上以凸地形为主，变异系数为 1481.17%，也属于极强变异程度。表明南酸枣落叶阔叶林、石栎-青冈常绿阔叶林样地的地形因子变化明显，而石栎-青冈常绿阔叶林样地地形因子的变化程度较南酸枣落叶阔叶林样地更为明显。

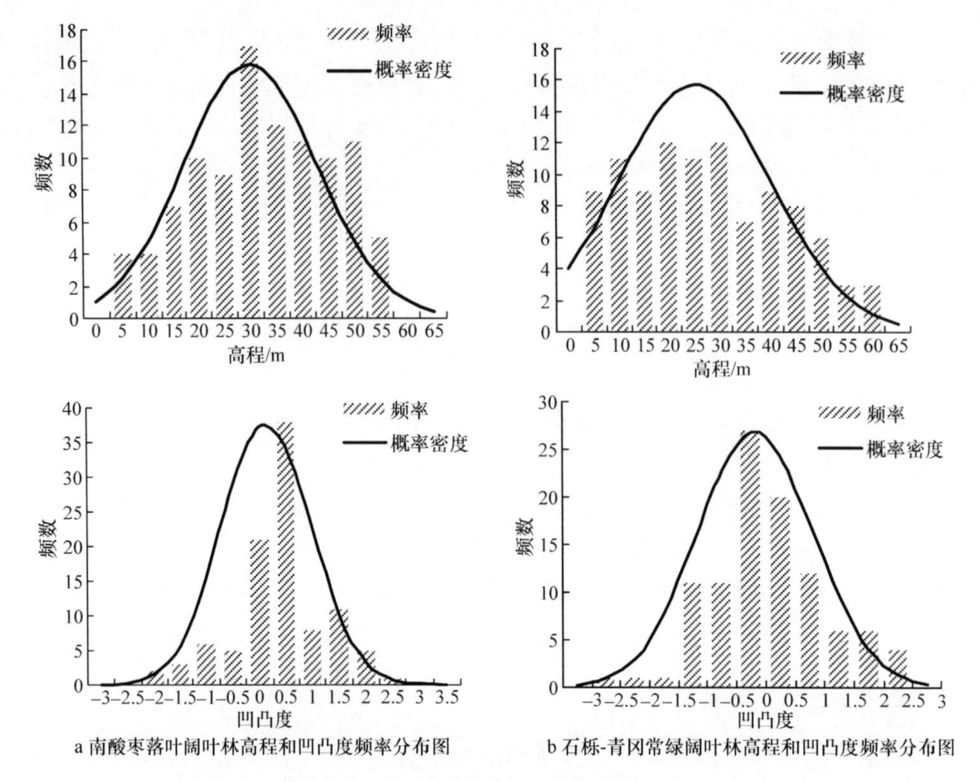

图 6.2　次生林地形因子的频率分布图

6.3.2　地表凋落物层现存量、物种数、株数描述性统计特征

地表凋落物是森林生态系统结构的重要组成部分，是生态系统物质循环和能量流动的重要“纽带”，在一定程度上反映森林生态系统的初级生产力，为土壤生物提供食物和生境，改善林地局部小生境，影响着植物的生长发育(彭少麟等，2002；汪思龙，2010)。地表凋落物层现存量受到多种因素的影响,如森林类型、林龄、林分密度和人为干扰等(原作强等,2010)。从表 6.2 和图 6.3a 可以看出，南酸枣落叶阔叶林 100 个小样地的地表凋落物层现存量基本服从正态分布,地表凋落物层现存量为 2.03～16.50t/hm^2,概率密度、频数主要分布在 3～8t/hm^2,平均值为 5.90t/hm^2，变异系数为 48.74%，达到了中等程度变异。从表 6.2 和图 6.3b 也可以看出，石栎-青冈常绿阔叶林 100 个小样地的地表凋落物层现存量基本也服从正态分布，地表凋落物层现存量为 8.45～48.93t/hm^2,概率密度、频数主要分布在 5～10t/hm^2,平均值为 19.22t/hm^2,变异系数为 42.63%，也达到了中等程度变异。南酸枣落叶阔叶林样地凋落物现存量的空间变异较石栎-青冈常绿阔叶林样地明显。

表 6.2　次生林生物因子的描述性统计特征

林分类型	指标	最小值	最大值	平均值	标准差	变异系数/%
南酸枣落叶阔叶林	凋落物现存量/(t/hm^2)	2.03	16.50	5.90	2.87	48.74
	物种数	1.00	13.00	6.62	2.15	32.55
	株数	2.00	44.00	14.76	7.18	48.66

续表

林分类型	指标	最小值	最大值	平均值	标准差	变异系数/%
石栎-青冈常绿阔叶林	凋落物层现存量/(t/hm^2)	8.45	48.93	19.22	8.19	42.63
	物种数	1.00	11.00	5.37	2.12	39.41
	株数	3.00	34.00	17.86	6.73	37.70

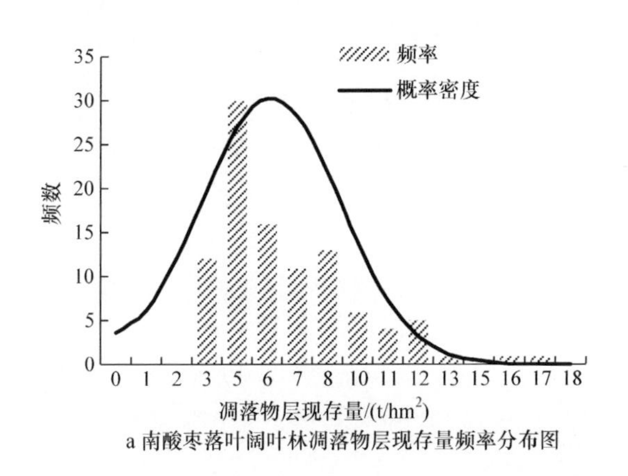

a 南酸枣落叶阔叶林凋落物层现存量频率分布图

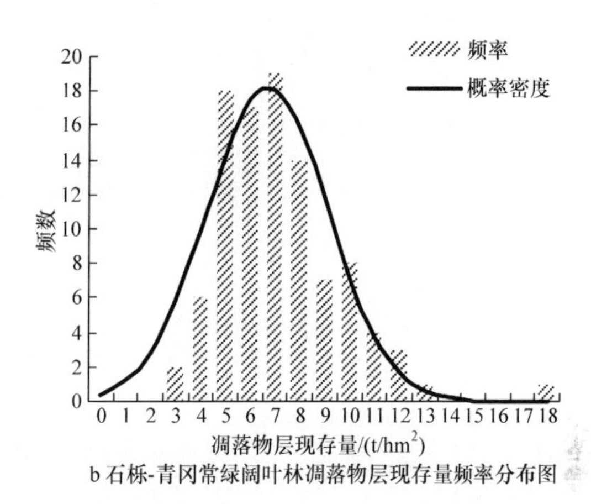

b 石栎-青冈常绿阔叶林凋落物层现存量频率分布图

图 6.3　次生林凋落物层现存量频率分布图

样地物种种数和植株数量则反映了该样地群落组成的复杂性和树种的丰富程度，其分布状况也将明显影响土壤养分的空间分布特征。从表 6.2 和图 6.4a 可以看出，南酸枣落叶阔叶林 100 个小样地的物种数为 1.00～13.00，概率密度、频数主要分布在 5～9，平均值为 6.62，变异系数为 32.55%，植株数为 2.00～44.00，概率密度与频数主要分布在 8～20，平均值为 14.76，变异系数为 48.66%，均达到了中等程度变异。从表 6.2 和图 6.4b 可以看出，石栎-青冈常绿阔叶林 100 个小样地的物种数、植株数基本也服从正态分布，物种数为 1.00～11.00，概率密度、频数主要分布在 3～8，平均值为 5.37，变异系数为 39.41%，植株数为 3.00～34.00，概率密度与频数主要分布在 3～8，平均值为 6.73，变异系数为 37.7%，均达到了中等程度变异。南酸枣落叶阔叶林 100 个小样地的物种数、植株数的空间变异较石栎-青冈常绿阔叶林样地明显。

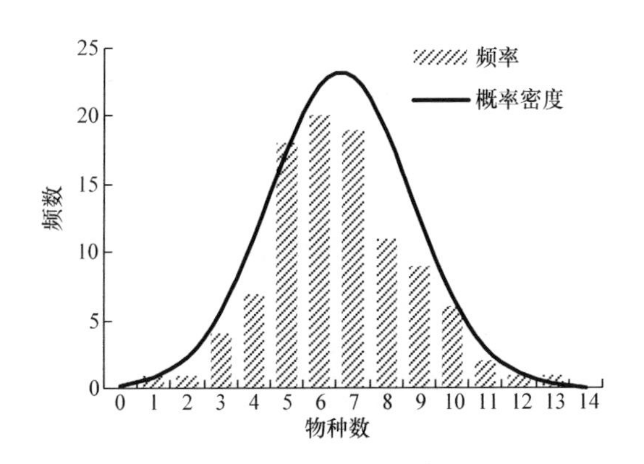

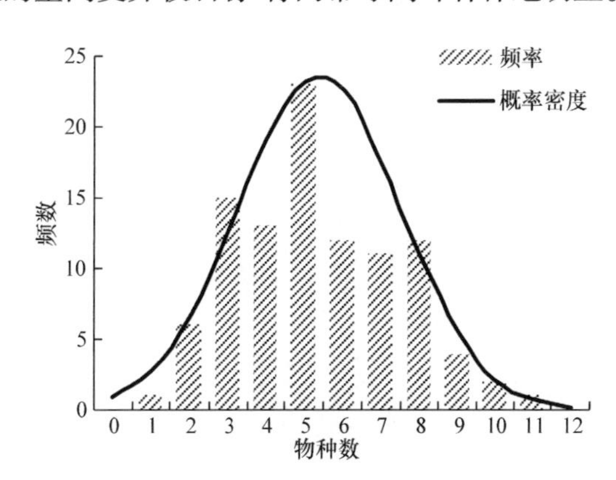

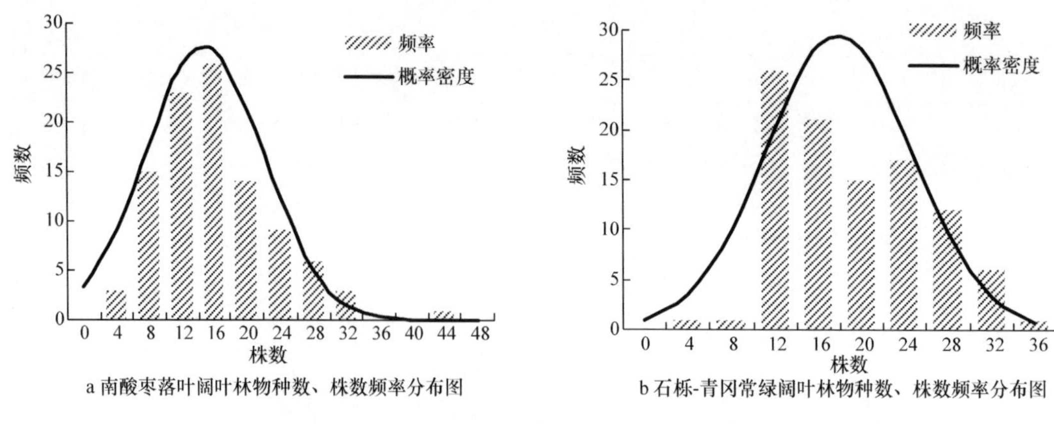

图 6.4　次生林样地物种数、株数频率分布图

6.3.3　土壤含水率、pH 描述性统计特征

土壤理化性状包括了土壤含水率、pH 因子，影响着土壤养分的空间分布格局及其有效性，进而影响林木的生长和发育。从表 6.3 和图 6.5a 可以看出，南酸枣落叶阔叶林 100 个小样地的土壤含水率、pH 基本服从正态分布，土壤含水率为 25.37%～46.27%，概率密度、频数主要分布在 28%～36%，平均值为 29.91%，变异系数为 9.17%，为弱程度变异；土壤 pH 为 4.02～4.69，概率密度与频数主要分布在 4.2～4.5，平均值为 4.29，变异系数为 3.43%，为弱程度变异。从表 6.3 和图 6.5b 可以看出，石栎-青冈常绿阔叶林 100 个小样地的土壤含水率、pH 基本也呈正态分布，土壤含水率为 6.17%～15.25%，概率密度、频数主要分布在 8%～11%，平均值为 9.39%，变异系数为 18.35%，为中等程度变异；土壤 pH 为 4.18～5.03，概率密度与频数主要分布在 4.4～4.6，平均值为 4.43，变异系数为 3.02%，为弱程度变异。

表 6.3　次生林土壤因子的描述性统计特征

林分类型	指标	最小值	最大值	平均值	标准差	变异系数/%
南酸枣落叶阔叶林	含水率/%	25.37	46.27	29.91	2.74	9.17
	pH	4.02	4.69	4.29	0.15	3.43
石栎-青冈常绿阔叶林	含水率/%	6.17	15.25	9.39	1.72	18.35
	pH	4.18	5.03	4.43	0.13	3.02

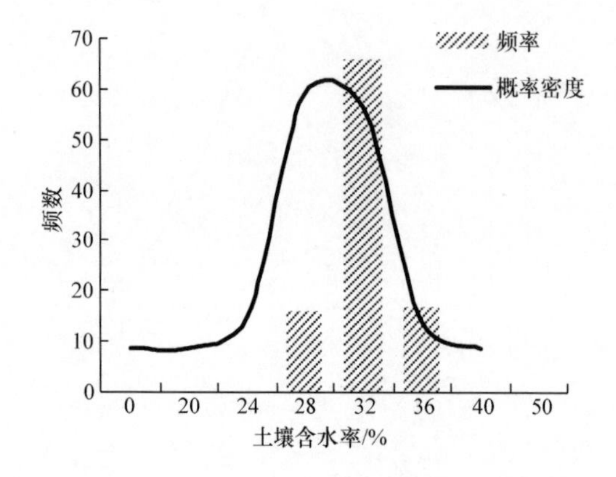

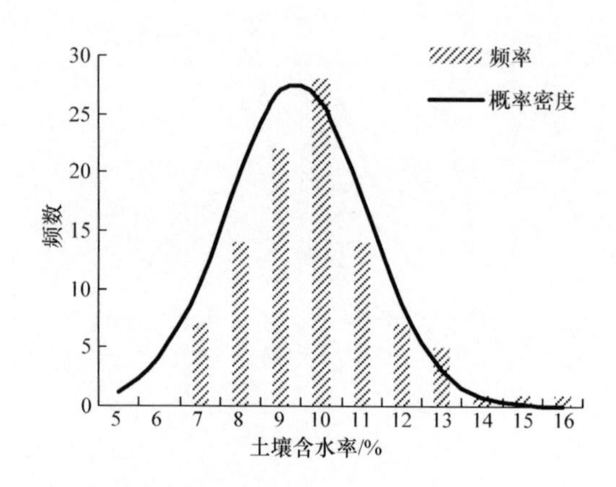

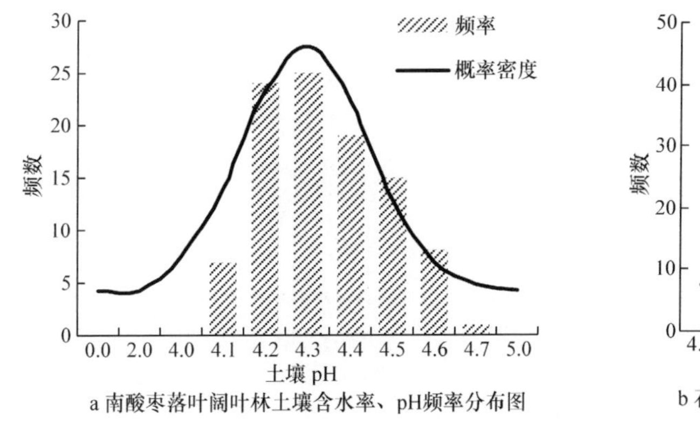

a 南酸枣落叶阔叶林土壤含水率、pH频率分布图

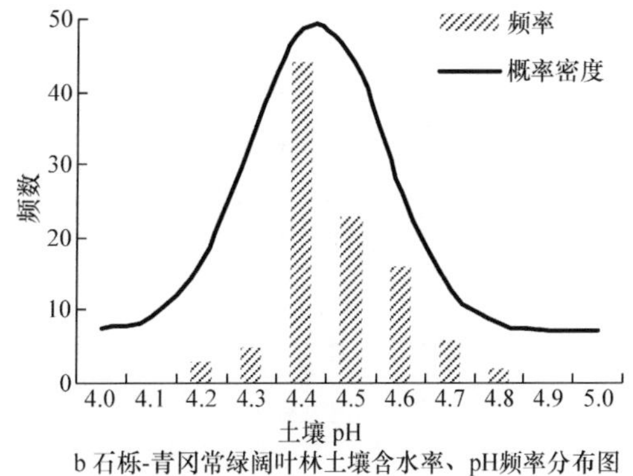

b 石栎-青冈常绿阔叶林土壤含水率、pH频率分布图

图 6.5　次生林土壤含水率、pH 频率分布图

6.3.4　结论与讨论

研究表明，变异系数<10%，为弱变异性，在 10%～100%，为中等程度变异，变异系数>100%，为强变异性(Nielsen and Bouma，1985)。本研究中，两种次生林样地的地形因子(相对海拔、凸凹度)均为中等程度变异，表明南酸枣落叶阔叶林、石栎-青冈常绿阔叶林样地高程变化较大，凸凹度变化显著，地势高低差异明显，地形较复杂。生物因子(地表凋落物层现存量、物种数、植株数)也达到了中等程度变异，表现为不同小样地物种数和植株数差异较大，地形也比较复杂，因而地表凋落物层现存量差异也较大，树种丰富的小样地凋落物层现存量较高，处于沟谷洼地的样地凋落物层现存量也较高，可能是由于雨水的冲刷，将高处的凋落物冲到沟谷洼地处。土壤含水率、pH 的变异系数较小，为弱程度变异(除南酸枣落叶阔叶林土壤含水率外)，表明南酸枣落叶阔叶林、石栎-青冈常绿阔叶林样地土壤含水率、pH 空间分布比较均匀。

6.4　土壤有机碳含量的空间变异特征

6.4.1　土壤有机碳含量的描述性统计特征

描述性统计结果(表 6.4)表明，南酸枣落叶阔叶林样地 0～10cm、10～20cm、20～30cm 土层有机碳(soil organic carbon，SOC)含量分别在 10.46～35.84g/kg、4.67～32.02g/kg、4.19～46.34g/kg 变化，平均值分别为 20.07g/kg、15.35g/kg、14.63g/kg，变异系数分别为 27.09%、37.48%、43.75%，均呈中等强度变异，SOC 含量随着土层深度增加而逐渐下降，变异程度也增加。阈值法检验结果表明，0～10cm、10～20cm 土层 SOC 样本中没有特异值，20～30cm 土层 SOC 样本中有 1 个特异值，用正常最大值 29.95g/kg 代替。K-S 检验结果(表 6.4)表明，0～10cm 土层 SOC 含量服从正态分布，10～20cm、20～30cm 土层 SOC 含量不服从正态分布，经对数转换后，服从正态分布，能满足地统计学分析要求。

石栎-青冈常绿阔叶林样地 0～10cm、10～20cm、20～30cm 土层 SOC 含量分别为 9.63～62.09g/kg、9.66～39.67g/kg、7.33～32.62g/kg，平均值分别为 23.98g/kg、16.94g/kg、14.87g/kg，变异系数分别为 35.40%、34.42%、33.76%，均呈中等强度变异，SOC 含量也随着土层深度增加而逐渐下降，变异程度下降(表 6.4)。阈值法检验结果表明，0～10cm 土层 SOC 样本中有 1

个特异值，用正常最大值 43.05g/kg 代替，10～20cm 土层 SOC 样本中有 1 个特异值，用正常最大值 33.51g/kg 代替，20～30cm 土层 SOC 样本中有 2 个特异值，用正常最大值 29.31g/kg 代替。K-S 正态性检验结果(表 6.4)表明，0～10cm、10～20cm 土层 SOC 含量服从正态分布，20～30cm 土层 SOC 含量不服从正态分布，经对数转换后，服从正态分布，能满足地统计学分析要求。

表 6.4　土壤有机碳含量的统计特征（n =100）

森林类型	土层/cm	最小值/(g/kg)	最大值/(g/kg)	平均值/(g/kg)	标准差	变异系数/%	K-S 检验 P 值	转换后
南酸枣林	0~10	10.46	35.84	20.07 aA	5.43	27.09	0.59	
	10~20	4.67	32.02	15.35 aA	5.75	37.48	0.05	0.77
	20~30	4.19	46.34	14.63 aA	6.40	43.75	0.04	0.79
石栎-青冈林	0~10	9.63	62.09	23.98 bA	8.49	35.40	0.25	
	10~20	9.66	39.67	16.94 aA	5.83	34.42	0.16	
	20~30	7.33	32.62	14.87 aA	5.02	33.76	0.03	0.45

注：n 为样品数，不同大写字母表示同一森林不同土层间差异显著(P<0.05)，不同小写字母表示同一土层不同森林间差异显著(P<0.05)

两个森林 SOC 含量均随着土层深度增加而下降，两个森林间 SOC 含量的差异也随土壤深度增加而减弱，同一土层，石栎-青冈常绿阔叶林样地高于南酸枣落叶阔叶林样地，在 0～10cm 土层，两个森林间的差异达到显著水平(P<0.05)，而 10～20cm、20～30cm 土层差异不显著(P>0.05)。南酸枣落叶阔叶林 SOC 含量变异程度随土层深度增加而增加，而石栎-青冈常绿阔叶林则相反。

6.4.2　有机碳含量的空间变异及结构特征

样本间距 h 的变化范围取最大间距的 1/2，为 63.64m，步长取最小间距(10m)。从图 6.6a 和表 6.5 可知，南酸枣落叶阔叶林样地 0～10cm、10～20cm、20～30cm 土层 SOC 含量的最佳拟合模型均为指数模型，决定系数(R^2)在 0.759～0.847，均达到极显著水平(P<0.01)，表明半方差函数理论模型能较好地反映南酸枣落叶阔叶林样地 SOC 含量的空间结构特征，且它们的半方差函数曲线变化较为平稳，在整个研究尺度上各种生态过程同等重要。各土层 SOC 的块金效应均为正值，且随着土层深度增加而下降，各土层接近于 0，表明各土层由实验误差和小于最小取样尺度引起的随机变异小。各土层 SOC 结构比为 0.001～0.002，表明 SOC 含量由随机因素引起的空间异质性仅占总空间异质性的 0.1%～0.2%，主要表现在 10m 以下的小尺度上，而由空间自相关性(即结构性因素)引起的空间异质性占总空间异质性的 99.8%～99.9%，主要表现在 10～52.964 m 的中尺度范围内，各土层 SOC 含量空间自相关性强烈，主要是结构性因素引起的。不同土层 SOC 含量的空间自相关范围差异较小，变程为 12.300～28.300m，表明 SOC 含量具有较小的空间异质性尺度。

样本间距 h 的变化范围取最大间距的 1/2，为 63.71m，步长取最小间距，为 7.8m。从图 6.6b 和表 6.5 可以看出，石栎-青冈常绿阔叶林样地 0～10cm、20～30cm 土层 SOC 的最佳拟合模型为指数模型，10～20cm 土层 SOC 含量的最佳拟合模型为球状模型，决定系数(R^2)在 0.838～0.922，均达到极显著水平(P<0.01)，表明半方差函数理论模型能较好地反映石栎-

青冈常绿阔叶林样地SOC含量的空间结构特征，且它们的半方差函数曲线变化较为平稳，在整个研究尺度上各种生态过程同等重要。各土层SOC的块金效应均为正值，且随着土层深度增加而下降，20～30cm土层接近于0，而0～10cm、10～20cm土层在20.100～33.700，表明20～30cm土层由实验误差和小于最小取样尺度引起的随机变异小，0～10cm、10～20cm土层则较大。各土层SOC结构比为0.3881～0.4997，表明SOC含量由随机因素引起的空间异质性占总空间异质性的38.81%～49.97%，主要表现在7.8m以下的小尺度上，而由空间自相关引起的空间异质性占总空间异质性的50.03%～61.19%，主要表现在7.8～365.7m的中尺度，表明各土层SOC含量具有中等强度的空间自相关性，主要是结构性因素引起的。不同土层SOC含量的空间自相关范围差异较大，变程为102.191～232.2m，表明SOC含量具有较大的空间异质性尺度。

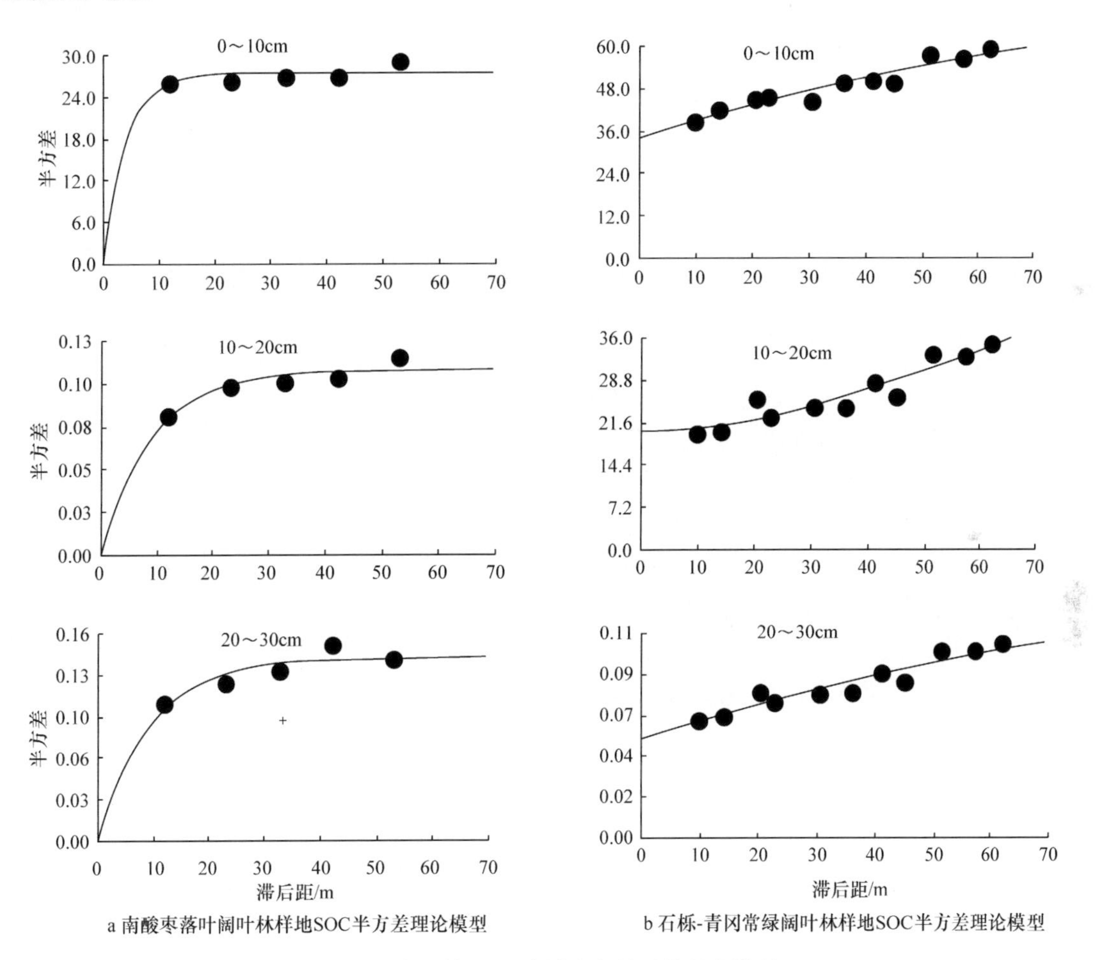

图6.6　次生林SOC含量半方差函数理论模型

从表6.5可以看出，两种森林各土层SOC含量的分形维数在1.852～1.970，同一土层南酸枣落叶阔叶林样地高于石栎-青冈常绿阔叶林样地，表明两种森林各土层SOC含量具有良好的分形特征，石栎-青冈常绿阔叶林样地具有更好的结构性，空间分布较为简单，南酸枣落叶阔叶林样地的空间格局相对复杂。此外，两种森林0～10cm土层SOC含量的分形维数高于10～20cm、20～30cm土层，表明0～10cm土层由随机因素引起的异质性比值大，空间分布格局较 10～20cm、20～30cm 土层复杂，10～20cm、20～30cm 土层由随机因素引起的异质性比值大，空间分布格局简单。

表 6.5　SOC 含量的半方差函数的模型类型及参数

森林类型	土层/cm	模型	C_0	C_0+C	结构比	A_0/m	R^2	RSS	D
南酸枣林	0~10	指数模型	0.0500	27.3800	0.0020	12.300	0.759	4.59	1.970
	10~20	指数模型	0.0001	0.1122	0.0010	27.000	0.847	9.99×10^{-5}	1.894
	20~30	指数模型	0.0001	0.1472	0.0010	28.800	0.813	2.33×10^{-4}	1.894
石栎-青冈林	0~10	指数模型	33.7000	76.9800	0.4377	232.200	0.911	39.00	1.893
	10~20	球状模型	20.1000	51.7900	0.3881	136.832	0.887	31.00	1.852
	20~30	指数模型	0.0632	0.1265	0.4996	102.191	0.939	5.94×10^{-5}	1.866

6.4.3　有机碳含量的空间分布

南酸枣落叶阔叶林样地 0～10cm、10～20cm、20～30cm 土层 SOC 含量空间分布如图 6.7a 所示。从图 6.7a 可以看出，南酸枣落叶阔叶林样地内 0～10cm、10～20cm、20～30cm 土层 SOC 含量呈条带状和斑块状梯度分布，且破碎斑块较多，最高值出现在相对海拔较低的山谷洼地，最低值则出现在相对海拔较高的山脊地带。随土壤深度增加，SOC 含量的空间分布格局趋于简单化，与分形维数的变化趋势基本一致。

石栎-青冈常绿阔叶林样地 0～10cm、10～20cm、20～30cm 土层 SOC 含量空间分布如图 6.7b 所示。从图 6.7b 可以看出，石栎-青冈常绿阔叶林样地内 0～10cm、10～20cm、20～30cm 土层 SOC 含量呈现出条带状和斑块状梯度变化，高值出现在研究样地内的沟谷及某些小洼地区域，低值则出现在山脊地带。随土壤深度增加，SOC 含量的空间分布格局也趋于简单化，与分形维数的变化趋势基本一致。从图 6.7 可以看出，南酸枣落叶阔叶林样地各土层 SOC 含量空间分布较石栎-青冈常绿阔叶林样地复杂，南酸枣落叶阔叶林样地各土层 SOC 含

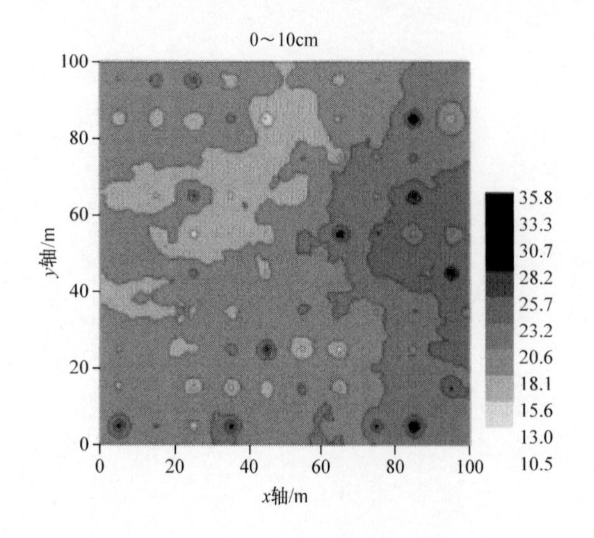

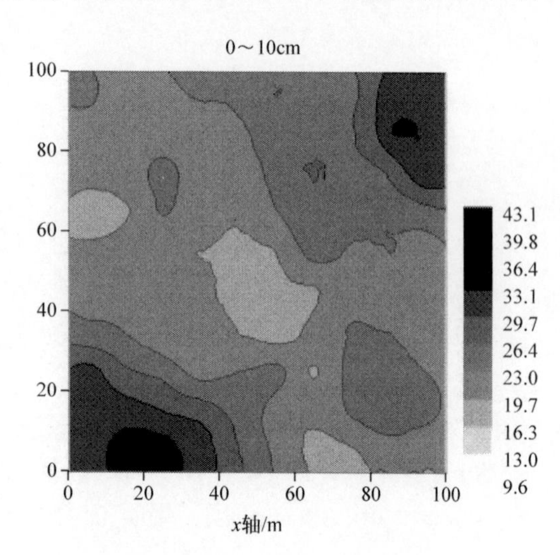

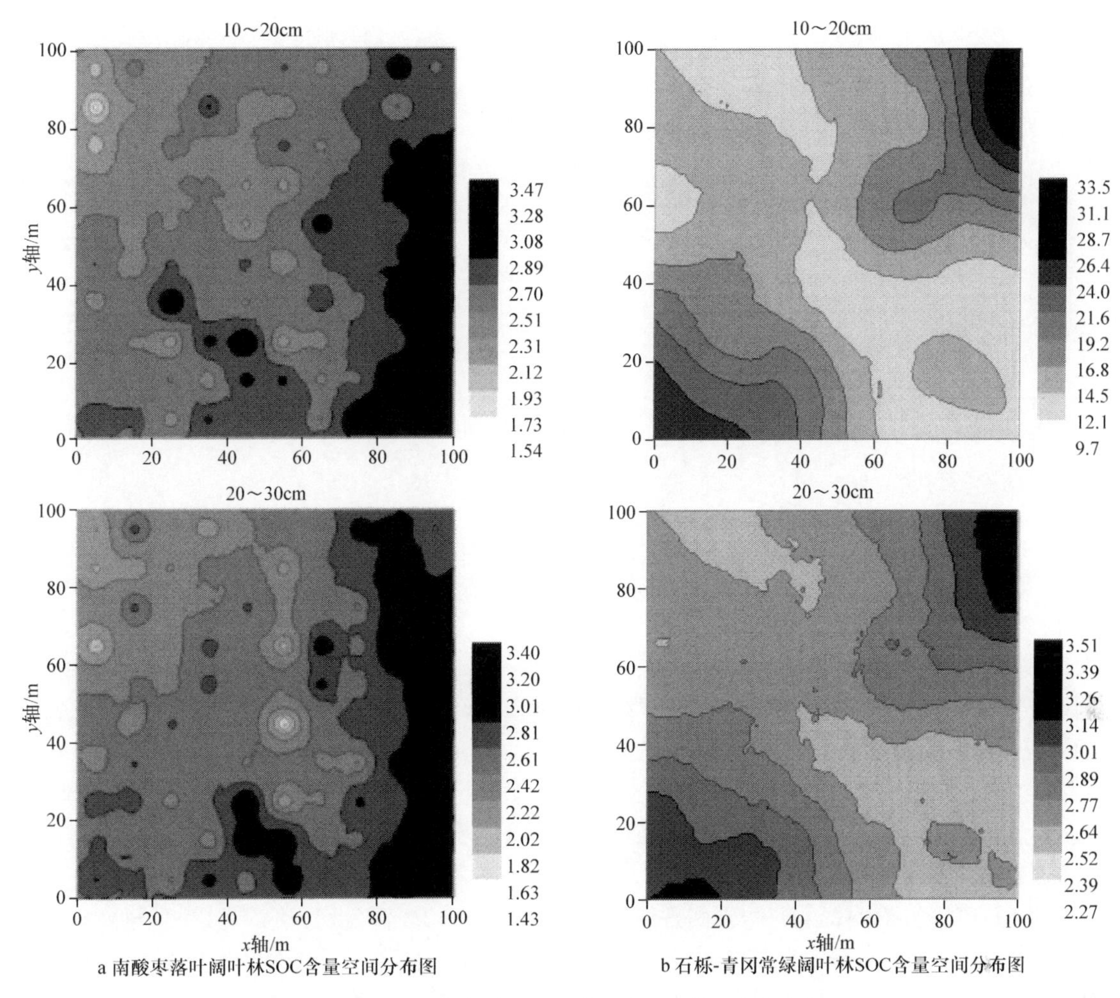

图 6.7 次生林不同土层 SOC 含量(g/kg)的空间分布格局

量空间分布呈现出大型斑块中包含着较多的圆形小面积斑块，尤其是 0～10cm 土层，与分形维数的变化趋势基本一致。

6.4.4 有机碳含量空间变异的影响因子分析

由表 6.6 可知，南酸枣落叶阔叶林样地各土层 SOC 含量与相对海拔呈显著或极显著的负相关(P<0.01)，与凸凹度呈负相关，且 0～10cm 土层达到显著相关(P<0.05)，表明相对海拔较低的山谷洼地 SOC 含量较高，与克里格插值的空间分布格局一致。各土层 SOC 含量与地表凋落物层现存量呈极显著负相关(P<0.01)，与样地树木株数、物种数呈负相关，但不显著(P>0.05)。表明南酸枣落叶阔叶林样地 SOC 含量受地表凋落物层现存量的影响较大，明显受林分树种组成的影响。石栎-青冈常绿阔叶林样地各土层 SOC 含量与相对海拔、凸凹度呈负相关，但未达到显著水平(P>0.05)。表明低海拔洼地 SOC 含量较高，与克里格插值的空间分布格局一致。SOC 含量与凋落物量呈极显著正相关(P<0.01)。SOC 含量与样地树木株数呈负相关，但不显著(P>0.05)；10～20cm 土层 SOC 含量与物种数呈显著负相关(P<0.05)。表明石栎-青冈常绿阔叶林样地 SOC 含量受地表凋落物层现存量的影响较大，明显受林分树种组成的影响。

表 6.6 土壤 SOC 含量与地形因子、树种因素之间的相关系数

森林类型	土层/cm	海拔	凸凹度	凋落物量	株数	物种数
南酸枣林	0~10	−0.214*	−0.197*	−0.231*	−0.085	−0.138
	10~20	−0.349**	−0.107	−0.244*	−0.048	−0.110
	20~30	−0.328**	−0.040	−0.235*	−0.024	−0.087
石栎-青冈林	0~10	−0.124	−0.100	0.341**	−0.105	−0.173
	10~20	−0.166	−0.055	0.386**	−0.114	−0.218*
	20~30	−0.182	−0.132	0.301**	−0.085	−0.153

6.4.5 结论与讨论

南酸枣落叶阔叶林、石栎-青冈常绿阔叶林样地同一土层 SOC 平均含量存在一定的差异，石栎-青冈常绿阔叶林样地各土层 SOC 含量均高于南酸枣落叶阔叶林样地，特别是 0～10cm 土层差异显著。表明石栎-青冈常绿阔叶林更有利于土壤有机碳的贮存，可能是由两种森林树种组成不同所致，南酸枣落叶阔叶林样地是以落叶阔叶树种占优势，枯枝落叶易于分解，不利于土壤有机碳的储存，而石栎-青冈常绿阔叶林以常绿阔叶树种占优势，枯枝落叶分解速率相对缓慢，有利于土壤有机碳的储存。与全国第二次土壤普查土壤分级标准(全国土壤普查办公室，1992)相比，两种森林样地 SOC 含量处于 1～3 级(即中水平以上)，略高于亚热带红壤低山地区(17.75g/kg)，但低于亚热带平原湖区(25.10g/kg)(Tang et al.，2009)，表明研究区域两种森林群落土壤有机碳含量比较丰富。

南酸枣落叶阔叶林、石栎-青冈常绿阔叶林各土层 SOC 含量均为中等程度变异，且随着土壤深度增加，变异程度呈现出下降的趋势，可能是由于两种森林地处丘陵区微地形及某些小生境内有针叶树种、落叶树种和竹类多种植物，多种植物不均匀分布引起土壤养分含量空间变异，与天童山常绿阔叶林(张娜等，2012)、帽儿山水曲柳人工林(孙志虎等，2007)和喀斯特森林(刘璐等，2010；张忠华等，2011)土壤养分变异性的研究结果较为一致。SOC 含量空间变异性可能对森林群落树种组成及其相关的生态功能过程产生一定的影响(丁佳等，2011)。南酸枣落叶阔叶林样地各土层 SOC 含量的空间自相关范围差异较小，变程在 12.300～28.300m，可能是由于南酸枣落叶阔叶林内树种较多(如阔叶树、针叶树和竹林)，分布不均匀，在小尺度范围内导致 SOC 含量分布的变异，而石栎-青冈常绿阔叶林样地各土层 SOC 含量的空间自相关范围差异较大，变程为 102.191～232.2m，可能是由于石栎-青冈常绿阔叶林内树种较多(如阔叶树、针叶树和竹林)，且分布较均匀，在大尺度范围内才导致 SOC 含量分布的变异。

南酸枣落叶阔叶林样地 0～10cm、10～20cm、20～30cm 土层 SOC 含量的最佳拟合模型均为指数模型，变程为 12.300～28.300m；而石栎-青冈常绿阔叶林样地 0～10cm、20～30cm 土层 SOC 的最佳拟合模型为指数模型，10～20cm 土层 SOC 含量的最佳拟合模型为球状模型，变程为 102.191～232.2m。表明半方差函数理论模型能较好反映两种森林各土层 SOC 的空间分布特征。两种森林 SOC 的空间分布特征均表现出中等程度的空间自相关性，表明两种森林 SOC 空间变异特征是结构性和随机性因素共同作用于 SOC 的结果(刘璐等，2010；张忠华等，2011)，包括小尺度的空间变异树种组成和凋落物养分归还量对土壤养分的影响(阎恩荣等，2009)。

土壤养分的空间异质性受地形因子、群落树种组成的影响(张忠华等，2011)。本研究中，两种森林各土层SOC与海拔、凸凹度呈负相关，且在南酸枣落叶阔叶林与海拔达到显著水平，与凋落物层现存量呈极显著或显著的正或负相关，与物种数、株数呈负相关。表明影响 SOC 空间分布的因素多且较为复杂(张伟等，2006；张娜等，2012；丁佳等，2011；张忠华等，2011)，海拔、凸凹度调控光照、降水的空间再分配、土层厚度及局部小气候(Tateno et al.，2003)。一些研究表明，SOC 含量与凸凹度有关(丁佳等，2011)。本研究中，石栎-青冈常绿阔叶林 SOC 含量与海拔、凸凹度呈负相关，但未达到显著水平，可能是因为林下凋落物积累有利于土壤有机质形成，维持了 SOC 含量。石栎-青冈常绿阔叶林的林分密度大，树种组成丰富，地上凋落物和地下细根周转在林分空间尺度上存在异质性，导致 SOC 的空间变异，随着土壤深度增加，SOC 含量变异性减少，更说明了凋落物是影响 SOC 的重要因素。

6.5　土壤全氮含量的空间变异特征

6.5.1　全氮含量的描述性统计特征

从表 6.7 可知，南酸枣落叶阔叶林样地 0～10cm、10～20cm、20～30cm 土层全氮(TN)含量分别在 1.14～2.84g/kg、0.84～2.33g/kg、0.94～2.72g/kg，平均值分别为 1.62g/kg、1.36g/kg、1.33g/kg，变异系数分别为 20.89%、23.49%、25.35%，均达到了中等强度的变异。石栎-青冈常绿阔叶林样地 0～10cm、10～20cm、20～30cm 土层 TN 含量分别在 0.65～4.29g/kg、0.74～3.37g/kg、0.36～2.87g/kg，平均值分别为 1.98g/kg、1.61g/kg、1.31g/kg，变异系数分别为 31.83%、29.81%、36.64%，均达到了中等强度的变异。

表 6.7　土壤 TN 含量的统计特征（*n* = 100）

森林类型	土层/cm	最小值/(g/kg)	最大值/(g/kg)	平均值/(g/kg)	标准差	变异系数/%	K-S 检验 *P* 值	转换后
南酸枣林	0~10	1.14	2.84	1.62aA	0.34	20.89	0.15	
	10~20	0.84	2.33	1.36aA	0.32	23.49	0.23	
	20~30	0.94	2.72	1.33aA	0.34	25.35	0.02	0.08
石栎-青冈林	0~10	0.65	4.29	1.98bB	0.63	31.82	0.10	
	10~20	0.74	3.37	1.61aA	0.48	29.81	0.24	
	20~30	0.36	2.87	1.31aA	0.48	36.64	0.07	

两种森林样地土壤 TN 含量均随着土层深度增加呈下降趋势，变异程度增大，但南酸枣落叶阔叶林不同土层间 TN 含量差异不显著(P>0.05)，石栎-青冈常绿阔叶林样地 0～10cm 土层与 10～20cm、20～30cm 土层差异显著(P<0.05)，10～20cm 土层与 20～30cm 土层差异不显著(P>0.05)。同一土层，石栎-青冈常绿阔叶林样地 TN 含量高于南酸枣落叶阔叶林，但两种森林间的差异随土壤深度的增加而减小，0～10cm 土层，两种森林间差异显著(P<0.05)，而 10～20cm、20～30cm 土层两种森林间差异不显著(P>0.05)。同一土层，石栎-青冈常绿阔叶林样地土壤 TN 含量的变异程度高于南酸枣落叶阔叶林。

阈值法检验结果表明，南酸枣落叶阔叶林样地 0～10cm 土层样本中 TN 含量有 2 个特异值，用正常最大值 2.84g/kg 代替，10～20cm 土层有 1 个特异值，用正常最大值 2.33g/kg 代替，20～30cm 土层有 2 个特异值，用正常最大值 2.72g/kg 代替。石栎-青冈常绿阔叶林 0～10cm 土层样本中 TN 含量有 1 个特异值，用正常最大值 3.81g/kg 代替，10～20cm 土层有 1 个特异值，用正常最大值 3.02g/kg 代替，20～30cm 土层有 2 个特异值，用正常最大值 2.74g/kg 代替。K-S 正态性检验结果（表 6.7）表明，两个森林各土层（除南酸枣落叶阔叶林 20～30cm 土层外）TN 含量均服从正态分布，能满足地统计学分析。南酸枣落叶阔叶林 20～30cm 土层 TN 含量经对数转换后，也服从正态分布，能满足地统计学分析。

6.5.2 全氮含量的空间变异及结构特征

从表 6.8 和图 6.8a 可以看出，南酸枣落叶阔叶林 0～10cm、20～30cm 土层 TN 含量半方差函数为指数模型，10～20cm 土层为球状模型，决定系数（R^2）为 0.716～0.940，达到极显著水

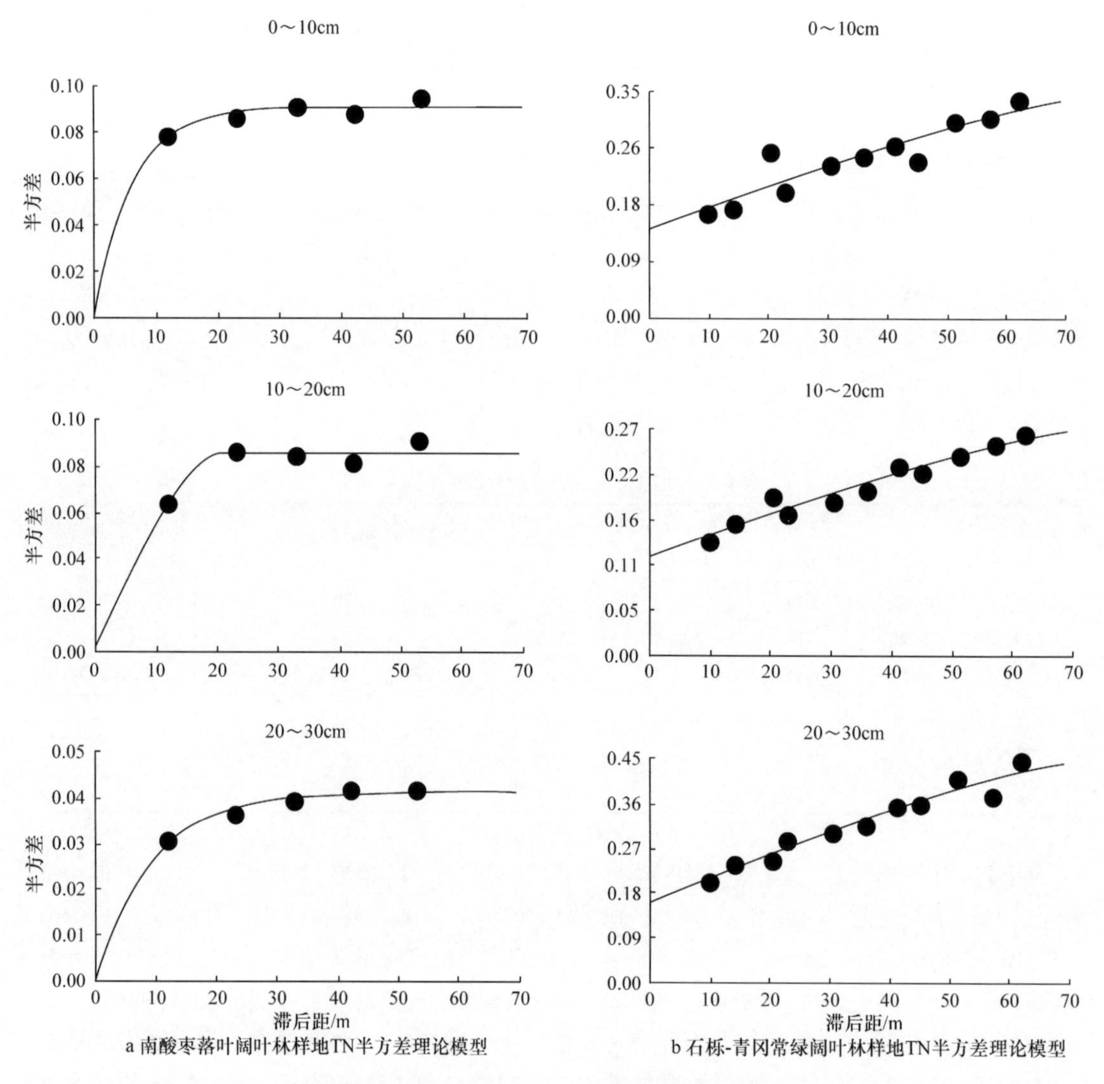

图 6.8　次生林土壤 TN 半方差函数理论模型

平(P<0.01)，表明半方差函数理论模型能较好地反映南酸枣落叶阔叶林样地土壤 TN 含量的空间结构特征，且它们的半方差函数曲线变化较为平稳，在整个研究尺度上各种生态过程同等重要。各土层 TN 的块金效应均为正值，随着土层深度增加没有明显变化，均接近于 0，表明各土层 TN 含量由实验误差和小于最小取样尺度引起的随机变异小。各土层 TN 含量结构比为 0.002～0.010，表明各土层 TN 含量由随机因素引起的空间异质性仅占总空间异质性的 0.2%～1.0%，主要表现在 10m 以下的小尺度上，而由空间自相关性(即结构性因素)引起的空间异质性占总空间异质性的 99.0%～99.8%，且各土层 TN 含量空间自相关性非常接近，表现出强烈的空间自相关结构，主要发生在 10.0～28.800m 的小尺度，表明各土层 TN 含量具有较小的空间异质性尺度，主要是结构性因素引起的。各土层 TN 含量空间自相关范围差异较小，变程为 13.856～28.800m，随土壤深度增加而增加，表明土壤 TN 含量具有较小的空间异质性尺度，且空间自相关性随土壤深度增加而增加。各土层的分形维数为 1.891～1.947，表明土壤 TN 含量具有良好的分形特征。

从表 6.8 和图 6.8b 可以看出，石栎-青冈常绿阔叶林各土层 TN 含量半方差函数均为高斯模型，决定系数(R^2)为 0.942～0.993，达到了极显著水平(P<0.01)，表明半方差函数理论模型能较好地反映石栎-青冈常绿阔叶林样地土壤 TN 含量的空间结构特征，且它们的半方差函数曲线变化较为平稳，在整个研究尺度上各种生态过程同等重要。各土层 TN 的块金效应均为正值，随着土层深度增加没有明显变化，均接近于 0，表明各土层 TN 含量由实验误差和小于最小取样尺度引起的随机变异小。各土层 TN 含量结构比为 0.342～0.441，表明 TN 含量由随机因素引起的空间异质性占总空间异质性的 34.2%～44.1%，主要表现在 7.8m 以下的小尺度上，而由空间自相关引起的空间异质性占总空间异质性的 55.9%～65.8%，主要表现在 7.8～110.678m 的中尺度，具有中等程度的空间自相关性，且各土层 TN 含量空间自相关性非常接近。各土层 TN 含量空间自相关范围差异较大，变程为 89.720～110.678m，随土壤深度增加而增加，表明土壤 TN 含量具有较大的空间异质性尺度。各土层的分形维数为 1.772～1.816，表明土壤 TN 含量具有良好的分形特征。

从表 6.8 可以看出，南酸枣落叶阔叶林、石栎-青冈常绿阔叶林各土层 TN 含量的分形维数为 1.772～1.947，同一土层南酸枣落叶阔叶林样地的分形维数高于石栎-青冈常绿阔叶林样地，表明两个森林各土层 TN 含量具有良好的分形特征，南酸枣落叶阔叶林样地的空间格局相对复杂，而石栎-青冈常绿阔叶林样地具有更好的结构性，空间分布较为简单。此外，随着土壤深度增加，两个森林 TN 含量的分形维数下降，表明 0～10cm 土层 TN 含量的空间分布格局较 10～20cm、20～30cm 土层要复杂，0～10cm 土层随机性因素引起的空间异质性比例更大，更容易受到随机性因素的影响。10～20cm、20～30cm 土层由随机因素引起的异质性比值大，空间分布格局简单。

表 6.8　TN 含量的半方差函数的模型类型及参数

森林类型	土层/cm	模型	C_0	C_0+C	结构比	A_0/m	R^2	RSS	D
南酸枣林	0~10	指数模型	0.0001	0.0830	0.001	13.856	0.716	2.406×10^{-5}	1.947
	10~20	球状模型	0.0009	0.0900	0.010	21.200	0.907	3.861×10^{-5}	1.909
	20~30	指数模型	0.0001	0.0425	0.002	28.800	0.940	6.003×10^{-6}	1.891

续表

森林类型	土层/cm	模型	C_0	C_0+C	结构比	A_0/m	R^2	RSS	D
石栎-青冈林	0~10	高斯模型	0.227	0.5150	0.441	94.397	0.993	2.065×10^{-4}	1.816
	10~20	高斯模型	0.125	0.3190	0.392	102.711	0.963	4.015×10^{-4}	1.795
	20~30	高斯模型	0.123	0.3600	0.342	110.678	0.942	8.152×10^{-4}	1.772

6.5.3　全氮含量的空间分布

南酸枣落叶阔叶林、石栎-青冈常绿阔叶林样地 0～10cm、10～20cm、20～30cm 土层 TN 含量空间分布如图 6.9 所示。从图 6.9a 可知，南酸枣落叶阔叶林样地内 0～10cm、10～20cm、20～30cm 土层 TN 含量呈条带状的斑块状梯度性分布，且在破碎斑块较多，特别是 0～10cm 土层尤为明显。各土层 TN 含量高值均出现在样地的沟谷和某些小洼地区域，低值出现在山脊地带，且各土层 TN 含量分布的高值和低值区域大致相似，且随梯度变化明显，依赖于尺度的空间变异大，有较好的空间分布格局。随土壤深度增加，TN 含量的空间分布格局趋于简单化，与分形维数的变化基本一致。

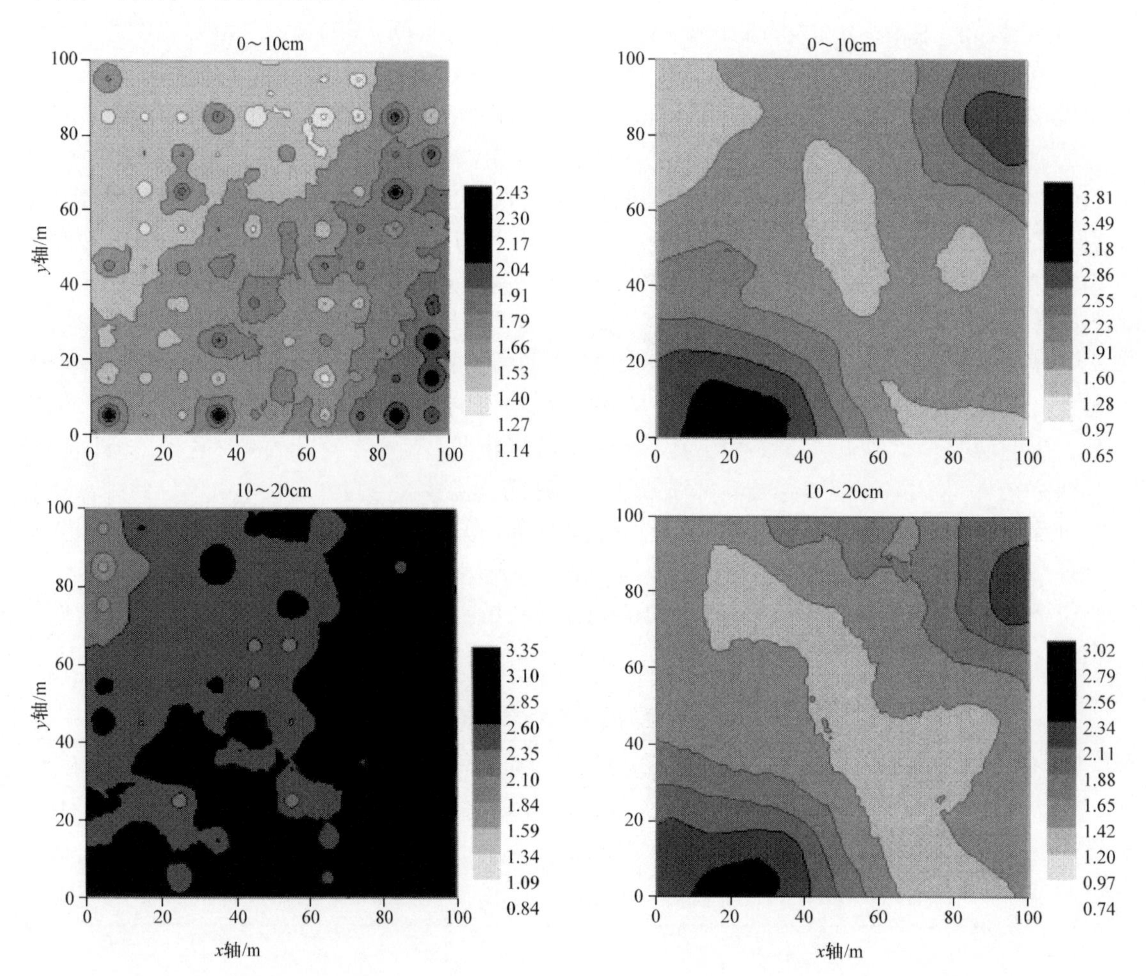

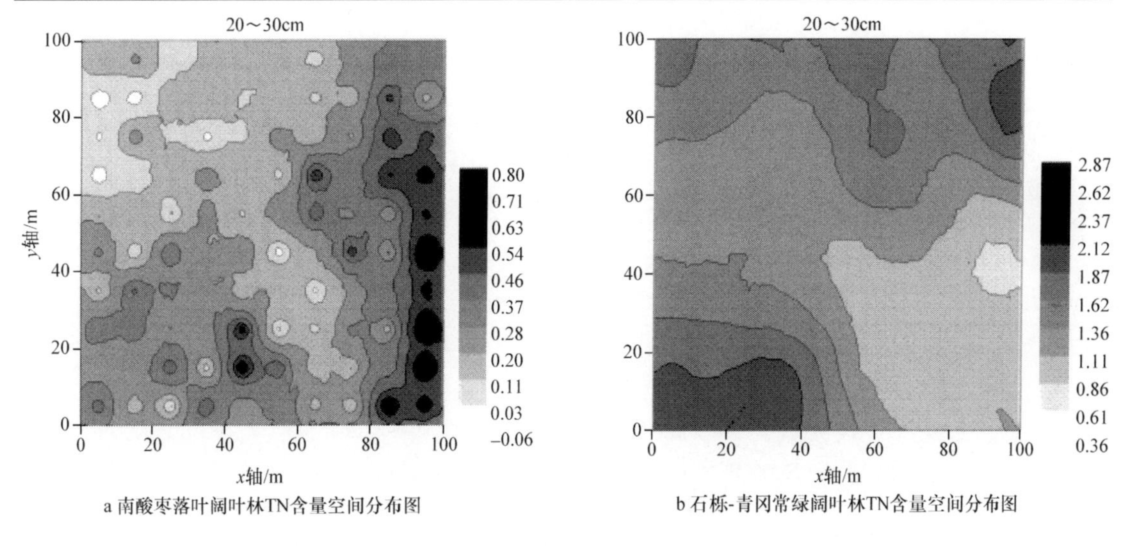

a 南酸枣落叶阔叶林TN含量空间分布图　b 石栎-青冈常绿阔叶林TN含量空间分布图

图 6.9　南酸枣落叶阔叶林、石栎-青冈常绿阔叶林土壤 TN 含量的空间分布格局

从图 6.9b 可知，石栎-青冈常绿阔叶林样地 0～10cm、10～20cm、20～30cm 土层 TN 含量呈现出条带状梯度性分布，各土层 TN 含量高值均出现在样地的沟谷和某些小洼地区域，低值出现在山脊地带，且各土层 TN 含量分布的高值和低值区域大致相似，并呈现出一定的条带状分布，且随梯度变化明显，依赖于尺度的空间变异大，有较好的空间分布格局。随土壤深度增加，TN 含量的空间分布格局趋于简单化，与分形维数的变化基本一致。

如图 6.9 所示，南酸枣落叶阔叶林、石栎-青冈常绿阔叶林样地各土层 TN 含量的空间分布格局分别较其 SOC 含量的空间分布梯度更明显(图 6.7)。石栎-青冈常绿阔叶林各土层 TN 含量的空间分布格局较南酸枣落叶阔叶林简单，南酸枣落叶阔叶林各土层 TN 含量分布图中呈现出大型斑块中包含着较多的圆形小面积斑块，分布格局更为复杂，特别是 0～10cm 土层，与分形维数的变化趋势基本一致。

6.5.4　全氮含量空间变异的影响因子分析

由表 6.9 可知，南酸枣落叶阔叶林样地各土层 TN 含量与相对海拔呈极显著的负相关($P<0.01$)，与凸凹度呈负相关，未达到显著相关水平($P>0.05$)；石栎-青冈常绿阔叶林土壤 TN 含量与海拔呈负相关，10～20cm 土层达到极显著水平($P<0.05$)，其他两土层相关性不显著($P>0.05$)，与凸凹度呈负相关，0～10cm 土层均值达到显著水平($P<0.05$)。表明海拔、凸凹度对土壤 TN 含量影响具有一致性，海拔对土壤 N 含量的影响显著高于凸凹度，相对海拔较低的山谷洼地 TN 含量较高，与克里格插值的空间分布格局一致，土壤 TN 含量受地形因子影响较大，表现出淋溶的特性。南酸枣落叶阔叶林样地 10～20cm、20～30cm 土层 TN 含量分别与地表凋落物层现存量呈显著和极显著负相关($P<0.01$)，石栎-青冈常绿阔叶林土壤 TN 含量与地表凋落物层现存量呈正相关，且 10～20cm、20～30cm 土层呈显著相关($P<0.05$)，但两种森林 0～10cm 土层 TN 含量与凋落物层现存量均未达到显著相关($P>0.05$)；两种森林土壤 TN 含量与样地内的株数、物种数呈负相关，但不显著($P>0.05$)。表明南酸枣落叶阔叶林、石栎-青冈常绿阔叶林样地 TN 含量受地表凋落物层现存量的影响较大，明显受林分树种组成的影响，但受树种分布的影响较小。

表 6.9　土壤 TN 含量与地形因子、树种因素之间的相关系数

森林类型	土层/cm	海拔	凸凹度	凋落物层现存量	物种数	株数
南酸枣林	0~10	−0.375**	−0.146	−0.180	−0.137	−0.115
	10~20	−0.369**	−0.050	−0.275**	−0.058	−0.095
	20~30	−0.377**	−0.089	−0.285*	−0.124	−0.112
石栎-青冈林	0~10	−0.127	−0.256*	0.118	−0.134	−0.096
	10~20	−0.262**	−0.146	0.217*	−0.180	−0.168
	20~30	−0.121	−0.191	0.208*	−0.096	−0.069

6.5.5　结论与讨论

研究表明，常绿阔叶林土壤 TN 含量高于落叶阔叶林(Ding et al., 2015)。但也有研究发现，落叶阔叶林土壤 TN 含量高于常绿阔叶林(Yang et al., 2014)。本研究中，南酸枣落叶阔叶林、石栎-青冈常绿阔叶林样地同一土层 TN 平均含量存在一定的差异，石栎-青冈常绿阔叶林样地各土层 TN 含量均高于南酸枣落叶阔叶林样地，特别是 0～10cm 土层差异显著。可能是由地形的异质性、土壤条件和森林树种组成不同所致。与全国第二次土壤普查土壤分级标准(全国土壤普查办公室，1992)相比，两种森林样地 TN 含量处于 2～3 级(即中水平以上)，略低于浙江天童山(3.21g/kg)(张娜等，2012)及古田山(2.04g/kg)(丁佳等，2011)，表明研究区域两种森林群落土壤 TN 含量比较丰富。

南酸枣落叶阔叶林、石栎-青冈常绿阔叶林样地各土层 TN 含量均为中等程度变异，且随着土壤深度增加，TN 含量及其变异程度呈现出下降趋势，与土壤 SOC 含量的变化趋势基本一致。分析发现，样地土壤 SOC 含量与 TN 含量之间达到极显著相关(R=0.6541，样本数=600，P<0.0001)，表明土壤 TN 含量的空间分布与土壤 SOC 含量的空间分布密切相关，对土壤 SOC 含量空间分布产生明显影响的因子可能也对土壤 TN 含量的空间分布产生明显的影响。

南酸枣落叶阔叶林样地 0～10cm、20～30cm 土层 TN 含量的最佳拟合模型均为指数模型，10～20cm 土层为球状模型；而石栎-青冈常绿阔叶林样地各土层 TN 的最佳拟合模型为高斯模型。表明半方差函数理论模型能较好地反映两种森林各土层 TN 的空间分布特征。南酸枣落叶阔叶林样地 TN 的空间分布特征表现出强烈的空间自相关性结构，石栎-青冈常绿阔叶林样地表现出中等程度的空间自相关性，表明两种森林 TN 空间变异特征是结构性和随机性因素共同作用于 TN 的结果(刘璐等，2010；张忠华等，2011)，包括小尺度的空间变异树种组成和凋落物养分归还量对土壤养分的影响(阎恩荣等，2009)。南酸枣落叶阔叶林样地各土层 TN 含量空间自相关范围差异较小，变程为 13.856～28.800m，分形维数为 1.891～1.947。石栎-青冈常绿阔叶林样地各土层 TN 含量空间自相关范围差异较大，变程为 89.720～110.678m，分形维数为 1.772～1.816。可能是由于在南酸枣落叶阔叶林样地内，阔叶林内树种较多(如阔叶树、针叶树和竹林)，分布不均匀，在小尺度范围内对土壤 TN 含量的分布影响较大，而石栎-青冈常绿阔叶林样地内可能是由于群落内树种分布比较均匀，在小尺度范围内对 TN 含量分布影响不明显。

本研究样地中，两种森林样地土壤 TN 含量受海拔、凸凹度的影响较大，且同一海拔梯度洼地的 TN 含量明显高于山脊，因为地形影响地表径流，进而对养分起到淋溶和汇聚作用，山脊和坡面的养分(N)容易被淋失，因此土壤氮的空间异质性反映了氮的淋溶特征。

6.6　土壤全磷含量的空间变异特征

6.6.1　全磷含量的描述性统计特征

统计结果(表 6.10)表明，南酸枣落叶阔叶林样地 0～10cm、10～20cm、20～30cm 土层全磷(TP)含量分别为 0.14～0.54g/kg、0.12～0.46g/kg、0.13～0.48g/kg，平均含量分别为 0.29g/kg、0.27g/kg、0.23g/kg，变异系数分别为 23.95%、28.22%、28.84%，均达到了中等变异程度。石栎-青冈常绿阔叶林样地 0～10cm、10～20cm、20～30cm 土层 TP 含量分别为 0.18～0.41g/kg、0.19～0.41g/kg、0.19～0.40g/kg，平均值分别为 0.29g/kg、0.26g/kg、0.26g/kg，变异系数分别为 16.78%、17.19%、18.25%，均达到了中等变异程度。

表 6.10　土壤全磷含量的描述性统计（$n = 100$）

森林类型	土层/cm	最小值/(g/kg)	最大值/(g/kg)	平均值/(g/kg)	标准差	变异系数/%	K-S 检验 P 值	转换后的 P 值
南酸枣林	0~10	0.14	0.54	0.29aA	0.07	23.95	0.47	
	10~20	0.12	0.46	0.27aA	0.08	28.22	0.89	
	20~30	0.13	0.48	0.23aA	0.07	28.84	0.30	
石栎-青冈林	0~10	0.18	0.41	0.27aA	0.04	16.78	0.04	0.090
	10~20	0.19	0.41	0.26aA	0.04	17.19	0.03	0.061
	20~30	0.19	0.40	0.26aA	0.05	18.25	0.27	

注：n 为样品数，不同小写字母表示同一森林不同土层间差异显著(P<0.05)，不同大写字母表示同一土层不同森林间差异显著(P<0.05)

两个森林土壤 TP 含量均随着土层深度增加而下降，变异系数增大，但不同土层间 TP 含量差异不显著(P>0.05)。同一土层，两个森林土壤 TP 含量的差异也不显著(P>0.05)，但南酸枣落叶阔叶林土壤 TP 含量的变异幅度高于石栎-青冈常绿阔叶林。与全国第二次土壤普查土壤分级标准(全国土壤普查办公室，1992)相比，两个森林群落土壤 TP 含量均处于缺 P 水平，与南方亚热带森林土壤低 P 含量相符。

阈值法检验结果表明，南酸枣落叶阔叶林 0～10cm 土层 TP 含量有一个特异值，用正常最大值 0.48g/kg 代替，10～20cm 土层没有特异值，20～30cm 土层有一个特异值，用正常最大值 0.40g/kg 代替。K-S 检验结果(表 6.10)表明，南酸枣落叶阔叶林各土层、石栎-青冈常绿阔叶林 20～30cm 土层 TP 含量均服从正态分布，而石栎-青冈常绿阔叶林 0～10cm、10～20cm 土层 TP 含量不服从正态分布，经平方转换后，服从正态分布，能满足地统计学分析要求。

6.6.2　全磷含量的空间变异及结构特征

从图 6.10a 和表 6.11 可以看出，南酸枣落叶阔叶林样地 0～10cm 土层 TP 含量的最佳拟合模型为指数模型，10～20cm 土层的最佳拟合模型为球状模型，20～30cm 土层的最佳拟合模型为高斯模型，决定系数(R^2)为 0.878～0.934，均达到了极显著水平(P<0.01)。表明半方差函数理论模型能较好地反映南酸枣落叶阔叶林样地各土层 TP 含量的空间结构特征，且它们的半方差函数曲线变化较为平稳，在整个研究尺度上各种生态过程同等重要。

从表 6.11 可以看出，南酸枣落叶阔叶林各土层 TP 块金效应均为正值，且随着土层深度增加而下降，均接近于 0，表明由实验误差和小于最小取样尺度引起的随机变异小。各土层 TP 含量结构比为 0.3472～0.4844，表明土壤 TP 含量由随机因素引起的空间异质性占总空间异质性的 34.72%～48.44%，主要体现在 10m 以内的小尺度上，由结构性因素引起的空间异质性占总空间异质性的 51.56%～65.28%，主要体现在 10～152.9m 的中等尺度范围，表明南酸枣落叶阔叶林样地土壤 TP 含量具有中等强度的空间自相关性，主要是结构性因素引起的。各土层 TP 含量变程为 92.800～152.900m，随土层深度增加而下降，表明 TP 含量空间自相关性尺度随土层深度增加而下降。各土层 TP 的分形维数为 1.867～1.978，表明土壤 TP 含量具有良好的分形特征。

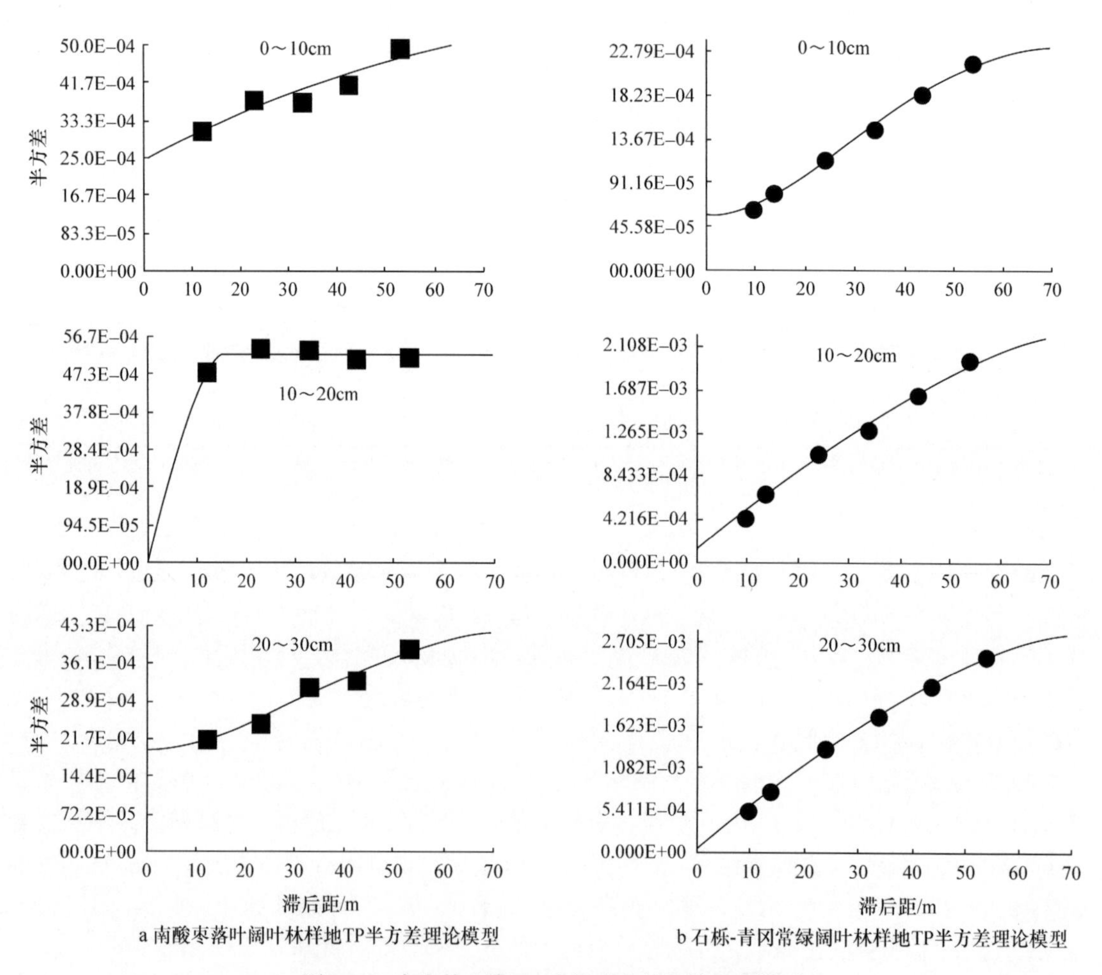

图 6.10　次生林土壤 TP 含量半方差函数理论模型

由图 6.10b 和表 6.11 可知，石栎-青冈常绿阔叶林样地 0～10cm 土层 TP 含量的最佳拟合模型为高斯模型，10～20cm、20～30cm 土层的最佳拟合模型为球状模型，决定系数(R^2)为 0.993～0.998，均达到了极显著水平($P<0.01$)。表明半方差函数理论模型能较好地反映石栎-青冈常绿阔叶林样地各土层 TP 含量的空间结构特征，且它们的半方差函数曲线变化较为平稳，在整个研究尺度上各种生态过程同等重要。各土层 TP 块金效应均为正值，且随着土层深度增加而下降，均接近于 0，表明由实验误差和小于最小取样尺度引起的随机变异小。各土层 TP

含量结构比为 0.0250～0.2500，表明土壤 TP 含量由随机因素引起的空间异质性占总空间异质性的 2.50%～25.00%，主要体现在 10m 以内的小尺度上，由结构性因素引起的空间异质性占总空间异质性的 75.00%～97.50%，主要体现在 10～82.9m 的中等尺度上，表明石栎-青冈常绿阔叶林样地土壤 TP 含量具有中等强度的空间自相关性，主要是结构性因素引起的。各土层 TP 含量变程为 69.100～82.900m，随土层深度增加而下降，表明 TP 含量空间自相关性尺度随土层深度增加而下降。各土层 TP 的分形维数为 1.567～1.654，表明土壤 TP 含量具有良好的分形特征。

从表 6.11 可以看出，两个森林各土层 TP 含量的分形维数为 1.567～1.978，同一土层，南酸枣落叶阔叶林样地高于石栎-青冈常绿阔叶林样地，表明两个森林各土层 TP 含量具有良好的分形特征，南酸枣落叶阔叶林样地各土层 TP 含量的空间格局相对复杂，石栎-青冈常绿阔叶林样地具有更好的结构性，空间分布较为简单。此外，两个森林 0～10cm 土层 TP 含量的分形维数高于 10～20cm、20～30cm 土层，表明 0～10cm 土层由随机因素引起的异质性比值大，空间分布格局较 10～20cm、20～30cm 土层复杂，10～20cm、20～30cm 土层由随机因素引起的异质性比值大，空间分布格局简单。

表 6.11 土壤 TP 的半方差函数的模型类型及参数

森林类型	土层/cm	模型	C_0	C_0+C	结构比	A_0/m	R^2	RSS	D
南酸枣林	0~10	指数模型	0.0025	0.0072	0.3472	152.900	0.878	2.175×10^{-7}	1.867
	10~20	球状模型	0.0031	0.0064	0.4844	92.800	0.934	1.984×10^{-7}	1.978
	20~30	高斯模型	0.0018	0.0051	0.3529	106.370	0.891	3.476×10^{-7}	1.882
石栎-青冈林	0~10	高斯模型	0.0006	0.0024	0.2500	69.109	0.997	5.734×10^{-9}	1.654
	10~20	球状模型	0.0001	0.0022	0.0454	82.900	0.993	1.209×10^{-8}	1.597
	20~30	球状模型	0.0007	0.0028	0.0250	76.700	0.998	4.948×10^{-9}	1.567

6.6.3 全磷含量的空间分布

如图 6.11a 所示，南酸枣落叶阔叶林样地内各土层 TP 含量呈明显的条带状和斑块状梯度性分布，在一些小样地内为相似的空间分布格局，破碎斑块较多，0～10cm 土层尤为明显，各土层 TP 含量最高值基本出现在相对海拔较低的山谷洼地，最低值则出现在高海拔的山脊地带。随土壤深度增加，土壤 TP 含量的空间分布格局趋于简单化，与分形维数的变化趋势基本一致。

石栎-青冈常绿阔叶林样地（图 6.11b）各土层 TP 含量呈明显的条带状梯度性分布，在一些小样地内为相似的空间分布格局，TP 含量最低值则出现在高海拔的中间山脊地带，含量基本低于 0.270g/kg，最高值基本出现在两边海拔较低的山谷洼地，且 TP 含量从中间山脊地带沿两边逐渐增减，随地形变化呈现出明显的条带变化规律。随土壤深度增加，土壤 TP 含量的空间分布格局趋于简单化，与分形维数的变化趋势基本一致。

从图 6.11 还可以看出，石栎-青冈常绿阔叶林样地各土层 TP 含量的空间分布格局较南酸枣落叶阔叶林样地简单，南酸枣落叶阔叶林样地各土层 TP 含量空间分布呈现出大型斑块中包含着较多的圆形小面积斑块，尤其是 0～10cm 土层，与分形维数的变化趋势基本一致。

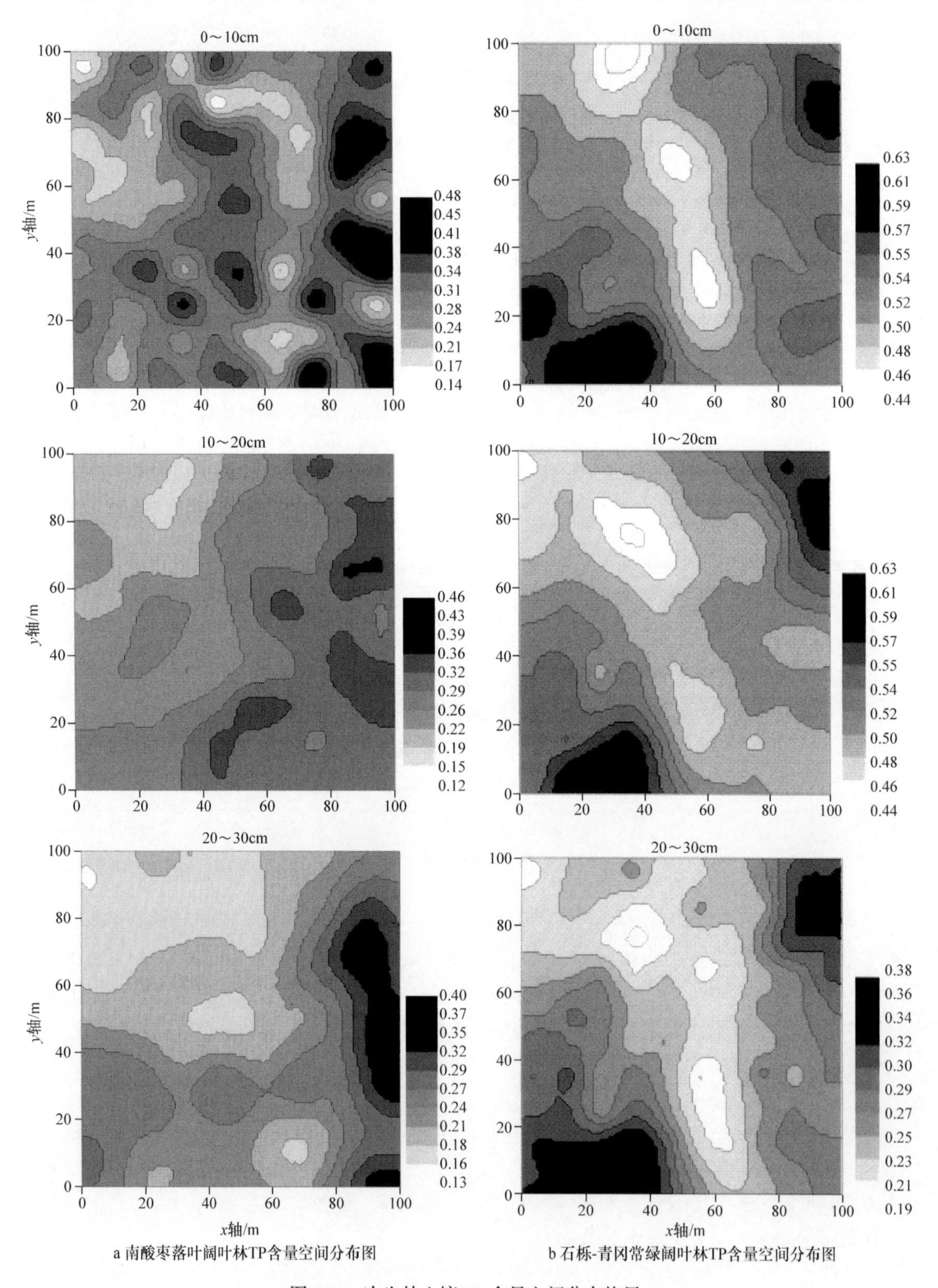

图 6.11　次生林土壤 TP 含量空间分布格局

6.6.4 全磷含量变异的影响因子分析

地形因子是影响土壤养分空间分布的一个重要因子。相关性分析结果(表 6.12)表明，南酸枣落叶阔叶林样地土壤 TP 含量与海拔呈显著(P<0.05)或极显著(P<0.01)负相关，与凸凹度也呈负相关，但除 20～30cm 土层 TP 含量与凸凹度呈极显著相关(P<0.01)外，其他土层均未达到显著水平(P<0.05)。表明海拔、凸凹度对土壤 TP 含量影响具有一致性，海拔对土壤 P 含量的影响显著高于凸凹度。土壤 TP 含量与地表凋落物层现存量呈显著负相关(P<0.05)，与样地植物种数呈负相关，除 20～30cm 土层 TP 含量与植物种数呈显著相关(P<0.05)外，其他土层均未达到显著水平(P>0.05)，与样地植物株数不存在相关性(P>0.05)。土壤 TP 含量与土壤含水率呈负相关，除 0～10cm 土层 TP 含量与含水率呈极显著负相关(P<0.01)外，其他土层均未达到显著水平(P>0.05)；土壤 TP 含量与土壤 pH 呈正相关，但未达到显著水平(P>0.05)。土壤 TP 与土壤 SOC、TN 均呈极显著正相关(P<0.01)。

表 6.12　土壤 TP 含量与地形因子、生物因子、土壤因子之间的相关系数(n = 100)

森林类型	土层/cm	地形因子		生物因子			土壤因子			
		海拔	凸凹度	凋落物层现存量	物种数	株数	含水率	pH	有机碳	全氮
南酸枣林	0~10	−0.251*	−0.063	−0.217*	−0.007	0.098	−0.270**	0.228*	0.287**	0.324**
	10~20	−0.240*	−0.113	−0.231*	0.003	0.006	−0.049	0.020	0.388**	0.308**
	20~30	−0.414**	−0.290**	−0.212*	−0.220*	−0.170	−0.071	0.128	0.517**	0.574**
石栎-青冈林	0~10	−0.483**	−0.225*	0.128	−0.287**	−0.229*	−0.228*	0.154	0.609**	0.692**
	10~20	−0.422**	−0.223*	0.072	−0.319**	−0.158	−0.391**	0.224*	0.685**	0.662**
	20~30	−0.500**	−0.284**	−0.016	−0.220*	−0.203*	−0.264**	0.284**	0.657**	0.477**

从表 6.12 可以看出，石栎-青冈常绿阔叶林样地土壤 TP 含量与相对海拔呈极显著(P<0.01)负相关，与凸凹度也呈显著负相关(P<0.05)。表明海拔、凸凹度对土壤 TP 含量的影响具有一致性，海拔对土壤 TP 含量的影响显著高于凸凹度。土壤 TP 含量与地表凋落物层现存量呈正相关(P<0.05)，但未达到显著水平(P>0.05)，与样地植物种数呈极显著负相关(P<0.01)，与样地植物株数(除 10～20cm 土层外)呈显著负相关性(P<0.05)。土壤 TP 含量与土壤含水率呈显著(P<0.05)或极显著负相关(P<0.01)；土壤 TP 含量与土壤 pH(除 0～10cm 土层外)呈显著正相关(P<0.05)。土壤 TP 与土壤 SOC、TN 均呈极显著正相关(P<0.01)。

从表 6.12 可以看出，石栎-青冈常绿阔叶林样地土壤 TP 含量较南酸枣落叶阔叶林样地更明显受到地形因子、物种数、株数和土壤因子等结构因子的影响。

6.6.5 结论与讨论

无论大尺度还是小尺度，土壤性质的空间异质性普遍存在(丁佳等，2011；张忠华等，2011)。南酸枣落叶阔叶林样地、石栎-青冈常绿阔叶林样地各土层 TP 含量均为中等强度变异，南酸枣落叶阔叶林样地较石栎-青冈常绿阔叶林样地变异幅度大，可能与研究样地地形复杂多变、微生境丰富(易好等，2014)、土壤 P 的淋溶、地上植物分布及其选择性吸收利用特征有关。

南酸枣落叶阔叶林、石栎-青冈常绿阔叶林各土层 TP 算术平均含量分别为 0.23～0.29g/kg

和 0.26～0.27g/kg，接近贵州安顺地区喀斯特小流域乔木林(0.28g/kg)(胡忠良等，2009)和浙江天童阔叶林土壤 TP 含量(0.26g/kg)(张娜等，2012)，低于湖南会同杉木人工林土壤 TP 含量(0.38g/kg)(曹娟等，2014)，明显低于黑龙江西北部克山县土壤(0.74～0.86g/kg)(杨小燕等，2014)和全国土壤 TP 含量(0.60g/kg)(刘文杰等，2012)。各土层 TP 含量均处于极缺水平(全国土壤普查办公室，1992)，表明南酸枣落叶阔叶林、石栎-青冈常绿阔叶林土壤极缺 P。土壤养分有限或缺乏影响林下植物对土壤有效养分的吸收与利用，进而影响更新格局和过程(杨秀清等，2009)，意味着土壤 P 含量成为了南酸枣落叶阔叶林、石栎-青冈常绿阔叶林生长的限制因子。此外，南酸枣落叶阔叶林、石栎-青冈常绿阔叶林土壤 P 具有较大的空间变异性，可能会对地上植被组成、空间分布及相关的生理生态过程产生深远的影响(Renato et al., 2004)，也可能是制约南酸枣落叶阔叶林、石栎-青冈常绿阔叶林幼苗更新的重要因子。由于地表凋落物、根系分解及其分泌物形成的有机质和养分首先进入土壤表层，使得土壤养分(N、P)含量随土层深度增加而下降。随着土壤深度增加，南酸枣落叶阔叶林、石栎-青冈常绿阔叶林土壤 TP 含量呈递减趋势，变异程度增大，与现有的一些研究(苏松锦等，2012；李渊等，2014)基本一致，表明南酸枣落叶阔叶林、石栎-青冈常绿阔叶林土壤 P 含量具有明显的层次性，表层富集现象较明显，因此，应注意保护表层植被，维持土壤养分库的稳定。

土壤养分空间异质性是结构性因素和随机性因素综合作用的结果(宋轩等，2011)，通常结构性因素强化其空间相关性，而随机性因素促使其空间相关性减弱(郭旭东等，2000；苏松锦等，2012)。南酸枣落叶阔叶林、石栎-青冈常绿阔叶林各土层 TP 含量结构比存在差异，同一土层，南酸枣落叶阔叶林 TP 含量结构比高于石栎-青冈常绿阔叶林，表明石栎-青冈常绿阔叶林土壤 TP 含量的空间自相关性较强于南酸枣落叶阔叶林，更明显受到结构性因素的影响，可能与植物选择性吸收利用有关。南酸枣落叶阔叶林、石栎-青冈常绿阔叶林各土层 TP 含量由结构性因素引起的空间异质性分别占系统总变异比例的 51.56%～65.28%、75.00%～97.50%，表明土壤 TP 含量在研究尺度上主要受结构性因素影响，即成土母质、气候条件较为一致的情况下，地形，林分结构，土壤有机 C、N 是土壤 TP 空间异质性产生的重要原因，可用相关系数、回归模型和分形维数等来定量表达，而随机性因素(采样、测定等人为干扰)影响相对较小。有效变程(A_0)反映区域变量空间自相关性的范围，它与观测尺度及在取样尺度上影响土壤养分的各种生态过程相互作用有关。在变程内，变量具有空间自相关性；反之则不存在。因此有效变程(A_0)提供了研究某种属性相似范围的一种测度，对土壤养分取样设计有效性及区域变量的空间内插和制图具有指导作用(苏松锦等，2012)。南酸枣落叶阔叶林各土层 TP 含量空间自相关范围差异较大，如为传统统计分析构建空间独立的数据，0～10cm 土层 TP 的取样尺度必须大于 150m，其他土层要大于 92m，石栎-青冈常绿阔叶林 0～10cm 土层必须大于 69m。若为土壤 P 的景观制图服务，取样网格应小于有效变程(A_0)，变程以外的取样对任何内插和制图均无效(周慧珍等，1996)。

研究表明，分形维数高，养分空间格局复杂，随机因素引起的异质性占系统变异的比值大，随机性较强，相反，养分空间依赖性更强，具有更好的结构性，空间分布简单，由结构性因素引起的空间异质性占系统变异的比值大，与结构比的变化一致(郭旭东等，2000)。南酸枣落叶阔叶林、石栎-青冈常绿阔叶林各土层 TP 含量的分形维数分别为 1.867～1.978、1.567～1.654，尽管分形维数差异不大，但同一土层南酸枣落叶阔叶林分形维数比石栎-青冈常绿阔叶林高 0.213～0.381，表明两者空间格局的局部变化，随机性和结构性因素引起的空间异质性程度的不同，石栎-青冈常绿阔叶林的空间依赖性更强，具有更好的结构性，空间分布简单，而南酸枣落叶阔叶林的空间格局较复杂，随机因素引起的空间异质性占系统变异性的比值大，随机性较强，与结构比的变化一致(表 6.11)，石栎-青冈常绿阔叶林 TP 含量结构比低，由结构性因素引起的空间异质性占系统变异的比值大，而南酸枣落叶阔叶林结构比大，由随机因素引起的异质性程度也较大。克里格插值图可直观地反映各土壤养分的空间分布特征。研究样地各土层 TP 含量具有高度的空间异质性，并决定了其空间分布格局的存在。各土层 TP 含量随着地形因子的变化呈现条带状和斑块状梯度性分布，且 TP 的变化趋势基本一致，TP 含量最高值基本出现在高程较低的山谷洼地，最低值则出现在高程高的山脊地带。可能是由于样地地形复杂、土壤 P 含量具有“洼积效应”，易在海拔低的坡谷汇集。表明在某些小尺度下 TP 有较好的空间关联性，土壤 TP 含量明显受到地形因子及多种影响因子的作用。此外，南酸枣落叶阔叶林 0～10cm 土层 TP 的克里格插值图是破碎的，空间异质性明显，可能与 P 的水平迁移能力及稳定性、植物选择吸收利用、林窗微生境等有关(苏松锦等，2012)。

地形是重要的土壤成土因子之一，调控太阳辐射、降水的空间再分配，影响局部生境的小气候条件及土壤厚度和养分的空间差异(Tateno and Takeda，2003)。研究表明，海拔、凸凹度、坡度等地形因子对中小尺度土壤养分空间变异有明显的影响(张娜等，2012；张忠华等，2011；刘璐等，2010)，制约植物群落分布、生物多样性及森林生态系统健康发育(张娜等，2010)。海拔梯度包含了温度、湿度、光照和土壤属性等直接生境因子的多尺度变化，是影响山地生境差异性的主导因子(常超等，2009)。本研究中，两个森林样地内土壤 TP 含量与高程呈极显著负相关，也与凸凹度呈显著负相关(除南酸枣落叶阔叶林 0～10cm、10～20cm 土层外)，与张忠华等(2011)、张娜等(2010)、樊纲惟等(2014)的研究结果基本一致，表明高程、凸凹度对土壤 P 含量影响具有一致性，显著影响着土壤 P 的空间分布，低高程、洼地土壤 P 含量较高，与克里格插值的空间分布格局一致，也反映了土壤 P 淋溶特征。

研究表明，土壤养分(N、P、K)与地表凋落物现存量呈显著正相关(林波等，2003)，与乔木树种多样性呈正相关，但不显著(徐武美等，2015)。也有研究发现，环境异质性与物种多样性呈负相关性(Lundholm，2009)。本研究中，南酸枣落叶阔叶林土壤 TP 含量与凋落物层现存量呈显著负相关，与样地树种数、株数相关性不显著。在调查过程中发现，样地的凸凹度变化不十分明显，高海拔山脊处(凸地形)的树种组成较为丰富，地表凋落物层现存量较高，而凹地形处地表凋落物层现存量较少，可能是凹地形微环境条件有利于凋落物的分解，加上凸地形土壤 P 向凹地形样地淋溶汇集，使得凹地形土壤 P 含量较高，导致土壤 P 含量与地表凋落物层现存量呈显著负相关。石栎-青冈常绿阔叶林土壤 TP 含量与凋落物层现存量呈不显著相关，与样地树种数、株数呈显著负相关。土壤 TP 含量与土壤 pH 呈正相关，表明土壤 pH 升高，有利于土壤 P 积累(孔庆波等，2009)，与土壤 P 的分布和可利用性首先取决于土壤 pH 有关(Renato et al.，2004)。水分是影响土壤养分空间分布的一个重要因子，土壤含水率与土壤全 P 含量呈显著负相关(除南酸枣落叶阔叶林 10～20cm、20～30cm 土层外)，表明土壤水分增加，减少 P 的吸附，易溶于水而随其流动，有利于提高土壤 P 的有效性，不利于土壤全 P 的积累。土壤 TP 含量与土壤有机 C、N 含量均呈极显著正相关，表明土壤 P 与 C、N 含量的变化趋势基本一致，三者之间有着密切的耦合关系，影响着土壤的生产力。由于多种环境因子的综合作用，研究样地土壤 P 的空间分布特征比较复杂，今后应加强对森林土壤养分空间格局机理的合理解释。

6.7 土壤有效磷含量的空间变异特征

6.7.1 有效磷含量的描述性统计特征

从表 6.13 可以看出，南酸枣落叶阔叶林 0～10cm、10～20cm、20～30cm 土层有效磷（AP）含量平均值分别为 2.46mg/kg、2.63mg/kg、1.90mg/kg，分别在 0.91～5.50mg/kg、1.28～6.68mg/kg、1.02～5.34mg/kg，变异系数分别为 35.40%、40.69%、44.95%。石栎-青冈常绿阔叶林 0～10cm、10～20cm、20～30cm 土层 AP 含量平均值分别为 3.90mg/kg、3.50mg/kg、3.40mg/kg，分别在 2.30～6.70mg/kg、2.10～7.20mg/kg、1.90～7.60mg/kg，变异系数分别为 22.12%、24.92%、25.90%。

两个森林样地均随着土层深度增加，AP 含量下降，变异程度增大。南酸枣落叶阔叶林 0～10cm、10～20cm 土层与 20～30cm 土层差异显著（P<0.05），但 0～10cm 土层与 10～20cm 土层差异不显著（P>0.05）；石栎-青冈常绿阔叶林 0～10cm 土层与 10～20cm、20～30cm 土层差异显著（P<0.05），但 10～20cm 土层与 20～30cm 土层差异不显著（P>0.05）。各土层 AP 含量的变异系数为 22.12%～44.95%，属于中等程度变异。同一土层，石栎-青冈常绿阔叶林土壤 AP 含量显著高于南酸枣落叶阔叶林（P<0.05），南酸枣落叶阔叶林土壤 AP 含量的变异幅度高于石栎-青冈常绿阔叶林（表 6.13）。

表 6.13　土壤有效磷含量的描述性统计（n = 100）

森林类型	土层/cm	最小值/(mg/kg)	最大值/(mg/kg)	平均值/(mg/kg)	标准差	变异系数/%	K-S 检验 P 值	转换后的 P 值
南酸枣落叶阔叶林	0~10	0.91	5.50	2.46aA	0.87	35.40	0.590	
	10~20	1.28	6.68	2.63aA	1.07	40.69	0.050	
	20~30	1.02	5.34	1.90bA	0.86	44.95	0.000	0.405
石栎-青冈常绿阔叶林	0~10	2.30	6.70	3.90aB	0.86	22.12	0.049	0.135
	10~20	2.10	7.20	3.50bB	0.87	24.92	0.029	0.119
	20~30	1.90	7.60	3.40bB	0.89	25.90	0.009	0.175

注：n 为样品数，不同小写字母表示同一森林不同土层间差异显著（P<0.05），不同大写字母表示同一土层不同森林间差异显著（P<0.05）

阈值法检验结果表明，南酸枣落叶阔叶林 0～10cm 土层 AP 含量有两个特异值，用正常最大值 4.30mg/kg 代替；10～20cm 土层 AP 含量有一个特异值，用正常最大值 5.58mg/kg 代替；20～30cm 土层 AP 含量有两个特异值，用正常最大值 4.28mg/kg 代替。K-S 检验结果（表 6.13）表明，南酸枣落叶阔叶林 0～10cm、10～20cm 土层 AP 含量服从正态分布，但南酸枣落叶阔叶林 20～30cm 土层、石栎-青冈常绿阔叶林各土层 AP 含量不服从正态分布，经对数转换后，服从正态分布，能满足地统计学分析要求。

6.7.2 有效磷含量的空间变异及结构特征

从图 6.12a 和表 6.14 可以看出，南酸枣落叶阔叶林 0～10cm、10～20cm 土层 AP 含量的最佳拟合模型为指数模型，20～30cm 土层的最佳拟合模型为球状模型，决定系数（R^2）为

0.943～0.993，均达到极显著水平(P<0.01)，表明所用半方差函数理论模型能较好地反映南酸枣落叶阔叶林样地土壤 AP 含量的空间结构特征，且它们的半方差函数曲线变化较为平稳，在整个研究尺度上各种生态过程同等重要。

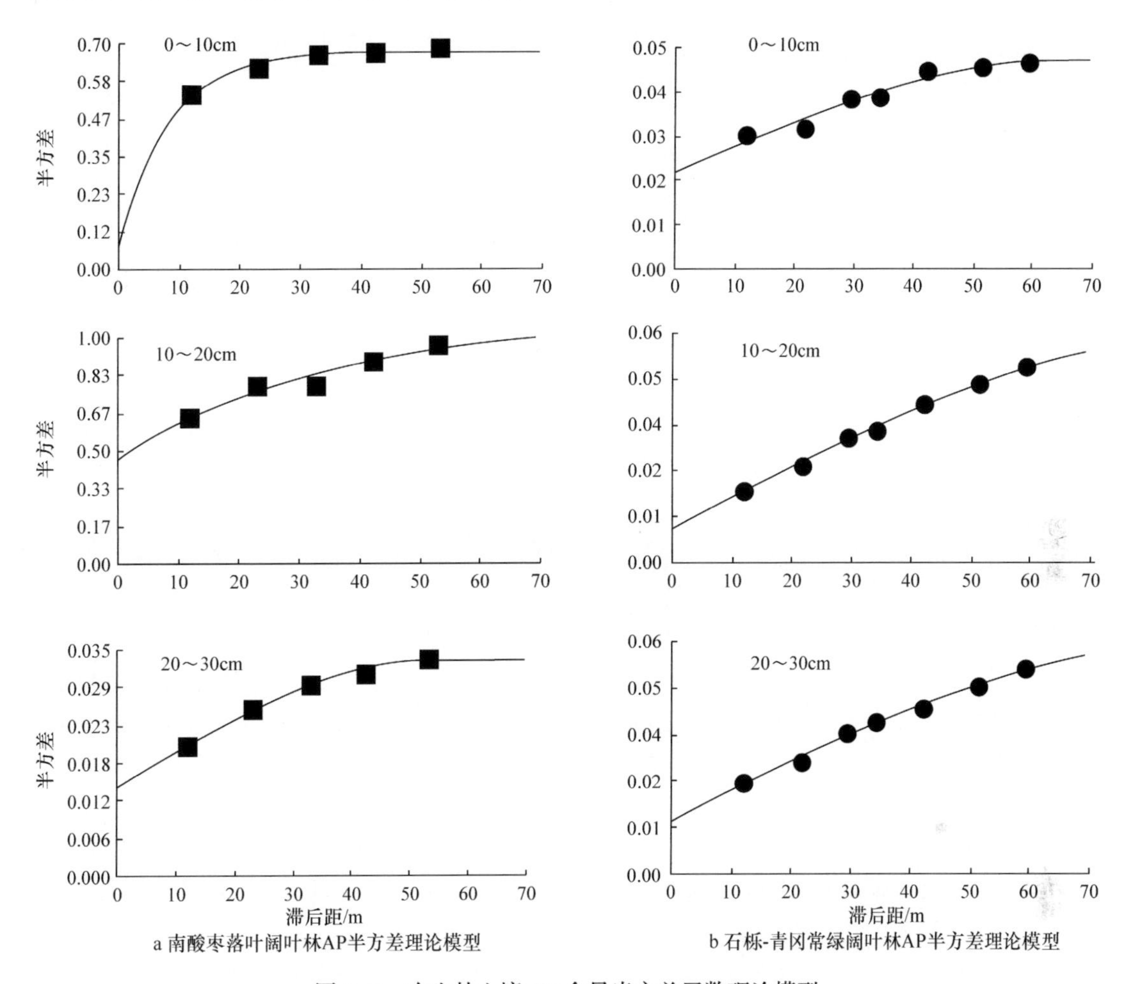

图 6.12　次生林土壤 AP 含量半方差函数理论模型

从表 6.14 可以看出，南酸枣落叶阔叶林各土层 AP 块金效应均为正值，且随着土层深度增加而下降，均接近于 0，表明由实验误差和小于最小取样尺度引起的随机变异小，各土层 AP 的结构比为 0.1021～0.4280，表明土壤 AP 由随机因素引起的空间异质性占总空间异质性的 10.21%～42.80%，主要体现在 10m 以内的小尺度，由结构性因素引起的空间异质性占总空间异质性的 57.20%～89.79%，主要体现在 10～106.200m 的中等尺度，其中 0～10cm 土层 AP 含量具有强烈的空间自相关性，主要是结构性因素引起的(89.79%以上)，而 10～20cm、20～30cm 土层 AP 具有中等强度的空间自相关性，主要也是结构性因素引起的。各土层 AP 含量变程为 84.300～106.200m，随土层深度增加而增加，表明 AP 含量空间相关性尺度随土层深度增加而增加；各土层 AP 含量的分形维数为 1.821～1.869，表明土壤 AP 含量具有良好的分形特征。此外，0～10cm 土层 AP 含量的分形维数高于 10～20cm、20～30cm 土层，表明 10～20cm 土层由随机因素引起的异质性比值大，空间分布格局较 0～10cm、20～30cm 土层复杂，0～10cm、20～30cm 土层由随机因素引起的异质性比值大，空间分布格局简单。

表 6.14 土壤 AP 的半方差函数的模型类型及参数

森林类型	土层/cm	模型	C_0	C_0+C	结构比	A_0/m	R^2	RSS	D
南酸枣落叶阔叶林	0~10	指数模型	0.0690	0.6760	0.1021	84.30	0.973	3.704×10^{-4}	1.821
	10~20	指数模型	0.4640	1.0840	0.4280	106.20	0.943	3.552×10^{-3}	1.869
	20~30	球状模型	0.0137	0.0334	0.4102	93.80	0.993	7.813×10^{-7}	1.825
石栎-青冈常绿阔叶林	0~10	球状模型	0.3540	0.7900	0.4500	68.30	0.960	3.128×10^{-3}	1.840
	10~20	球状模型	0.1010	1.0260	0.1000	102.90	0.994	1.441×10^{-3}	1.650
	20~30	球状模型	0.1870	0.9850	0.2000	97.70	0.990	1.870×10^{-3}	1.716

从图 6.12b 和表 6.14 可以看出，石栎-青冈常绿阔叶林 0～10cm、10～20cm、20～30cm 土层 AP 含量的最佳拟合模型为球状模型，决定系数(R^2)为 0.960～0.994，均达到极显著水平(P<0.01)，表明所用半方差函数理论模型能较好地反映石栎-青冈常绿阔叶林样地土壤 AP 含量的空间结构特征，且它们的半方差函数曲线变化较为平稳，在整个研究尺度上各种生态过程同等重要。各土层 AP 块金效应均为正值，且随着土层深度增加而下降，均接近于 0，表明由实验误差和小于最小取样尺度引起的随机变异小，各土层 AP 的结构比为 0.1000～0.4500，表明土壤 AP 由随机因素引起的空间异质性占总空间异质性的 10.00%～45.00%，主要体现在 10m 以内的小尺度，由结构性因素引起的空间异质性占总空间异质性的 55.00%～90.00%，主要体现在 10～102.900m 的中等尺度,其中 10～20cm 土层 AP 含量具有强烈的空间自相关性，主要是结构性因素引起的(90.00%以上)，而 0～10cm、20～30cm 土层 AP 具有中等强度的空间自相关性，主要也是结构性因素引起的。各土层 AP 含量变程为 68.300～102.900m，随土层深度增加而增加，表明 AP 含量空间相关性尺度随土层深度增加而增加；各土层 AP 含量的分形维数为 1.650～1.840，表明土壤 AP 含量具有良好的分形特征。此外，0～10cm 土层 AP 含量的分形维数高于 10～20cm、20～30cm 土层，表明 0～10cm 土层由随机因素引起的异质性比值大，空间分布格局较 10～20cm、20～30cm 土层复杂，10～20cm、20～30cm 土层由随机因素引起的异质性比值大，空间分布格局简单。

从表 6.14 可以看出，两个森林各土层 AP 含量的分形维数为 1.650～1.869，同一土层，南酸枣落叶阔叶林样地高于石栎-青冈常绿阔叶林样地，表明两个森林各土层 AP 含量具有良好的分形特征，南酸枣落叶阔叶林样地各土层 AP 含量的空间格局相对复杂，石栎-青冈常绿阔叶林样地具有更好的结构性，空间分布较为简单。

6.7.3 有效磷含量的空间分布

如图 6.13a 所示，南酸枣落叶阔叶林样地各土层 AP 含量呈明显的条带状和斑块状梯度性分布，在一些小样地内为相似的空间分布格局，破碎斑块较多，特别是 0～10cm 土层，各土层 AP 含量最高值基本出现在海拔较低的山谷洼地，最低值则出现在高海拔的山脊地带，随土层深度增加，土壤 AP 含量的空间分布格局趋于简单化，与分形维数的变化趋势基本一致。

石栎-青冈常绿阔叶林样地(图 6.13b)各土层 AP 含量呈明显斑块状梯度性分布，在一些小样地内为相似的空间分布格局，AP 含量最高值出现在海拔较低的山谷洼地，最低值则出现在高海拔的山脊地带，但从整个研究样地来看没有明显的变化规律，与该样地内土壤 TP 含量相比，地形因子对土壤 AP 含量空间分布的影响较小。随土壤深度增加，土壤 AP 含量的空间分布格局趋于简单化，与分形维数的变化趋势基本一致。

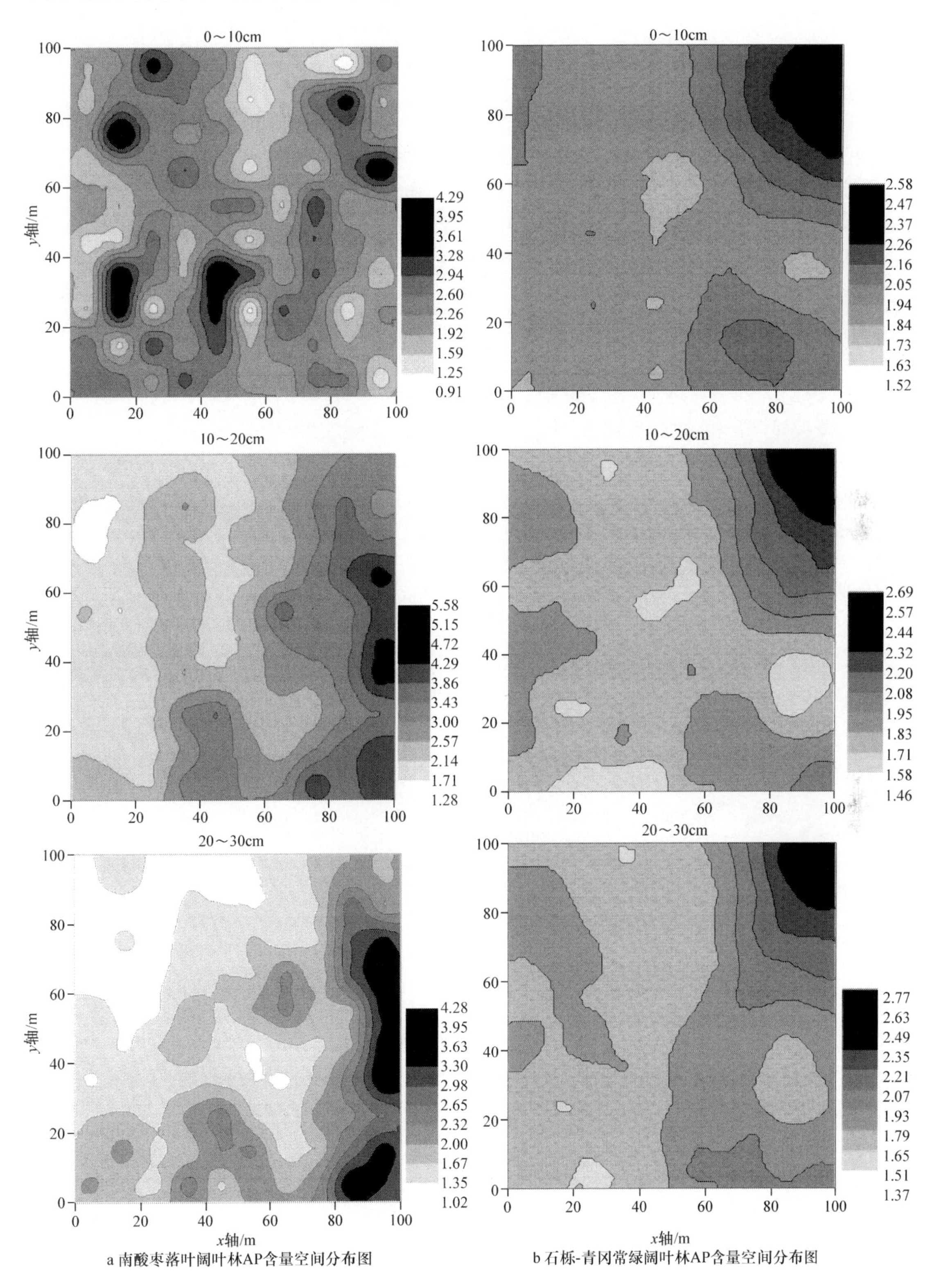

图 6.13　次生林土壤 AP 含量空间分布格局

从图 6.13 还可以看出，石栎-青冈常绿阔叶林样地各土层 AP 含量的空间分布格局较南酸枣落叶阔叶林样地简单，南酸枣落叶阔叶林样地各土层 AP 含量空间分布呈现出大型斑块中包含着较多的圆形小面积斑块，尤其是 0～10cm 土层，与分形维数的变化趋势基本一致。

6.7.4 有效磷含量变异的影响因子分析

相关性分析结果(表 6.15)表明，在南酸枣落叶阔叶林样地内，土壤 AP 含量与海拔呈显著($P<0.05$)或极显著($P<0.01$)负相关，与凸凹度也呈负相关，但均未达到显著水平($P>0.05$)。表明海拔、凸凹度对南酸枣落叶阔叶林土壤 AP 含量影响具有一致性，海拔对土壤 AP 含量的影响显著高于凸凹度。土壤 AP 含量与地表凋落物层现存量呈显著负相关($P<0.05$)，与样地植物种数呈负相关，但均未达到显著水平($P<0.05$)，与样地植物株数不存在相关性($P>0.05$)。土壤 AP 含量与土壤含水率呈正相关,除 0～10cm 土层 AP 含量与含水率呈显著相关($P<0.05$)外，其他土层均未达到显著水平($P>0.05$)。土壤 AP 含量与土壤 pH 呈正相关，除 20～30cm 土层 AP 外,其他土层与土壤 pH 相关性均未达到显著水平($P>0.05$)。土壤 AP 与土壤有机 C、全 N 均呈极显著正相关($P<0.01$)。

在石栎-青冈常绿阔叶林样地内，土壤 AP 含量与海拔、凸凹度呈负相关，但均未达到显著水平($P>0.05$)。表明海拔、凸凹度对石栎-青冈常绿阔叶林土壤 AP 含量影响具有一致性。土壤 AP 含量与地表凋落物层现存量(除 0～10cm 土层外)呈显著正相关($P<0.05$)，与样地植物种数、样地植物株数呈极显著负相关($P<0.01$)。土壤 AP 含量与土壤含水率、pH 呈显著负相关($P<0.05$)。土壤 AP 与土壤 SOC、TN(除 20～30cm 土层外)均呈极显著正相关($P<0.01$)。

表 6.15　土壤有效 P 含量与地形因子、生物因子和土壤因子之间的相关系数($n=100$)

森林类型	土层/cm	地形因子		生物因子			土壤因子			
		海拔	凸凹度	凋落物层现存量	物种数	株数	含水率	pH	有机碳	全氮
南酸枣落叶阔叶林	0~10	−0.312**	−0.125	−0.250*	−0.065	−0.010	0.225*	0.026	0.404**	0.441**
	10~20	−0.218*	−0.076	−0.209*	−0.002	0.076	0.058	0.192	0.482**	0.329**
	20~30	−0.383**	−0.109	−0.230*	−0.094	−0.041	0.069	0.204*	0.533**	0.386**
石栎-青冈常绿阔叶林	0~10	−0.066	−0.117	0.187	−0.259**	−0.327**	−0.256*	−0.256*	0.383**	0.332**
	10~20	−0.025	−0.007	0.251*	−0.270**	−0.345**	−0.274**	−0.204*	0.472**	0.266**
	20~30	−0.078	0.036	0.280**	−0.301**	−0.384**	−0.242*	−0.204*	0.387**	0.105

注：n 为样品数，*表示 0.05 水平上差异显著；**表示 0.01 水平上差异显著

从表 6.15 可以看出，南酸枣落叶阔叶林样地土壤 AP 含量较石栎-青冈常绿阔叶林样地更明显受到地形因子的影响，而石栎-青冈常绿阔叶林样地土壤 AP 含量较南酸枣落叶阔叶林样地更明显受到物种数、株数和土壤因子等结构因子的影响。

6.7.5 结论与讨论

南酸枣落叶阔叶林、石栎-青冈常绿阔叶林 0～10cm、10～20cm、20～30cm 土层 AP 含量平均值分别为 1.90～2.63mg/kg 和 3.40～3.90mg/kg，南酸枣落叶阔叶林低于贵州安顺地区喀斯特小流域乔木林(3.96mg/kg)(胡忠良等，2009)、福建省三明市格氏栲自然保护区

(5.58mg/kg)(苏松锦等，2012)和全国土壤 AP 含量(3.40mg/kg)(刘文杰等，2012)，而石栎-青冈常绿阔叶林接近于贵州安顺地区喀斯特小流域乔木林(3.96mg/kg)(胡忠良等，2009)和全国土壤 AP 含量(3.40mg/kg)(刘文杰等，2012)，也低于福建省三明市格氏栲自然保护区(5.58mg/kg)(苏松锦等，2012)。与全国第二次土壤普查土壤分级标准(全国土壤普查办公室，1992)相比，南酸枣落叶阔叶林样地土壤 AP 含量处于极缺 P 水平，石栎-青冈常绿阔叶林处于缺 P 水平，表明南酸枣落叶阔叶林、石栎-青冈常绿阔叶林土壤极缺 P，与南方亚热带森林土壤低 P 含量相符。

南酸枣落叶阔叶林、石栎-青冈常绿阔叶林各土层 AP 含量结构比存在差异，0～10cm 土层，石栎-青冈常绿阔叶林 AP 含量结构比高于南酸枣落叶阔叶林，表明南酸枣落叶阔叶林 0～10cm 土层 AP 含量的空间自相关性较强于石栎-青冈常绿阔叶林，更明显受到结构性因素的影响，可能与植物选择性吸收利用有关。南酸枣落叶阔叶林、石栎-青冈常绿阔叶林各土层 AP 含量由结构性因素引起的空间异质性分别占系统总变异比例的 57.20%～89.79%、55.00%～90.00%，表明土壤 AP 含量在研究尺度上主要受结构性因素影响，即成土母质、气候条件较为一致的情况下，地形，林分结构，土壤有机 C、N 是土壤 AP 空间异质性产生的重要原因，可用相关系数、回归模型和分形维数等来定量表达，而随机性因素(采样、测定等人为干扰)影响相对较小。南酸枣落叶阔叶林各土层 AP 含量空间自相关范围差异较大，如为传统统计分析构建空间独立的数据，0～10cm 土层 AP 的取样尺度必须大于 85m，其他土层要大于 94m，石栎-青冈常绿阔叶林 0～10cm 土层必须大于 69m。若为土壤 P 的景观制图服务，取样网格应小于有效变程(A_0)，变程以外的取样对任何内插和制图均无效(周慧珍等，1996)。

南酸枣落叶阔叶林样地土壤 AP 含量与海拔呈显著负相关，与凸凹度也呈负相关。表明海拔、凸凹度对南酸枣落叶阔叶林土壤 AP 含量影响具有一致性，海拔对土壤 AP 含量的影响显著高于凸凹度。石栎-青冈常绿阔叶林样地土壤 AP 含量与海拔、凸凹度无显著相关，与 Soethe 等(2008)的研究结果基本一致，即土壤有效养分含量不随海拔梯度的变化而变化。

亚热带次生林的生产力高，植物生物作用强烈，旺盛的生物积累过程是土壤养分形成和维持的基础，而土壤养分有效性各异的斑块在空间上呈镶嵌分布，随着时间的变化，从而影响植物之间的相互作用和物种共存(刘璐等，2010)，反过来又会作用于植物的生长发育及空间分布(张忠华等，2011)。研究亚热带次生林的土壤养分空间变异特征，对于维持区域碳平衡和提高碳汇功能有着积极作用，为进一步研究亚热带森林植物与土壤相互作用规律、土壤养分维持机理和亚热带常绿阔叶林的可持续经营提供科学依据，而结合土壤养分与树种之间相互作用机理，揭示植物空间分布格局和物种共存机理将是今后的重点研究方向。

主要参考文献

曹娟, 闫文德, 项文化, 等. 2014. 湖南会同不同年龄杉木人工林土壤磷素特征. 生态学报, 34(22): 6519-6527.
常超, 谢宗强, 熊高明, 等. 2009. 三峡库区不同植被类型土壤养分特征. 生态学报, 29(11): 5978-5985.
陈玉福, 宋明华, 董鸣. 2002. 鄂尔多斯高原覆沙坡地植物群落格局. 植物生态学报, 26(4): 501-505.
程先富, 史学正, 于东升, 等. 2007. 基于 GIS 的土壤全氮空间分布估算. 地理研究, 26(1): 110-116.
丁佳, 吴茜, 闫慧, 等. 2011. 地形和土壤特性对亚热带常绿阔叶林内植物功能性状的影响. 生物多样性, 19(2): 158-167.
杜阿朋, 于澎涛, 王彦辉, 等. 2006. 六盘山北侧叠叠沟小流域土壤物理性质空间变异的研究. 林业科学研究, 19(5): 547-554.

樊纲惟，项文化，雷丕峰，等. 2014. 亚热带常绿阔叶林土壤磷素空间分布特征及其影响因素. 农业现代化研究，35(3)：367-370.
冯娜娜，李廷轩，张锡洲，等. 2006. 不同尺度下低山茶园土壤有机质含量的空间变异. 生态学报，26(2)：349-356.
冯益明，唐守正，李增元. 2004. 空间统计分析在林业中的应用. 林业科学，40(3)：149-155.
龚元石，廖超子，李保国. 1998. 土壤含水量和容重的空间变异及其分形特征. 土壤学报，35(1)：10-15.
郭旭东，傅伯杰，陈利顶，等. 2001. 低山丘陵区土地利用方式对土壤质量的影响——以河北省遵化市为例. 地理学报，56(4)：417-455.
郭旭东，傅伯杰，马克明，等. 2000. 基于 GIS 和地统计学的土壤养分空间变异特征研究——以河北省遵化市为例. 应用生态学报，11(4)：557-563.
国家林业局. 2000. 中华人民共和国林业行业标准(LY/T 1232—1999)：森林土壤分析方法. 北京：中国标准出版社：87-90.
胡忠良，潘根新，李恋卿，等. 2009. 贵州喀斯特地貌山区不同植被下土壤 C、N、P 含量和空间异质性. 生态学报，29(8)：4187-4195.
孔庆波，白由路，杨俐苹，等. 2009. 黄淮海平原农田土壤磷素空间分布特征及影响因素研究. 中国土壤与肥料，05：10-14.
李恩香，蒋忠诚，曹建华，等. 2004. 广西弄拉岩溶植被不同演替阶段的主要土壤因子及溶蚀率对比研究. 生态学报，24(6)：1131-1139.
李晓燕，张树文，王宗明，等. 2004. 吉林省德惠市土壤特性空间变异特征与格局. 地理学报，59(6)：989-997.
李艳，史舟，徐建明，等. 2003. 地统计学在土壤科学中的应用级展望. 水土保持学报，17(1)：178-182.
李渊，宫渊波，苏宏伟，等. 2014. 川南不同林龄马尾松人工林土壤磷素变化特征. 东北林业大学学报，42(6)：63-67，113.
李子忠，龚元石. 2000. 农田土壤水分和电导率空间变异性及确定其采样数的方法. 中国农业大学学报，5(5)：59-66.
李子忠，龚元石. 2001. 不同尺度下田间土壤水分和混合电导率空间变异性与套台结构模型. 植物营养与肥料学报，7(3)：255-261.
梁春祥，姚贤良. 1993. 华中丘陵红壤物理性质空间变异性的研究. 土壤学报，30(1)：69-77.
林波，刘庆，吴彦，等. 2003. 川西亚高山针叶林凋落物对土壤理化性质的影响. 应用与环境生物学报，9(4)：346-351.
刘方，王世杰，刘元生，等. 2005. 喀斯特石漠化过程土壤质量变化及生态环境影响评价. 生态学报，25(3)：639-644.
刘璐，曾馥平，宋同清，等. 2010. 喀斯特木论自然保护区土壤养分的空间变异特征. 应用生态学报，21(7)：1667-1673.
刘文杰，陈生云，胡凤祖，等. 2012. 疏勒河上游土壤磷和钾的分布及其影响因素. 生态学报，32(17)：5429-5437.
路翔，项文化，刘聪. 2012. 中亚热带 4 种森林类型土壤有机碳氮贮量及分布特征. 水土保持学报，26(3)：169-173.
吕军，俞劲炎. 1990. 水稻土物理性质空间变异性研究. 土壤学报，27(1)：8-17.
彭少麟，刘强. 2002. 森林凋落物动态及其对全球变暖的响应. 生态学报，22(9)：1534-1544.
彭晚霞，宋同清，曾馥平，等. 2010. 喀斯特常绿落叶阔叶混交林植物与土壤地形因子的耦合关系. 生态学报，30(13)：3472-3481.
秦松，樊燕，刘洪斌，等. 2008. 地形因子与土壤养分空间分布的相关性研究. 水土保持研究，15(1)：46-52.
全国土壤普查办公室. 1992. 中国土壤普查技术. 北京：农业出版社.
任京辰，张平究，潘根兴，等. 2006. 岩溶土壤的生态地球化学特征及其指示意义——以贵州贞丰—关岭岩溶石山地区为例. 地球科学进展，21(5)：504-512.
邵明安，王全力，黄明斌. 2006. 土壤物理学. 北京：高等教育出版社.

石淑芹, 曹祺文, 李正国, 等. 2014. 气候与社会经济因素对土壤有机质影响的空间异质性分析——以黑龙江省中部地区为例. 中国生态农业学报, 22(9): 1102-1112.
史文娇, 岳天翔, 石晓丽. 2012. 土壤连续属性空间插值方法及其精度的研究进展. 自然资源学报, 27(1): 163-175.
司建华, 冯起, 鱼腾飞, 等. 2009. 额济纳绿洲土壤养分的空间异质性. 生态学杂志, 28(12): 2600-2606.
宋轩, 李立东, 寇长林, 等. 2011. 黄水河小流域土壤养分分布及其与地形的关系. 应用生态学报, 22(12): 3163-3168.
苏松锦, 刘金福, 何中声, 等. 2012. 格氏栲天然林土壤养分空间异质性. 生态学报, 32(18): 5673-5682.
孙志虎, 王庆成. 2007. 水曲柳人工林土壤养分的空间异质性研究. 水土保持学报, 21(2): 81-84.
汤孟平, 周国模, 施拥军, 等. 2006. 天目山常绿阔叶林优势树种及其空间分布格局. 植物生态学报, 30(5): 743-752.
唐涛, 蔡庆华, 潘文斌. 2000. 地统计学在淡水生态学中的应用. 湖泊科学, 12(3): 280-288.
汪思龙. 2010. 森林残落物生态学. 北京: 科学出版社.
王军, 傅伯杰, 邱扬, 等. 2002. 黄土高原小流域土壤养分的空间异质性. 生态学报, 22(8): 1173-1178.
王其兵, 李凌浩, 刘先华, 等. 1998. 内蒙古锡林河流域草原土壤有机碳及氮素的空间异质性分析. 植物生态学报, 22(5): 409-414.
王政权. 1999. 地统计学及其在生态学中的应用. 北京: 科学出版社.
王政权, 王庆成. 2000. 森林土壤物理性质的空间异质性研究. 生态学报, 20(6): 945-950.
邬建国. 2000. 景观生态学: 格局、过程、尺度与等级. 北京: 高等教育出版社.
吴海勇, 彭晚霞, 宋同清, 等. 2008. 桂西北喀斯特人为干扰区植被自然恢复与土壤养分变化. 水土保持学报, 22(4): 143-147.
吴昊. 2015. 秦岭山地松栎混交林土壤养分空间变异及其与地形因子的关系. 自然资源学报, 30(5): 858-869.
徐武美, 宋彩云, 李巧明. 2015. 西双版纳热带季节雨林土壤养分空间异质性对乔木树种多样性的影响. 生态学报, 37(23): 7756-7762.
阎恩荣, 王希华, 陈小勇. 2007. 浙江天童地区常绿阔叶林退化对土壤养分库和碳库的影响. 生态学报, 27(4): 1646-1655.
杨小燕, 范瑞英, 王恩姮, 等. 2014. 典型黑土区不同水土保持林表层土壤磷素形态及有效性. 应用生态学报, 25(6): 1555-1560.
杨秀清, 韩有志, 李乐, 等. 2009. 华北山地典型天然次生林土壤氮素空间异质性对落叶松幼苗更新的影响. 生态学报, 29(9): 4656-4665.
易好, 邓湘雯, 项文化, 等. 2014. 湘中丘陵区南酸枣阔叶林群落特征及更新研究. 生态学报, 34(12): 3463-3471.
原作强, 李步杭, 白雪娇, 等. 2010. 长白山阔叶红松林凋落物组成及其季节动态. 应用生态学报, 21(9): 2171-2178.
张朝生, 章申, 何建邦. 1997. 长江水系沉积物重金属含量空间分布特征研究——地统计学方法. 地理学报, 52(2): 184-192.
张国耀. 2011. 舒城县龙潭小流域土壤属性空间变异特征及其不确定性评价. 合肥: 安徽师范大学硕士学位论文.
张娜, 王希华, 郑泽梅, 等. 2012. 浙江天童常绿阔叶林土壤的空间异质性及其与地形的关系. 应用生态学报, 23(9): 2361-2369.
张仁铎. 2005. 空间变异理论及应用. 北京: 科学出版社.
张淑娟, 何勇, 方慧. 2003. 基于 GPS 和 GIS 的田间土壤养分空间变异性的研究. 农业工程学报, 19(2): 39-44.
张伟, 陈洪松, 王克林, 等. 2006. 喀斯特峰丛洼地土壤养分空间分异特征及影响因子分析. 中国农业科学, 39(9): 1828-1835.
张忠华, 胡刚, 祝介东, 等. 2011. 喀斯特森林土壤养分的空间异质性及其对树种分布的影响. 植物生态学报, 35(10): 1038-1049.
赵斌, 蔡庆华. 2000. 地统计学分析方法在水生态系统研究中的应用. 水生生物学报, 24(5): 514-520.

赵海霞, 李波, 刘颖慧, 等. 2005. 皇埔川流域不同尺度景观分异下的土壤性状. 生态学报, 25(8): 2010-2018.

赵丽娟, 项文化, 李家湘, 等. 2013. 中亚热带石栎-青冈群落物种组成、结构及区系特征. 林业科学, 49(12): 10-17.

赵永存, 史学正, 于东升, 等. 2005. 不同方法预测河北省土壤有机碳密度空间分布特征的研究. 土壤学报, 42(3): 379-385.

周慧珍, 龚子同, Lamp J. 1996. 土壤空间变异性研究. 土壤学报, 33(2): 232-241.

朱阿兴. 2008. 精细数字土壤普查模型与方法. 北京: 科学出版社.

朱长青. 2006. 数值计算方法及其应用. 北京: 科学出版社.

Amador JA, Wang Y, Savin MC, et al. 2000. Fine-scale spatial variability of physical and biological soil properties in Kingston, Rhode Island. Geoderma, 98(1-2): 83-94.

Baxter SJ, Oliver MA. 2005. The spatial prediction of mineral N and potentially available N using elevation. Geoderma, 128: 325-339.

Blaekmore BS. 1994. Precision farming: an introduction. Outlook on Agriculture, 123(4): 275-280.

Bourennane H, King D, Chery P, et al. 1996. Improving the kriging of a soil variable using slope gradient as external drift. European Journal of Soil Science, 47: 473-483.

Brady NC, Weil RR. 1999. The Nature and Properties of Soil. 12th ed. Upper Saddle River: Prentice Hall.

Cambardella CA, Moorman TB, Novak JM, et al. 1994. Field-scale variability of soil properties in Central Iowa soils. Soil Science Society of America Journal, 58: 1501-1511.

Castrignane A, Stelluti M. 1999. Fractal geometry and geostatistics for describing the field variability of soil aggregation. Journal Agricultural Engineering Research, 73(1): 13-18.

Compton JE, Boone RD, Motzkin G, et al. 1998. Soil carbon and nitrogen in alpine-oak sand plain in central Massachusetts: role of vegetation and land-use history. Oecologia, 116: 536-542.

Critchley CNR, Chambers BJ, Fowbert JA, et al. 2002. Association between lowland grassland plant communities and soil properties. Biological Conservation, 105: 199-215.

Ding JJ, Zhang YG, Wang MM, et al. 2015. Soil organic matter quantity and quality shape microbial community compositions of subtropical broadleaved forest. Molecular Ecology, 24(20): 5175-5185.

Drahorad S, Felix-Henningsen P, Eckhardt KU, et al. 2013. Spatial carbon and nitrogen distribution and organic matter characteristics of biological soil crusts in the Negev desert (Israel) along a rainfall gradient. Journal of Arid Environments, 94: 18-26.

Hengl T, Heuvelink GBM, Stein A. 2004. A genetic framework for spatial prediction of soil variables based on regression-kriging. Geoderma, 120: 75-93.

Issaks EH, Srivastava RM. 1989. An introduction to applied geostatistics. New York: Oxford University Press: 40-66.

Janssens F, Peeters A, Tallowin JRB, et al. 1998. Relationship between soil chemical factors and grassland diversity. Plant and Soil, 202: 69-78.

Juran L, Okin GS, Alvarez L. 2008. Effects of wind erosion on the spatial heterogeneity of soil nutrients in two desert grassland communities. Biogeochemistry, 88: 73-88.

Lin HS, Wheeler D, Bell J, et al. 2005. Assessment of soil spatial variability at multiple scales. Ecological Modeling, 182: 271-290.

Lundholm JT. 2009. Plant species diversity and environmental heterogeneity: spatial scale and competing hypotheses. Journal of Vegetation Science, 20: 377-391.

McBratney AB, Mendonca Santos ML, Minasny B. 2003. On digital soil mapping. Geoderma, 117: 3-52.

Mckee KL. 1993. Soil physiochemical patterns and mangrove species distribution reciprocal effects. Journal of Ecology, 81: 477-487.

McKenzie NJ, Gessler PE, Ryan PJ, et al. 2000. The role of terrain analysis in soil mapping. *In*: Wilsin JP, Gallant JC. Terrain Analysis-Principles and Applications. New York: Wiley: 245-265.

Morre ID, Gessler PE, Nielsen GA, et al. 1993. Soil attributes prediction using terrain analysis. Soil Science Society of America Journal, 57: 443-452.

Mulder VL, de Bruin S, Schaepman MP, et al. 2011. The use of remote sensing in soil and terrain mapping-A review. Geoderma, 162: 1-19.

Nielsen DR, Bouma J. 1985. Soil Spatial Variability. Wageningen: Wageningen University.

Odeh IOA, McBratney AB, Chittleborough DJ. 1995. Further results on prediction of soil properties from terrain attributes: heterotopic cokriging and regression-kriging. Geoderma, 67 (3-4) : 215-226.

Renato V, Robin BF, Gorky V, et al. 2004. Tree species distributions and local habitat variation in the Amazon: large forest plot in eastern Ecuador. Journal of Ecology, 92 (2) : 214-229.

Schlesinger WH, Jane AR, Anne EH, et al. 1996. On the spatial pattern of soil nutrient in desert ecosystems. Ecology, 77 (2) : 364-374.

Soethe N, Lehmann J, Engels C. 2008. Nutrient availability at different altitudes in a tropical montane forest in Ecuador. Journal of Tropical Ecology, 24 (4) : 397-406.

Tang GY, Wu JS, Su YR, et al. 2009. Content and density characteristics of soil organic carbon in typical landscapes of subtropical region. Environmental Science, 30 (7) : 2047-2052.

Tateno R, Takeda H. 2003. Forest structure and tree species distribution in relation to topography-mediated heterogeneity of soil nitrogen and light at the forest floor. Ecological Research, 18: 559-571.

Tening AS, Omueti JI. 1995. Potassium status of some selected soils under different land-use systems in the subhumid zone of Nigeria. Soil Science Plant Annals, 26 (5&6) : 657-672.

Timm LC, Reichardt, Oliveira JCM. 2003. State-Space approach for evaluating the soil-plant-atmosphere system. Trieste: Lectures Given at the College on Soil Physics: 3-21.

Webster R. 1985. Quantitative spatial analysis of soil in the field. Advances in Soil Science, 3 (4) : 170-189.

Webster R, Burgess TM. 1980. Optimal interpolation and isarithmic mapping of soil properties Ⅲ: Changing drift and univesal kriging. Journal Soil Science, 31: 505-524.

Webster R, Cuanalo HE. 1975. Soil transect correlograms of north Oxfordshire and their interpretation. Soil Science, 26: 176-194.

Wijesinghe DK, John EA, Hutchings MJ. 2005. Does pattern of soil resource heterogeneity determine plant community structure? An experimental investigation. Journal of Ecology, 93: 99-112.

Wild A. 1971. The potassium status of soils in the savanna zone of Nigeria. Experimental Agriculture, 7: 257-270.

Yang JK, Zhang JJ, Yu HY, et al. 2014. Community composition and cellulose activity of celluloytic bacteria from forest soils planted with broad-leaved deciduous and evergreen trees. Applied Microbiological Biotechnology, 98 (3) : 1449-1458.

Yost RS, Uehara G, Fox RL. 1982. Geostatistical analysis of soil chemical properties of large areas: Ⅰ. Semi-variograms. Soil Science Society of America Journal, 46: 1028-1032.

第7章　亚热带次生林生态化学计量特征及养分循环

7.1　生态化学计量与养分循环概述

养分循环是森林生态系统的重要功能过程之一，包括植物的养分吸收、存留、归还和生态系统的养分输入、输出，还涉及土壤养分转化、植物各器官之间的养分流动和叶片凋落前养分的回收、凋落物(叶、果、枝、根等)分解等过程。本章主要比较不同功能特征树种(针叶树种、落叶阔叶树种和常绿阔叶树种)叶片生态化学计量特征和养分利用策略，分析马尾松-石栎针阔混交林、南酸枣落叶阔叶林、石栎-青冈常绿阔叶林等 3 种次生林的土壤养分转化、凋落养分归还及循环特征。具体研究内容如下。

1)比较不同次生林中主要树种叶片 C、N、P 化学计量与养分回收特征。分析杉木、马尾松、南酸枣、石栎和青冈 5 个树种的鲜叶、落叶养分含量和生态化学计量的季节性变化，研究不同树种的养分回收度和回收效率，进一步探讨不同演替阶段树种的养分利用策略。

2)研究 3 种次生林的土壤 N 形态及转化速率。通过氯仿熏蒸法测定微生物生物量碳和氮含量，稳定同位素 ^{15}N 稀释法测定总氮转化速率，典范对应分析(canonical correspondence analysis, CCA)量化土壤化学特性对土壤 N 转化速率的影响，比较研究中亚热带典型次生林类型(针阔混交林、落叶阔叶林和常绿阔叶林)对土壤不同形态 N 含量及转化过程的影响。

3)分析不同森林类型凋落物量、组成及其动态变化，比较湘中丘陵区 3 种次生林和杉木人工林的凋落物量、组成特征及其周转期，为研究亚热带次生林经营对森林生态系统养分循环功能及过程的影响。

7.1.1　叶片化学计量及养分回收研究

不同树种 C、N、P 含量是森林生态系统养分循环的重要研究内容之一，随树种、物候、土壤养分含量的变化而变化(Eckstein and Karlsson，1997；Hagen-Thorn et al.，2004；McGroddy et al.，2004；Han et al.，2005；He et al.，2006)。C、N、P 是参与植物生长和生理代谢重要的营养元素，其含量及变化特征也是树种和土壤环境共同进化的结果(Killingbeck，1996；Pan，2006；Zhang et al.，2015)。叶片中 C、N、P 含量的变化、流动方向和养分回收不仅影响植物本身的生长，也会改变森林土壤的养分状况(Hagen-Thorn et al.，2004；Wardle et al.，2004；Victor et al.，2001；Salehi et al.，2014)。

生态化学计量学是研究有机体所需元素、影响生态系统生产力机制及养分循环等各种元素之间多重平衡的一种新方法，也是研究生态系统能量平衡、多种化学元素(主要为 C、N、P)平衡及元素平衡对生态交互作用影响的一种理论(McGroddy et al.，2004；Clevelan and Liptzin，2007；Elser et al.，2000)，它使得生物学科从细胞水平到生态系统水平不同层次的理论能够有机地统一起来。与单个的元素含量及动态变化相比，包含多种元素的化学计量比被认为更能反映整个生态系统养分循环的动态和元素稳定性(Sterner and Elser，2002)。化学计量中鲜叶的 N/P 值还被认为可以指示植物受何种养分限制(Verhoeven et al.，1996；Tessier and

Raynal，2003；Reich and Oleksyn，2004）。当 N/P<14 同时 N 含量低于 20mg/g 时受 N 限制，当 N/P>16 同时 P 含量低于 1.0mg/g 时受 P 限制，当 14⩽N/P⩽16 时受 N 和 P 的共同限制。研究表明，叶片 N/P 值不仅受植物和土壤养分状况的影响，也与树种类型、植物功能组、气候条件、演替阶段等多种因素有关（Aerts and Chapin，2000；Killingbeck et al.，2002；Reich and Oleksyn，2004；Yan et al.，2006）。Zhang 等（2015）在喀斯特地区的实验及其他相关文献（Davidson et al.，2007；Du et al.，2011；Huang et al.，2013）的研究表明，随着演替的进行，森林 N 限制逐步缓解，P 限制则加剧，因此叶片 N/P 值在演替后期可能升高。由于物候对植物叶片特别是落叶植物叶片的影响，化学计量会呈现出季节性的变化（Robert et al.，1996；Regina，1997）。现有的文献主要研究大尺度范围化学计量比的变化规律，如世界范围内的温带森林或热带雨林化学计量比的变化趋势等（McGroddy et al.，2004；Reich and Oleksyn，2004；Han et al.，2005；He et al.，2006，2008），而比较同一或相近样地中不同树种之间的化学计量特征及其随季节、演替进程的变化的研究较少。

养分回收是指植物在凋落之前从衰老组织将养分转移至新鲜组织的过程，是生态系统养分循环重要的影响因素，同时也反映了植物个体本身的养分利用策略和植物竞争力（Pugnaire and Chapin，1993；Killingbeck，1996；Koerselman and Meuleman，1996）。回收被认为是与养分摄取同等重要的植物生理功能，回收能力大的植物将减少植物对土壤养分有效性及根摄取养分过程的依赖，从而提高植物对环境的适应力和竞争力（Aerts，1996；Cote et al.，2002）。回收效率（resorption efficiency, RE）和回收度（resorption proficiency, RP）是衡量植物回收能力的两个常用参数。RE 是指植物从即将枯落组织转移到新鲜组织的养分比例（Chapin，1980），一般认为在贫瘠的生境中，植物具有较高的养分回收效率，但一些研究表明，养分回收效率与土壤提供养分能力的相关性不强（Aerts，1996；Aerts and Chapin，2000；Norris and Reich，2009）。RP 是指枯落组织中养分的浓度，因此与凋落物分解过程直接相关。落叶中的 N 含量低于 7.0mg/g 或 P 含量低于 0.5mg/g 被认为具有高的 N、P 养分回收度（Killingbeck，1996）。相比 RE，RP 被认为对土壤养分有效性变化的响应更加敏感，且不同植物功能组养分回收度不同，大致的变化规律为常绿植物>落叶植物>禾本植物>豆科植物（Aerts，1996）。在自然选择条件下，物种更倾向于降低枯叶中 N、P 最小浓度，即 RP，而不是从枯叶向绿叶转移的 N、P 百分比，即 RE。现有文献对养分回收与土壤养分可及性（Yuan and Wan，2005；Milla et al.，2006）、植物功能组（Aerts，1996；Yuan et al.，2005）、演替类型（Kazakou et al.，2007；Yan et al.，2006）、叶片寿命（Wright and Cannon，2001；Eckstein et al.，1999）等的关系研究较多，或者是对贫瘠立地条件下植物与养分充裕立地条件下植物进行比较（Kobe et al.，2005），而对相似土壤、气候条件下不同树种之间养分回收特征的比较研究较少。

树种采取何种养分利用策略是叶片养分浓度和土壤养分可及性共同进化的结果（Killingbeck，1996），养分回收是其中重要的组成内容。现有文献普遍认为，生长在养分贫瘠环境中的树种通常会采取保守的养分利用策略（“conservative consumption” nutrient use strategy），即低的叶片养分含量、高的养分回收效率及低的凋落物分解速率（Escudero et al.，1992；Aerts and Chapin，2000；Wright and Cannon，2001；Kobe et al.，2005）；而生长在养分肥沃环境中的树种往往会具有高的叶片养分含量和低的养分回收度，也就是采取较开放的养分利用策略（“resource spending” nutrient use strategy）（Reich et al.，1992；Aerts and Chapin，2000；Wright and Cannon，2001）。至于养分利用策略在生态系统演替过程中的变化趋势，

Odum(1969)的经典理论认为，主要营养元素如 C、N、P、Ca 等的循环会随着演替的进展呈现越来越闭合或紧密的趋势，也就是说，处在成熟演替阶段的森林对养分的固持能力更强，养分从生态系统中流失得更少。部分文献的研究结果表明，早期演替树种的养分摄取效率更低，同时养分分解速率较慢，与 Odum 的假说相符(Garnier et al.，2004；Vile et al.，2006)。而 Yan 等(2006)在浙江天童常绿阔叶林样地的研究结果则呈现与 Odum 理论相反的变化趋势，即随着演替发展，土壤和叶片中的养分含量升高，主要树种的养分利用策略从“保守型”转变为“开放型”。Yan 等(2006)的研究还表明，养分利用策略很可能随树种功能组的变化而变化。因此，一个地区的研究结果是否适用于不同研究地区还需要更多的实验证明。

7.1.2 森林土壤 N 形态及转化过程研究

N 循环是森林生态系统重要的研究内容之一(Huygens et al.，2008)，关于不同森林类型土壤对大气 N 沉降的响应和对养分 N 保留能力差异等方面的文献较多(Kaye et al.，2002；Schimel et al.，2004；Huygens et al.，2008)，但大多数研究主要集中在北方和温带森林，对亚热带森林不同土壤 N 形态、N 转化速率及其与生态系统 N 循环的关系所知甚少(Burton et al.，2007；Chen et al.，2007)。对亚热带森林开展相关研究，不仅为现有的 N 循环模型提供更全面的数据(Asner et al.，2001；Owen et al.，2003)，还能验证基于温带森林研究得出的有关 N 循环相关理论是否适用于其他地区，也有助于研究树种组成变化对森林土壤 N 循环的影响机理。

N 矿化和硝化是森林生态系统中影响植物和微生物摄取养分 N 的重要过程，一般认为，氨态氮(NH_4^+-N)是植物摄取 N 的主要形式，同时也是土壤 N 循环的控制因素(Schimel et al.，2004；Cookson et al.，2006)(图 7.1)。同时，土壤 N 循环是相当复杂的一系列转化过程(Schimel et al.，2004)，还可能受到土壤化学性质如酸碱度、底物质量等，微生物群落活性(Burton et al.，2007)和环境因素的共同调控。在土壤 N 循环中，不同形态 N 包括可溶性有机 N(dissolved organic N)、无机 N(inorganic N)和微生物生物量 N(microbial biomass nitrogen，MBN)的含量不断发生变化(Chen and Xu，2006；Malchair and Carnol，2009)。其中，MBN 不仅是土壤 N 库的重要组成部分，微生物含量的多少也与其转化 N 的速度密切相关，常被作为土壤质量高低的衡量指标之一(Templer et al.，2003；Kara and Bolat，2008；Cao et al.，2010)。也就是说微生物不仅是土壤 N 的直接来源，同时微生物的含量和活性还与土壤不同形态 N 的转化速率相关。因此，在森林土壤 N 循环过程中仅研究矿化或者硝化速率是不够的，还应对微生物生物量碳氮进行相应的研究(Booth et al.，2005；Christenson et al.，2009)。

森林主要组成树种的改变可能会引起 N 循环过程的改变(Templer et al.，2003；Lovett et al.，2004)，因为树种的改变不仅改变了植物和微生物对 N 的摄取能力，还通过改变落叶、细根等凋落物质量而改变了土壤中的养分含量和土壤质量(Christenson et al.，2009)。树种的组成是多变的，因此不同树种组成的森林类型在土壤 N 循环过程中的研究结果也各不相同(Yan et al.，2009)。在针叶树种被阔叶树种替代的森林中，土壤 N 矿化和硝化速率有所上升(Pérez，2004)，相反，当北方森林中的阔叶树种被针叶树种替代，土壤 N 矿化和硝化速率下降(Merilä et al.，2002)。Yan 等(2009)研究发现，中国南方自然演替的亚热带森林中土壤净 N 矿化和硝化速率均发生变化，针叶树种如马尾松的出现提高了土壤净 N 矿化和硝化速率。然而，现有文献中对落叶阔叶树种的出现可能对土壤 N 形态及转化速率的影响报道较少，落叶阔叶树种的凋落物养分含量高、凋落物量较大，可能会对土壤的养分含量和质量影响较大，从而改变微生物群落及土壤 N 的转化过程。

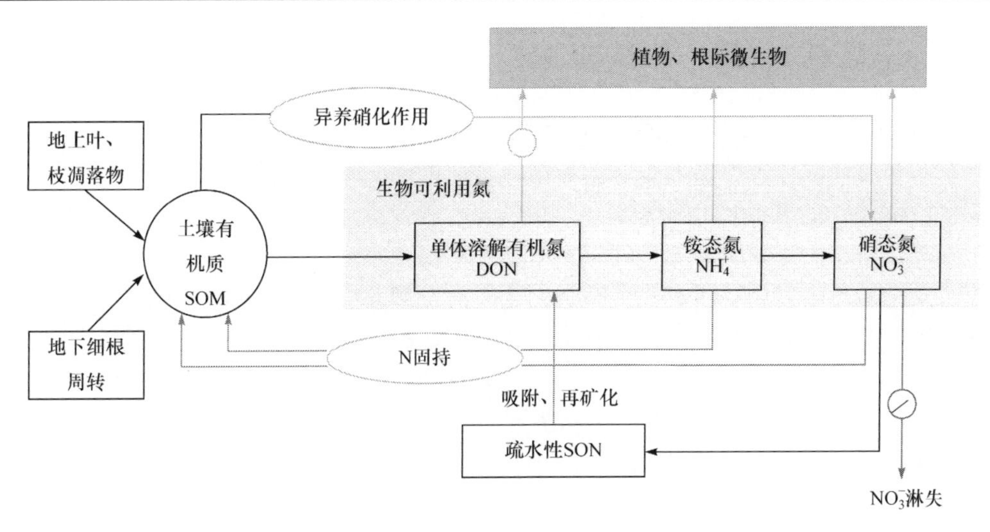

图 7.1 森林土壤 N 转化过程示意图[在 Huygens 等(2008)基础上绘制]

7.1.3 森林凋落物量及其动态变化研究

狭义的森林凋落物包括直径小于 2.5cm 的落枝、落叶、落皮、繁殖器官，动物残骸及代谢产物，林下枯死的草本和枯死木树根(廖军和王新根，2000)，它们是森林生态系统养分循环、碳流动的重要环节，作为养分的基本载体，是连接植物与土壤的“纽带”(林波等，2004)。森林植物吸收的养分中，90%以上的氮和磷、60%以上的矿质元素都来自于凋落物归还土壤的养分再循环(Chapin et al.，2002)，凋落物的量和分解速率构成森林生态系统的功能过程之一，对森林土壤肥力的维持及其生态恢复和更新具有重要作用(Zhou et al.，2007)。在当今全球变化的背景下，凋落物也是森林碳库的重要组成部分，是研究森林生态系统与大气间碳交换的基本参数(刘颖等，2009)。因此，深入研究各类森林凋落物的特征(Janzen，2004；刘颖等，2009)对全球森林碳循环具有重要意义(Liski et al.，2003；邓琦等，2007；吴雅琼等，2007)。

森林凋落物量是指单位时间、单位面积地表所有森林凋落物的总量，最常用的测定方法是直接收集法。对森林凋落物量的研究主要包括凋落物产量和地表凋落物层现存量两个方面，一般以年或季节为单位。世界上各种森林类型的凋落物量在不同气候带差异较大，但森林年凋落物量具有纬向分布规律，呈现从寒温带地区[144.4～512.2g/(m^2·a)]、温带地区[99.5～643.0g/(m^2·a)]、暖温带地区[145.6～749.4g/(m^2·a)]到亚热带地区[79.0～1333.0g/(m^2·a)]凋落物量逐渐增加的趋势，即森林凋落物量随着纬度的升高而逐渐减少。森林凋落物量具有明显的季节特征变化(郑征等，2005)，变化模式有单峰型、双峰型或不规则型，个别的还有 3 个峰值(周玉荣等，2000)。出现哪种季节变化模式主要取决于树种的生物学、生态学特性(Souto，1994)，同时还与气候条件等因素密切相关。单峰模式的森林类型较多，一般为落叶阔叶林和针叶林，如阔叶红松林(李雪峰等，2005；刘颖等，2009；原作强等，2010)、红松云冷杉林(刘颖等，2009)、刺槐阔叶林(赵勇等，2009)、山杨林(李雪峰等，2005；侯玲玲等，2013)、白桦林(李雪峰等，2005；侯玲玲等，2013)、白桦-山杨混交林(李雪峰等，2005)等。季节动态模式是双峰型的森林类型主要有常绿阔叶林(屠梦照等，1984；刘文耀等，1989；陈章和等，1992；翁轰等，1993；张德强等，2000；官丽莉等，2004；刘蕾等，2012)、青冈林(于明坚等，1996；常杰等，1998)、木荷(胡灵芝等，2011)、常绿阔叶混交林(梁宏温，1993；刘蕾等，2012)等。还有一些森林的凋落物量的动态变化模式是“不规则”型的，如马尾松林(莫江明等，2001；李雪峰等，2005；樊后保等，2005；杨会侠等，2010；李洁冰，2011)、麻栎落叶林、甜槠(王陆军，2010)、侧柏(赵勇等，2009)等。总的来说，影响森林凋落物量及其季节动态的因素较多，包括内因如森林类型、树种组成、树龄、林分结构等，以及外因如气候、纬度、海拔、土壤和人为因素等。

近十几年来，随着我国对天然林保护的高度重视，亚热带地区形成了多种天然次生林，树种组成及结构趋于复杂。同时为了满足社会经济快速发展对木材生产的需求，人工林也成为了该地区主要的森林类型。国内已开展了寒温带如小兴安岭(陈金玲等，2010；侯玲玲等，2013)，温带如长白山(郭忠玲等，2006；刘颖等，2009)，暖温带如太行山(赵勇等，2009)，北亚热带如神农架(刘蕾等，2012)，中亚热带如天童山(张庆费和徐绒娣，1999)、井冈山(李海涛等，2007)，南亚热带如鼎湖山(屠梦照等，1993；翁轰等，1993；官丽莉等，2004；Zhou et al.，2007；邓琦等，2007)，以及西北地区如兴隆山(魏强等，2011)、贺兰山(赵晓春等，2011)，乃至西南喀斯特地区如茂兰(俞国松等，2011)的主要森林类型凋落物量及其动态、凋落物分解及其影响因子、养分归还及其水文生态效应等方面的研究，揭示了我国不同气候带主要森林生态系统凋落物量、分解和养分归还动态及其影响因子等规律和机制。但是，由于森林凋落物的影响因素较多，许多研究结果仍缺乏可比性。此外，次生林与人工林由于林龄、抚育方式等不同，凋落物特征也不同，但对亚热带次生林和人工林凋落物量动态及其分解率和周转期的比较研究仍不多见。

7.2 研 究 方 法

7.2.1 叶片养分含量及回收

1. 样品采集及养分含量测定

在大山冲国有林场内杉木人工林、马尾松-石栎针阔混交林、南酸枣落叶阔叶林、石栎-青冈常绿阔叶林等 4 种森林中，选择杉木、马尾松、南酸枣、青冈和石栎共 5 个优势树种，于 2012 年 7 月至 2013 年 6 月，每个月采集 5 个树种的叶片样品。随机选取沿各自样地坡度分布的平均木，按上坡、中坡、下坡各 3 株，每个树种共 9 个重复采集样品。

凋落叶样品用凋落物收集器进行收集。用直径 4.06mm 的圆形铁丝做成面积为 $1m^2$ 的圆形铁丝圈，然后将 40 目尼龙网缝制在圆形铁丝圈上，制作成锥形的收集带，即收集器。收集器用 4 根 1m 的 PVC 管固定，收集器最低端离地面 60cm。每次收集到的各收集器的凋落物分别按树种分类，再按落叶、枯枝、落果、碎屑分类，凋落物量及叶片养分含量的测试与计算仅基于各林分的主要树种。鲜叶的采集用高枝剪在每棵树的树冠中上部东、南、西、北四个方向各取 20g 样品，然后剪切、混合作为一个重复。叶片样品均在 80℃恒温下烘至恒重后称重，用密封袋储存在 4℃冰箱中直至进行养分分析实验。

土壤、鲜叶和落叶的 C 含量采用重铬酸钾-水合加热法测定，N 含量采用凯氏半微量定氮法测定，P 含量采用磷钼酸比色法测定(Xiang et al.，2009)。

2. 数据分析

养分回收量的计算为相应树种叶凋落物总量与落叶中相应元素含量的乘积。养分回收效

率的计算公式为

$$RE=\left(1-\frac{凋落叶的养分含量}{鲜叶的养分含量}\right)\times 100\% \tag{7.1}$$

用单因素方差(one-way ANOVA)比较 5 个树种养分含量、生态化学计量的差异，最小显著性差异法(LSD，$P<0.05$)检验生长季和非生长季化学计量的差异是否显著，Spearman 相关性分析土壤、鲜叶及落叶养分含量对养分回收效率影响的显著性。

7.2.2　次生林土壤 N 转化速率

1. 样品采集和养分含量测定

选择马尾松-石栎针阔混交林、南酸枣落叶阔叶林和石栎-青冈常绿阔叶林。沿坡度分别从每个林分的 9 个小样方中采集土壤和落叶样品，每个小样方用直径 7.5cm 的土钻随机采集 5 个 0～10cm 土层样品，并分成有机土和矿质土进行后续分析。

土壤和落叶样品在 65℃烘干 48h 测定含水率，总碳(TC)和全氮(TN)的含量采用同位素质谱仪测定，NH_4^+-N 含量采用 KCl 浸提-靛酚蓝染色法测定，NO_3^--N 含量采用紫外分光光度法测定，TOC 和 TON 测定采用 TOC/TON 分析仪，DON(dissolved organic N，可溶性有机 N)含量通过 TON 和氨态氮、硝态氮的差值得到，土壤 MBC、MBN 含量采用氯仿熏蒸法测定(Kara and Bolat，2008；Hart et al.，1994)。

2. 总 N 矿化和硝化速率测定

采用 ^{15}N 同位素稀释技术测定总矿化和硝化速率，NH_4^+-N 和 NO_3^--N 的消耗速率分别采用总矿化和净矿化速率的差值、总硝化和净硝化速率的差值计算得到(Christenson et al.，2009；Hart et al.，1994)。

3. 数据分析

用单因素方差分析比较不同森林类型土壤 N 形态及其转化速率间的差异，最小显著性差异法(LSD，$P<0.05$)检验不同样品均值之间的差异是否显著，Pearson 相关性分析土壤化学性质与 N 转化速率之间的相关性，典型相关性分析(CCA)量化土壤化学特性对土壤 N 转化率的影响大小。由于 N 转化速率为负值，在 CCA 分析之前进行了相应的对数转换$\{\log[x-(1+x_{min})]\}$。

7.2.3　次生林凋落物量动态变化

1. 样品采集

在杉木人工林和 3 个次生林内，用凋落物收集器直接收集凋落物。2012 年 7 月在 4 种森林的固定样地内的上坡、中坡、下坡分别安装 3 个收集器，每个森林类型共 9 个重复。每月收集凋落物 1 次，到 2013 年为止，共收集了 12 个月。每次收集到的各收集器的凋落物分别按树种分类，再按落叶、枯枝、落果、碎屑分类，在 80℃恒温下烘至恒重后称重，4 种森林均取 9 个收集器各树种不同组分的平均值作为该森林各组分、各树种各组分的月凋落物量。林地凋落物量测定参见第 5 章 5.7.4 节。

2. 凋落物周转期、分解率的估算

凋落物周转期和分解率(或周转率)用以下的公式来计算(蒋有绪，1981；项文化等，1997)：

$$T = (\mathrm{SL} + L) / L \tag{7.2}$$

$$K = 1 / T \tag{7.3}$$

式中，T为凋落物的周转期(a)；SL为林地凋落物总生物量(g/m^2)；L为林分年凋落物量(g/m^2)；K为凋落物的分解率(或周转率)。

3. 数据处理

用SPSS10.0软件中单因素方差(one-way ANOVA)计算平均值和标准差，比较不同森林之间凋落物量的差异和显著性，用回归分析方法分析林分凋落物量与林分密度、树种多样性指数、降水量、气温之间的相关性，用Excel软件绘制图表。

7.3　叶片化学计量及养分回收特征

植物叶片的C、N、P含量及其随季节、树种和土壤的变化特征是森林生态系统养分循环的重要研究内容之一。本节分析中亚热带4种森林中5个主要树种的鲜叶、落叶养分含量和生态化学计量的季节性变化，研究不同树种的养分回收度和回收效率，通过综合分析比较不同树种化学计量变化和养分回收特征的差异，进一步探讨不同演替阶段树种的养分利用策略变化。

7.3.1　不同树种叶片养分含量的季节变化

不同林分土壤中养分含量如表7.1所示，总的来说，上层土(0～15cm)养分含量高于下层土(15～30cm)，不同林分的土壤养分含量差异较小，南酸枣落叶阔叶林的土壤N、P含量稍高于其他3个林分，土壤质量更好。考虑到样地的季节性气候变化特点，特别是落叶阔叶树种南酸枣的物候变化，将1年划分为2个时间段进行后续的数据处理和分析，分别是4～9月的生长季和10月至次年3月的非生长季。由于在非生长季南酸枣没有鲜叶生长，因此，养分含量和化学计量的数据省略。

表7.1　样地4种森林类型0～30cm土层养分特征

森林类型	土层/cm	有机C/(g/kg)	全N/(g/kg)	全P/(g/kg)
CL	0~15	19.72±4.27bc	1.12±0.23cde	0.21±0.06b
	15~30	14.99±3.36c	0.96±0.22e	0.20±0.07b
PM	0~15	24.21±7.49ab	1.37±0.29bc	0.25±0.06ab
	15~30	17.75±4.19c	1.02±0.22e	0.22±0.05bc
CA	0~15	23.63±6.97ab	1.65±0.44a	0.29±0.07a
	15~30	18.40±4.62c	1.33±0.44cd	0.27±0.06a
CG	0~15	25.79±7.34a	1.44±0.36ab	0.20±0.04c
	15~30	18.48±6.71c	1.12±0.37cde	0.19±0.04c

注：每列中的不同小写字母表示差异显著(P<0.05)

主要树种生长季与非生长季叶片C、N、P养分含量如表7.2所示。不同树种的鲜叶和落叶之间的养分含量差异类似，均为C含量无显著性差异，这是因为植物体C含量稳定性高，变异小，一般不会成为植物生长的限制因子。而N、P含量鲜叶高于对应树种的落叶。不管是鲜叶还是落叶，N含量最高的树种为南酸枣，P含量最高的树种为杉木。在落叶样品中，马尾松的叶片N和P含量均为最低。

表 7.2　不同树种生长季与非生长季叶片 C、N、P 养分含量

树种	取样季节	C 含量/(g/kg)		N 含量/(g/kg)		P 含量/(g/kg)	
		落叶	鲜叶	落叶	鲜叶	落叶	鲜叶
杉木	生长季	439.99±36.36abc	441.84±13.03ab	12.52±1.68cd	14.53±1.37b	0.49±0.11a	0.79±0.20a
	非生长季	460.66±51.93a	452.56±15.85ab	10.96±2.39e	14.50±2.76b	0.40±0.09b	0.85±0.04a
马尾松	生长季	434.16±58.41bc	414.30±11.20bc	8.38±1.61f	15.53±1.26b	0.27±0.07d	0.54±0.03c
	非生长季	460.27±38.20a	440.94±15.50ab	8.13±1.56f	15.95±1.62b	0.20±0.06e	0.61±0.07bc
南酸枣	生长季	418.78±20.80c	402.22±19.67cd	16.37±1.90a	19.80±4.74a	0.48±0.10a	0.67±0.11b
	非生长季	392.55±33.59d		11.93±2.69de		0.37±0.08bc	
青冈	生长季	380.06±89.83d	398.92±24.71d	14.16±2.54b	14.82±3.28b	0.32±0.05cd	0.54±0.09cd
	非生长季	425.33±46.37b	437.96±32.56ab	13.41±2.37bc	17.36±1.15ab	0.26±0.07d	0.44±0.06d
石栎	生长季	420.69±38.13b	397.21±33.55d	11.42±2.90de	15.27±2.21b	0.25±0.15de	0.49±0.06cd
	非生长季	447.05±38.17ab	458.56±34.48a	14.13±2.17b	17.09±1.39ab	0.25±0.08d	0.41±0.04d

注：每列中的不同小写字母表示差异显著($P<0.05$)

总体来看，落叶中养分含量的季节性变化趋势表现为非生长季 C 含量升高而 N、P 含量下降，也就是说生长季的凋落叶质量要高于非生长季，可能是因为在生长季，植物叶片的生长和养分的周转速度都比非生长季要更快，这时候的养分回收对植物的要求更高，需要消耗更多的能量才能达到较好的回收效果(Wright and Cannon，2001; Wang et al.，2014)。同时，与落叶阔叶树种南酸枣相比，其他 4 个常绿树种的叶片在一年当中均有生长，而南酸枣的叶片生长集中发生在生长季，这使其在生长季很难兼顾从落叶中回收养分，因此在生长季，南酸枣落叶中 N、P 养分含量要显著高于其他树种。鲜叶中养分含量的季节性变化不明显，这与文献报道的植物鲜叶的养分含量或化学计量具有较高程度的内稳定性相符合(Wang et al.，2014)，外界气候和土壤环境在一定程度内的变化不会引起植物自身的养分含量发生显著变化，这也是植物适应环境的表现。

7.3.2　不同树种叶片化学计量的季节变化

生态化学计量把生物个体的元素含量同生态系统中各营养级的功能作用联系在一起，跟单个的元素含量及其变化相比更能反映整个生态系统的元素稳定性和流动方向。生长季和非生长季不同树种鲜叶和落叶的 C、N、P 化学计量变化如图 7.2 所示。在图 7.2a 和图 7.2b 中，与落叶相比，对应树种的鲜叶沿 C 轴左移的同时沿 P 轴向左下方平移，说明不管是生长季还是非生长季，不同树种 C 和 P 相对含量的变化规律相似，即与落叶相比，对应树种的鲜叶 C 含量相对降低的同时伴随 P 含量的相对上升。而鲜叶和落叶间的 N 相对含量的变化较小且没有较一致的变化规律。所有叶片样品中，N 相对含量均处在 50～70 的 N 轴变化区间。在生长季，马尾松鲜叶中的 N 相对含量高于落叶，而杉木和青冈则相反，鲜叶中的 N 相对含量低于落叶；除青冈外，非生长季 N 相对含量的变化规律与生长季类似。

不同树种叶片 C/N、C/P 和 N/P 值的季节性变化如图 7.3 所示，总的来说，不论是落叶还是鲜叶，非生长季相比生长季的叶片中，与 N、P 相比，C 的含量相对上升(C/N、C/P 上升)，而与 P 相比，N 的含量相对上升(N/P 上升)，这与植物生长旺盛对 N、P 尤其是 P 的需求旺盛

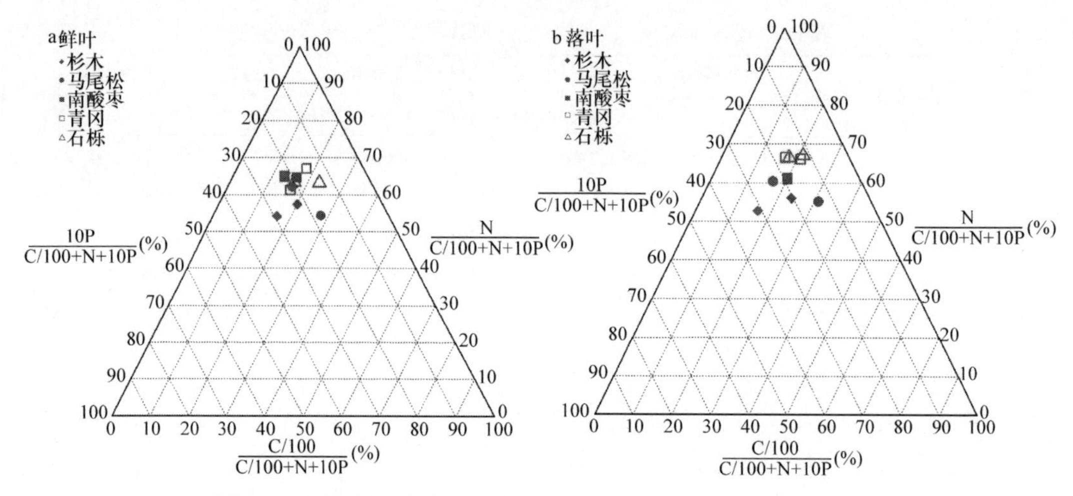

图 7.2　生长季(a)和非生长季(b)叶片的 C、N、P 化学计量变化

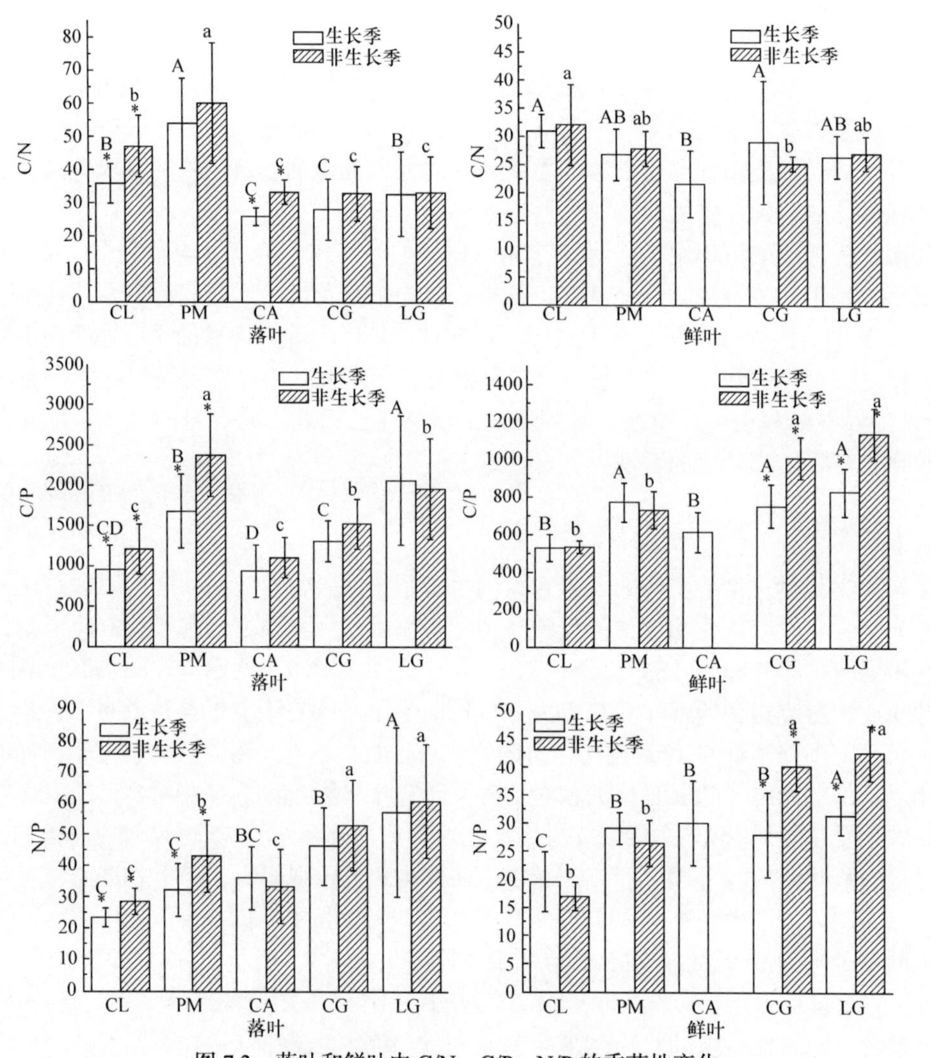

图 7.3　落叶和鲜叶中 C/N、C/P、N/P 的季节性变化

图中不同大写字母表示生长量之间的差异显著，不同小写字母表示非生长季之间的差异显著

相一致。除杉木和南酸枣的落叶样品，不同树种叶片样品的 C/N 值季节性变化较小，而 C/P 和 N/P 值的季节变化比 C、N、P 单个元素的变化要更加显著且有规律可循。对杉木和马尾松而言，C/P 和 N/P 值在鲜叶中较稳定，而落叶的季节性变化显著($P<0.05$)。相反，在石栎和青冈样品中，C/P 和 N/P 值在落叶中较稳定，而鲜叶的季节性变化显著($P<0.05$)。这种变化规律可能与不同树种的养分利用策略不同有关(Yan et al.，2006)。

鲜叶的 N/P 值被大多数研究者认同可以作为植物所受营养限制状况的判断依据，本研究中，不同树种鲜叶的 N/P 值均大于 16，同时 P 含量低于 1.0mg/g(图 7.3 和表 7.2)，说明受到 P 的限制较明显，这与湘中丘陵地区植物普遍受 P 限制的研究结果一致(Yan et al., 2006; Zeng et al.，2014；Zhang et al.，2015)。

化学计量比随演替进程的变化规律与文献的报道部分相符(Huang et al., 2013; Zhang et al., 2015)，即叶片 C/N 和 C/P 值无规律性变化，但 N/P 值从演替早期到演替后期树种呈现升高的变化趋势，这是森林生态系统中 P 限制随着演替的发展逐步加剧的结果。演替后期树种中鲜叶的 N/P 值更高，说明与 N 相比植物受 P 的限制更大；同时，不管生长季还是非生长季，演替后期树种青冈和石栎落叶中的 N/P 值高于演替早期树种马尾松和南酸枣，说明演替后期树种在凋落前对 P 的回收比对 N 的回收效率更高。与此结果相对应的是演替后期林地中土壤的 P 含量(0～30cm)显著低于演替早期林地，而土壤 N 含量随演替发展的变化不显著。

7.3.3　不同树种的养分回收特征

养分回收是植物适应养分贫瘠生境的一种适应性对策，植物通过将衰老组织中的养分转移到活的组织中实现养分的重复利用，提高了植物保持养分的能力，降低了植物对环境的依赖程度。养分回收可以用两种参数来衡量，一是养分回收效率(resorption efficiency, RE)，即植物从枯落组织中回收的养分比例。一般来说，超过 60%的养分可以被回收，但是不同树种的 N_{RE} 变化较大(Vergutz et al.，2012)。在本研究中，N_{RE} 为 5%～50%，而 P_{RE} 的变化区间较窄，为 30%～70%(图 7.4)。在研究对象的 5 个树种中，P_{RE} 要高于对应树种的 N_{RE}，这与整个样地受 P 限制的结论一致。而同样是马尾松，在天童国家森林公园受 P 限制的林分中表现出的是 N_{RE} 高于对应的 P_{RE}(Yan et al.，2006)，可见，样地的养分限制条件是比树种更重要的影响养分优先回收策略的因素。相比马尾松和南酸枣，杉木、石栎和青冈的 P_{RE} 要更显著高于对应树种的 N_{RE}，说明这 3 个树种更偏好对养分 P 的积累。马尾松 P_{RE} 和 N_{RE} 值均为最高，说明马尾松的养分回收效率高于其他 4 个树种，最低的 P_{RE} 和 N_{RE} 值分别对应生长季的南酸枣和青冈。与文献报道的结论一致，本研究中养分回收效率与植物功能组的相关性并不显著(Killingbeck，1996；Aerts and Chapin，2000；Killingbeck et al.，2002)，落叶树种南酸枣的 N_{RE} 值要低于马尾松和石栎，但高于杉木和青冈，而 P_{RE} 值为 5 个研究树种中最低。

除养分回收效率 RE 外，另一个养分回收的衡量参数为养分回收度(resorption proficiency, RP)，即植物最大限度地降低枯叶中的养分浓度，一般以凋落叶中的养分浓度衡量。落叶中的养分浓度越低，说明其养分回收度越高。Killingbeck(1996)还提出了潜在回收度的概念，认为如果落叶中的 N 浓度和 P 浓度分别小于或等于 0.3%(3.0mg/g)和 0.01%(0.1mg/g)，则达到了该树种的最大潜在回收；如果落叶中的 N 浓度低于 0.7%(7.0mg/g)，P 浓度低于 0.05%(0.5mg/g)，那么认为该树种具有高的养分回收度。与养分回收效率 RE 相比，养分回收度 RP 对土壤养分有效性变化的反应更为敏感。本研究样地中，5 个主要树种的落叶 N 浓度均高于 7.0mg/g，同时 P 浓度均低于 0.5mg/g(表 7.2)，说明 5 个树种均具有高的 P 回收度，这与样地受 P 限制的结果一致。另外，不同植物功能型的养分回收度不同且变化规律为常绿植物>落叶植物>草本植物>豆科植物，常绿植物被认为比落叶植物的 P_{RP} 更高(Aerts，1996；Killingbeck，1996)，这与本研究结果基本一致。在生长季和非生长季，落叶树种南酸枣的 P_{RP} 均低于其他 4 个常绿树种，南酸枣的 N_{RP} 在生长季最低，在非生长季低于杉木和马尾松。

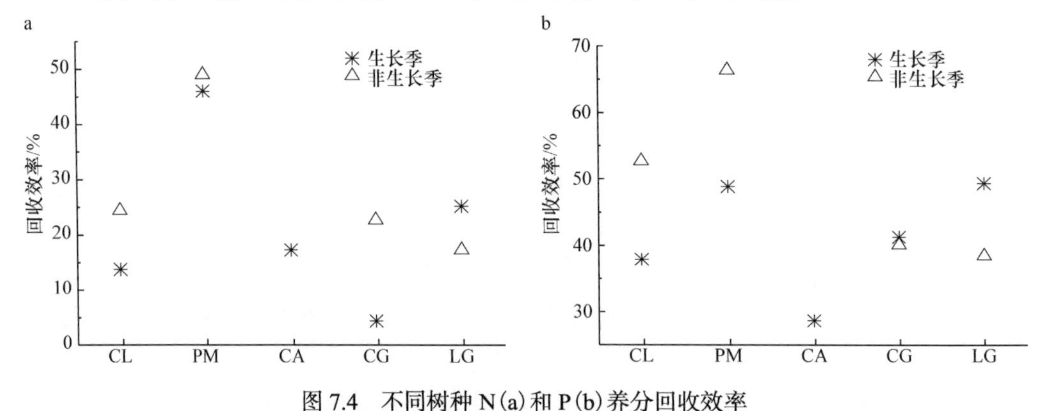

图 7.4 不同树种 N(a) 和 P(b) 养分回收效率

养分归还量的计算为养分回收度与凋落物量的乘积，结果如表 7.3 所示。不同树种的凋落物量季节变化并无明显的规律，其中落叶树种南酸枣的凋落物量最大。同时，不管是生长季还是非生长季，南酸枣的 N 和 P 归还总量都最大。这不仅是因为其凋落物总量大，还与南酸枣的养分回收度较低有关，尽管在生长季南酸枣的凋落物量与马尾松接近、非生长季与杉木接近，但 N 和 P 归还量却显著高于它们。低养分回收度意味着植物有较多的养分经凋落物归还给土壤，凋落物的质量较高，对土壤养分循环的意义重大(Wang et al.，2014)。南酸枣的养分回收度低说明凋落物的底物质量好，可能分解速度更快，而 N、P 归还量大说明林分的土壤质量可能更高，这与林分土壤的养分数据一致(表 7.1)。在生长季，青冈的 N 和 P 归还量最低，非生长季则为石栎的归还量最低，这与它们的凋落物量最低是相对应的。

表 7.3 不同树种生长季和非生长季的凋落物量及 N、P 归还量

树种	取样季节	凋落物量/(g/m²)	N 归还量/(kg/hm²)	P 归还量/(kg/hm²)
杉木	生长季	75.46±8.82	9.45	0.37
	非生长季	178.36±13.56	19.54	0.72
马尾松	生长季	190.80±21.90	15.98	0.52
	非生长季	122.23±14.33	9.93	0.25
南酸枣	生长季	203.81±45.11	33.36	0.97
	非生长季	220.95±55.21	26.36	0.82
青冈	生长季	42.73±7.54	6.05	0.13
	非生长季	82.10±25.33	11.01	0.21
石栎	生长季	86.79±9.47	9.91	0.21
	非生长季	35.25±4.69	4.98	0.08

一些文献报道，落叶树种的养分回收特征季节性变化比常绿树种要更加明显(Wang et al.，2014)。本研究中，落叶阔叶树种南酸枣的 RP 季节性变化比其他 4 个常绿树种要更为明显，这可能与南酸枣在生长季周转速度更快，生长更加旺盛，使得回收效率变低、回收代价变高

有关。但从养分归还量来看，南酸枣并未表现出明显的季节变化，这与生长季和非生长季南酸枣的凋落叶总量差别不大相对应。尽管 9 月仍然有南酸枣的新叶萌发，但南酸枣的叶凋落时间集中在秋季也就是 9～11 月，因此包含 9 月的生长季与非生长季之间的凋落物量较接近。

7.3.4　养分回收效率与 N/P、叶片和土壤养分含量的相关性分析

对 N、P 养分回收效率，N/P，叶片和土壤中的养分含量做 Spearman 相关性分析，结果表明 N_{RE} 和 P_{RE} 显著相关，同时与落叶中的 N 浓度显著负相关。N_{RE} 和 P_{RE} 均与土壤中的养分含量高低不相关。这说明 N 和 P 的养分回收过程相互联系紧密，但与土壤养分含量关系较小(表 7.4)。

表 7.4　养分回收效率与 N/P、叶片和土壤养分含量的 Spearman 相关性分析

指标	N_{RE}	P_{RE}	N/P_L	N/P_F	C_L	C_F	N_L	N_F	P_L	P_F	C_S	N_S
P_{RE}	0.75*											
N/P_L	0.05	0.02										
N/P_F	−0.02	−0.37	0.83**									
C_L	0.48	0.43	−0.21	−0.38								
C_F	0.03	−0.03	−0.20	−0.18	0.85**							
N_L	−0.85**	−0.80**	0.32	0.43	−0.55	−0.20						
N_F	0.08	−0.40	0.48	0.73*	−0.28	−0.12	0.37					
P_L	−0.64	−0.55	−0.74*	−0.47	−0.20	0.02	0.36	−0.33				
P_F	−0.08	0.09	−0.90**	−0.90**	0.28	0.15	−0.22	−0.50	0.66*			
C_S	−0.30	−0.25	0.25	0.28	−0.63*	−0.79**	0.37	−0.03	0.03	−0.28		
N_S	−0.37	−0.48	0.23	0.42	−0.84**	−0.81**	0.50	0.33	0.16	−0.24	0.85**	
P_S	0.18	−0.04	-0.56	−0.42	−0.27	−0.29	−0.15	0.08	0.41	0.59	0.07	0.37

注：下标 L 表示落叶；下标 F 表示鲜叶；下标 S 表示土壤养分含量；*表示相关性显著(P<0.05)；**表示相关性极显著(P<0.01)

鲜叶和落叶的 N/P 极显著相关，同时与鲜叶中的 P 浓度极显著负相关。另外，落叶中的 N/P 还与落叶和鲜叶中的 P 含量显著负相关，与鲜叶中的 N 含量显著正相关。与养分回收效率类似，叶片中的 N/P 也与土壤养分含量关系较小，这也反映了生态化学计量的植物内稳性。

鲜叶和落叶中的 C 含量之间显著正相关，同时与土壤当中的 C、N 含量显著负相关。鲜叶和落叶中的 P 含量之间同样显著正相关，土壤当中的 C 含量与 N 含量之间也存在极显著的正相关性。除上述提到的显著相关性外，其余的叶片和土壤养分之间的相关性较弱。

7.3.5　不同演替时期树种的养分利用策略分析

我国中亚热带地区由于长期经营活动和社会经济快速发展对木材生产的需求增大，人工林成为该地区主要的森林类型。近年来随着国家对天然林保护的高度重视，逐渐形成了不同演替阶段自然恢复的次生林，树种组成趋于复杂。本研究所选择的大山冲国有林场就包含从针叶林经落叶阔叶林到常绿阔叶林这三个演替阶段的天然次生林，其中的主要树种分别为早期演替树种马尾松、中期演替树种南酸枣、晚期演替树种青冈和石栎。本研究通过比较这 4 个树种的化学计量和养分回收特征的差异，研究处于气候土壤条件接近、不同演替时期的树种是否会采取不同的养分利用策略。

早期演替树种马尾松在生长季和非生长季都具有最高的 N_{RE}，相比其他树种低于 25%的 N_{RE}，马尾松的 N_{RE} 接近 50%，远远高于演替中晚期的 3 个树种(图 7.4)。除了在生长季马尾

松 P 的回收效率与石栎较接近外，总的来说，马尾松的 P_{RE} 高于其他树种。从养分回收效率的季节性变化来看，马尾松的 N_{RE} 随季节的变化较小，也就是说马尾松全年对 N 的回收高效而稳定，并不随季节的变化而发生较大改变。而 P_{RE} 的季节变化规律则相反，马尾松的季节性差异比其他 3 个树种更加明显，这主要是由于在非生长季马尾松的 P_{RE} 显著高于生长季，同时也显著高于其他树种，说明与 N 相比，马尾松在非生长季更偏好对 P 的回收。全年的 N_{RP} 和非生长季的 P_{RP} 均为马尾松显著高于其他 3 个树种的对应值(表 7.2)，在生长季马尾松的 P_{RP} 显著高于中期演替树种南酸枣，但与 2 个晚期演替树种的 P_{RP} 之间并无显著差异。值得注意的是，尽管马尾松的养分回收效率(RE 和 RP)均显著高于其他 2 个树种，但由于其凋落物量较大，因此 N、P 的养分归还量仍然高于青冈、石栎这两个晚期演替树种。也就是说，马尾松高的养分回收效率并不会导致所在林地土壤养分的过度贫瘠，这与表 7.1 的结果一致，马尾松的土壤养分含量低于南酸枣落叶阔叶林，但与石栎-青冈常绿阔叶林比并无显著差异。

由图 7.3 所示的鲜叶、落叶化学计量比的季节性变化可知，马尾松的 C/P 和 N/P 值在鲜叶中较稳定，而落叶的季节性变化显著($P<0.05$)，青冈和石栎的变化则相反，C/P 和 N/P 值在落叶中较稳定，而鲜叶的季节性变化显著($P<0.05$)。结合上文关于养分回收效率的分析，马尾松很可能主要通过调控落叶中 P 的回收来保持鲜叶中较稳定的 C/P 和 N/P 值。早期演替树种马尾松在受 P 限制的样地采取的是较保守的养分利用策略，不仅控制从枯叶向鲜叶转移 N、P 的百分比(即高的养分回收效率，RE)，也控制枯叶中 N、P 的最小浓度(即高的养分回收度，RP)，这将增强其在养分贫瘠地区的适应性和竞争力(Escudero et al.，1992；Aerts and Chapin，2000；Wright and Cannon，2001；Kobe et al.，2005)。与马尾松相比，晚期演替树种青冈和石栎采取的是较为开放的养分利用策略，主要证据为养分回收的衡量指标 RE 和 RP 都显著低于马尾松，同时落叶中的 C/P 和 N/P 值稳定而鲜叶中的相应比值随季节变化大。然而，处于演替中期的树种南酸枣在养分利用中的表现并不是介于马尾松和青冈、石栎之间，这可能是南酸枣不同于其他常绿树种的落叶生活史影响的结果，新叶的萌发生长相对更集中在生长季，使得养分的回收代价更大，难以达到更好的回收效果(Wright and Cannon，2001；Wang et al.，2014)。

本研究关于处于不同演替阶段主要树种养分利用策略的变化趋势与 Yan 等(2006)在浙江天童不同演替阶段常绿阔叶林的实验结果较一致，但与 Odum 的假说相矛盾。可能的解释途径之一是 Odum 的假说是建立在从裸地经由草地、灌丛到森林阶段这一完整的演替过程进行观测的基础上(Eugene，1969；Garnier et al.，2004；Vile et al.，2006)，与草地或灌丛相比，次生林演替过程已经是整个生态系统中较为成熟的演替阶段，不同演替阶段森林中的养分循环都要比先锋演替阶段(草地、灌丛等)更为闭合和高效，因此变化趋势有所不同。另一个可能的解释是 Friederike 等认为不是生态系统的演替阶段而是土壤中养分 P 的限制状态决定了林分中 P 循环是开放还是闭合过程，在受 P 限制的林分中，P 循环就会是较闭合的过程(Friederike et al.，2016)。与此相对应，本研究所处的研究样地中由于都受到 P 的限制，因此不同演替阶段的林分均呈现 P 循环比 N 循环要更闭合高效的趋势。

7.4 次生林土壤 N 转化速率

N 循环过程是森林生态系统养分循环重要的组成部分，但关于亚热带森林中不同形态土壤 N 含量及 N 转化速率的研究较少，本节通过氯仿熏蒸法测定微生物生物量碳(microbial biomass carbon, MBC)和微生物生物量氮(microbial biomass nitrogen, MBN)含量，稳定同位素 ^{15}N 稀释法测定总氮转化率，典范对应分析量化土壤化学特性对土壤 N 转化速率的影响大小，比较研究了中国亚热带典型森林类型(针阔混交林、落叶阔叶林和常绿阔叶林)对土壤不同形态养分 N 组成及转化过程的影响。

7.4.1　凋落物和土壤的化学性质

叶凋落物和土壤的化学性质如表 7.5 所示。不同林分凋落物的差异较大，pH 均呈酸性但针阔混交林最低，常绿阔叶林最高。马尾松-石栎针阔混交林的凋落物 C 含量最高、N 含量最低，相应的 C/N 值也是 3 个林分中最低的。

表 7.5　3 个森林类型凋落物和土壤的化学性质

样品	森林类型	pH(K_2SO_4)	容重/(g/cm^3)	总 C/%	总 N/%	C/N
凋落物	针叶林	3.90±0.00c		53.76±0.11a	0.78±0.01c	69.07±0.83a
	落叶林	4.17±0.06 b		51.62±0.17b	2.15±0.02a	23.96±0.18c
	常绿阔叶林	4.47±0.06a		50.22±0.65c	1.57±0.14b	32.19±2.56b
有机质土	针叶林	3.62±0.07b		14.07±2.56b	0.66±0.10a	21.36±1.15a
	落叶林	4.03±0.18a		14.93±3.84b	0.81±0.20a	18.25±2.53ab
	常绿阔叶林	3.65±0.05b		29.99±3.55a	1.15±0.44a	18.56±1.19b
矿质土	针叶林	3.78±0.03a	1.49±0.10a	2.96±0.59b	0.32±0.03b	10.28±0.67b
	落叶林	3.83±0.04a	1.42±0.04a	3.96±0.96ab	0.37±0.05a	9.28±1.16c
	常绿阔叶林	3.73±0.07a	1.40±0.09a	5.37±1.40a	0.56±0.06a	12.33±0.62a

注：不同字母表示各森林之间的差异显著

有机土的 pH 同样呈酸性，为 3.62～4.03，其中南酸枣落叶阔叶林的 pH 显著高于其他 2 个林分。石栎-青冈常绿阔叶林的 C 和 N 含量最高，其他 2 个林分之间的 C、N 含量差异并不显著。南酸枣落叶阔叶林的 C/N 显著低于马尾松-石栎针阔混交林。

矿质土的 pH 在 3 个森林类型之间差异不显著，总 C 和 N 含量从针阔混交林经落叶阔叶林到常绿阔叶林显著增加，石栎-青冈常绿阔叶林的 C/N 最高而南酸枣落叶阔叶林的 C/N 最低。

7.4.2　不同森林类型土壤 N 形态和微生物生物量

如表 7.6 所示，有机土层中不同森林类型的土壤 N 形态存在显著差异，NH_4^+-N 是森林有机土壤中主要的无机 N 存在形式。NH_4^+-N、DON 和 DOC 的含量均依针阔混交林经落叶阔叶林到常绿阔叶林的顺序显著增加。NO_3^--N 的变化规律则不同，在南酸枣落叶阔叶林中含量最高。同样依针阔混交林经落叶阔叶林到常绿阔叶林的顺序含量增加的还有 MBC 和 MBN 的含量，其中，马尾松-石栎针阔混交林中 MBC 和 MBN 的含量显著低于石栎-青冈常绿阔叶林中相应值。

矿质土层中森林土壤 N 形态呈现出与有机土层不同的变化规律，总的来说，南酸枣落叶阔叶林 NH_4^+-N、NO_3^--N、DON 和 DOC 的含量最高，而马尾松-石栎针阔混交林的相应值最低。MBC 和 MBN 的变化规律矿质土和有机土相同，从针阔混交林经落叶阔叶林到常绿阔叶林含量依次增加，其中马尾松针阔混交林中的 MBC、MBN 含量显著低于石栎-青冈常绿阔叶林。

表 7.6　3 个森林类型有机土和矿质土不同形态 N 含量　　（单位：μg/g）

样品	森林类型	氨态氮	硝态氮	可溶性有机 N	可溶性有机 C	微生物生物量 C	微生物生物量 N
有机质土	针叶林	40.90±4.33c	21.36±2.82b	28.26±5.07b	304.43±22.93a	1986.65±205.74b	205.95±38.64b
	落叶林	68.04±9.00b	28.89±3.54a	35.71±7.16b	375.70±21.51b	3120.17±204.99a	233.94±20.74b
	常绿阔叶林	103.00±22.31a	8.31±1.27c	70.77±11.47a	396.83±78.18ab	3308.52±111.76a	284.24±12.23a
矿质土	针叶林	31.84±2.92a	1.92±0.67b	14.75±1.80a	162.97±10.25c	643.91±62.16b	35.03±5.10b
	落叶林	50.16±11.15ab	11.70±2.83a	18.80±1.55b	259.79±19.99a	802.14±81.71b	49.77±8.51ab
	常绿阔叶林	47.46±6.05b	3.15±0.29b	18.48±4.16ab	218.08±5.96b	1037.54±147.24a	66.75±10.92a

注：不同字母表示不同森林之间的差异显著

7.4.3　不同森林类型土壤总 N 矿化速率和 NH_4^+-N 消耗速率

有机土壤样品中，南酸枣落叶阔叶林的总 N 矿化速率和 NH_4^+-N 消耗速率最高，但 3 个森林类型之间并不存在显著差异。与预期的一致，森林有机土壤中 NH_4^+-N 的消耗较大，使得净 N 矿化速率较小或为负值(图 7.5a)。表 7.7 分析了有机土壤主要化学性质与 N 转化速率之间的相关性，结果表明，总 N 矿化速率和 NH_4^+-N 消耗速率均与土壤 C、N、DOC、MBC 和 MBN 含量显著正相关，同时总 N 矿化速率还与 C/N、NO_3^--N 消耗速率显著正相关，净 N 矿化速率与土壤化学性质之间未发现显著的相关性。

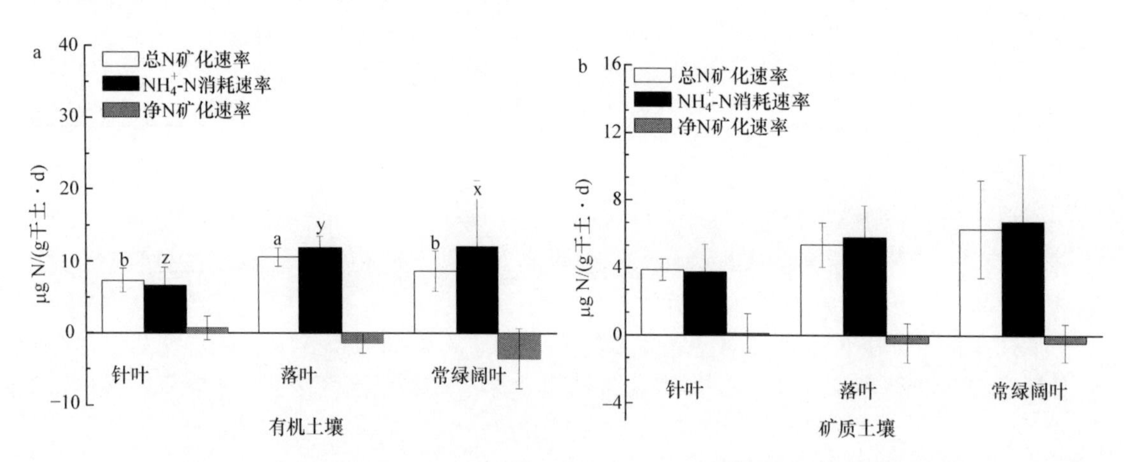

图 7.5　不同森林类型土壤总 N 矿化速率、净 N 矿化速率和 NH_4^+-N 消耗速率

a、b 表示总 N 矿化速率差异显著；*x*、*y*、*z* 表示 NH_4^+ 消耗速率差异显著

无机土壤样品中，3 个森林类型 NH_4^+-N 的消耗也较大，不同林分的总 N 矿化速率、NH_4^+-N 消耗速率和净 N 矿化速率较接近，不存在显著性差异(图 7.5b)。与有机土样的影响因素不同，矿质土壤中的总 N 矿化速率和 NH_4^+-N 消耗速率仅与 MBC 和 MBN 显著正相关，而与土壤 C 含量、C/N 等不相关。另外，总 N 矿化速率还与 NH_4^+-N、DON、DOC 含量显著相关，而 NH_4^+-N 消耗速率还与土壤 N、NO_3^--N 含量、总 N 矿化速率相关性显著(表 7.8)。

7.4.4　不同森林类型土壤总 N 硝化速率和 NO_3^--N 消耗速率

3 个森林类型有机土壤中的总硝化速率、净硝化速率和 NO_3^--N 消耗速率并不存在显著差异(图 7.6a)，但总硝化速率与土壤 C、N、DOC、DON、MBC 和 MBN 含量以及总 N 矿化速率、NH_4^+-N 消耗速率显著正相关(表 7.7)。有机土样中，净硝化速率、NO_3^--N 消耗速率与土壤化学性质之间未发现显著的相关性。

表 7.7　有机土层土壤化学性质和 N 转化速率的 Pearson 相关性分析

N 转化指标	pH	总 C	总 N	C/N	NH_4^+-N	NO_3^--N	DON	DOC	MBC	MBN
总矿化速率	0.215	0.623**	0.633**	0.326*	−0.014	0.535**	0.154	0.394**	0.662**	0.640**
氨态氮消耗速率	0.316*	0.376**	0.398**	0.158	0.056	0.284	0.284	0.399**	0.501**	0.507**
净氮矿化速率	−0.240	0.095	0.074	0.106	−0.097	0.138	−0.252	−0.170	−0.037	−0.070
总硝化速率	−0.154	0.395**	0.431**	0.154	0.275	0.113	0.515**	0.527**	0.399*	0.437**
硝态氮消耗速率	−0.258	0.062	0.077	−0.048	0.218	−0.076	0.130	0.152	0.150	0.137
净硝化速率	0.184	0.239	0.249	0.179	−0.042	0.180	0.252	0.236	0.137	0.181

注：*表示相关性显著(P<0.05)；**表示相关性极显著(P<0.001)

如图 7.6b 所示，矿质土中，南酸枣落叶阔叶林的总硝化速率和净硝化速率显著高于另外 2 个森林类型，但 NO_3^--N 消耗速率在不同森林类型间的差异并不显著。总硝化速率和净硝化速率均与土壤中 NO_3^--N、MBC 和 MBN 含量显著正相关，同时，总硝化速率与 NH_4^+-N 消耗速率显著正相关，这与有机土样中的规律一致(表 7.8)。

表 7.8　矿质土层土壤化学性质和 N 转化速率的 Pearson 相关性分析

N 转化指标	pH	总 C	总 N	C/N	NH_4^+-N	NO_3^--N	DON	DOC	MBC	MBN
总矿化速率	−0.200	0.236	0.262	0.232	0.548*	0.088	0.314*	0.632**	0.603**	0.565**
氨态氮消耗速率	−0.083	0.277	0.312*	0.169	0.220	0.326*	0.062	0.277	0.427**	0.399**
净氮矿化速率	−0.025	−0.200	−0.228	−0.064	0.080	−0.359*	0.286	0.061	−0.150	−0.139
总硝化速率	0.243	0.146	0.167	0.024	−0.320*	0.793**	−0.542**	−0.210	0.355*	0.472**
硝态氮消耗速率	0.237	−0.057	−0.016	−0.222	−0.314	0.242	−0.292	−0.462*	−0.263	−0.233
净硝化速率	0.041	0.177	0.165	0.186	−0.055	0.544**	−0.276	0.158	0.526**	0.610**

注：*表示相关性显著(P<0.05)；**表示相关性极显著(P<0.001)

综上所述，不同森林类型中土壤不同形态 N 的含量及 N 转化速率存在较大差异，本研究中的 3 个天然次生林样地地理位置、气候条件相近，N 形态及转化速率的差异可以认为主要是不同森林类型(树种组成)影响的结果，这与相关文献报道的不同的树种类型可能通过影响土壤化学性质、土壤微生物群落而改变土壤 N 形态及含量，影响 N 转化速率的结论一致(Templer et al.，2003；Lovett et al.，2004；Jia et al.，2005；Hazlett et al.，2007；Boyle et al.，2008；Christenson et al.，2009；Cao et al.，2010)。总的来说，马尾松-石栎针阔混交林的 2 个土层不同形态的土壤 N、MBC、MBN 含量，以及 N 转化速率均为 3 个森林类型中最低的，这与 Malchair 和 Carnol(2009)在温带森林的研究结果类似，可能与针阔混交林的凋落物质量较低(C/N 值较高)有关。南酸枣落叶阔叶林 2 个土层的 NO_3^--N 含量以及矿质土中的总硝化和净硝化速率均为最高，这可能是由于其秋冬季大量的凋落物量以及较好的凋落物质量给了土壤微生物更理想的温度和营养条件(Burton et al.，2007)。Christenson 等(2009)指出，不同树种类型对 N 转化速率的差异将影响森林对大气 N 沉降增加的响应以及森林土壤保持养分 N 的能力。由本研究结果来看，落叶阔叶树种的硝化速率更快，可能对 N 沉降增加的响应更加敏感，土壤保持养分 N 的能力低于针叶和常绿阔叶树种。

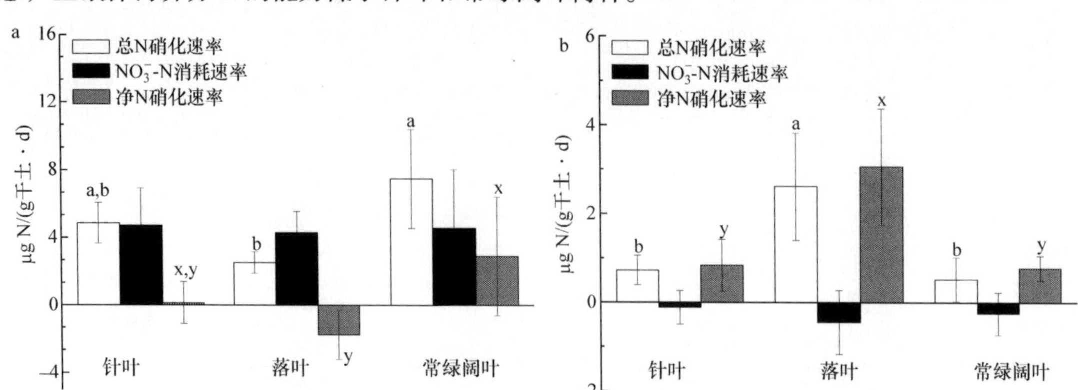

图 7.6 不同森林类型土壤 N 转化速率（总硝化速率、净硝化速率和 NO_3^--N 消耗速率）

a、b 表示总 N 硝化速率的差异显著；x、y 表示 NO_3^--N 消耗速率差异显著

关于土壤 N 转化速率在落叶和常绿阔叶林之间的比较研究较少，本研究的结果表明，南酸枣落叶阔叶林和石栎-青冈常绿阔叶林土壤在 N 转化速率上的差异依土层不同而不同。常绿阔叶林的有机土层 NH_4^+-N、DON、DOC、MBC 和 MBN 含量更高，同时 N 转化速率也更快，而在矿质土层则相反，除总 N 矿化率和 NH_4^+-N 消耗速率以外，落叶阔叶林土壤的不同形态 N 含量更高，转化速率更快，Christenson 等（2009）和 Lovett 等（2004）关于不同土层土壤 N 特性差异的研究将此归因于不同土层 SOC 质量的差异。

7.4.5 不同森林类型土壤 N 转化过程的影响因素

不同森林类型有机土壤的 N 转化速率与土壤 C、N 含量显著相关，而与土壤 C/N 值不相关（表 7.7），这与 Templer 等（2003）和 Holub 等（2005）的研究结果相同，也就是土壤中的养分总量而不是土壤质量是 N 转化过程主要的调控因素（Booth et al.，2005）。同时，本研究结果还表明，各土层中土壤总 N 矿化、NH_4^+-N 消耗速率及总硝化速率，矿质土中的净硝化速率均与 MBC 和 MBN 含量显著相关，这是因为土壤微生物及其分泌的胞外酶在 N 转化过程中发挥了重要作用（Schimel and Bennett，2004；Malchair and Carnol，2009），与相关研究认为土壤 MBC 和 MBN 含量可以预测 N 转化速率大小的观点（Booth et al.，2005）一致。各土层中 NO_3^--N 消耗速率与 MBC、MBN 含量无显著相关性可能是由于大多数微生物更偏好利用氨态氮而不是硝态氮（Stark and Hart，1997）。

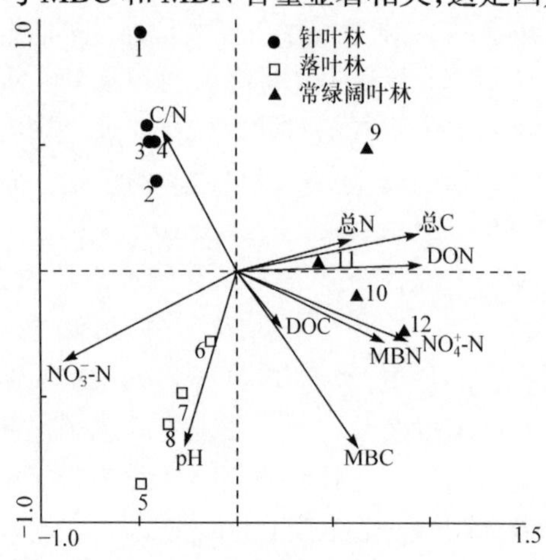

图 7.7 土壤化学性质和 N 转化速率的典型对应性分析

采用 CCA 分析量化土壤化学特性对土壤 N 转化率的影响大小（图 7.7），结果表明不同森林类型，影响土壤 N 转化速率的主要因素不同。在针阔混交林和落叶阔叶林分别是土壤 C/N 和 pH 的影响较大，而在常绿阔叶林则受到土壤 C、N、NH_4^+-N、DON 和 MBN 含量等多因素共同影响。结合土壤 N 转化

速率和土壤化学特性相关性分析的结果可以推测，土壤 C、N 含量和微生物生物量 C、N 含量差异是不同类型森林土壤 N 转化速率差异的主要原因。

7.5　次生林凋落物量及其动态变化

亚热带次生林和人工林凋落物量动态及其分解率、周转期的比较研究仍不多见，本节采用凋落物直接收集法，以湘中丘陵区 3 种次生林：马尾松-石栎针阔混交林(PM)、南酸枣落叶阔叶林(CA)、石栎-青冈常绿阔叶林(LG)和杉木人工林(CL)为研究对象，比较不同森林类型及其优势树种凋落物量、组成动态及其分解率和周转期的差异，揭示亚热带天然林保护和森林树种组成的差异对森林生态系统养分循环、碳流动的影响机制，为森林科学经营提供理论依据。

7.5.1　凋落物量及其组成

4 种森林凋落物总量为 414.40～818.22g/(m^2 · a)，大小顺序为 PM>CA>LG>CL，其中 CL 与 CA、LG 间差异显著($P<0.05$)，与 PM 间差异极显著($P<0.01$)，但 PM、CA、LG 两两间差异不显著($P>0.05$)(表 7.9)。凋落物主要由落叶(包括针叶和阔叶)、落枝、落果、碎屑(动物残体及其粪便、芽鳞、落花、树皮等的统称)等组分组成。不同林分凋落物的各组分量及其占林分凋落物总量百分比不同，CL 为落叶>枯枝>落果>碎屑，PM 为落叶>碎屑>枯枝>落果，CA 和 LG 为落叶>枯枝>碎屑>落果。4 种森林凋落物均以落叶为主，占林分凋落物总量的 59.92%～66.62%，CL 落叶最低，与 PM、CA、LG 差异显著($P<0.05$)，但 PM、CA 和 LG 两两间差异不显著($P>0.05$)。枯枝占林分凋落物总量的 13.92%～25.25%，以 CA 最高，其次是 CL，PM 最低，但 4 种林分两两间差异均不显著($P>0.05$)。落果占林分凋落物总量的 1.31%～10.09%，以 CL 落果及其占林分凋落物总量的百分比最高，其次是 LG，PM、CA 最低，且 CL 与 PM、LG 差异显著($P<0.05$)，与 CA 差异极显著($P<0.01$)，PM、CA、LG 两两间差异不显著($P>0.05$)。碎屑占林分凋落物总量的 1.78%～24.28%，以 PM 碎屑及其占林分凋落物总量的百分比最高，其次是 CA、LG，CL 最低，且 CL 与 PM、CA、LG 之间的差异，PM 与 CA 之间的差异均极显著($P<0.01$)，与 LG 差异显著($P<0.05$)，但 CA 与 LG 差异不显著($P>0.05$)。

表 7.9　4 种林分凋落物量(±标准差)及各组分的百分比(括号内)

[单位：g/(m^2 · a)]

林分类型	落叶	枯枝	落果	碎屑	合计
杉木林	265.50±14.11 (64.07) Aa	99.75±5.74 (24.07) Aa	41.80±2.58 (10.09) Aa	7.36±1.14 (1.78) Aa	414.41±21.09 (100) Aa
马尾松林	490.29±21.99 (59.92) Ba	113.97±13.64 (13.93) Aa	15.27±1.14 (1.87) Bab	198.69±8.89 (24.28) Bbd	818.22±34.43 (1000) Bb
南酸枣林	510.62±45.71 (64.26) Ba	192.65±27.82 (24.25) Aa	10.41±1.30 (1.31) Bb	80.88±6.19 (10.18) Dc	794.56±49.14 (100) Bab
石栎-青冈林	482.13±25.58 (66.62) Ba	110.29±14.53 (15.24) Aa	24.55±2.33 (3.39) Bab	106.70±5.39 (14.74) Dcd	723.67±30.74 (100) Bab

注：括号内的数据为百分数(%)，同列不同大写字母表示差异显著($P<0.05$)，不同小写字母表示差异极显著($P<0.01$)

同一气候条件下，森林类型是凋落物量的主要影响因素，凋落物量随树种组成、密度的不同而变化(杨会侠等，2010)。本研究中，CL 凋落物总量、落叶显著或极显著低于 3 种次生林(PM、CA、LG)，与现有的研究结果(郭剑芬等，2006；胡灵芝等，2011)一致。与 CL 相比，3 种次生林树种组成多样且林分密度大(郑路和卢立华，2012)，次生林阔叶树的叶面积和质量均远大于 CL 的针叶，这是次生林凋落物量、落叶显著高于 CL 人工林的原因。次生林组成树种复杂多样，凋落物量大，更有利于养分归还和地力的维持。此外，LG 凋落物量、落叶低于 PM、CA，但差异不显著，可能是由于：① 3 种次生林密度不同(郑路和卢立华，2012)，其中 PM 密度最大(2492 株/hm^2)，其次是 CA(1696 株/hm^2)，而 LG(1340 株/hm^2)最低，林分凋落物量、落叶与林分密度呈显著正相关(r=0.2877～0.3497，n=48，P<0.05)；② 3 种次生林树种多样性不同，CA 树种多样性最大(1.104)，其次是 LG，PM 最低，林分凋落物量、落叶与林分树种多样性指数呈显著线性正相关(r=0.3033～0.3497，n=48，P<0.05)。表明林分凋落物量、落叶随林分密度、树种多样性增加而增大，林分密度和树种多样性是导致林分凋落物量、落叶差异的主要原因。此外，同一地区不同林分组成树种的生物学和生态学特性的差异，也是林分凋落物量、落叶差异的重要影响因素。

森林主要树种的生物学特性不仅制约着林分凋落物量，还影响到凋落方式和凋落器官的比例(方炜和彭少麟，1996)。本研究中，不同林分凋落物各组分的量及其占林分凋落物量的百分比均不同，但 4 种林分凋落物量均以落叶为主体，落叶占林分凋落物量的 59.9%～66.6%，与郭剑芬等(2006)研究结果(62%～69%)接近，表明落叶在林分凋落物量中占据关键地位。研究表明，杉木针叶在秋季少雨月份(10～12 月)枯黄，之后连同小枝一起脱落，落叶与枯枝之间存在极显著的正相关，而阔叶树则在叶片凋落前，离层细胞间的中层黏液化、分解，使叶柄自离层处折断，叶片脱落，枝条则在以后凋落，其叶、枝的凋落量不存在任何相关(方炜和彭少麟，1996)，导致枯枝也成为 CL 凋落物的主要部分，占林分凋落物总量的 24.1%，明显高于 PM、LG。由于常绿针叶树用于繁殖的器官资源分配较大，阔叶树的养分主要用于营养器官的生长，其果实小、质量轻(侯玲玲等，2013)，导致 CL 的落果量及其占林分凋落物总量的百分比显著高于 PM、CA、LG。碎屑也是凋落物中不可忽视的部分，PM、CA、LG 极显著高于 CL，PM 也极显著或显著高于 CA、LG，表明次生林中鸟类、昆虫等动物比较丰富，尤其是 PM，可能是由于马尾松抗虫害能力弱，易受松毛虫危害，因此虫粪多是马层松林凋落物组成的一个显著特点(樊后保等，2005)。相关分析结果表明，林分枯枝、落果、碎屑与林分密度、树种多样性指数均不存在显著相关(P>0.05)，表明林分密度及其树种多样性不是影响林分枯枝、落果、碎屑的主要因素。

7.5.2　凋落物总量及各组分的动态

4 种林分凋落物总量、落叶均呈现出明显的月变化特征，CL 凋落物总量、落叶均呈双峰模式，峰值均在 3 月和 10 月，且 10 月峰值高于 3 月；CA 凋落物总量、落叶也均呈双峰模式，第 1 个峰值分别在 3 月和 4 月，第 2 个峰值均在 10 月；PM 凋落物总量、落叶均为不规则模式，出现多个峰值，其中凋落物总量在 6 月和 9 月明显增多，落叶在 6 月、9 月、11 月也明显增多；LG 凋落物总量为不规则模式，出现 3 个峰值，分别在 3 月、6 月、9 月，落叶呈双峰模式，峰值在 3 月和 9 月(图 7.8)。

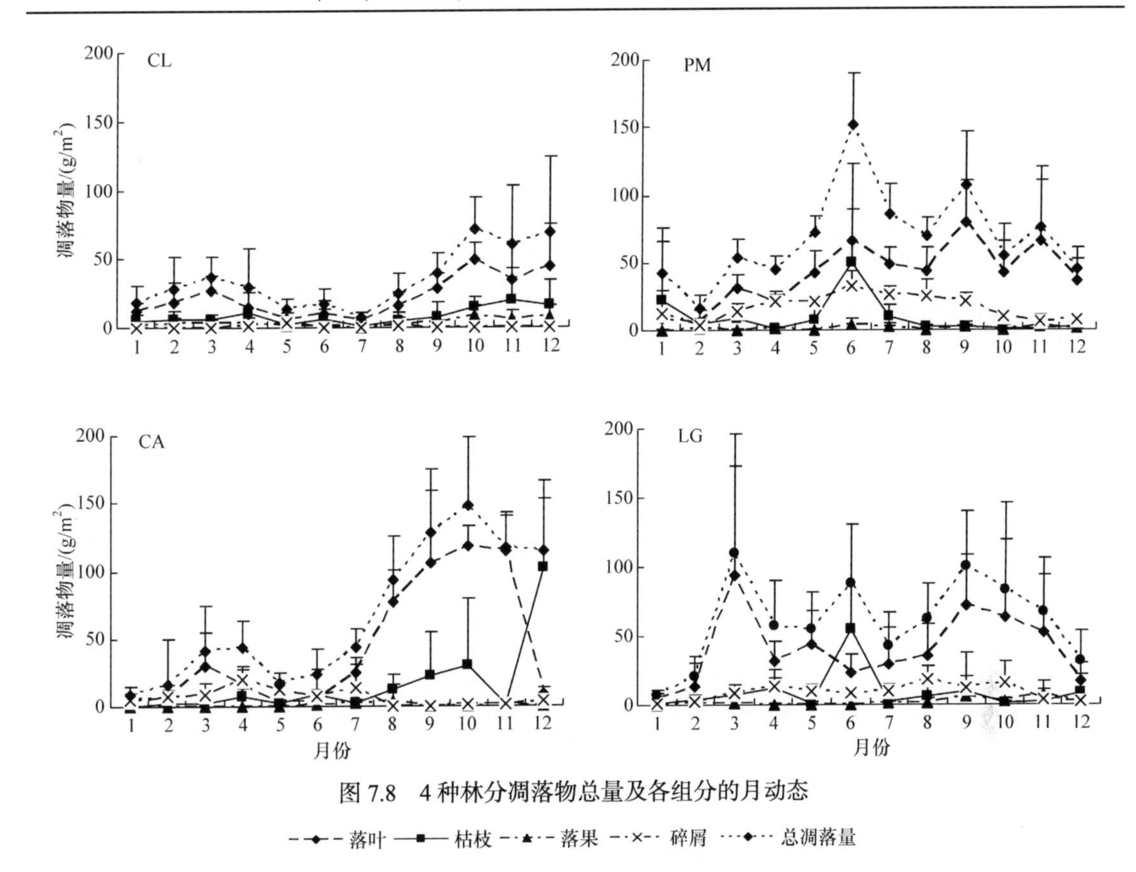

图 7.8　4 种林分凋落物总量及各组分的月动态

落果集中在 2～4 月和 9～12 月，PM 在 6 月和 11 月，CA 在 7～8 月，LG 在 8～9 月。CL 碎屑无明显的季节变化，PM 生长季(4～9 月)碎屑较多，CA 在 4 月较多，LG 在 3～10 月较多(图 7.8)。此外，CL 凋落物总量、落叶、枯枝的月变化较为平缓，月标准差较低(表 7.9)，而 PM、AC、LG 月变化波动较大，月标准差较高，尤其是 AC。

7.5.3　优势树种凋落物总量、落叶及其月动态

各优势树种凋落物总量、落叶占其林分凋落物总量的百分比表现为杉木凋落物总量、落叶占林分凋落物总量的百分比最高，分别为 93.46%和 61.25%，马尾松-石栎分别占 69.82%和 54.52%，南酸枣分别占 68.67%和 53.46%，石栎-青冈分别占 51.20%和 34.11%(表 7.10)。优势树种凋落物总量、落叶占林分凋落物总量的百分比基本上随森林的树种多样性增加呈下降趋势。各优势树种落叶占相应树种凋落物总量的 64.75%～81.21%，表明各优势树种凋落物也是以落叶为主。林分凋落物特征是林分树种共同形成的，林分优势树种的改变将会影响林分凋落物特征(胡灵芝等，2011)，而各树种生物量最能直观地反映该树种对林分结构的贡献(方炜和彭少麟，1996)。本研究中，各林分优势树种凋落物总量、落叶分别占其林分凋落物总量、落叶的 51.2%和 34.1%以上，但随着林分树种多样性的提高呈下降趋势。表明无论是次生林还是杉木人工林的凋落物总量、落叶均以其优势树种凋落物总量、落叶为主，但优势树种对林分凋落物总量的贡献随林分树种数量的增加而下降。表明次生林组成树种多样复杂，明显改变了林分凋落物组成的特征。

表 7.10 优势树种凋落物总量、落叶量(±月标准差)及其占凋落物总量的百分比(括号内)

[单位：g/(m² · a)]

项目	杉木林	马尾松林		南酸枣林	石栎-青冈林	
	杉木	马尾松	石栎	南酸枣	石栎	青冈
凋落物总量	387.3±22.2 (93.5)	385.5±21.0 (47.1)	185.8±13.6 (22.7)	545.7±50.9 (68.67)	188.5±18.8 (26.0)	182.1±19.0 (25.2)
落叶	253.8±14.1 (61.3)	313.0±18.6 (38.3)	133.0±9.5 (16.3)	424.8±48.1 (53.5)	122.0±8.4 (16.7)	124.8±18.2 (17.3)
落叶占凋落物总量的百分比	65.5	81.2	71.6	77.8	64.8	68.6

各优势树种凋落物总量、落叶的月动态模式基本一致，但不同树种月动态模式不同，其中杉木、青冈均为双峰模式，第 1 个峰值均在 3 月，但第 2 个峰值杉木在 10 月，青冈在 9 月；南酸枣、石栎均为单峰模式，但两者峰值时间不同，南酸枣在 9 月，石栎在 6 月，且在 PM、LG 中均表现一致；马尾松为不规则模式，但 6 月和 9 月凋落物量明显增多(图 7.9)。从图 7.8 与图 7.9 的比较可以看出，杉木、马尾松、南酸枣凋落物总量的月动态均与其林分凋落物总

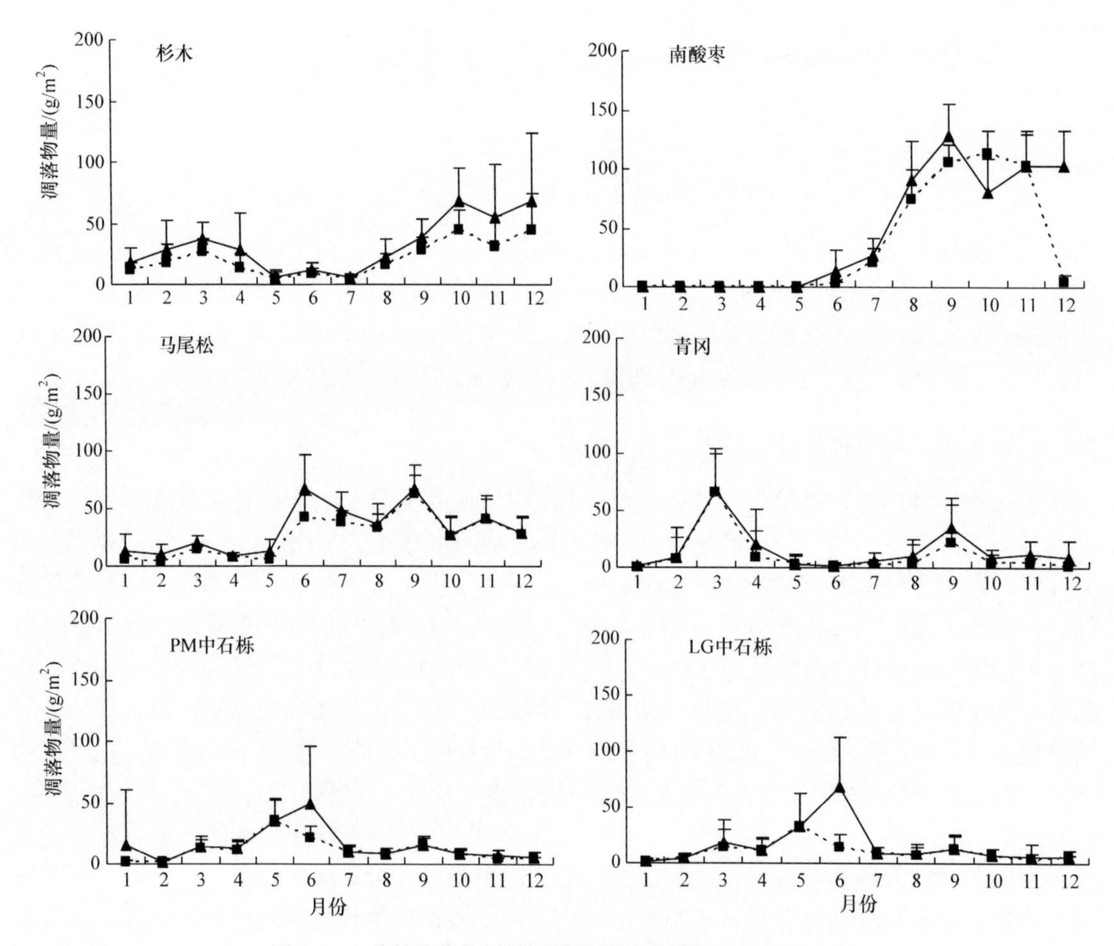

图 7.9 4 种林分优势树种凋落物总量及其落叶量的月动态

量的月动态基本一致，但青冈、石栎不一致。森林凋落物总量随气候因子的季节变化而呈现明显的季节变化。本研究中，落叶是林分、各树种凋落物总量的主体，对林分凋落物总量贡献了 1/2 以上，无论是林分凋落物总量的月动态还是各林分优势树种凋落物总量的月动态都主要受控于落叶的月动态。

森林凋落物总量的月动态模式有单峰型、双峰型或不规则型，主要取决于林分树种的生物学和生态学特性及气候因素的综合影响(翁轰等，1993)，亚热带不同地区常绿阔叶林凋落物量季节动态并不一致，多数是双峰，少数是单峰，与林分树种组成有关(屠梦照等，1993；翁轰等，1993)。本研究中，杉木、马尾松凋落物总量的月动态与其林分凋落物总量的月动态基本一致，而南酸枣、青冈、石栎与其林分没有一致的变化趋势。CL、杉木凋落物总量、落叶均呈双峰型，是由于 CL 是由杉木单一树种组成的。研究表明，3～4 月是常绿针叶树换叶季节，此时大量老叶凋落形成第 1 个峰值，杉木针叶在少雨秋季枯黄，连同小枝一起脱落而出现第 2 个峰值(温远光等，1989)。PM、马尾松凋落物总量、落叶的月动态为不规则型，是由于 PM 仍以马尾松为绝对优势树种，林分凋落物总量的月动态仍取决于马尾松凋落物总量的动态，3～4 月是马尾松换叶季节，此时有较多老叶脱落，出现第 1 个峰值，6 月是马尾松针叶凋落高峰而形成第 2 个峰值，秋季(9～11 月)少雨干旱促使马尾松针叶大量脱落以减少水分的消耗导致第 3 个峰值出现。CA 凋落物总量、落叶呈双峰型，而南酸枣凋落物总量、落叶呈单峰型，是由于 CA 中除了南酸枣、檵木、千年桐等落叶树种外，还有四川山矾、毛豹皮樟等常绿阔叶树，尽管南酸枣 1～4 月萌发新芽叶，此时南酸枣凋落物量几乎为零，但 3～4 月是常绿阔叶树换叶，老叶脱落(屠梦照等，1993)季节，因此 CA 凋落物量仍然出现一个较小峰值；秋冬季节(9～12 月)是南酸枣等落叶树种落叶高峰(Lian and Zhang，1998；樊后保等，2005)，也是常绿阔叶树部分叶子完成使命后开始脱落的时间，因此 9～11 月 CA、南酸枣出现落叶峰值。LG 凋落物量为不规则型，落叶呈双峰型，而青冈凋落物量、落叶呈双峰型，石栎呈单峰型，是由于大多常绿阔叶树在春夏(3～5 月)新叶萌发，生长旺盛，促使衰老的叶子脱落，此时凋落物明显增多而出现第 1 个峰值，秋季(9～11 月)干旱少雨、温度下降，大多常绿阔叶树果实成熟脱落而结束 1 个繁殖周期，部分叶子完成使命开始脱落而出现第 2 个高峰，因此大多常绿阔叶树凋落物量、落叶月动态为双峰型。也有少数常绿阔叶树凋落物量、落叶仅在 5～6 月新叶长成后出现 1 个高峰值，在秋冬季节没有明显的变化，不出现第 2 个峰值。表明青冈属于大多常绿阔叶树凋落物量、落叶月动态为双峰型，而石栎属于少数常绿阔叶树凋落物量、落叶月动态为单峰型。此外，由于 6 月强度大的降水频率高，枯枝凋落量明显增加，导致 LG 凋落物量在 6 月出现峰值。相关分析结果表明，4 种林分月凋落物量、月落叶量与月降水量之间不存在显著相关(相关系数分别为 0.065 和−0.056，$P>0.05$，$n=48$)，与月平均温度之间呈显著的线性正相关(相关系数分别为 0.3086 和 0.2932，$P<0.05$，$n=48$)，表明林分凋落物量、落叶的月动态与林分树种生物学特性和当地气温的季节变化密切相关。

7.5.4 凋落物层现存量及周转期

4 种森林凋落物层现存总量依次为：LG>PM>CA>CL，且各森林类型之间差异极显著($P<0.01$)。各分解层现存量及其占林分凋落物层现存总量的百分比因林分不同而异，尽管未分解层现存量依次为：PM>CA>CL>LG，且两两之间差异显著($P<0.05$)或极显著($P<0.01$)，但 CL 占其林分凋落物层现存总量的百分比为最高，其次为 CA，LG 最低；半分解层现存量

以 CL 最低，其次是 PM、CA，LG 最高，且 4 种林分两两间差异均极显著($P<0.01$)，但 4 种林分半分解层现存量占其林分凋落物层现存总量的百分比相当；LG 已分解层现存量及其占林分凋落物层现存总量的百分比最高，其次是 PM，CA 最低，且 4 种林分已分解层现存量两两间差异均极显著($P<0.01$)。不同分解层现存量占林分凋落物层现存总量的百分比均以半分解层为最低，LG 已分解层现存量明显高于未分解层、半分解层现存量，PM 已分解层现存量与未分解层现存量相近。

4 种森林凋落物分解率为 0.31～0.45，周转期为 2.2～3.2a，CA 凋落物分解率最大(0.45)，周转期最短(2.2a)，其次是 PM 和 LG，CL 凋落物分解率最低，为 0.31，周转期最长，为 3.2a(表 7.11)。

表 7.11　4 种林分凋落物层现存量、分解率和周转期

林分类型	现存量/(g/m^2)				分解率	周转期/a
	未分解层	半分解层	已分解层	总计		
杉木林	453±1.21 (50.78) Aa	138±0.50 (15.47) Aa	301±0.61 (33.74) Aa	892±1.81 (100) Aa	0.31	3.2
马尾松林	484±0.88 (41.55) Bb	198±0.39 (17.00) Bb	484 ±2.21 (41.55) Bb	1166±2.15 (100) Bb	0.41	2.4
南酸枣林	456±1.41 (50.00) Ca	196±0.85 (21.49) Cc	260±1.03 (28.51) Cc	912±2.30 (100) Cc	0.45	2.2
石栎-青冈林	326±0.79 (27.08) Dc	218±0.62 (18.12) Dd	659±2.99 (54.73) Dd	1203±3.60 (100) Dd	0.40	2.5

注：括号内的数据为百分数(%)，同列不同大写字母表示差异显著($P<0.05$)，不同小写字母表示差异极显著($P<0.01$)

林地凋落物层是凋落物逐渐积累而形成的，并处于不断分解和聚积的动态变化中，林地凋落物层的积累量随林分密度增大而增加(项文化等，1997)，林地凋落物层的数量和组成反映了凋落物的产生和分解过程(胡灵芝等，2011)。本研究中，4 种林分凋落物层现存量变化趋势为：LG>PM>CA>CL，与郑路等(郑路和卢立华，2012)的研究结果基本一致。由于 CL 凋落物难分解，PM、CA、LG 凋落物易于分解，而 CA 在 9～11 月为落叶高峰，在 12 月测定时，林地未分解的凋落物仍较多，导致 CL、CA 未分解层现存量占林分凋落物层现存量的百分比较高于 PM、LG，而半分解层和已分解层所占百分比较低于 PM、LG。相关分析结果表明，凋落物层现存量、各分解层现存量与林分树种多样性指数、密度呈线性正相关，但未达到显著水平($P>0.05$)，表明林分树种数量、密度不是林地凋落物层现存量主要的影响因子。

本研究中，CL 凋落物分解率最低(0.31)，周转期最长(3.2a)，与广西不同密度湿地松凋落物的平均分解速率和周转期(项文化等，1997)、浙江天童不同演替阶段常绿阔叶林凋落物周转期(张庆费和徐绒娣，1999)相近。CA 凋落物分解率最高(0.45)，周转期最短(2.2a)，导致 CA 凋落物层现存量，尤其是已分解层现存量显著低于 LG、PM，而 LG 凋落物层现存量最高，可能与其年凋落物量较多、已分解层现存量明显增加有关。理论上 CL 凋落物层现存量应较高，但 CL 树种单一，林分密度低，又是针叶林，导致 CL 的凋落物层现存量最低。相关分析表明，林分凋落物的周转期与林分树种多样性指数呈显著的线性负相关($P<0.05$)，与林分密度呈线性负相关，但未达到显著水平($P>0.05$)，表明林分树种、密度增加，不仅增加了凋落物量，而且改变了凋落物的组成，加快凋落物的分解和周转。总之，次生林比杉木人工林年凋落量大，且分解率高，周转期短，群落结构稳定，能更好地进行养分归还，具有良好的维持土壤肥力的能力。

7.6　结　论

本章主要研究次生林生态化学计量和养分回收特征、土壤 N 转化速率、凋落物量及动态变化等 3 个方面的内容，它们同属于森林生态系统养分循环过程这一有机的整体，研究结果互相印证和补充，对亚热带次生林养分循环特征有了更为深刻和全面的了解。总的来说，不同演替阶段的树种组成对次生林养分循环过程的影响较大，保护次生林，促进其向地带性植被常绿阔叶林群落演替，对提高整个森林生态系统的养分循环功能和生态恢复有深远意义。本章的主要结论如下。

1) 鲜叶和落叶 N/P 均随演替进展呈现明显的升高趋势，说明在森林生态系统演替过程中养分 P 的限制逐渐加剧，演替后期树种优先选择回收 P 而不是 N；不同树种的 P_{RE} 和 P_{RP} 均高于对应的 N 回收参数，这是由土壤 P 限制造成的；不同演替阶段的主要树种养分利用策略不同，演替早期树种如马尾松采取的是保守的养分利用策略，而演替后期树种如石栎和青冈采取的是更开放的利用策略。南酸枣可能由于落叶阔叶树种的特性影响，养分利用情况并不介于早、中期演替树种之间。

2) 不同森林中各土壤 N 形态、MBC 和 MBN 含量、N 转化速率差异显著，其中落叶阔叶林的土壤 N 转化速率更高，对大气 N 沉降的增加可能更加敏感；土壤 N 转化速率与土壤总 C、总 N、MBC 和 MBN 的含量密切相关，表明在中亚热带，与土壤质量相比，土壤养分总含量和微生物活性对土壤 N 转化过程的影响更大；不同森林类型，影响土壤 N 转化速率的主要因素不同，在针阔混交林和落叶阔叶林分别是土壤 C/N 和 pH 的影响较大，而在常绿阔叶林则受到土壤 C、N、NH_4^+-N、DON 和 MBN 含量等多种因素共同影响。

3) 3 种次生林年凋落物量显著高于杉木人工林，3 种次生林两两之间差异不显著，落叶对林分凋落物量的贡献最大，其中优势树种的凋落物量对其林分凋落物量的贡献随林分树种多样性的增加而下降；杉木人工林和南酸枣落叶阔叶林的凋落物量月动态变化呈“双峰型”，马尾松-石栎针阔混交林、石栎-青冈常绿阔叶林呈“不规则型”；杉木人工林凋落物分解率最低，周转期最长，南酸枣落叶阔叶林分解率最高，周转期最低，凋落物的分解速率和周转随林分树种多样性增加而加快。可见，次生林凋落物量大，且分解快，周转期短，有利于养分归还和具有良好地力维持的能力。

主要参考文献

常杰，葛滢，傅华琳. 1998. 青冈常绿阔叶林主要树种叶片形态生态研究. 植物学通报, 15(6): 59-64.

陈金玲，金光泽，赵凤霞. 2010. 小兴安岭典型阔叶红松林不同演替阶段凋落物分解及养分变化. 应用生态学报, 21(9): 2209-2216.

陈章和，张宏达，王伯荪. 1992. 黑石顶自然保护区南亚热带常绿阔叶林生物量与生产量研究Ⅶ. 凋落量、现存凋落量和凋落物分解速率. 生态科学, (1): 107-114.

邓琦，刘世忠，刘菊秀，等. 2007. 南亚热带森林凋落物对土壤呼吸的贡献及其影响因素. 地球科学进展, 22(9): 976-986.

樊后保, 李燕燕, 孙新, 等. 2005. 马尾松纯林及其与阔叶树混交林的凋落量与养分通量. 应用与环境生物学报, 11(5): 521-527.
方炜, 彭少麟. 1996. 常绿阔叶林中种群在群落中地位测度指标的探讨. 生态学报, 16(1): 111-112.
官丽莉, 周国逸, 张德强, 等. 2004. 鼎湖山南亚热带常绿阔叶林凋落物量 20 年动态研究. 植物生态学报, 28(4): 449-456.
郭剑芬, 陈光水, 钱伟, 等. 2006. 万木林自然保护区 2 种天然林及杉木人工林凋落量及养分归还. 生态学报, 26(12): 4091-4098.
郭忠玲, 郑金萍, 马元丹, 等. 2006. 长白山各植被带主要树种凋落物分解速率及模型模拟的试验研究. 生态学报, 26(4): 1037-1046.
侯玲玲, 毛子军, 孙涛, 等. 2013. 小兴安岭十种典型森林群落凋落物生物量及其动态变化. 生态学报, 33(6): 1994-2002.
胡灵芝, 陈德良, 朱慧玲, 等. 2011. 百山祖常绿阔叶林凋落物凋落节律及组成. 浙江大学学报: 农业与生命科学版, 37(5): 533-539.
蒋有绪. 1981. 川西亚高山冷杉林枯枝落叶层的群落学作用. 植物生态学与地植物学丛刊, 5(2): 89-98.
李海涛, 于贵瑞, 李家永, 等. 2007. 井冈山森林凋落物分解动态及磷钾释放速率. 应用生态学报, 18(2): 233-240.
李洁冰. 2011. 亚热带 4 种森林凋落物及其养分动态特征. 长沙: 中南林业科技大学硕士学位论文.
李雪峰, 韩士杰, 李玉文, 等. 2005. 东北地区主要森林生态系统凋落量的比较. 应用生态学报, 16(5): 783-788.
梁宏温. 1993. 田林老山中山杉木人工林凋落动态研究. 植物生态学报, 17(2): 155-163.
廖军, 王新根. 2000. 森林凋落物量研究概述. 江西林业科技, (1): 31-34.
林波, 刘庆, 吴彦, 等. 2004. 森林凋落物研究进展. 生态学杂志, 23(1): 60-64.
刘蕾, 申国珍, 陈芳清, 等. 2012. 神农架海拔梯度上 4 种典型森林凋落物现存量及其养分循环动态. 生态学报, 32(7): 2142-2149.
刘文耀, 荆贵芬, 郑征. 1989. 滇中常绿阔叶林及云南松林枯落物的初步研究. 广西植物, 9(4): 347-355.
刘颖, 韩士杰, 林鹿. 2009. 长白山四种森林类型凋落物动态特征. 生态学杂志, 28(1): 7-11.
莫江明, 孔国辉, Brown S, 等. 2001. 鼎湖山马尾松林凋落物及其对人类干扰的响应研究. 植物生态学报, 25(6): 656-664.
屠梦照, 姚文华, 翁轰, 等. 1993. 鼎湖山南亚热带常绿阔叶林凋落物的特征. 土壤学报, 30(1): 34-41.
王陆军. 2010. 安徽肖坑常绿阔叶林优势种凋落物量及养分季节动态的研究. 合肥: 安徽农业大学硕士学位论文.
魏强, 凌雷, 张广忠, 等. 2011. 甘肃兴隆山主要森林类型凋落物累积量及持水特性. 应用生态学报, 22(10): 2589-2598.
温远光, 韦炳二, 黎洁娟. 1989. 亚热带森林凋落物产量及动态的研究. 林业科学, 25(6): 542-548.
翁轰, 李志安, 屠梦照, 等. 1993. 鼎湖山森林凋落物量及营养元素含量研究. 植物生态学与地植物学报, 17(4): 299-304.
吴雅琼, 刘国华, 傅伯杰, 等. 2007. 中国森林生态系统土壤 CO_2 释放分布规律及其影响因子. 生态学报, 27(5): 2126-2135.
项文化, 田大伦, 蔡宝玉, 等. 1997. 不同密度湿地松林凋落物量及养分特性的研究. 林业科学, 33(S.2): 175-180.
杨会侠, 汪思龙, 范冰, 等. 2010. 不同林龄马尾松人工林年凋落量与养分归还动态. 生态学杂志, 29(12): 2334-2340.
俞国松, 王世杰, 容丽, 等. 2011. 茂兰喀斯特森林主要演替群落的凋落物动态. 植物生态学报, 35(10): 1019-1028.
于明坚, 陈启常, 李铭红, 等. 1996. 浙江建德青冈常绿阔叶林凋落量研究. 植物生态学报, 20(2): 144-150.
原作强, 李步杭, 白雪娇, 等. 2010. 长白山阔叶红松林凋落物组成及其季节动态. 应用生态学报, 21(9): 2171-2178.

张德强, 叶万辉, 余清发. 2000. 鼎湖山演替系列中代表性森林凋落物研究. 生态学报, 20(6): 938-944.

张庆费, 徐绒娣. 1999. 浙江天童常绿阔叶林演替过程的凋落物现存量. 生态学杂志, 18(2): 17-21.

赵晓春, 刘建军, 任军辉, 等. 2011. 贺兰山 4 种典型森林类型凋落物持水性能研究. 水土保持研究, 18(2): 107-111.

赵勇, 吴明作, 樊巍, 等. 2009. 太行山针阔叶森林凋落物分解及养分归还比较. 自然资源学报, 24(9): 1616-1624.

郑路, 卢立华. 2012. 我国森林地表凋落物现存量及养分特征. 西北林学院学报, 27(1): 63-69.

郑征, 李佑荣, 刘宏茂, 等. 2005. 西双版纳不同海拔热带雨林凋落量变化研究. 植物生态学报, 29(6): 884-893.

周玉荣, 于振良, 赵士洞. 2000. 我国主要森林生态系统贮量和碳平衡. 植物生态学报, 24(5): 518-522.

Aerts R. 1996. Nutrient resorption from senescing leaves of perennials: are there general patterns? Journal of Ecology, 84: 597-608.

Aerts R, Chapin FS. 2000. The mineral nutrition of wild plants revisited: a re-evaluation of processes and patterns. Advances in Ecological Research, 30: 1-67.

Asner GP, Townsend AR, Riley WJ, et al. 2001. Physical and biogeochemical controls over terrestrial ecosystem responses to nitrogen deposition. Biogeochemistry, 54: 1-39.

Booth MS, Stark JM, Rastetter E. 2005. Controls on nitrogen cycling in terrestrial ecosystems: a synthetic analysis of literature data. Ecological Monograph, 75: 139-157.

Boyle SA, Yarwood RR, Bottomley PJ, et al. 2008. Bacterial and fungal contributions to soil nitrogen cycling under Douglasfir and red alder at two sites in Oregon. Soil Biology and Biochemistry, 40:443-451.

Burton J, Chen C, Xu Z, et al. 2007. Gross nitrogen transformations in adjacent native and plantation forests of subtropical Australia. Soil Biology and Biochemistry, 39: 426-433.

Cao Y, Fu S, Zou X, et al. 2010. Soil microbial community composition under Eucalyptus plantations of different age in subtropical China. European Journal of Soil Biology, 46: 128-135.

Chapin F. 1980. The mineral nutrition of wild plants. Annual Review of Ecology and Systematics, 11: 233-260.

Chapin FS, Matson PA, Mooney HA. 2002. Principles of Terrestrial Ecosystem Ecology. New York: Springer-Verlag.

Chen C, Xu Z. 2006. On the nature and ecological functions of soil soluble organic nitrogen (SON) in forest ecosystems. Journal of Soils Sediments, 6: 63-66.

Christenson LM, Lovett GM, Weathers KC, et al. 2009. The influence of tree species, nitrogen fertilization, and soil C to N ratio on gross soil nitrogen transformations. Soil Science Society of America Journal, 73: 638-646.

Clevelan C, Liptzin D. 2007. C：N：P stoichiometry in soil: is there a “Redfield ration” for the microbial biomass? Biogeochemistry, 85: 235-252.

Cookson WR, Müller C, O’Brien PA, et al. 2006. Nitrogen dynamics in an Australian semiarid grassland soil. Ecology, 87: 2047-2057.

Cote B, Fyles J, Dialivand H. 2002. Increasing N and P resorption efficiency and proficiency in northern deciduous hardwoods with decreasing foliar N and P concentrations. Annals of Forest Science, 59: 275-281.

Davidson E, de Carvalho C, Figueria A, et al. 2007. Recuperation of nitrogen cycling in Amazonian forests following agricultural abandonment. Nature, 447: 995-998.

Du Y, Pan G, Li L, et al. 2011. Leaf N/P ratio and nutrient reuse between dominant species and stands: predicting phosphorus deficiencies in Karst ecosystems, southwestern China. Environa Earth Science, 64: 299-309.

Eckstein RL, Karlsson PS. 1997. Above-ground growth and nutrient use by plants in a subarctic enviroment: effects of habitat, life-from and species. Oikos, 79: 311-324.

Eckstein RL, Karlsson PS, Weih M. 1999. Leaf life span and nutrient resorption as determinants of plant nutrient conservation in temperate-arctic regions. New Phytologist, 143: 177-189.

Elser J, Sterner R, Gorokhova E, et al. 2000. Biological stoichiometry from genes to ecosystems. Ecological Letters, 3: 540-550.

Escudero A, Arco JMD, Sanz IC, et al. 1992. Effects of leaf longevity and retranslocation efficiency on the retention time of nutrients. Oecologia, 90: 80-87.

Eugene P. 1969. The strategy of ecosystem development. Science, 164: 262-270.

Facelli JM, Pickett STA. 1991. Plant litter: its dynamics and effects on plant community structure. The Botanical Review, 57 (1) : 1-32.

Friederike L, Bauhus J, Emmanuel F, et al. 2016. Phosphorus in forest ecosystems: New insights from an ecosystem nutrition perspective. Journal of Plant Nutrition and Soil Science, 179: 129-135.

Garnier E, Cortez J, Billes G, et al. 2004. Plant functional markers capture ecosystem properties during secondary succession. Ecology, 85: 2630-2637.

Hagen-Thorn A, Armolaitis K, Callesen I, et al. 2004. Macronutrients in tree stems and foliage: a comparative study of six temperate forest species planted at the same sites. Annals of Forest Science, 61: 489-498.

Han W, Fang J, Guo D, et al. 2005. Leaf nitrogen and phosphorus stoichiometry across 753 terrestrial plant species in China. New Phytologist, 1682: 377-385.

Hazlett PW, Gordon AM, Voroney RP, et al. 2007. Impact of harvesting and logging slash on nitrogen and carbon dynamics in soils from upland spruce forests in northeastern Ontario. Soil Biology and Biochemistry, 39: 43-57.

He J, Fang J, Wang Z, et al. 2006. Stoichiometry and large-scale patterns of leaf carbon and nitrogen in the grassland biomes of China. Oecologia, 149: 115-122.

He J, Wang L, Flynn DFB, et al. 2008. Leaf nitrogen: phosphorus stoichiometry across Chinese grassland biomes. Oecologia, 155: 301-310.

Holub SM, Lajtha K, Spears JDH, et al. 2005. Organic matter manipulations have little effect on gross and net nitrogen transformations in two temperate forest mineral soils in the USA and central Europe. Forest Ecology and Management, 214: 320-330.

Huang W, Liu J, Wang Y, et al. 2013. Increasing phosphorus limitation along three successional forests in southern China. Plant and Soil, 364: 181-191.

Huygens D, Boechx P, Templer P, et al. 2008. Mechanisms for retention of bioavailable nitrogen in volcanic rainforest soils. Nature Geoscience, 1: 543-548.

Janzen HH. 2004. Carbon cycling in earth systems: A soil science perspective. Agriculture, Ecosystems and Environment, 104 (3) : 399-417.

Jia G, Cao J, Wang C, et al. 2005. Microbial biomass and nutrients in soil at the different stages of secondary forest succession in Ziwuling, northwest China. Forest Ecology and Management, 217: 117-125.

Kara Ö, Bolat İ. 2008. Soil microbial biomass C and N changes in relation to forest conversion in the northwestern Turkey. Land Degradation and Development, 19: 421-428.

Kaye JP, Binkley D, Zou X, et al. 2002. Non-labile soil ^{15}nitrogen retention beneath three tree species in a tropical plantation. Soil Science Society of America Journal, 66: 612-619.

Kazakou E, Garnier E, Roumet C, et al. 2007. Components of nutrient residence time and the leaf economics spectrum in species from mediterranean old-fields differing in successional status. Functional Ecology, 21: 235-245.

Killingbeck K. 1996. Nutrients in senesced leaves: keys to the search for potential resorption and resorption proficiency. Journal of Ecology, 77: 1716-1727.

Killingbeck K, Hammenwinn S, Vecchio P, et al. 2002. Nutrient resorption efficiency and proficiency in fronds and trophopods of a winter-deciduous fern, *Dennstaedtia punctilobula*. International Journal of Plant Sciences, 163: 99-105.

Kobe RK, Lepczyk CA, Iyer M. 2005. Resorption efficiency decrease with increasing greenleaf nutrients in a global data set. Ecology, 86: 2780-2792.

Koerselman W, Meuleman A. 1996. The vegetation N : P ratio: a new tool to detect the nature of nutrient limitation. Journal of Applied Ecology, 33: 1441-1450.

Lian YW, Zhang QS. 1998. Conversion of a natural broad-leafed evergreen forest into pure and mixed plantation forests in a subtropical area: effects on nutrient cycling. Canadian Journal of Forest Research, 28(10): 1518-1529.

Liski J, Nissinen A, Erhard M, et al. 2003. Climate effects on litter decomposition from arctic tundra to tropical rainforest. Global Change Biology, 9(4): 575-584.

Lovett GM, Weathers KC, Arthur MA, et al. 2004. Nitrogen cycling in a northern hardwood forest: Do species matter? Biogeochemistry, 67: 289-308.

Malchair S, Carnol M. 2009. Microbial biomass and C and N transformations in forest floors under European beech, sessile oak, Norway spruce and Douglasfir at four temperate forest sites. Soil Biology and Biochemistry, 41: 831-839.

McGroddy ME, Daufresne T, Hedin LO. 2004. Scalling of C : N : P stoichiometry, and interspecific trends in annual growth rates. Annuals of Botany, 97: 155-163.

Merilä P, Smodander AS. 2002. Soil nitrogen transformations along a primary succession transect on the land-uplift coast in western Finland. Soil Biology and Biochemisty, 34: 373-385.

Milla R, Palacio-Blasco S, Maestro-Martinez M, et al. 2006. Phosphorus accretion in old leaves of a Mediterranean shrub growing at a phosphorus-rich site. Plant and Soil, 280: 369-372.

Norris M, Reich P. 2009. Modest enhancement of nitrogen conservation via retranslocation in response to gradients in N supply and leaf N status. Plant and Soil, 316: 193-204.

Owen JS, Wang MK, Wang CH, et al. 2003. Net N mineralization and nitrification rates in a forested ecosystem in northeastern Taiwan. Forest Ecology and Management, 176: 519-530.

Pan R. 2006. Plant Physiology. Beijing: Chemical Industry Press: 50-70.

Pérez SD. 2004. Forest types and their implications. *In*: Turner BL, Geoghegan J, Foster D. Integrated Land-Change Science and Tropical Deforestation in the Southern Yucatan: Final Frontiers. New York: Clarendon Press of Oxford University Press: 63-68.

Pugnaire F, Chapin F. 1993. Controls over nutrient resorption from leaves of evergreen mediterranean species. Ecology, 74: 124-129.

Regina I, Rico M, Rapp M, et al. 1997. Seasonal variation in nutrient concentration in leaves and branches of *Quercus pyrenaica*. Journal of Vegetation Science, 8: 651-654.

Reich PB, Oleksyn J. 2004. Global patterns of plant leaf N and P in relation to temperature and latitude. Proceedings of the National Academy of the United States, 101: 11001-11006.

Reich PB, Walters MB, Ellsworth DS. 1992. Leaf lifespan in relation to leaf, plant and stand characteristics among diverse ecosystem. Ecological Monographs, 62: 365-392.

Robert B, Caritat A, Bertoni G, et al. 1996. Nutrient content and seasonal fluctuations in the leaf component of coark-oak (*Quercus suber* L.) litterfall. Plant Ecology, 122: 29-35.

Salehi A, Ghorbanzadeh N, Salehi M. 2014. Soil nutrient status, nutrient return and retranslocation in poplar species and clones in northern Iran. iForest Biogeosciences & Forestry, 6: 596-607.

Schimel JP, Bennett J. 2004. Nitrogen mineralization: challenges of a changing paradigm. Ecology, 85: 591-602.

Singh JS, Kashyap AK. 2006. Dynamics of viable nitrifier community, N-mineralization and nitrification in seasonally dry tropical forests and savanna. Microbiological Research, 161: 169-179.

Souto XC. 1994. Comparative analysis of allelopathic effects produced by four forestry species during decomposition process in their soil in China (NW Spain). Journal of Chemical Ecology, 20(11): 3005-3015.

Stark JM, Hart SC. 1997. High rates of nitrification and nitrate turnover in undisturbed coniferous forests. Nature, 385: 61-64.

Sterner R, Elser J. 2002. Ecological stoichiometry: the biology of elements from molecules to the biosphere. Prinston NJ: Princeton University Press: 439.

Templer P, Findlay S, Lovett GM. 2003. Soil microbial biomass and nitrogen transformations among five tree species of the Catskill Mountains, New York, USA. Soil Biology and Biochemistry, 35: 607-613.

Tessier J, Raynal D. 2003. Use of nitrogen to phosphorus ratios in plant tissue as an indicator of nutrient limitation and nitrogen saturation. Journal of Applied Ecology, 40: 523-534.

Vergutz L, Manzoni S, Porporato A, et al. 2012. Global resorption efficiencies and concentrations of carbon and nutrients in leaves of terrestrial plants. Ecological Monographs, 82: 205-220.

Verhoeven J, Koerselman W, Meuleman A. 1996. Nitrogen- or phosphorus-limited growth in herbaceous, wet vegetation: relations with atmospheric inputs and management regimes. Trends in Ecology and Evolution, 11: 494-497.

Victor A, Dimitrios A, Alexandros T, et al. 2001. Litterfall, litter accumulation and litter decomposition rates in four forest ecosystems in northern Greece. Forest Ecology and Management, 144: 113-127.

Vile D, Shipley B, Garnier E. 2006. A structural equation model to integrate changes in functional strategies during old-field succession. Ecology, 87: 504-517.

Wang M, Moore T. 2014. Carbon, nitrogen, phosphorus, and potassium stoichiometry in an ombrotrophic peatland reflects plant functional type. Ecosystems, 17: 673-684.

Wang M, Murphy M, Moore T. 2014. Nutrient resorption of two evergreen shrubs in response to long-term fertilization in a bog. Oecologia, 174: 365-377.

Wardle D, Walker L, Bardgett R. 2004. Ecosytem properties and forest decline in contrasting long-term chronosequences. Science, 305: 509-513.

Wright IJ, Cannon K. 2001. Relationships between leaf lifespan and structural defences in a low-nutrient, sclerophyll flora. Functional Ecology, 15: 351-359.

Xiang W, Chai H, Tian D, et al. 2009. Marginal effects of silvicultural treatments on soil nutrients following harvest in a Chinese fir plantation. Soil Science and Plant Nutrition, 55: 523-531.

Yan E, Wang X, Guo M, et al. 2009. Temporal patterns of net soil N mineralization and nitrification through secondary succession in the subtropical forests of eastern China. Plant and Soil, 320:181-194.

Yan E, Wang X, Huang J. 2006. Shifts in plant nutrient use strategies under secondary forest succession. Plant and Soil, 289: 187-197.

Yuan Z, Li L, Han X, et al. 2005. Nitrogen resorption from senescing leaves in 28 plant species in a semi-rid region of northern China. Journal of Arid Environments, 63:191-202.

Yuan Z, Wan S. 2005. Soil characteristics and nitrogen resorption in *Stipa krylovii* native to northern China. Plant and Soil, 273: 257-268.

Zeng Y, Xiang W, Deng X, et al. 2014. Soil N forms and gross transformation rates in Chinese subtropical forests dominated by different tree species. Plant and Soil, 384: 231-242.

Zhang W, Zhao J, Pan F, et al. 2015. Changes in nitrogen and phosphorus limitation during secondary succession in a karst region in south west China. Plant and Soil, 391: 77-91.

Zhou GY, Guan LL, Wei XH, et al. 2007. Litterfall production along successional and altitudinal gradients of subtropical monsoon evergreen broadleaved forests in Guangdong, China. Plant Ecology, 188(1):77-89.

彩　图

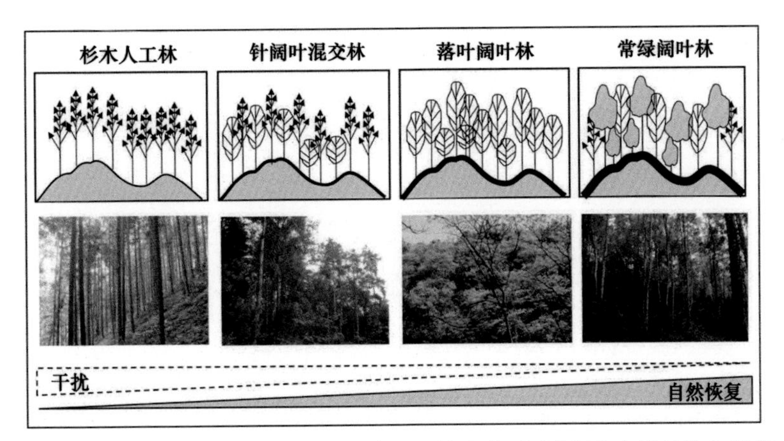

图 1.2　亚热带森林恢复过程中 4 种森林树种组成、土壤变化示意图(次生林结构与干扰、恢复有关)

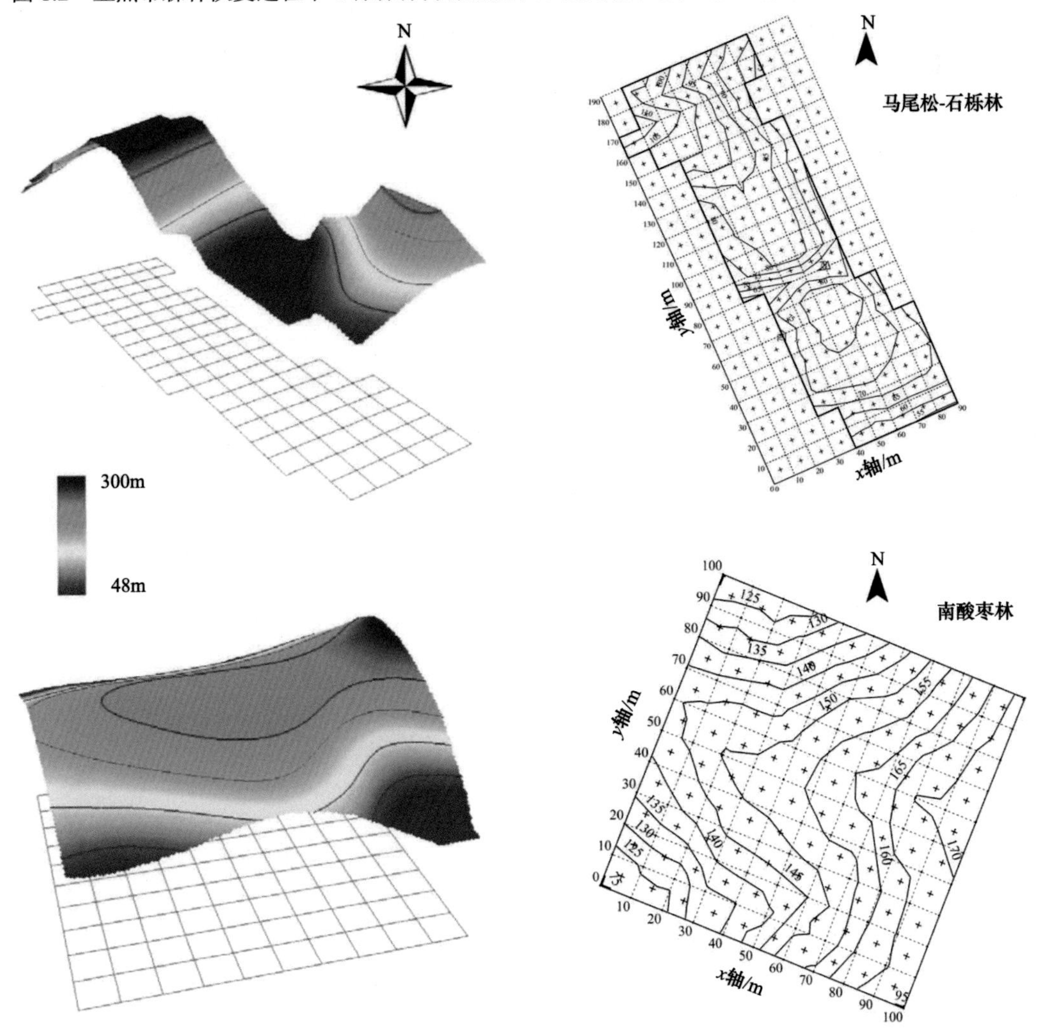

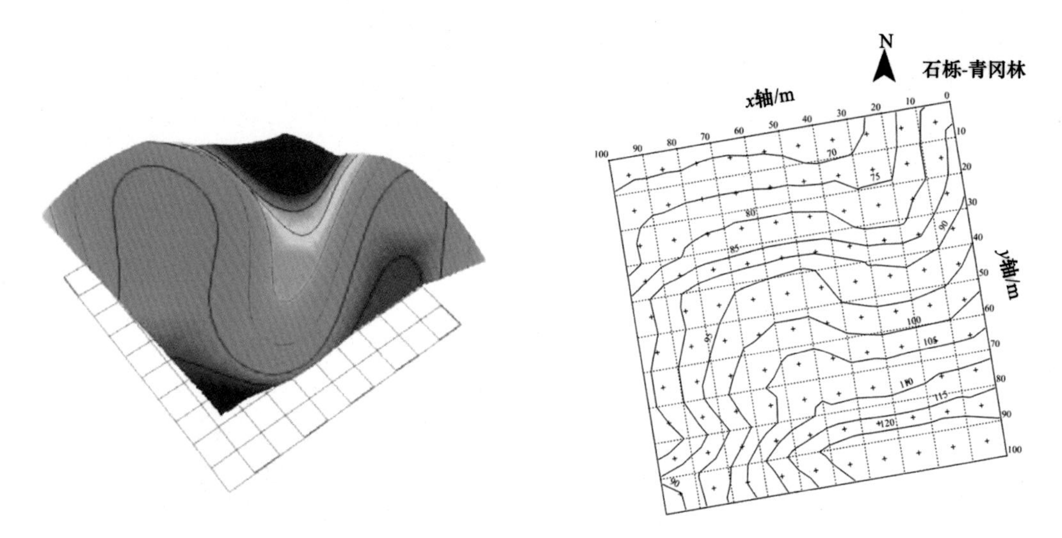

图 1.3　亚热带次生林植物群落调查和土壤取样的小样方分布图

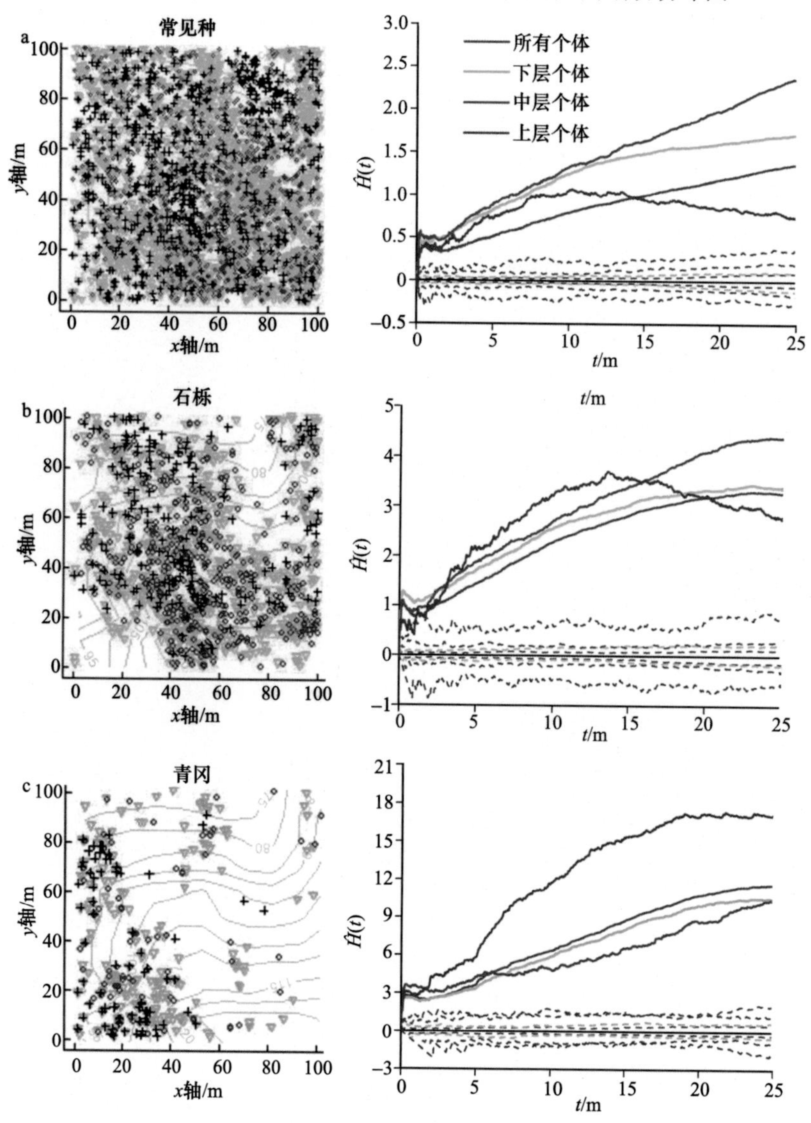

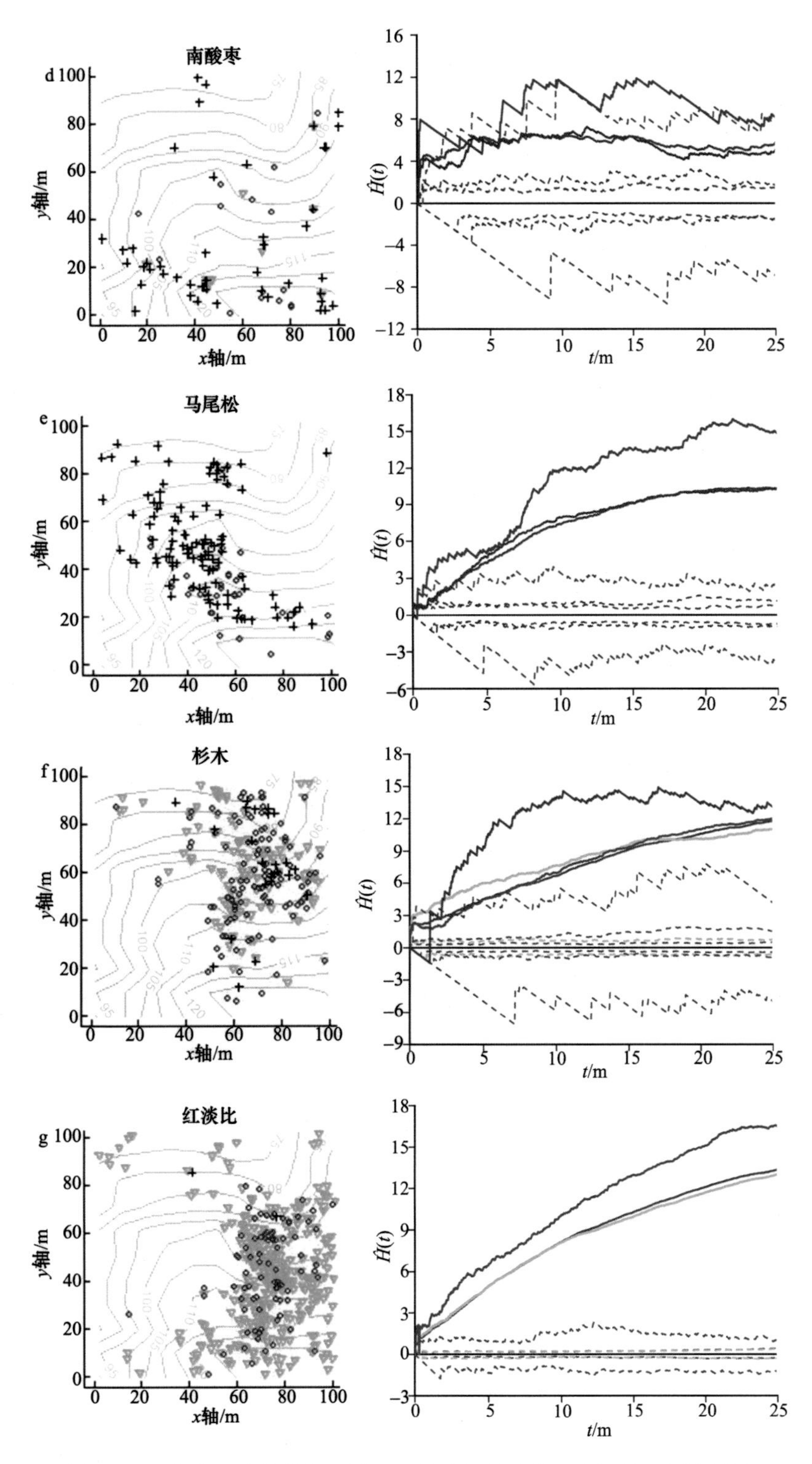

图 3.2 群落和 6 个优势种不同垂直结构层的个体分布图及空间格局图

绿色三角形、红色圆圈和黑色十字形分别代表下层、中层和上层的植株。a. 群落所有种(DBH≥1cm)；b. 石栎；c. 青冈；d. 南酸枣；e. 马尾松；f. 杉木；g. 红淡比。实线表示 $\hat{H}(t)$ 函数值，虚线表示置信区间，t 为水平坐标距离

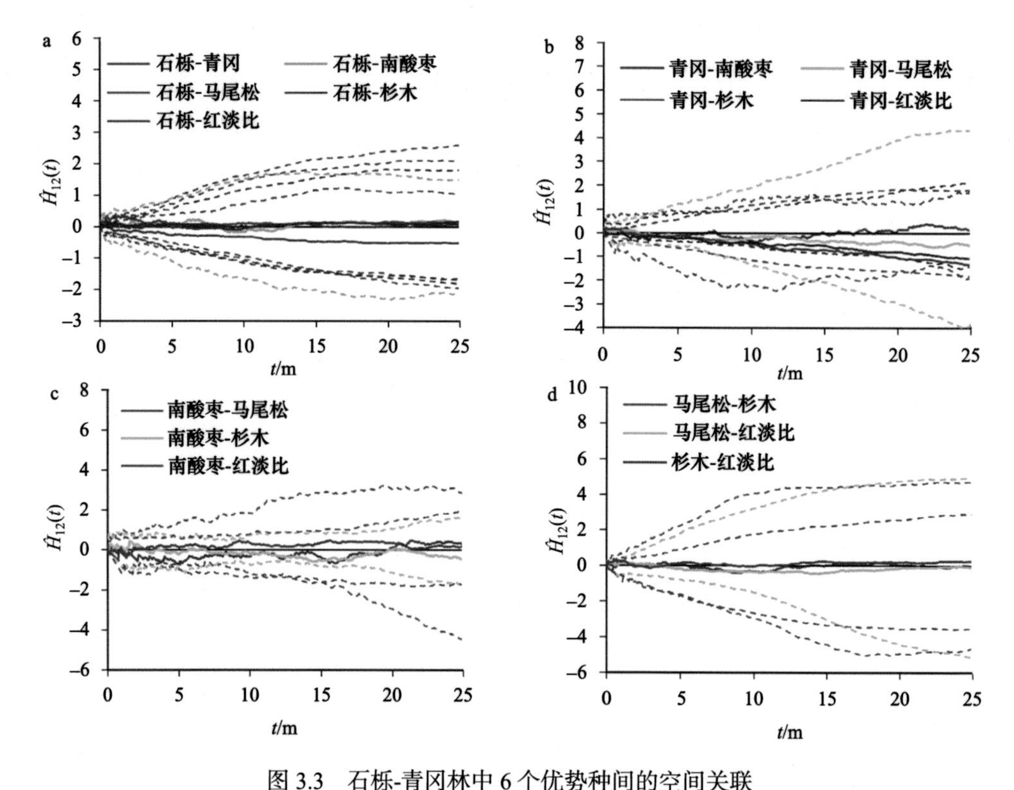

图 3.3　石栎-青冈林中 6 个优势种间的空间关联

$\hat{H}_{12}(t)$表示不同的树种之间的空间关系值，实线表示 $\hat{H}_{12}(t)$函数值，虚线为置信区间，t 为水平坐标距离

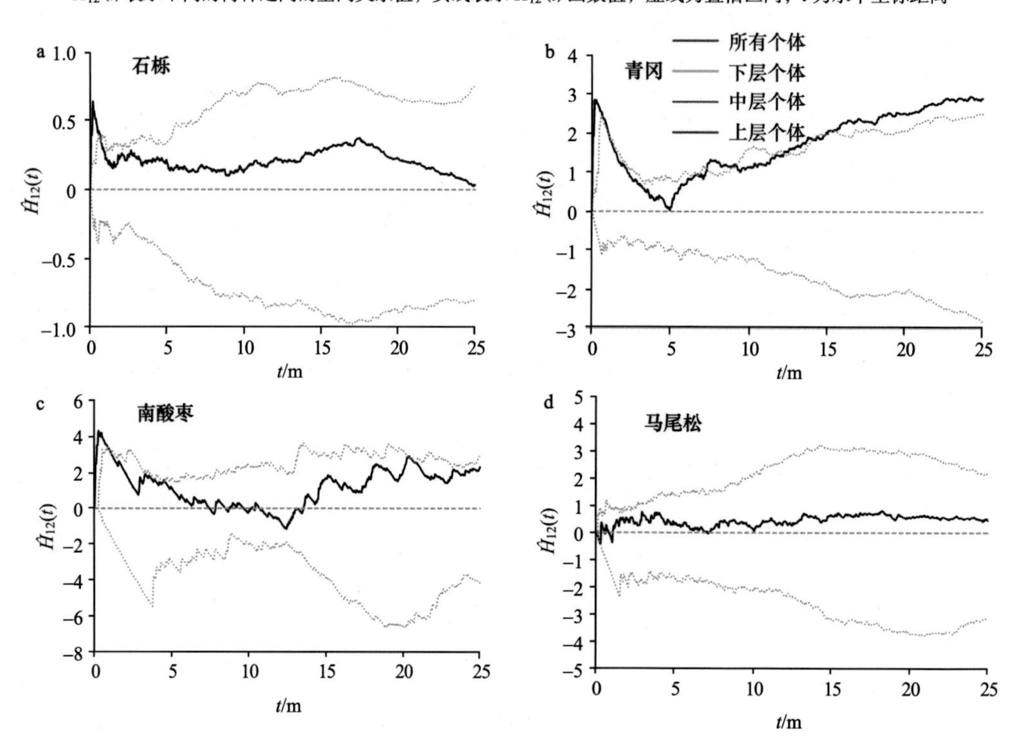

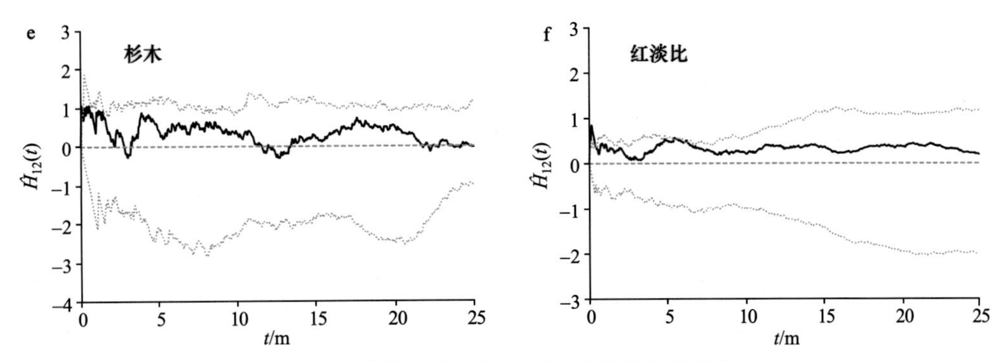

图 3.4　优势种群上层与下层个体的空间关联

$\hat{H}_{12}(t)$表示同一树种上、下层空间关系值，实线表示$\hat{H}_{12}(t)$函数值，虚线为置信区间，t为水平坐标距离

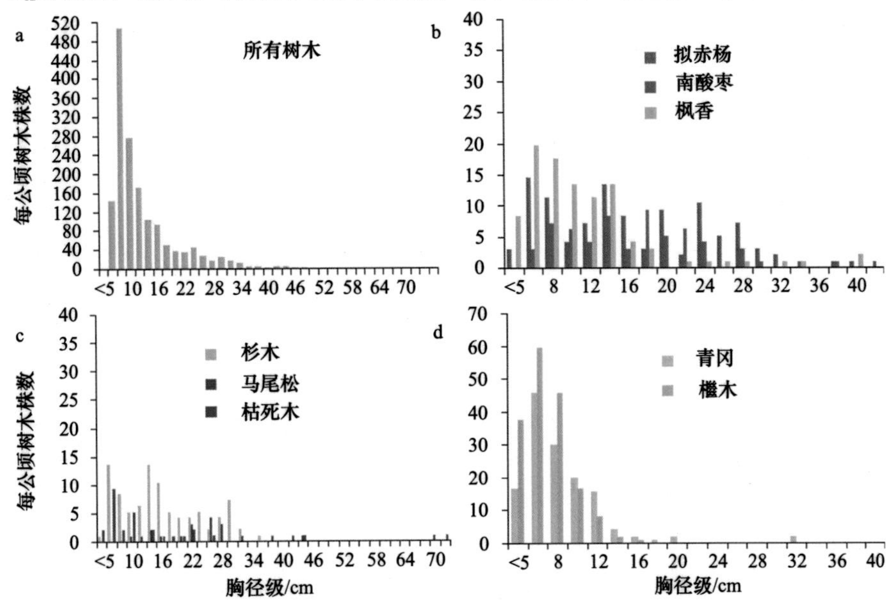

图 3.5　各胸径级优势种和所有种的个体数分布图

370
360
350
356
340
350
N
0 5 10m
枫香
拟赤杨
马尾松
370
360
350
356
340
350
N
0 5 10m
南酸枣
杉木

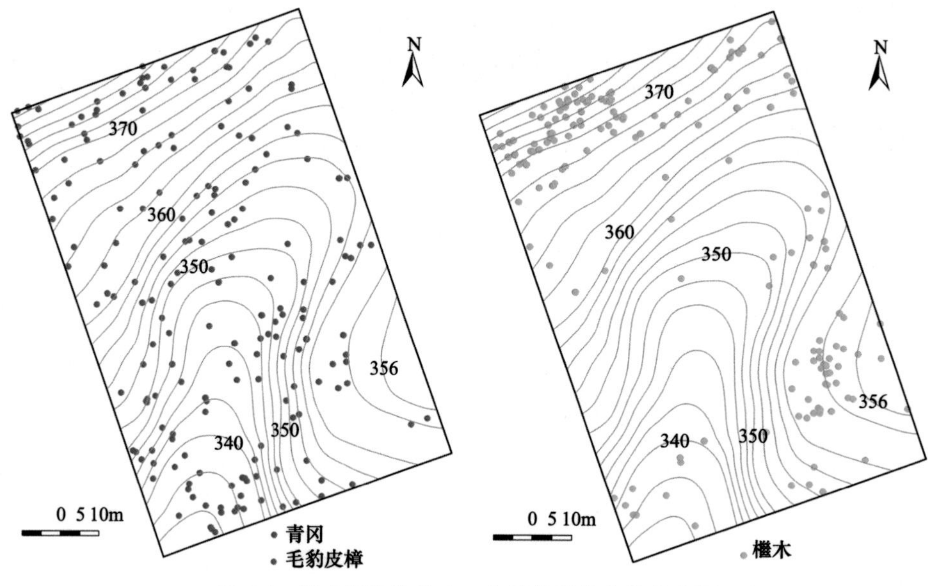

图 3.6 拟赤杨次生林中 8 个优势种的个体分布图

等高线上的数值表示海拔

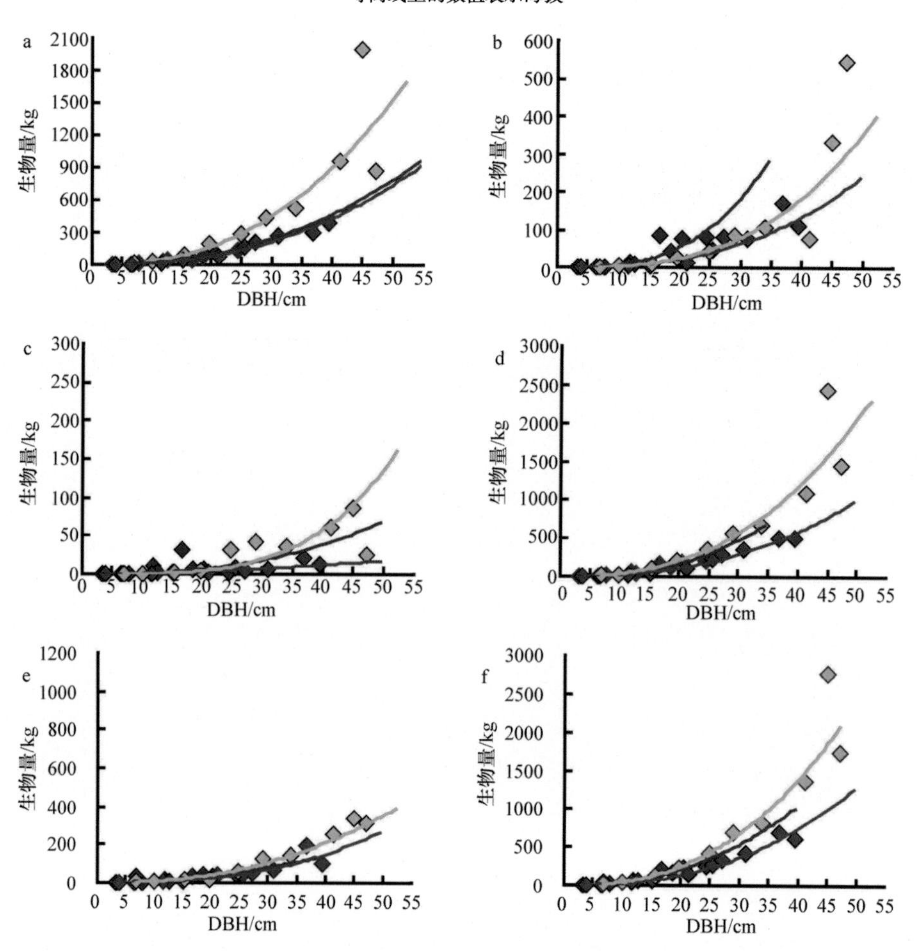

图 4.2 落叶阔叶树种(拟赤杨——红色图例、南酸枣——蓝色图例和枫香——绿色图例)的树干(a)、树枝(b)、树叶(c)、地上(d)、地下(e)及总生物量(f)与胸径(DBH)散点图(见彩图)

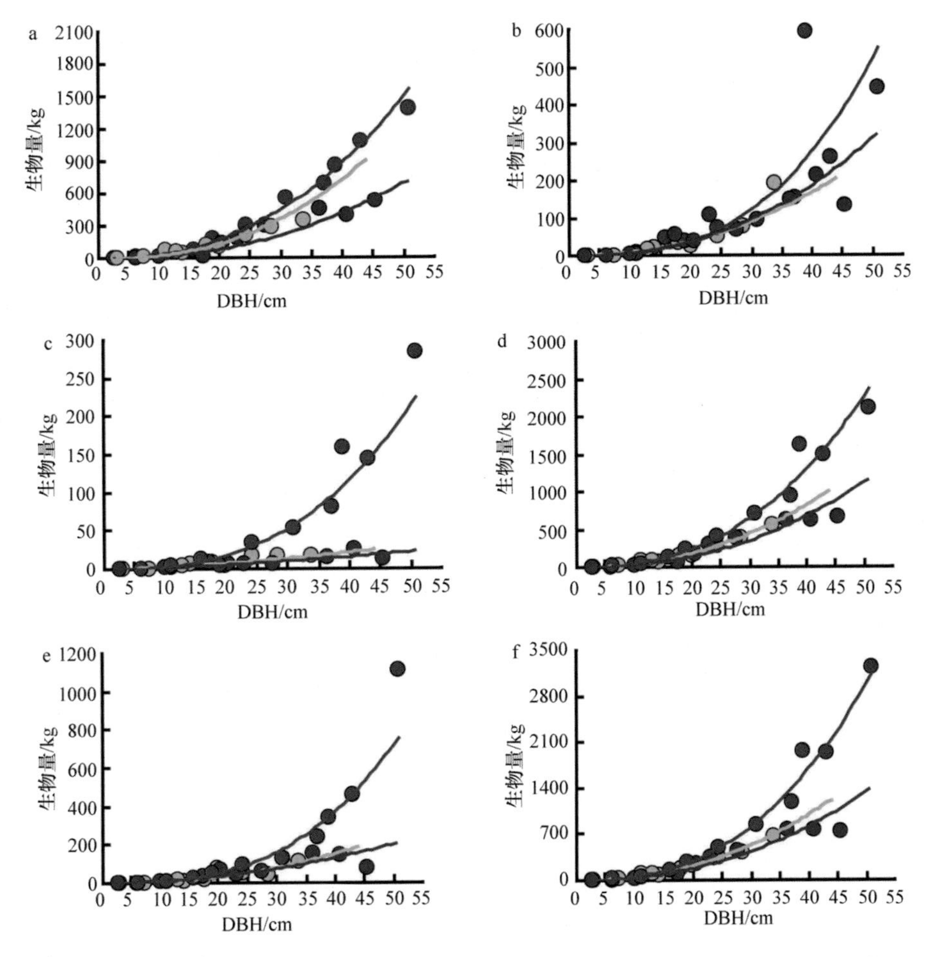

图 4.3　常绿阔叶树种(青冈——红色图例、豹皮樟——蓝色图例和木荷——绿色图例)的树干(a)、树枝(b)、树叶(c)、地上(d)、地下(e)及总生物量(f)与胸径(DBH)散点图

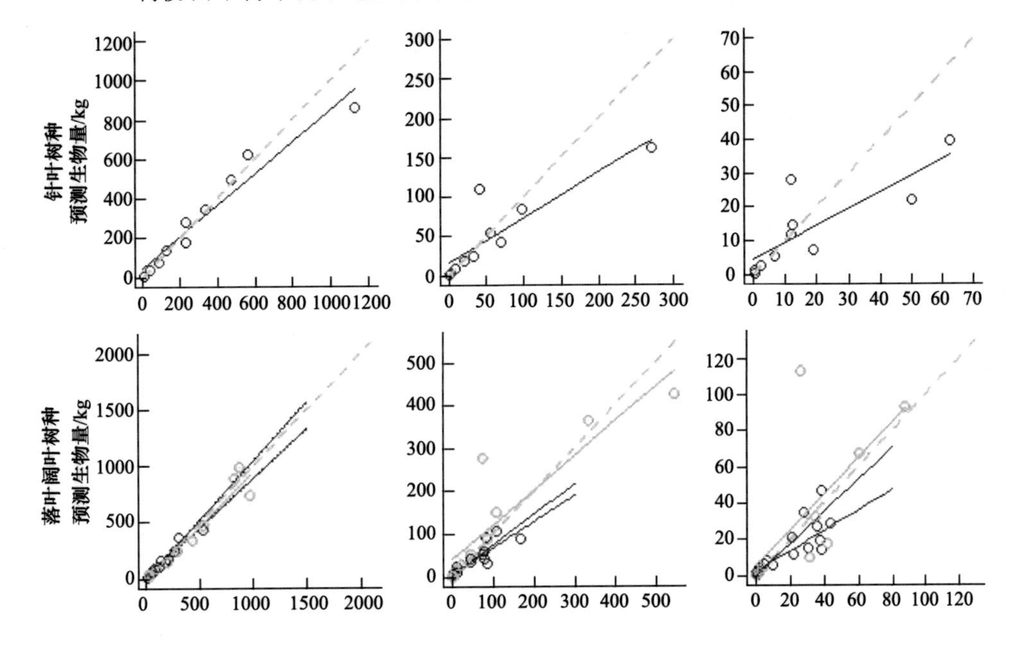

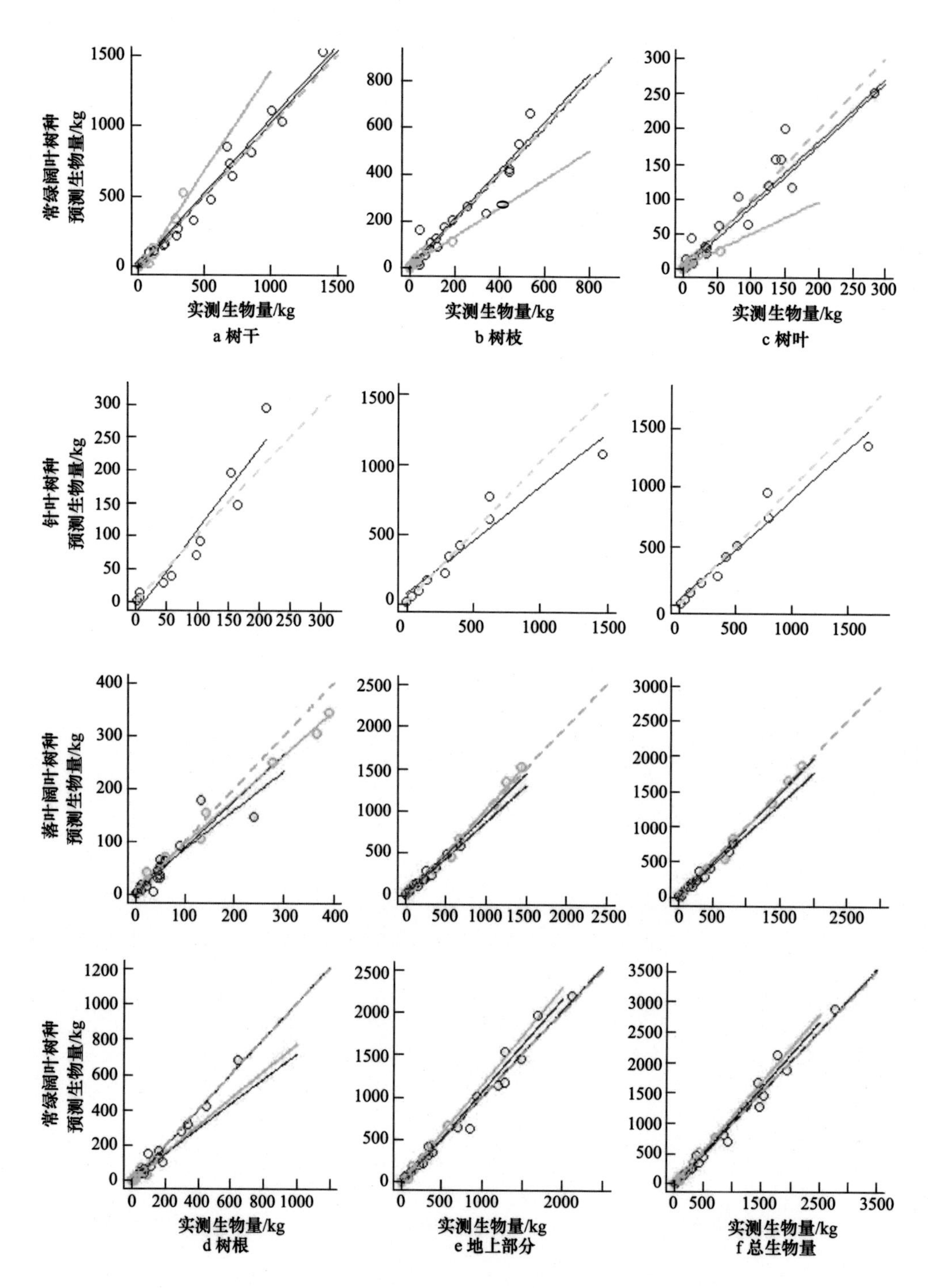

图 4.5　用 D 作为变量的 7 个优势树种相对生长方程树干、树枝、树叶、树根、地上及总生物量预测值与实测值比较

针叶树种为马尾松；落叶阔叶树种中红色为拟赤杨，蓝色为南酸枣，绿色为枫香；常绿阔叶树种中红色为青冈，蓝色为豹皮樟，绿色为木荷

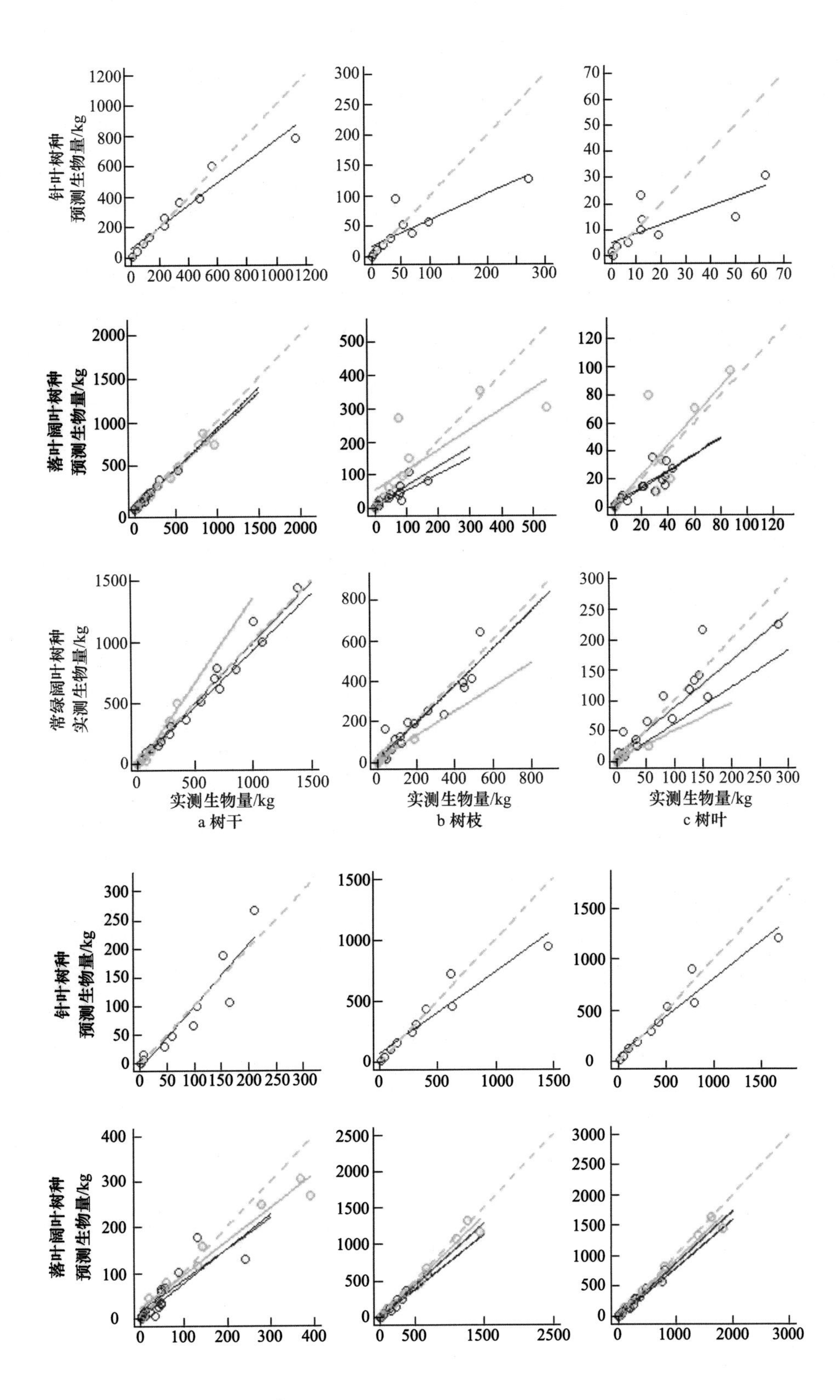

针叶树种
预测生物量/kg
落叶阔叶树种
预测生物量/kg
常绿阔叶树种
实测生物量/kg
实测生物量/kg
实测生物量/kg
实测生物量/kg
a 树干
b 树枝
c 树叶
针叶树种
预测生物量/kg
落叶阔叶树种
预测生物量/kg

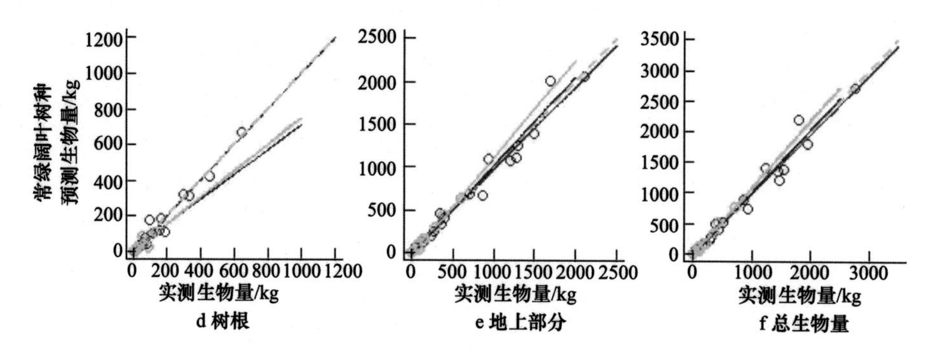

图 4.6　用 D^2H 作为变量的 7 个优势树种相对生长方程的树干、树枝、树叶、树根、地上及总生物量预测值与实测值比较

针叶树种为马尾松；落叶阔叶树种中红色为拟赤杨，蓝色为南酸枣，绿色为枫香；
常绿阔叶树种中红色为青冈，蓝色为豹皮樟，绿色为木荷

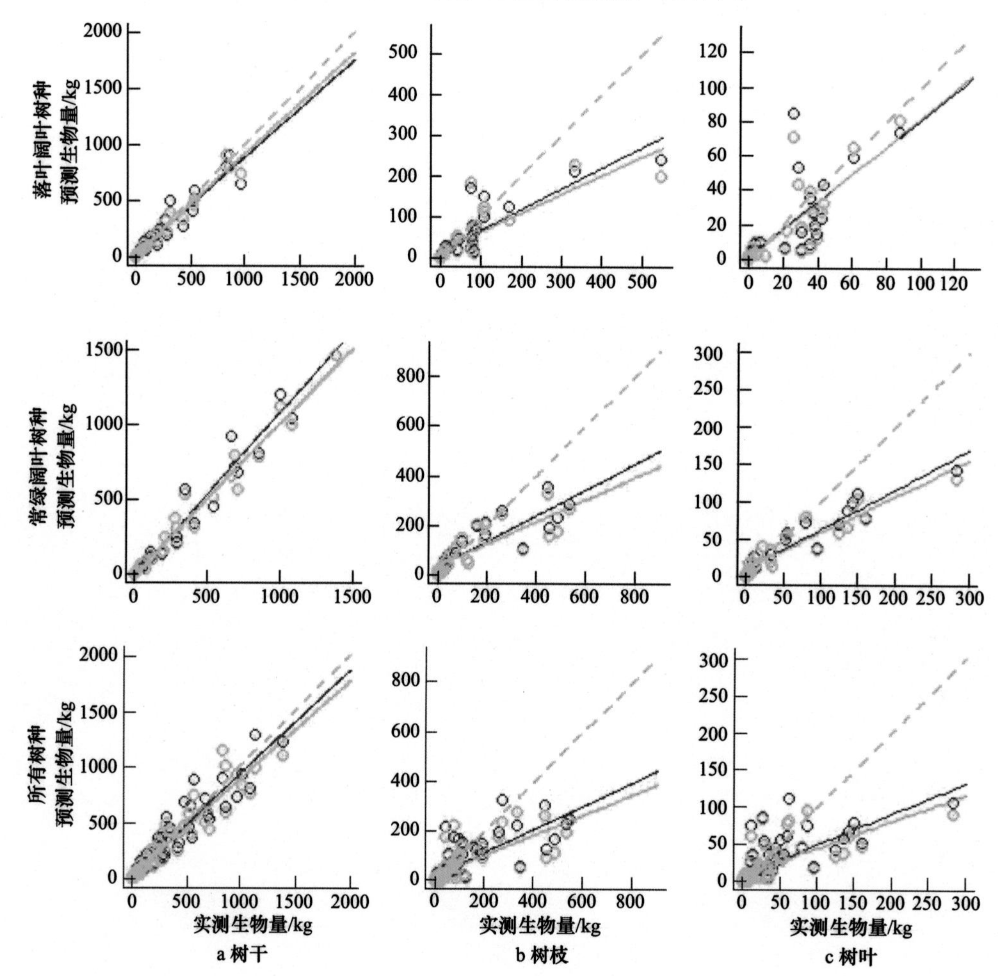

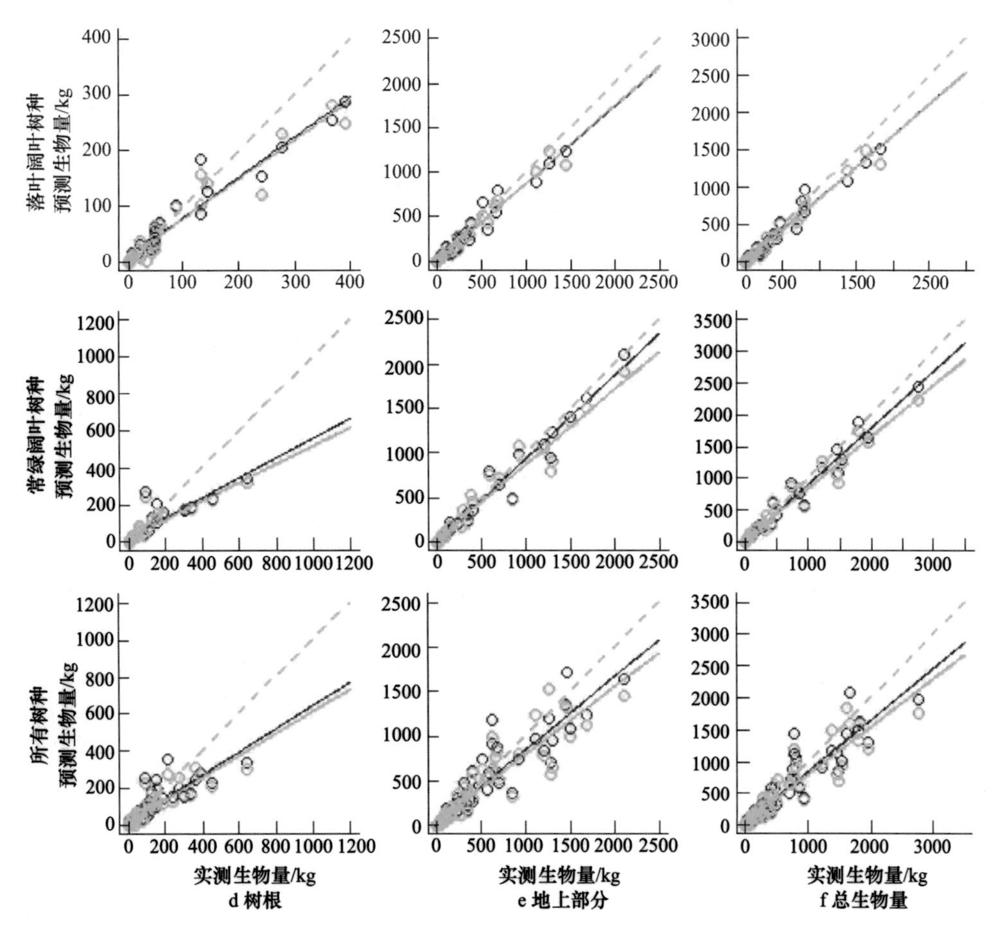

图 4.7　用 D(红色)和 D^2H(蓝色)作为变量的通用相对生长方程树干、树枝、树叶、树根、地上及总生物量预测值与实测值比较